자원회수공학

오광중 · 김정권 · 박상숙
성낙창 · 이성기

Resource Recovery Engineering

도서출판 동화기술

머리말

인구의 증가와 산업 발달, 생활수준의 향상에 따른 소비 증대로 인해 폐기물의 발생량은 계속적으로 증가하고 있다. 이러한 폐기물은 적절하게 관리하고 처리하지 않으면 주위 환경이 오염되어 각종 질병을 유발시킬 수 있는 근원이 되며, 또한 기존의 폐기물 처리시설의 수용능력이 한계에 다다르고 있다. 특히 국토가 좁고 자원이 부족한 우리나라의 경우 폐기물은 버리는 물질이 아닌 재활용되는 물질로 확대되고 있다. 이에 정부는 2008년부터 계획된 국가에너지 기본계획에 따른 신재생에너지 보급 목표율 20%('50년) 중 10%를 폐자원, 바이오매스 에너지화 사업으로 실현하도록 목표를 정하고 있다. 따라서 이러한 폐기물로부터 자원물질을 회수하거나 에너지를 회수하여 유용한 자원으로 이용할 수 있는 각종 자원화 기술의 개발과 연구가 다각도로 진행되고 있다.

본 교재의 내용은 폐기물 자원화에 대한 개념과 폐기물의 특성분석과 성상에 따른 기체, 액체, 고체의 자원화 기술에 대해 전반적으로 구성하였다. 가스자원화에서는 매립지로부터 발생하는 가스와 유기성 폐자원으로부터 발생하는 바이오가스의 자원화, 액상폐기물에서는 하수슬러지 및 산업공정슬러지에서의 자원회수에 대해 설명하였고 고형폐기물에서는 폐전지, 폐촉매를 이용한 유가금속회수와 고형연료화, 열분해, 비산재 및 슬래그를 이용한 자원회수에 대해 정리하였으며, 마지막으로 바이오매스의 에너지화와 관련된 전반적인 내용을 정리하여 수록하였다.

아직 부족한 점이 많으나, 향후 집필과정에서 미비점, 난이도 측면 및 내용의 오류가 있다면 본 책을 교재로 활용하시는 교수님과 전문가들의 고견을 들어 내용을 수정 보완할 것을 약속드린다.

끝으로 이 책의 원고에 도움을 준 대학원생들(이형돈, 문성만, 서종범, 강민경, 전수빈)과 이 책을 출판하기까지 적극적으로 협조하여 주신 도서출판 동화기술 임직원 여러분들께 진심으로 감사의 뜻을 표하고자 한다.

저자대표 오광중

Contents

Resource Recovery Engineering

CHAPTER 01

폐기물의 자원화

2008년 12월에 시행된 우리나라 폐기물관리법 제2조에서는 "폐기물이란 쓰레기·연소재·슬러지(오니)·폐유·폐산·폐알카리·동물의 사체 등으로서 사람의 생활이나 사업활동에 필요하지 아니한 물질을 말한다."라고 정의하고 있다. 인간의 일상생활과 생산활동에 수반하여 반드시 배출되는 폐기물은 예전에는 자연의 정화작용에 의하여 생활환경 내에서 대부분 분해되어 자연으로 환원되었다. 그러나 최근에는 산업화가 진전됨에 따라 도시로 인구가 밀집되면서 생활환경과 사업활동이 복잡·다양화되었고 이에 수반하여 발생되는 폐기물도 좁은 지역에서 대량으로 발생하게 되었으며, 기술의 발전에 따라 이전에 존재하지 않았던 각종 물질들이 합성 배출되게 되었다. 그 결과 자연정화에 의해 각종 폐기물을 모두 처리할 수 없게 되어 인위적으로 폐기물을 감량화하거나, 안정화, 무해화시키는 각종 기술을 개발하고 있으며, 폐기물 종류에 따라 적용을 달리하고 있다.

하지만 최근에는 국제적인 원자재난, 에너지난 등을 겪고 있으며, 특히 국토가 좁고 자원이 부족한 우리나라의 경우 폐기물은 버리는 물질이 아닌 재활용되는 물질로 확대되고 있다. 따라서 폐기물로부터 자원물질을 회수하거나 에너지를 회수하여 유용한 자원으로 이용할 수 있는 각종 자원화 기술이 개발되고 있다.

1.1 자원화의 개념

폐기물의 자원화란 잠재적 자원이라고 불리는 폐기물로부터 적절한 기술을 통하여 자원물질을 회수하거나 에너지를 회수하여 유용한 자원으로 이용할 수 있도록 하는 모든 방법의 총칭이라고 할 수 있다. 생활 및 산업폐기물을 가공, 처리하여 얻어지는 다양한 형태의 연료와 이를 연소 또는 변환시켜서 발생하는 에너지인 폐기물에너지는 저렴한 비용으로 효과적인 성과 창출이 가능하고 폐기물의 매립·소각·해양배출에 따른 환경오염을 줄이는 동시에 이산화탄소, 메탄가스 등의 온실가스를 줄일 수 있어 1석 3조의 효과를 얻을 수 있다. 재활용이나 재사용이 어려워 불가피하게 매립되어 왔던 폐기물까지도 최대한 에너지화 함으로써 쓰레기 매립량을 최소화하고 물질자원 순환량을 극대화하여 자연자원을 보존하고 환경오염을 최소화 할 수 있다.

1.2 자원화의 필요성

인구의 증가와 산업 발달, 생활수준의 향상에 따른 소비 증대로 인해 폐기물의 발생량은 계속적으로 증가하고 있으며, 기존의 폐기물 처리시설의 수용능력에도 한계를 가져오게 되었다. 또한 지금까지는 석유, 석탄과 같은 화석연료를 이용하여 경제적 풍요를 이루었으나 화석연료의 고갈과 지구온난화라는 문제에 직면하면서 폐기물 자원화의 필요성은 매우 중요하게 부각되고 있는 실정이다. 선진국들은 이미 30여 년 전부터 생활과 건설 폐기물이 환경에 미치는 영향을 감축하고 지구온난화의 주범인 이산화탄소의 배출량을 저감할 목적으로 폐기물 자원화 정책을 추진하고 기술을 개발하여 보급하고 있다.

이런 배경에서 세계 10위의 에너지 소비국이자 소비되는 전체 에너지의 96%를 수입에 의존하고 있는 우리나라의 폐기물 정책은 단순 사후처리에서 위생처리, 재활용, 감량화 순으로 진행되었으며, 이를 효과적으로 수행하기 위하여 여러 가지 제도를 만들어 왔다. 이후 폐기물에 대한 자원화가 필요하다는 인식전환으로 자원재활용촉진법이 시행되었으며, 재활용이 가능한 폐기물의 범위가 확장됨에 따라 많은 관계법 및 시행령이 계속적으로 만들어지고 2009년에 '저탄소 녹색성장'을 국가 비전으로 발표하였다.

2010년 1월에 제정된 저탄소 녹색성장 기본법에 "녹색성장이란 에너지와 자원을 절약하고 효율적으로 사용하여 기후변화와 환경훼손을 줄이고 청정에너지와 녹색기술의 연구개발을 통하여 새로운 성장동력을 확보하며, 새로운 일자리를 창출해 나가는 등 경제와 환경이 조화를 이루는 성장을 말한다."라고 정의하고 있다. 즉, 환경을 훼손하는 것이 아니라 개선하며, 환경을 새로운 동력으로 삼는 경제성장으로써, 새로운 국가발전 패러다임을 의미한다.

정부는 2012년 GGGI(Global Green Growth Institute)의 설립 및 국제기구화로 '저탄소 녹색성장'을 위한 Think tank를 마련하였으며 녹색성장의 비전을 전세계와 공유하고 개도국의 녹색성장을 촉진하고자 하였으며 2013년부터는 신·재생에너지공급의무화제도(RPS, Renewable Portfolio Standard)를 도입하여 신·재생에너지 공급비중을 확대하기로 하였다.

이러한 녹색성장을 위해서는 에너지 자원기술과 환경기술이 필수적이고 그림 1.1과 같이 환경과 경제를 통합하는 2Es(Environment, Economy)에서 폐기물의 물질재활용을 강조하는 3Es(Environment, Economy, Energy)패러다임을 거쳐 오늘날 시대의 재활용 차원을 넘어 환경과 에너지, 경제 그리고 고용 창출까지 통합하는 4Es(Environment, Economy, Energy, Employ) 패러다임 구축과 정책의 전환이 필요하다.

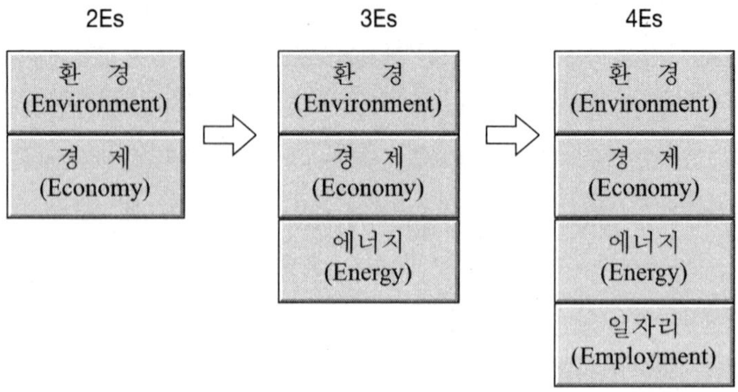

그림 1.1 • 환경 패러다임의 변화

표 1.1 • 폐기물 관리정책의 변환 및 수정사항

구 분	종전의 폐기물 관리방향	새로운 폐기물 관리방향
정책 목표	쾌적한 생활환경 조성	지속가능한 자원순환형 사회 정착
접근 방법	발생 저감, 재활용 및 안전처리	Zero Waste 추진 및 CO_2 감축
정책 수단	쓰레기 종량제 시행 생산자책임재활용제도(EPR*) 확대 폐기물 처리시설 확충	감량화 정책 강화 재활용산업 지원 확대 에너지 자원화 확충

출처 : 한국환경공단, 2008

* EPR(Extended Producer Responsibility) : 제품생산자나 포장재를 이용한 제품의 생산자에게 그 제품이나 포장재의 폐기물에 대하여 일정량의 재활용의무를 부여하여 재활용하게 하고 이를 이행하지 않을 경우 재활용에 소요되는 비용 이상의 재활용 부과금을 생산자에게 부과하는 제도

표 1.1은 폐기물 관리정책의 변환 및 수정사항을 나타낸 것으로 우리나라 폐기물 관리정책의 주된 목표는 '재활용'에서 '자원순환'으로 발전되고 있으며, '폐기물관리법'에서 일괄하여 추진되었던 제도가 '자원의 절약과 재활용 촉진에 관한 법률' 등 5개의 법으로 분화되고 새로운 여건을 반영하여 다양한 제도와 정책이 도입·시행되고 있다.

또한 1995년에는 종량제가 도입되어 생활폐기물의 분리수거체계가 획기적으로 개선되었으며, 수도권 매립지 등 위생 매립지와 생활폐기물 소각시설의 확대 등으로 적정 처리가 가능하게 되었고 2002년 생산자 책임 재활용제도(EPR)의 시행으로 폐기물의 성상별 분리 배출 · 수거 · 처리 체계가 정착되었다. 이를 세부적으로 보면, 생산자 단체가 재활용 의무율 이행을 위한 노력을 본격적으로 추진한 2000년대 중반부터 재활용이 가능한 폐기물에 대해 분리수거가 활성화되기 시작하였으며, 폐기물에너지 자원화를 위한 고형연료 품질기준이 도입된 2005년부터 플라스틱류의 분리수거가 원활하게 추진되고 지자체, 민간에서 고형연료 생산시설을 설치하기 시작하였다.

이러한 고형연료는 2013년 3월까지 원료물질에 따라 크게 RPF(Refuse Plastic Fuel), RDF(Refuse Derived Fuel), WCF(Wood Chip Fuel), TDF(Tire Derived Fuel)로 구분하였으나, 대부분 연료로써 유사한 연소특성을 가지고 있음에도 법률적으로 품질기준을 달리 적용되었기 때문에 생산이 제한되는 문제점이 있어, 품질기준을 단순화하고 일괄적으로 관리를 용이하게 하기 위해 SRF(Solid Refuse Fuel), 바이오 고형연료(Bio-SRF)로 분류하여 품질기준을 개정하였다.

그간의 정책이 폐기물에 핵심을 두었다면 새로운 정책방향은 자원순환에 핵심을 두었으며, 자원순환성평가, 폐자원의 에너지화 등이 주요과제로 선정되었다.

정부의 폐자원 재활용은 녹색성장을 위한 자원순환기술인 폐기물 감량화와 재활용률을 높여 국가자원의 효율적인 이용과 폐기물의 적정관리로 지구환경보전과 경제발전에 조화를 추구하는데 필요하다.

이렇게 폐기물을 관리함으로써 얻을 수 있는 효과는 폐기물을 재활용함으로써 원자재의 공급량을 늘려 원자재의 가격을 하락시키고 재료비와 운송비용을 저감시켜 수입대체에 따른 외화 절약 효과도 기대할 수 있다. 원자재로부터 새로운 소재를 생산하기 위해서는 많은 에너지가 소비될 뿐만 아니라 부존량도 제한되어 있으므로 사업장내에서 발생하는 폐기물을 재활용함으로써 자원의 고갈을 방지하고 에너지를 절약하는 효과를 가져 올 수 있다.

1.3 국내 · 외 동향

1.3.1 국내

2011년 우리나라에서 지정폐기물을 제외한 총 폐기물 발생량은 약 373,312만 ton/일로 매년 지속적으로 증가하고 있다. 전체 폐기물 발생량 중 83.7%가 재활용되고 있으며,

9.1%는 매립, 5.6%는 소각, 1.6%는 해양배출 방법으로 처리하고 있다. 매립과 해양배출은 매년 감소하는 반면, 재활용율은 증가하는 추세로 그간의 폐기물 재활용정책은 소기의 성과를 달성하고 있다.

한편, 폐기물 에너지화의 원활한 추진에 필요한 국내 폐기물 에너지화 기술은 선진국의 60~70% 수준이며, 특히 유기성폐기물의 바이오가스화 기술의 경우 Pilot 플랜트 수준으로 매우 열악한 실정이다. 가연성폐기물의 고형연료화 기술은 실증단계에 있으나 폐기물을 이용한 연료제품의 품질 문제, 수요처 확보 문제 및 공급단가 문제 등으로 시장경제 활성화가 아직 미흡한 실정이다.

따라서 환경부는 향후 폐기물에너지화를 위해 매립되는 가연성폐기물과 해양에 투기되는 유기성폐기물(1,218만 ton/년)을 2012년까지 31%, 2020년까지 전량을 에너지화 할 계획이다. 또한 기존 소각시설에서 소각여열(128만Gcal/년)을 기존 매립시설에서 매립가스(1,218만 ton/년)를 회수하여 폐기물에너지화사업이 계획대로 추진될 경우 2020년에는 연간 4조원의 경제적 효과가 발생할 것으로 추정된다. 이 외에도 일자리 창출 및 해양배출금지 등 당면 사회·국제문제 해결에도 도움을 주며, 매립지 수명연장 및 침출수 문제, 소각시설에서 발생할 수 있는 다이옥신문제 등을 원천적으로 해결할 수 있을 것으로 예상된다.

1.3.2 유럽

유럽연합의 경우 매립억제 및 안정화를 위한 발생 억제와 재활용 촉진을 강조하고 있으며, 사전예방의 원칙(Precaution Principle), 근접처리의 원칙(Proximity Principle), 오염자의 비용부담 원칙(Polluter-Pays Principle) 등의 3대 원칙을 폐기물관리의 기본원칙으로 설정하였다. 이러한 기본 원칙에 입각하여 유럽 각국들은 '발생억제 및 감량', '재사용', '물질 및 에너지회수', '최종처리(매립)'의 순으로 폐기물관리의 우선순위를 설정하고 관련 정책 및 법을 제정·시행하고 있다.

유럽은 EU폐기물매립지침의 영향으로 유기성폐기물의 처리공정과 고형연료 제조공정이 결합된 형태의 전처리시설(MBT; Mechanical & Biological Treatment)에 의한 폐기물 처리 및 폐기물고형연료 생산 노력이 활발한 편으로 2005년 기준으로 약 90여개의 시설이 가동 중에 있다. 특히 독일의 경우 1980년도에 세계 최초로 MBT기술을 개발하여 가연성폐기물로 생산한 RDF를 전용발전시설, 화력발전소 및 시멘트소성로에 연료로 활용한 바 있으며, 1990년대부터 폐자원 에너지화사업을 추진하여 기술우위 선점 및 국가 성장동력으로 활용하였다.

그리고 폐기물 에너지화의 과정에서 발생 가능한 2차 환경오염의 방지를 위한 노력을 병행, 열분해 연소 및 가스화·용융에 의한 에너지화를 위한 기술개발 노력을 확대하고 있으며, 혐기성소화 기술에 바탕을 둔 바이오가스화 발전사업 또한 활발하게 추진 중이다. 바이오가스화의 경우 덴마크와 독일이 전체 혐기소화시설의 건설 및 운전분야를 주도하고 있으며, 그 중 독일은 바이오가스 생산을 최대화하는데 초점을 두고 개별 농가형시설(1,900개) 등 총 2,700개 이상의 혐기소화시설의 설치를 통해 연간 약 6억 5천만 유로의 매출효과를 획득(연간 약 2,800천 ton CO_{2eq}의 이산화탄소 저감)하였다. 또한 2005년 7월부터 슬러지의 매립이 금지(폐기물의 유기질이 5% 이하인 경우에만 매립 허용)되면서 슬러지를 소각 또는 에너지 회수용으로 재활용하는 노력을 확대하고 있다.

1.3.3 일본

일본의 폐기물관련법은 1970년 폐기물처리법이 제정되어 1971년 9월부터 시행된 것이 최초이다. 이 법이 시행되기 이전에는 청소법에 의해 폐기물을 처리했으나 경제발전에 따른 폐기물 증가에 효율적으로 대응하기 위해 청소법을 흡수해 폐기물처리법을 제정하게 된 것이다. 그 후 몇 차례 개정을 거쳐 1997년에는 폐기물 불법투기 및 다이옥신 대책 그리고 리사이클 관련 규제완화를 위한 개정안이 공포되어 현재에 이르고 있다.

2000년 5월에 폐기물, 재활용 대책을 종합적·계획적으로 추진하기 위한 기본이 되는 법률로 "순환형사회형성추진기본법"이 제정되고 이 기본법에 의거하여 2003년 3월에 "순환형사회형성추진기본계획"이 제정되었다. 순환형사회란 폐기물발생억제, 재사용 혹은 재이용을 통한 순환, 그리고 적정처리를 통해 천연자원의 소비가 억제되고 환경에의 부하가 가능한 한 저감되는 사회를 일컫는다. 일본정부는 종래의 각종 폐기물관련법을 정비하여 순환형사회기본법의 체계에 포함시켰다. 그래서 개별적인 폐기물관련법이 전체적으로 순환사회를 지향한다는 뚜렷한 목표를 향해 수렴되고 있다는 위상을 정립하고 있다. 현재 이 계획에 따라 종합적이며, 계획적으로 순환형사회의 형성을 진행해 나가고 있으며, 바이오매스, 일본종합전략, 바이오매스 타운 구상, 지역계획의 책정 등을 배경으로 폐기물계 바이오매스의 에너지변환 시설의 보급을 촉진하고 있다. 이제까지 소각처리로 얻어진 열에너지는 직접이용과 전기로의 변환에 의해 Waste to Energy를 수행하여 왔으나 앞으로의 순환형 사회형성을 위해서는 폐기물 관리시스템을 소각처리 체제로부터 분리, 자원화로의 변화를 꾀하고 있다.

2005년 기준으로 56개의 폐기물고형연료 제조시설을 가동 중이며, 5개의 폐기물고형연료를 활용하는 열병합발전시설(광역시설)을 운영 중으로, 150여 기초자치단체에서 폐기물 고형연료 제조를 위한 폐기물을 공급하는 체제를 구축하였다. 그리고 2007년 이후 '저탄소 사회 구축'을 국가 비전으로 제시, 환경·에너지 Agenda를 최상위 국가 Agenda로 격상하였다.

1.3.4 미국

미국의 고형폐기물관리는 1976년 제정된 자원보존 및 재활용에 관한 법령 RCRA (Resource Conservation and Recovery Act) 부칙 D에 근거하여 주정부가 고형폐기물관리 계획을 책정하고 있다. 부칙 D에는 계획에 포함할 최소의 게재요건이 규정되어 있지만 이 밖의 계획 내용은 각 주에서 자체 실정에 맞도록 계획하고 있으며, 각 지방자치단체는 각 주의 폐기물 관리법에 근거하여 독자적인 폐기물 발생억제 및 재활용에 대한 대책을 추진하고 있다. RCRA에는 기본적으로 폐기물 및 유해폐기물의 부적절한 관리로 인해 잠재적 발생우려가 있는 인간의 건강 및 환경을 보호, 자원의 회수 및 폐기물의 재활용을 통해 물질 및 에너지자원을 절약, 가능한 한 신속히 유해폐기물의 발생억제 및 발생량을 최소화와 같은 3가지 조건을 기본목표로 하고 있다.

미국환경청(EPA)은 1995년부터 매립가스메탄포집프로그램(LMOP; Landfill Methane Outreach Program)을 추진하여 매립가스 자원화를 집중적으로 지원하였다. 전국 약 2,500여개 매립지 중 70%에 해당하는 1,700여개 매립지를 대상으로 프로그램을 시행해 왔으며, 1995년부터 2007년까지 약 360개의 매립가스 자원화 프로젝트를 추진하여 105.4MM CO_2 ton의 배출 저감을 달성하였다. 2000년부터는 세계최초로 생활폐기물을 분열하여 가수분해 시켜 에탄올을 만드는 연구에 착수하였다.

미국은 '적정 매립'을 폐기물관리의 기본 지침으로 설정하고 매립지의 안정화와 2차 오염관리에 초점을 두는 정책을 시행해 왔으며, 최근에 와서는 폐자원의 재활용 및 에너지화 정책을 강조하였으며, 오바마 행정부의 출범 이후 청정에너지산업 시장 창출 및 고용 확대를 위해 향후 10년간 1,500억 달러를 청정에너지산업에 투자하고 신규 일자리 500만개 창출한다는 계획을 발표하였다.

1.4 폐기물의 분류 및 발생

1.4.1 폐기물의 분류

폐기물을 효율적으로 관리하여 환경이 오염되는 것을 막기 위해서는 폐기물의 특성을 파악하는 것이 필요하다. 폐기물은 종류에 따라 성격과 환경에 끼치는 영향이 다양하다. 폐기물을 분류하는 데에는 배출원을 중심으로 구분하거나, 폐기물의 성상에 따라 나누는 방법이 있으며, 구체적인 설명은 다음과 같다.

가. 배출원에 따른 구분

2008년 12월에 시행된 폐기물관리법에 의하면 생활폐기물, 사업장폐기물, 지정폐기물, 의료폐기물의 정의를 표 1.2와 같이 표기하고 있다. 또한 표 1.3과 같이 폐기물은 생활폐기물과 사업장폐기물로 구분하여 정의를 내리고 있으며, 생활폐기물은 가정에서 발생하는 폐기물과 사업장에서 배출되는 생활 폐기물로 나누고 사업장폐기물은 유해성 및 배출 특성을 고려하여 사업장배출시설계폐기물, 건설폐기물, 지정폐기물로 구분하고 있다.

표 1.2 • 폐기물관리법에 의한 각종 폐기물의 정의

명 칭	정 의
생활폐기물	사업장폐기물 이외의 것.
사업장폐기물	대기환경보전법, 수질환경보전법 또는 소음·진동규제법의 규정에 의하여 배출시설을 설치·운영하는 사업장 기타 대통령이 정하는 폐기물
지정폐기물	사업장폐기물 중에 폐유, 폐산 등 주변환경을 오염시킬 수 있는 유해한 물질로서 대통령령이 정하는 폐기물
의료폐기물	보건·의료기관, 동물병원, 시험·검사기관 등에서 배출되는 폐기물 중 인체에 감염 등 위해를 줄 우려가 있는 폐기물과 인체 조직 등 적출물, 실험 동물의 사체 등 보건·환경보호상 특별한 관리가 필요하다고 인정되는 폐기물.

출처 : 폐기물관리법 제2조

표 1.3 • 폐기물 분류체계

대분류	소분류	내 용
생활폐기물	가정생활폐기물	- 단독·공동주택 등에서 배출되는 생활폐기물
	사업장생활계 폐기물	- 제조업의 배출시설계폐기물을 제외한 모든 폐기물 - 비제조업(시장, 상가 등)에서 배출되는 폐기물
사업장폐기물	사업장배출시설계 폐기물	- 대기환경, 수질환경 등 배출시설을 설치한 사업장의 제조 공정 등에서 배출되는 폐기물(오니류, 폐금속류 등)
	건설폐기물	- 건설공사로 인하여 공사를 착공하는 때부터 완료하는 때까지 건설현장에서 발생되는 5 ton 이상의 폐기물(폐콘크리트 등)
	지정폐기물	- 사업장폐기물 중 폐유, 폐산 등 폐기물 - 인체적출물 및 감염의 우려가 있는 폐기물

출처 : 국립환경과학원, 2007

나. 폐기물 성상에 따른 구분

폐기물은 배출상태에 따라 표 1.4와 같이 고형물의 함량이 15% 이상일 때 고형폐기물이라 하며 슬러지류 등 고형물의 함량이 5% 이상 15% 미만인 폐기물은 반고상 폐기물로, 폐산·폐알칼리 등 수분함량이 85%를 초과하거나 고형물의 함량이 5% 미만인 액체상태의 폐기물은 액상폐기물로 구분한다. 또한 혐기성 조건에서 발생하는 매립가스나, 연소공정 후 발생하는 기체상 물질은 기체폐기물로 분류한다.

표 1.4 • 배출상태에 따른 폐기물의 분류

분 류	내 용	예
고상 폐기물	고형물의 함량이 15% 이상인 것	재, 건설폐재
반고상 폐기물	고형물의 함량이 5% 이상, 15% 미만인 것	슬러지류
액상 폐기물	고형물의 함량이 5% 미만인 것	폐산, 폐알칼리, 폐유
기체 폐기물	가스상 물질	매립 가스

1.4.2 폐기물의 발생량 및 처리량

2011년 기준 국가 폐기물 통계상의 폐기물 중 건설폐기물이 48.6%로 절반 가까이 차지하고 있으며, 나머지는 사업장폐기물 36.0%, 생활폐기물 12.8%, 지정폐기물 2.6%로 구성되어 있다. 그림 1.2는 2000년부터 2011년까지 국내 폐기물 발생량을 나타낸 것으로 건설폐기물을 사업장폐기물과 같이 나타내었다. 폐기물 총 발생량은 사업장 폐기물의 증가로 인해 점진적으로 증가하는 추세에 있으며, 사업장폐기물에서 발생하는 지정폐기물 또한 크게 증가하지 않았으나, 점진적으로 증가하는 추세에 있다. 그리고 생활폐기물은 소득 및 소비 수준 증가에도 불구하고 일정수준을 유지하고 있는데, 이는 종량제봉투, 음식물류의 폐기물 분리배출, 1회용품 사용규제 등의 감량화 정책 등에 따른 결과로 분석되며, 2003년 이후 발생량은 정체하였으나 2009년을 기점으로 감소추세를 보인다.

그림 1.3은 생활폐기물의 처리현황을 나타낸 것으로, 2000년에는 생활폐기물 중 47.0%를 매립처리하고 41.3%만을 재활용하였으나, 쓰레기종량제 실시 및 재활용정책 등에 힘입어 재활용률은 2010년 이후 소폭 감소하였지만 2011년에 59.1%의 재활용률을 보이며 매립처리율은 17.2%로 낮아지는 등 폐기물처리구조가 바람직한 방향으로 변화되고 있다. 특히 2005년에 음식물 쓰레기 직매립 금지 조치로 인해 매립처리가 급속히 감소하였으며, 소각율은 크게 증가하지 않았으나, 점진적으로 증가하는 추세에 있다.

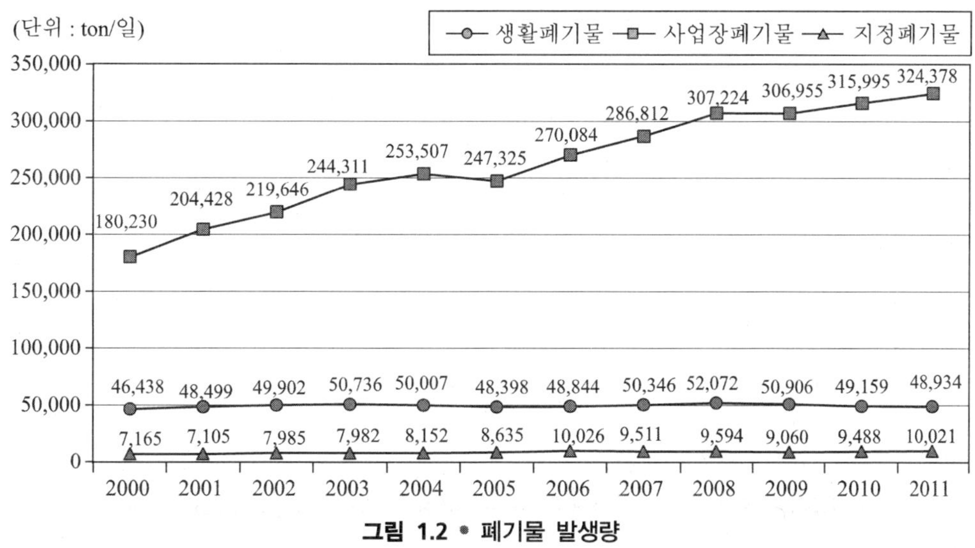

그림 1.2 • 폐기물 발생량

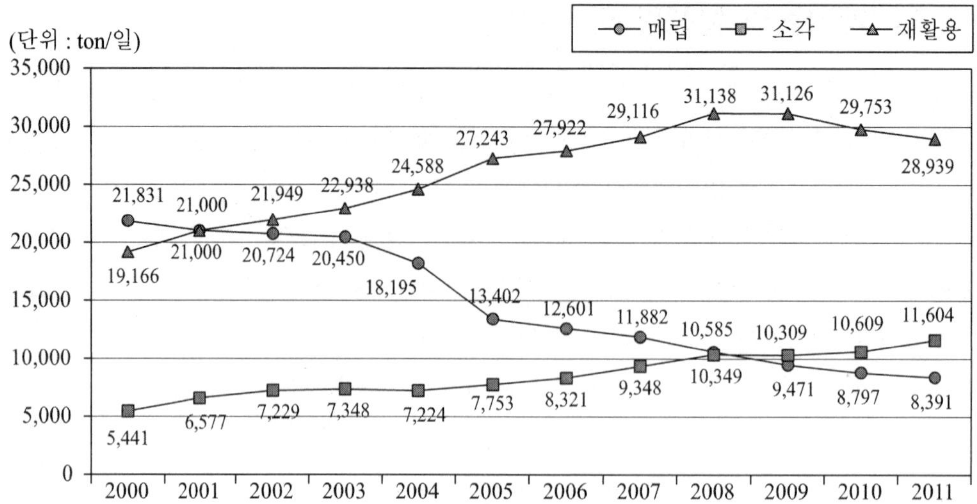

그림 1.3 • 생활폐기물 처리현황

그림 1.4는 사업장폐기물의 현황을 나타낸 것으로, 생활폐기물과 유사하게 재활용률은 지속적으로 증가하여 2011년의 경우에는 재활용률이 전체 사업장폐기물 처리량 중 87.4%에 이르고 있으며, 매립에 의한 처리는 감소하다가 2007년 이후로 증가하였다. 기타에 해당하는 해양배출은 지속적으로 증가하다 2006년부터 해양투기 허용품목을 축소하고 투기 허용기준을 강화하는 등 연도별 해양투기 허용 총량제를 도입한 결과, 해양배출량은 감소하였고 2011년에는 총 처리량 중 1.8%에 그쳤다.

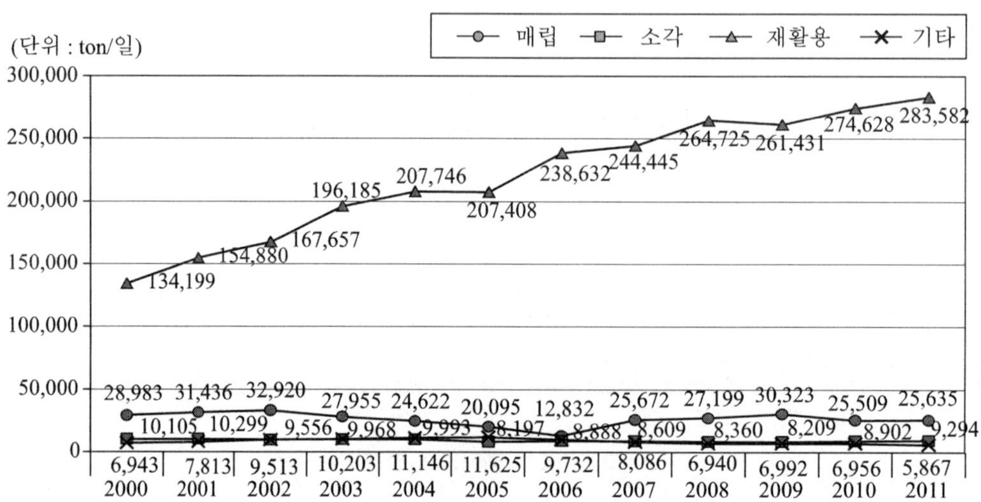

그림 1.4 • 사업장폐기물 처리현황

그림 1.5는 지정폐기물의 처리현황을 나타낸 것으로, 지정폐기물의 발생량은 2000년 2,791,890 ton/년에서 2011년 3,657,767 ton/년으로 2000년 대비 31.0% 증가하였으며, 이는 산업활동 증가에 따른 것으로 보인다. 이에 따라 재활용과 매립, 소각 처리방법 모두 점진적으로 증가하고 있는 추세이다. 소각량은 지속적으로 증가하였으나, 재활용의 대폭 증가 등에 따라 2001년 이후 소각처리량이 감소하였다가 증가와 감소를 반복하고 있으며 해양투기의 경우 런던협약에 따라 감소하다가 2002년 이후에는 해당사례가 없다.

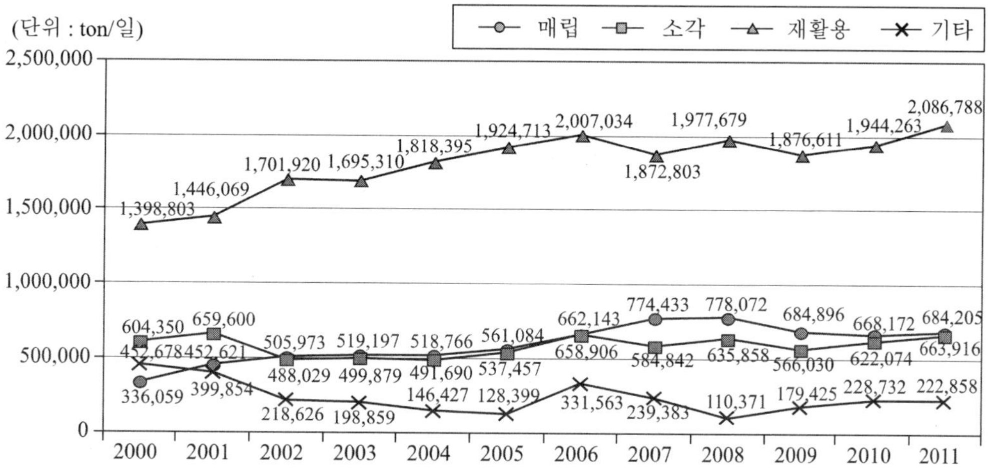

그림 1.5 • 지정폐기물 처리현황

1.4.3 폐기물의 에너지화

폐기물 에너지화란 폐기물을 변화시켜 연료 및 에너지를 얻는 과정을 말한다. 즉, 가연성폐기물의 전처리(MBT) 및 고형연료화(SRF), 유기성폐기물의 바이오가스화를 비롯해 매립지 메탄가스 및 소각폐열 회수, 기타 폐기물 바이오가스 및 폐유의 정제와 이들의 에너지를 원활하게 공급·활용하는 모든 것을 의미한다고 할 수 있다.

국제적인 원자재난, 에너지난에 대응하기 위해 폐기물을 통한 에너지 회수 및 질적 재활용을 확대하고 있으며, 특히 세계 10위의 에너지소비국으로 전체 에너지의 96%를 수입에 의존하고 있는 우리나라는, 2011년만 해도 1,725억 달러를 에너지를 수입하는데 사용한 만큼 신재생에너지의 중요성은 눈앞의 현실인 것이다. 이 같은 폐기물의 에너지화는 이미 전 세계적인 추세로 가고 있다.

또한 폐기물의 에너지화는 화석연료를 대체하고 지구온난화지수가 이산화탄소의 21배인 메탄가스의 발생을 줄임으로써 기후변화에 대응할 수 있는 유력한 수단이다. 최근 국제적으로도 가연성폐기물의 고형 연료화와 유기성폐기물의 바이오가스화 등 폐기물에너지화로 온실가스를 감축하려는 노력이 활발하다. 이러한 폐기물에너지는 원료인 폐기물 가격이 낮거나 처리비를 받을 수 있어 경제성이 높으며, 폐기물을 절감시켜 쓰레기 매립지 및 환경오염 문제를 완화시킨다.

가. 국내 폐기물 에너지화

표 1.5는 2011년 기준 폐자원 에너지화 가능한 폐기물 발생량을 산정한 것으로 전국 폐기물 발생량 37만 3,312 ton/일과 폐기물 통계 외 발생량 14만 5.226 ton/일을 대상으로 하였으며 전체 폐기물 중 불연성 및 재활용량을 제외한 매립·소각·해양배출 되는 폐기물을 산정하였다. 에너지화가 가능한 폐기물은 약 2만 3천 ton의 가연성폐기물과 약 2만 ton의 유기성폐기물로 하루에 총 4만 2천 ton이 발생하며 이는 폐기물 총 배출량 중 약 8.2%에 해당하는 양이다.

현재 국내의 폐기물 에너지화 기술수준은 선진국의 60～70% 수준으로 고형연료화 기술은 실증단계나 불안정한 발열량으로 품질이 미흡하며, 유기성폐기물 에너지화 기술은 아직 초보 수준으로 바이오가스 생산공정의 안전성 및 경제성 확보에 필요한 기술이 부족한 실정이다.

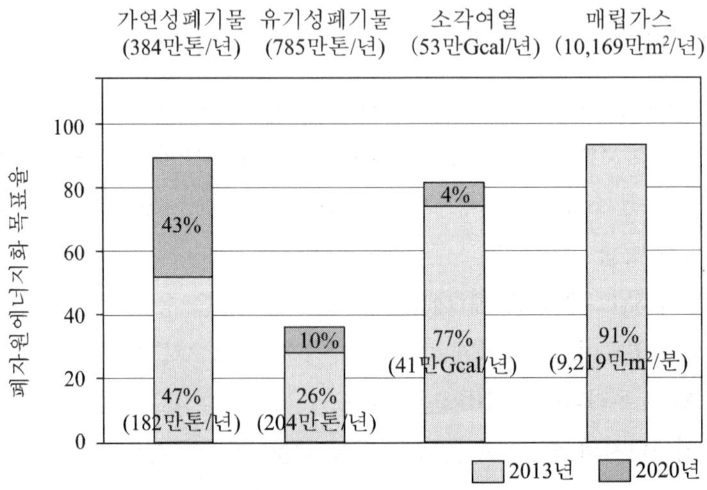

그림 1.6 • 폐기물 에너지화 추진 목표

표 1.5 • 에너지화 가능한 종류별 폐기물 발생량

구분			전체 폐기물 발생량	재활용 폐기물량	재활용 되지 않는 불연성 폐기물량	에너지화 가능한 폐기물 발생량
			ton/일	ton/일	ton/일	ton/일
생활폐기물(재활용분리배출)			14,257	14,247	0	0
불연성 폐기물	총계		295,073	268,474	26,599	0
	생활폐기물 (종량제 봉투 배출)		3,866	544	3,322	0
	사업장폐기물		106,498	85,825	20,673	0
	건설폐기물		184,709	182,105	2,604	0
가연성 폐기물	총계		32,093	9,380	0	22,713
	생활폐기물 (종량제 봉투 배출)		17,548	1,253	0	16,295
	사업장폐기물		12,837	7,398	0	5,439
	건설폐기물		1,708	729	0	979
유기성 폐기물	총계		177,117	157,337	0	19,780
	음식물류		13,264	12,885	0	379
	유기성오니류		15,858	5,139	0	10,719
	동식물성 폐잔재물		2,750	2,370	0	380
	폐식용유		19	19	0	0
	폐기물 통계 미집계 발생량	가축분뇨	135,653	136,924	0	8,302
		음폐수	9,573			
합계			518,540	449,448	26,599	42,493

나. 폐기물 에너지화 추진 목표

2007년 국내의 에너지화 가용·가연성 폐기물 및 유기성 폐기물의 양은 그림 1.6에 나타낸 것처럼 각각 약 384만 ton/년 및 785만 ton/년에 달하나, 이 중 각각 1.5%(5.8만 ton/년)와 2%(16만 ton/년)만이 에너지원으로 활용되고 있다. 이에 관한 대책에서 가연성 폐기물을 2020년까지 100% 에너지화를 정부정책으로 추진 중에 있다.

소각여열의 회수·이용에는 회수시설을 2013년까지 17개소(41만 Gcal/년), 2020년까지 24

개소(43만 Gcal/년)으로 확충·보완하는 계획을 가지고 있으며, 매립가스는 2013년까지 매립가스 회수(정제·발전)시설을 25개소(9,219만 m^3/년)까지 확충하는 것을 목표로 하였다.

1.5 폐기물의 관리

산업화, 공업화, 도시화가 초래한 대량생산, 대량소비, 대량폐기 사회는 폐기물의 양을 증가시키고 화학공업의 발달로 썩지 않는 새로운 쓰레기 등을 나타나게 했다. 이로 인해 발생된 폐기물을 매립장, 소각시설 등의 폐기물처리시설을 통하여 안전하고 적정하게 처리하는 것은 국가의 환경정책에 있어서 중요한 사안이 되었다. 과거에는 폐기물을 오물이자 청소의 대상으로 규율하는 소극적이고 방어적인 처리 개념이 중심을 이루었던 반면, 이제 폐기물은 관리의 대상이 되어 환경보전적인 재활용이나 감량에 중점을 두는 등 그 처리의 개념이 전환되었다. 즉 단순히 발생된 폐기물을 처리하는 것이 아니라 환경보전적인 관리를 위하여 생산·유통·소비 등의 모든 과정에 걸쳐 폐기물을 최소화하고 지속가능한 개발 이념에 기초한 자원재순환형 사회경제 체제로 전환하여야만 하는 것이다.

더욱이 21세기에 들어서면서 환경보전이 우선시 되고 자원 고갈의 위협이 중대되면서 전 지구적 차원에서의 지속가능한 발전이 필수적인 사회 패러다임으로 부상하고 있다. 이러한 지속가능한 발전과 자원순환형 사회의 구축을 위해 폐기물관리체계 전환이 요구되고 폐기물은 '폐기되어야 하는 것'에서 새로운 '대체자원'의 개념으로 점차 변화하고 있다.

폐기물관리에서는 우선 폐기물의 발생 억제 및 감량을 가장 중요시하고 다음으로 재이용, 재활용, 소각 처리시 발생한 열에너지 활용하는 에너지 회수, 소각, 매립의 순으로 정책적 우선순위를 정하여 시행하는 것이 기본 원칙이다.

따라서, 감량(Reduce), 재사용(Reuse), 재활용(Recycle), 자원회수(Resource recovery) 등 폐기물 관리 4R 체계를 통해 폐기물제로형 자원순환사회로의 전환이 필요하며, 구체적인 설명은 다음과 같다.

1.5.1 감량화(Reduce)

폐기물처리 정책의 궁극적 목적은 자원을 효율적으로 이용함으로서 자연으로부터의 자원채취를 최소화함과 동시에 자연으로 되돌려지는 폐기물을 최소화함으로서 자연환경을 보전하고 사람의 건강을 보존하는 것이다. 선·후진국을 막론하고 초기에는 단순히 '쓰레기'를 처리하는 청소개념에서 시작하여 '재활용(Recycle)' 문제로 정책중심이 이동하였으며, 최근에는 '폐기물 최소화(Waste Minimization)' 개념이 폐기물 관리정책의 핵심을 이루고 있다.

폐기물 감량화란 폐기물의 중량을 감소시키는 것을 말하며, 폐기물을 화학적, 생물학적 수단에 의하여 분해 가능한 유기물을 분해시키는 조작이다. 기계적인 물리적 수단에 의해서는 감용만이 일어나지만, 화학적·생물학적 수단에 의해서는 감용과 감량이 동시에 일어난다. 화학적 처리는 소각처리, 열분해, 재생이용 등이며, 생물학적 처리는 퇴비화 및 혐기성소화가 있다. 분해되어 감소된 부분은 수증기, 배출수 및 배기가스의 형태로 전환이 되어 대기 혹은 하천에 방류된다.

사업장에서는 이러한 문제점을 보완하고 유용한 부분을 적용시키기 위해 1996년 12월부터 폐기물관리법 제17조(사업장폐기물 배출자의 의무)의 규정에 의한 '사업장폐기물 감량지침'으로 제도화 하였다. 사업장폐기물 감량화제도는 사업장폐기물의 발생 억제를 위한 발생원 감축과 재활용 등 자발적인 폐기물 감량노력을 유도하고 사업자의 폐기물 감량화 실적 분석·평가와 기술진단·지도 등을 통해 이를 지원하는 제도로써 근본적인 목적은 제품생산 공정 등 발생원에서 폐기물 감축과 재활용 등의 방법으로 단위생산량 당 폐기물 발생 및 처리량을 줄이거나 유해성을 줄이는 것이다.

1.5.2 재이용(Reuse)

재사용은 한 번 사용했던 물품이나 재품을 제조공정을 거치지 않고 물건을 큰 변형 없이 동일 목적으로 다시 사용하는 것을 말한다. 사용이 끝난 제품을 회수하여 다시 사용하는 형태로서 기업의 경우에는 재이용을 전제로 제품을 생산하고 유통 과정에 재이용 개념을 도입하여 판매 루트가 사용 후의 회수 루트가 된다. 그리고 가정의 경우에는 버리면 폐기물이 되는 물품을 스스로 다시 사용하거나, 중고품을 교환 또는 매매하여 다시 사용하는 것과 같은 형태로서 재이용의 예로는 맥주병이나 음료수병과 같이 한 번 사용된 병을 회수하여 세척과정을 거쳐 반복 사용하거나, 재활용센터 및 마을 신문을 이용하여 중고품을 구입하여 다시 사용하는 것을 들 수 있다.

1.5.3 재활용(Recycle)

재활용이란 이미 사용한 제품이나 제품의 생산공정에서 부수적으로 발생한 부산물을 회수하여 원료로서 이용하거나, 소각열을 회수하여 에너지로 이용하는 것 등을 말한다.

폐기물 문제를 해결하기 위해서는 발생자체를 줄이고 불가피하게 발생한 폐기물은 최대한 순환이용하는 것이 중요하다. 이를 위해서 정부는 폐기물 감량화 정책과 함께 자원의 순환이용을 고려하는 재활용체계를 확립하는데 주력하고 있다. 그 대표적인 정책으로 생산자로 하여금 제품의 생산단계에서 폐기물의 발생을 줄이고 재활용이 용이한 재질·구조로 개선토록 하고 사용 후 폐기된 제품과 포장재는 회수하여 최대한 재활용토록 하는 생산자책임재활용제도를 시행하고 있다. 또한 지역여건에 적합한 재활용 기반시설 확충, 관련기술 개발 및 재활용품 소비촉진 등을 강력히 추진하고 있다.

표 1.6 • **건설폐기물 처리실태** (ton/일)

구분 연도별	계(A)	매립(B) (해양투기)	B/A (%)	소각(C)	C/A (%)	재활용(D)	D/A (%)
2002	120,141	17,470 (8)	14.5(0.0)	2,462	2.1	100,209	83.4
2003	145,420	13,725 (10)	9.4(0.0)	2,233	1.5	129,462	29
2004	148,489	10,983 (7)	7.3(0.0)	2,949	2	134,557	90.7
2005	134,906	3,584 (93)	2.6	871	0.6	130,451	96.7
2006	168,985	3,935 (0)	2.3	1,179	0.7	163,871	97
2007	172,005	3,169 (0)	1.8	1,131	0.7	167,705	97.5
2008	176,447	2,914 (0)	1.7	1,423	0.8	172,110	97.5
2009	183,351	2,792 (0)	1.5	1,283	0.7	179,276	97.5
2010	178,120	2,200 (0)	1.2	919	0.5	175,001	98.3
2011	186,417	2,598 (0)	1.4	987	0.5	182,832	98.1

출처 : 환경부, 2012

금속 및 합금(철강, 알루미늄, 구리, 니켈 등)은 일반적으로 재활용 되고 있으며, 최근에는 광석으로부터 생성된 폐석, 미광, 슬래그, 비산재, 불순물 등의 무기물과 폐기물을 다루기 위한 관심이 커지고 있다. 폐기물의 재활용은 자원을 절약시킬 수 있고 최종 처분되는 폐기물의 양을 줄일 수 있으며, 폐기물로 발생되는 2차 공해요인을 감소시킬 수 있다는 이점이 있다.

이중 건설폐기물은 전체 사업장폐기물 발생량의 절반이상을 차지할 정도로 많이 발생하며, 해가 거듭할수록 건설폐기물의 양은 점차적으로 증가하고 있다. 정부의 재활용정책에 힘입어 재활용률은 표 1.6에서 나타나듯이 2002년 83.4%에서 2011년 98% 수준까지 지속적으로 증가하였으며, 특히 2005년부터 환경부는 '건설폐기물의재활용촉진에관한법률' 및 하위법령을 제정하여 시행함으로써 건설폐기물의 재활용률이 급격히 증가하였다. 그 결과 2002년부터 2011년까지 매립률은 14.5%에서 1.4%로 감소하였으며, 소각율 또한 2.1%에서 0.5%로 감소하였다.

1.5.4 자원회수(Resource recovery)

주요 산업에서 발생한 '폐기물'은 종종 잠재적인 가치 물질들을 함유하고 새로운 기술의 개발로 가치의 물질을 처리하고 회복한다. 자원회수는 폐기물의 부피를 줄이고 경제적 파급 효과를 유발하는 이중 목적을 제공한다. 이러한 자원재활용의 예로는 폐기물을 이용한 고체연료 제조, 매립지역의 메탄가스 이용, 하수슬러지 재활용, 열분해기술, 바이오가스 등이 있다.

가. 가스 자원화

발생되는 폐기물은 매립, 소각, 자원화 등의 방법으로 처리되고 있으며, 이 중 가장 효과적이고 일반적인 방법은 매립으로써 매립구역 내부는 혐기성조건이 유지되고 혐기성 미생물에 의한 유기물의 분해에 따라 매립가스가 발생한다. 이렇게 발생된 매립가스는 유기물질의 혐기성 분해로 인하여 발생하며, 대부분 50% 이상의 메탄(CH_4)과 약 40%의 이산화탄소(CO_2), 수분과 그 외의 미량의 유해성분으로 구성되어 있으며, 대기중에 방출되는 메탄은 지구온난화 유발물질 중 다른 발생원에 비해 차지하는 비율이 전체 메탄 발생량의 약 28%를 차지하며, CO_2와 비교하여 21배가 되는 등 그 위해성이 크다고 할 수 있다.

하지만 매립가스에 포함된 메탄은 도시가스(2011기준 발열량 10,400 kcal/m^3)의 주요성분이며, 발열량이 약 4,500~5,000 kcal/m^3 정도의 발열량을 지니고 있으므로 가스연료로서 이용가능성은 충분하고 매립가스를 재처리해 발전연료로 사용함으로써 매립장의 안정화에 기여할 수 있다. 또한 메탄가스의 방출을 줄임으로써 지구온난화 예방에 기여할 수 있고 매립가스를 대체에너지로 사용함으로써 화석연료를 대체할 수 있다.

국내의 경우 2007년 12월부터 2008년 12월까지 수도권매립지 매립가스 자원화로 약 150억원의 수익에 해당하는 온실가스 1백만 ton을 감축하였으며, CDM사업기간인 10년간 (2007.4~2017.4) 총 700만 ton의 온실가스를 감축할 계획이다.

이 책의 4장에서는 매립가스의 자원화와 혐기성 소화에서의 자원화에 대해 자세히 다루고 있다.

나. 액상폐기물 자원화

급속한 경제성장과 함께 인구증가, 도시화 및 산업 활동의 활성화 등으로 인하여 대기, 수질, 토양 등의 환경오염이 날로 심각해지고 있다. 특히 중금속으로 인한 오염은 단지 미량만이 존재하더라도 섭취된 후에 체내에 축적하게 되어 오랜 시간 뒤, 여러 가지 질병으로 나타나 많은 사회적 문제를 야기시키고 있다. 산업폐수 중 중금속 함유 폐수의 주요 발생원은 전기도금, 인화, 배터리, 촉매산업, 금속산업과 금속추출, 생산, 처리, 제련, 정화, 회수 등의 여러 공정에서 배출되고 있다. 이러한 산업폐수가 자연생태계로 직접 유출되면 생태계를 파괴시키는 것은 물론 인간의 생활환경을 제약하게 된다. 따라서 산업폐수의 배출로 인한 자연생태계의 파괴를 막기 위하여 배출허용기준을 법으로 규정하고 있다. 이러한 허용기준에 적합하게 배출되어질 수 있도록 물리적 화학적인 처리나 생물학적인 처리방법으로 처리되고 있다.

또한 액상폐기물 중 슬러지는 수분과 부패하기 쉬운 유기성분을 다량 함유하고 있으므로 감량화 혹은 무해화를 목적으로 다양한 전처리가 필요하다. 폐기대상 슬러지의 중량을 감소시켜서 후처리단계를 용이하도록 하기 위해 중력농축, 원심농축, 부상분리 등의 방법으로 슬러지를 농축하고 슬러지를 안정화시킨다. 슬러지의 운반비용을 감소시키기기 위하여 여과탈수와 기계식탈수 등의 방법으로 탈수시킨다.

이 책의 5장에서는 폐수내의 중금속회수와 슬러지와 폐유의 자원화 및 폐산·폐알칼리의 재활용에 대해 다루고 있다.

다. 고형폐기물 자원화

현재 전 세계적으로 천연자원 매장량은 감소하고 있는 반면, 폐금속 자원은 지속적으로 증가하고 재활용은 저조하여 환경오염 및 자원낭비를 초래하고 있다. 게다가 우리나라와 같이 천연자원이 절대적으로 부족한 국가에서는 선진국 수준의 폐금속 재활용 기술개발 및 에너지 절감형 환경산업육성을 통해 천연금속을 재활용금속으로 대체하여 에너지를 절약하고 CO_2 배출량을 절감함으로써 기후변화 대응 및 녹색성장 달성 추진이 필요하다. 따라서 이러한 고형폐기물을 자원화 시키기 위한 방법으로는 유용한 물질을 회수하는 방법과 연료화 시키는 방법 등으로 구분할 수 있다.

물질을 회수하는 방법은 산업폐기물 등에서 금속류를 회수하여 재생하는 방법, 플라스틱류 및 건전지를 회수하여 재생시키는 방법, 사업장에서 발생하는 부산물을 활용하는 방법 등이 있다. 특히 폐기물에 포함된 희유금속회수를 위한 정책은 우리나라와 같이 천연자원이 절대적으로 부족한 국가에서 산업에 필요한 자원의 원활한 공급을 위하여 필요한 정책이다.

고형폐기물의 연료화 방법으로는 소각에 의한 열 회수, 열분해에 의한 가스, 그리고 폐기물을 개질·가공하여 저장 및 운반성이 우수한 생활폐기물 고형연료(RDF : Refuse Derived Fuel), 폐플라스틱 고형연료(RPF : Refuse Plastic Fuel), 폐타이어 고형연료(TDF : Tyre Derived Fuel)와 2013년부터 기존 고형폐기물의 통합 개념으로 언급되는 일반고형연료(SRF : Solid Refuse Fuel) 및 바이오 고형연료(Bio-SRF : Bio-Solid Refuse Fuel) 등이 있다. 이러한 고형 연료화 방법은 저장 및 운반성이 우수하며, 취급이 용이하고 화석연료를 대체할 수 있어 자원순환형 사회의 정착을 지향하는 방법이라 할 수 있다.

이 책의 6장에서는 산업폐기물에서의 금속회수와 부산물 및 폐전지·폐촉매의 재활용, 고형연료화, 열분해를 이용한 자원화 등에 대해서 다루고 있다.

라. 바이오매스

바이오매스(Biomass)란 에너지원과 자원으로서의 생물체를 의미하는 것으로 자원 순환 사회의 구축을 위한 중요한 매개체 중의 하나이다. 이러한 부분에 관련하여 이미 유럽과 미국, 일본 등 선진국들은 수십 년에 걸쳐 연구, 개발에 투자를 아끼지 않았으며, 그로 인해 각종 결과물인 에너지와 제품들을 현실에서 이용하고 있다.

에너지원으로뿐만 아니라 농림수산물의 생산과 유통, 소비과정과 결과로 산출되는 폐자원의 재활용이라는 측면, 자원화 가능 자원의 소각, 폐기, 매립 등에 따른 자원낭비와 환경 문제 등을 고려할 때 바이오매스의 적극적 이용은 폐기물의 자원화에 중요한 의미를 가진다. 이러한 바이오매스가 지구상에서 1년간 발생되는 양은 석유의 매장량과 비슷한 수준이며, 이를 통해 에탄올, 메탄올(액체연료)과 수소(기체연료) 같은 바이오연료(Biofuel)를 얻을 수 있을 뿐만 아니라 보드, 목탄 등의 제품을 만드는 데 활용할 수 있는 자원이다.

국제연합식량농업기구(FAO, Food and Agriculture Organization)의 자료에 의하면, 바이오연료의 분류를 에너지 생산에 한정할 경우, 표 1.6에 나타나듯이 목질계 연료와 곡물계 연료, 도시 폐기물 연료로 분류할 수 있다. 이 책에서는 FAO의 분류에 따라 목질계·곡물계·폐기물 바이오매스의 이용과 바이오 연료·에너지에 관해 7장에서 자세히 다루고 있다.

표 1.6 • FAO의 바이오연료 분류

생산측 : 공급	일반 그룹	이용측 : 수요
직접연료목(Direct woodfuels)	목질연료 (Woodfuels)	고형 : 연료목(원목, 칩, 톱밥, 펠릿), 목탄
간접연료목(Indirect woodfuels)		
회수연료목(Recoverd woodfuels)		액체 : 흑유(Black liquor), 메탄올, 열분해유 (Pyrolytic oil)
목질이용연료(Wood-based fuels)		가스 : 가스화로부터의 산물, 위 연료로부터의 열분해 가스
연료작물(Fuel crops)	농업연료 (Agrofuels)	고형 : 짚, 줄기, 껍질, 사탕수수 줄기를 착즙한 후의 잔재(Bagasse)
농업부산물(Agri. by-products)		
동물부산물(Animal by-products)		액체 : 에탄올, 채원유, 메탄올
농산업부산물 (Agro-industrial by-product)		가스 : 바이오가스, 바이오연료로부터 발생한 열분해 가스
도시부산물	도시부산물 (Municipal by-products)	고형 : 도시고형폐기물
		액체 : 하수슬러지, 도시부산물로부터 생성된 열분해유
		가스 : 매립지가스, 슬러지가스

출처 : FAO, 2001

Reference

1. 류수호, "효율적인 자원순환사회 형성을 위한 자원재활용 정책 고찰", *한국자원리싸이클링학회지*, 18(2), 3∼15, (2009).
2. 수도권매립지관리공사, 유기성폐기물을 이용한 바이오가스 개발 타당성보고서, (2008).
3. 신에너지 및 재생에너지 개발·이용·보급 촉진법.
4. 한국폐기물협회, (2009).
5. 한국환경자원공사, Waste-to-Energy Report(Vol.1), (2008).
6. 한국환경정책평가연구원, 폐기물 에너지화 종합 대책 실행 계획 방안 연구, (2008).
7. 환경부, 유기성폐기물을 이용한 에너지제품의 품질기준 설정방안 연구, (2008).
8. 환경부, 폐기물에너지화 종합대책, (2008).
9. 환경부, 폐자원 및 바이오매스 에너지 실행 대책, (2009).
10. 환경부, 환경백서 2009, (2009).
11. FAO, Unified Wood Energy Terminology, (2001).
12. Rao, S.R., "Resource recovery and recycling from metallurgical waste", (2006).
13. Lakshmanan, V.L., Sridgar, R., "Sustainable development-the role of waste minimization and recyclables", *Recycling and Waste Treatment in Mineral and Metal Processing*, 1, 147~155, (2002).
14. 환경부, 2011 전국 폐기물 발생 및 처리현황, (2012).
15. 환경부, 2011 지정 폐기물 발생 및 처리현황, (2012).
16. 수도권매립지관리공사, 가연성폐기물 고형연료화시설 시설설치 및 운영기술서, (2013).
17. 한국환경산업기술원, 폐자원 에너지화 기술동향보고서, (2013).

CHAPTER 02

폐기물의 물리·화학적 분리

2.1 고체물질의 분리
2.2 액체물질의 분리 및 분류
2.3 기체물질의 분리 및 분류

폐기물의 분리는 폐기물을 구성하는 물질들의 혼합물을 결정, 승화, 증류 등의 과정에 의하여 어떤 성분을 함유하는 부분과 함유하지 아니하는 부분으로 나누는 과정을 의미한다. 화학적 처리가 직접적으로 불가능한 폐기물들은 물리·화학적 분리 후 처리가 가능한 상태로 전환된다. 물질의 분리가 필요한 것은 이를 통하여 폐기물을 구성하는 물질을 정량화함으로써 폐기물의 수송 및 이용을 보다 효과적으로 진행하기 위해서이다. 이러한 처리는 폐기물을 구성하고 있는 물질들의 고유한 성질인 비중, 자성과 전기 전도성 등을 이용하여 가능하게 된다.

물리 · 화학적 분리 과정은 물질의 특성을 기반으로 처리되며, 본장에서는 폐기물 또는 자원화 대상 물질의 분리에 관한 기본적인 원리를 고체, 액체, 기체일 경우로 구분하여 설명하였다. 고체 물질의 분리에서는 분쇄, 중력분리, 관성, 자력 등에 의한 분리방법이 기술되었으며, 액체 물질의 분리에서는 원심분리와 막분리, 기체물질에서는 심냉법, 흡착분리 등이 기술되었다.

2.1 고체물질의 분리

2.1.1 분쇄

고체물질의 분리를 위해서는 적합한 처리방법이 적용되어야 하며, 이를 위해 먼저 재료의 분쇄가 선행되어야 한다. 분쇄는 폐기물을 구성하는 물질의 물성 차이를 이용하는 것을 기본으로 하며, 이러한 성질 중 물질의 특성과 관련된 비중, 자성, 열, 전기전도성 등을 포함한다. 본 장에서는 분쇄를 이용한 고체물질분리기술 중 파쇄와 극저온 분쇄의 기본원리에 관해서 기술하였다.

가. 파쇄

파쇄는 물리적인 힘을 이용하여 대상 물질을 균일하면서도 작은 입자로 만들기 위해서 깨뜨리는 과정이다. 일반적으로 폐기물은 양이 적고 불균일한 밀도를 가지는 입자로 구성되어 있으며, 이러한 물질의 크기 감소는 입자의 동질성 및 밀도 그리고 표면적 대 부피비를 증가시키는 효과를 가져온다. 증가된 밀도는 대상 폐기물의 보다 효율적인 수송을 가능케 하며, 폐기물 처리 시 요구되는 매립지의 사용 효율을 더욱 높이는 효과가 있다.

또한 파쇄된 폐기물은 자성 분리 등을 통해서 더 효과적으로 사용될 수 있으며, 이러한 물리적 분리 공정이 진행하기 위해서 분리되는 개별적 성분은 각각의 입자 간 반응성이 없어야 하며, 서로 엮이지 말아야 한다. 예를 들면, 폐기물 광물에서 여러 광물 성분을 분리할 때 유사한 성분은 응집되어야 하며, 상이한 성분은 각 성분으로부터 자유로워져야한다.

나. 극저온 분쇄

여러 가지 물질이 가지고 있는 취성(Brittleness)을 이용하여 저온에서 분쇄 처리를 진행하는 것이 효율적이며, 이러한 공정은 극저온 분쇄 처리에서 이루어진다. 이 공정은 금속 조각을 처리하기 위해 금속 재활용 공정에서 주로 사용되며 저온은 보통 액체 질소 또는 이산화탄소에 의해 유지된다. 극저온 분쇄의 장점은 일반적인 대기 온도 조건에서 진행된 분쇄와 비교해 소비 전력이 적으며, 물질에서 열로 인한 강화를 최소할 수 있다는 것이 장점이나 기존 분쇄 기술과 비교해서 고가 장비와 액체 질소의 일정한 사용이 필요하다는 단점도 있다.

2.1.2 중력분리

중력분리는 아주 오래전부터 이용되어 왔던 분리 방법이며, 광석으로부터 광물의 분리를 위한 공정으로 주로 사용되어 왔으며, 재활용시스템 내 2가지 이상 성분에 대한 비중차이를 이용해 분리하는 것이 기본 원리이다. 분리는 주로 물에서 진행되지만 공기 또한 물이 부족하거나 특별한 경우에 사용되며, 분리는 밀도의 차이와 입자 크기에 의해 영향을 크게 받기 때문에 주로 물에서 가장 분리가 잘 일어난다.

중력분리장치에서 입자는 서로 간의 상호작용을 통해서 활발한 움직임을 나타내므로 이를 통하여 물질의 분리가 일어나며 이러한 물질 중 일부는 농도차가 분리하는데 중요한 요인이 되기도 한다. 본 장에서는 중력분리기술 중 진동선별기, Bartles-Mozley 농축기, 공기부상대, 지그(jig), 분급기의 기본 원리를 기술하였다.

가. 진동선별기

진동선별기는 상대적으로 오랫동안 사용되어온 장치이지만 여러 가지 형태를 통해서 발전되어 왔으며, 전체 공정은 그림 2.1과 같다. 각각은 수동 및 자동 진동선별기로서 기기를 진동시켜 입자 규격별로 홀을 통과할 수 있도록 제작한 수동선별기와 2개의 롤러 사이를 통과하여 크기를 선별하는 자동선별기를 나타내었다.

대상 물질은 상부 주입부를 따라 선별 테이블로 들어가고 요동 작용과 세척수에 의해 테이블로 퍼지게 된다. 테이블은 기본적으로 직사각형이며, 공급 단부에서부터 방전 단부까지 약 0～6도의 기울기 조정이 가능하다. 수동선별기는 대상 물질을 진동을 통하여 규격별로 테이블에 있는 구멍을 통하여 분류가 가능하며, 자동선별기는 2개의 롤러 사이를 통과하여 크기 선별 및 분류가 가능하다.

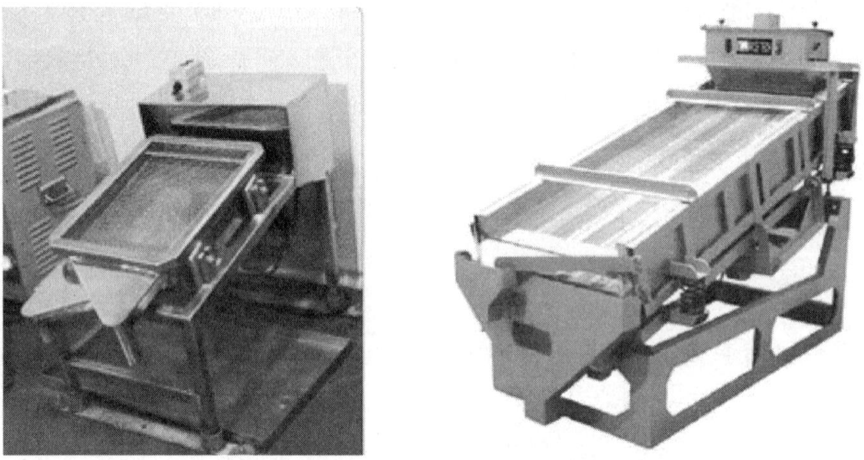

그림 2.1 • 수동·자동 진동선별기

나. Bartles-Mozley 농축기

Bartles-Mozley 농축기는 본래 다른 방법으로는 회수할 수 없는 미세한 석석(주석의 원석, Cassiterite)을 회수하기 위해 만들어졌다. 그림 2.2는 Bartles-Mozley 농축기를 나타낸 것으로 각각 데크는 1.5 m × 1.2 m 넓이를 가진다. 일반적인 석석 회수 공정에서는 석석이 주입된 후 최대 35분까지 모든 데크에 고르게 분배되고 표면의 농축물을 기울기 조절을 통하여 세척하게 된다. 이러한 공정은 목표 효율을 달성할 때까지 연속적으로 반복되며,

본 농축기는 10 μm 입자의 60% 이상을 회수가 가능하다.

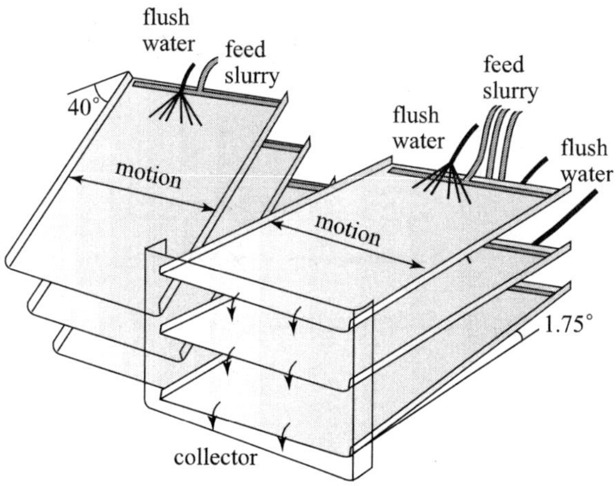

그림 2.2 • Bartles–Mozley 농축기

다. 공기부상대

공기부상대는 장치 내 다공질 층을 통하여 계속적으로 공기를 주입시킴으로서 입자의 크기와 밀도차이에 기반을 둔 장치이다. 그림 2.3은 공기부상대의 입자층의 단면도를 나타낸 것으로 보다 무거운 입자는 테이블의 끝에서 주입되어 상단 표면에 정착하는 반면, 공급되는 대상 물질은 하부로부터 상단까지 비중의 차이로 인한 수직 층을 형성하게 된다. 주입되는 물질은 테이블 층의 끝에서 주입되며, 거기서부터 다공성 층과 유동되는 공기에 의해 층 표면 물질이 계층화된다. 그 결과, 더 무거운 입자는 층 표면에 정착하는 반면 가벼운 개체는 상승하게 되고 이에 따라 수직 층을 형성한다.

이러한 양쪽 기울기의 결과에 따라 가벼운 입자는 층의 낮은 쪽으로 향하게 되는데 입자 사이즈, 모양 그리고 밀도에 의존하는 중간 흐름은 양 끝으로 분배되어 포집된다.

공기부상대에는 다양한 밀도와 사이즈를 가진 혼합 소재가 다공성 층표면에 주입되어 무작위로 분포되어지며 이를 분리하는데 다음과 같은 두 가지 원리가 적용된다.

첫째, 적절한 기류 속도로 가벼운 물질은 부상대 상단으로 이동하고 무거운 입자가 최저에 이르는 방법으로 계층화된다. 둘째, 높은 기류 속도는 입자들이 무작위로 혼합되도록 유도하지만 상단으로 무거운 입자가 투입됨으로서 공기 성층을 파괴시킨다. 따라서 기류 속도를 최적화하는 것은 효과적인 성층의 형성을 위해 매우 중요하다.

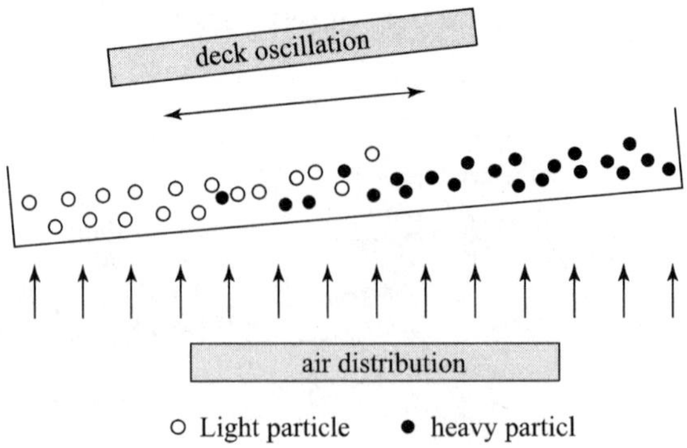

그림 2.3 • 공기부상대와 입자층의 단면도

라. 지그(Jig)

지그(Jig)는 광물을 대상으로 비중의 차이를 이용해 광물 처리공정에서 거의 200년 동안 사용되었다. 가볍고 무거운 입자는 스크린에 지지된 진동층으로 투입되어 입자가 가진 비중 특성을 이용하여 분리되며, 무거운 입자는 물의 맥동식 흐름으로 인하여 베드의 간극에 침입하여 높은 비중 입자가 간섭 침강의 상태에서 떨어지도록 물질을 팽창시킨다. 그림 2.4는 플런져 타입(Plunger type)의 지그(Jig)를 나타낸 것으로 대상물질은 물의 상하운동 과정에서 광물입자들이 가라앉거나 물위로 부유하여 빠져나감으로서 이루어진다. 즉 무겁고 큰 광물입자는 아래층으로, 가볍고 미세한 입자는 상층으로 각각 구분되어진다.

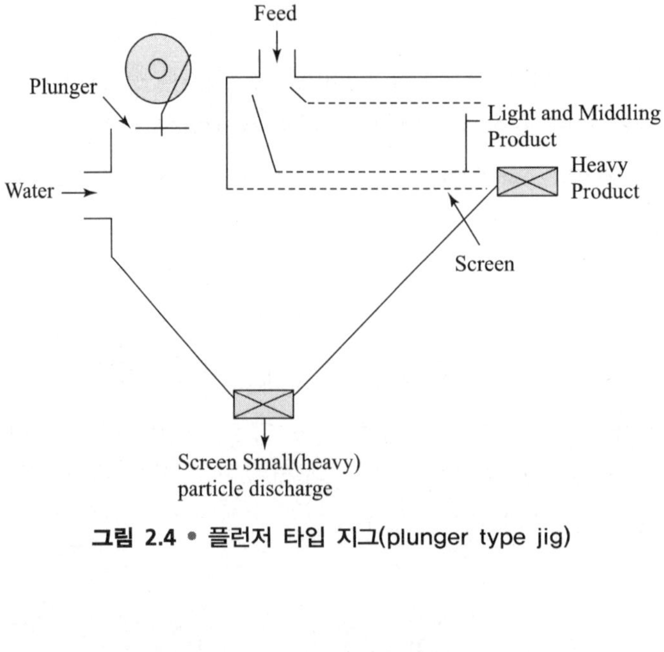

그림 2.4 • 플런져 타입 지그(plunger type jig)

마. 분급기

분급이란 넓은 뜻으로는 화학성분, 입자지름, 모양, 색, 밀도, 방사성, 자성 및 정전 특성 등에 따라 고체를 분리하는 것을 말한다. 좁은 뜻으로는 밀도가 같은 분립체를 입자 지름에 따라 2개 또는 그 이상의 입자군으로 나누는 조작을 말하며, 입도분급이라고도 한다. 분급은 사용하는 유체에 따라 건식분급과 습식분급으로 크게 나누는데 전자는 기체, 주로 공기를 사용하므로 풍력분급이라 하고 후자는 액체, 주로 물을 사용하므로 수력분급이라고도 한다.

(1) 건식분급

일반적으로 건식분급은 공업적으로 체가름이 적합하지 않는 범위의 분체를 건식 입도분급하는데 적용하고 그 범위는 통상 수 μm부터 250 μm 정도이며, 최근에는 나노분급도 하게 되었다. 건식분급은 기류 속에 분산시킨 입자에 방향이 다른 힘을 작용시켜, 입자의 이동거리에 따라 분급하거나, 또는 침강속도의 차를 이용하여 분급하는 것이며, 분리는 입자 지름과 밀도의 함수로 작용한다. 입자에 작용하는 힘은 항력, 부력, 중력, 원심력, 코리올리의 힘(Coriolis effect), 관성력, 정전기력, 자력, 마찰력, 충돌력, 부착력 등이 있다. 풍력분급기를 원리에 따라 입자의 침강속도와 기류속도의 평형을 이용한 것(중력 또는 원심력), 입자가 기류를 가로지르는 방식 및 기타 방식으로 분류할 수 있다.

건식분급에 주된 원리인 원심력은 회전에 따라서 중력의 약 100배의 값을 쉽게 얻을 수 있고 회전수 조절을 통하여 중력분급 또는 관성분급보다 작은 입자지름 범위인 수 10 μm 또는 수 μm까지 분급할 수 있다. 기본적인 분급기구는 반지름 방향의 안쪽으로 향한 기류속도와 바깥쪽으로 향하는 입자속도가 평형을 이루는 점이 평형점이고 이보다 더 큰 입자는 굵은 입자로서 바깥쪽으로 이동하며, 작은 입자는 고운 입자로서 안쪽으로 들어가서 분급된다.

건식분급은 대부분의 경우, 입자 궤적의 차로 분급되기 때문에 분급부분의 입자의 초기조건 및 유체의 흐름조건을 부여하여, 입자의 운동방정식을 풀면 비교적 간단히 분급기구를 검토할 수 있다. 분급 성능은 분급부분에서의 동일한 입자 지름의 입자 속도 및 입자 위치의 조건이 동일한가 아닌가에 따라 크게 좌우되며, 기류의 균일성 및 입자의 분산이 완전하면 양호한 분급결과를 기대할 수 있다.

건식분급기 종류에는 중력분급기, 관성분급기, 원심분급기로 나눌 수 있으며, 중력분급기는 입자의 낙하속도 또는 낙하위치의 차이에 따라 분급하는 방법이고 기류의 방향에 따라 수평류형, 수직류형, 경사류형이 있으며, 관성분급기는 수평방향의 비행거리에 의해 분급하는 직선형, 곡선형, 경사형이 있다. 원심분급기는 기류의 선회를 이용한 것과 에어 분류기라 부르는 기계적인 회전에 의한 것이 있고 여기에는 미세 분류기, 지그(Zig)재그 분급기 등이 있다.

그림 2.5는 건식분급기를 나타낸 것으로 왼쪽은 미세입자 분류기이며, 에너지 소비가 적고 3～180 μm의 범위에서 이용가능하며, 시간당 240 m^3～36,000 m^3의 공기를 주입한다. 오른쪽은 세라믹 및 미세금속물질에 적합한 Turboplex Ultra-fine Classifier 이다.

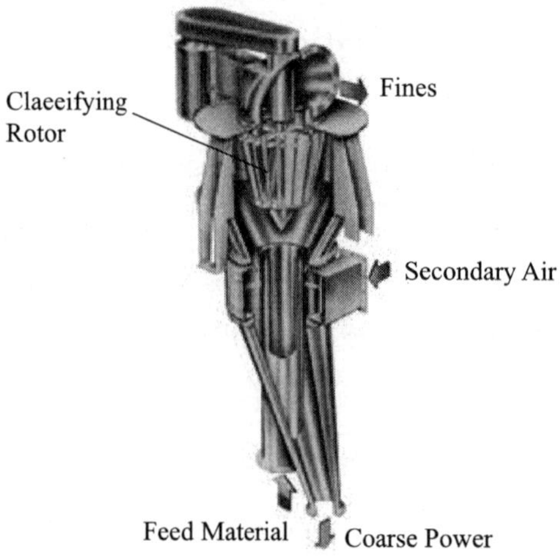

(a) Micron Separator

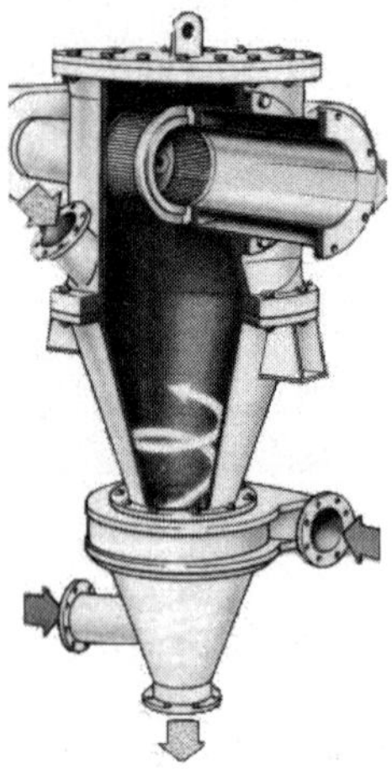

(b) Turboplex Ultra - fine Classifier

그림 2.5 • 건식공기분급기

그림 2.6은 지그재그(Zigzag)형 공기분급기이며, 이 장치는 교란과 합성 힘을 결합시켜, 특히 입자 중 털형태의 입자를 포함하는 물질을 처리하여 분리하는데 유용하다.

그림 2.7은 회전식 공기분급기이며, 투입은 회전 드럼에서 다루어진다. 드럼이 회전한 것처럼, 경량 흐름은 공기 스트림에 떠 있고 작고 무거운 입자는 큰 무거운 입자가 드럼의 하단부에서 나가는 동안 홀을 통하여 떨어진다.

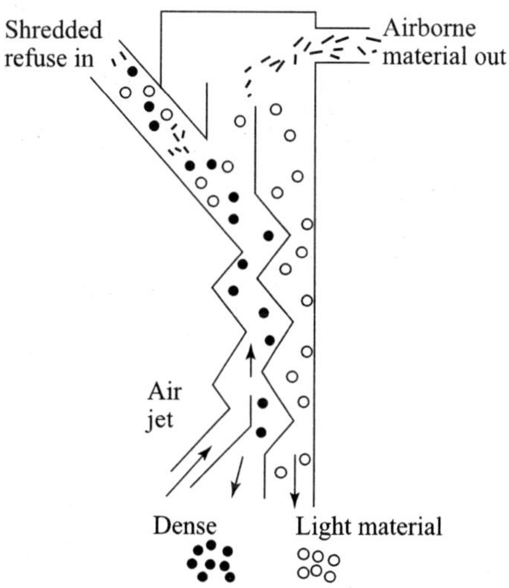

그림 2.6 • 지그재그(zigzag)형 공기분급기

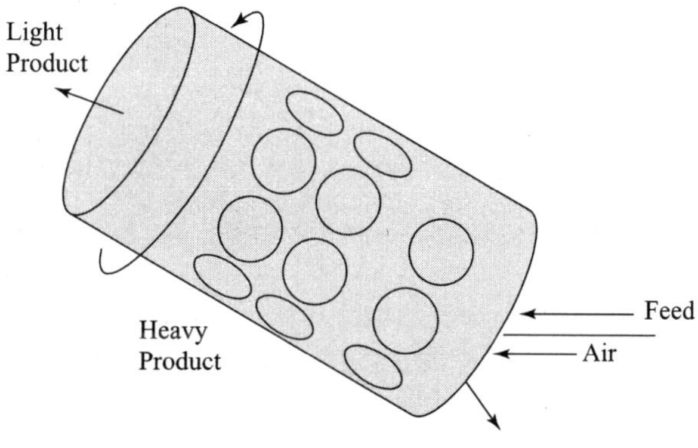

그림 2.7 • 회전식 공기분급기

(2) 습식분급기

습식분급기에는 스파이럴 분급기와 원심력 분급기가 있으며, 물로 모래에 부착된 미분을 세척하여 제거시키는 장치로서 분급효율이 우수하다. 그림 2.8은 스파이럴 분급기를 나타낸 것으로서 주입되는 물에 의해서 모래를 분리해 낼 수 있다. 그러나 습식분급기는 설비에 따른 사용면적이 넓다는 단점이 있기 때문에 그 사용범위가 매우 좁은 편이다. 최근에는 그림 2.9와 같은 원심분리기를 이용한 습식분급기가 많이 사용되고 있으나 분급효율이 우수한 장점이 있음에도 불구하고 설비비 및 유지보수비가 비싸므로 폐기물처리 부문에서는 재생모래를 생산하는 공정에서만 일부 사용하고 있다.

그림 2.8 • 스파이럴 습식분급기

그림 2.9 • 원심력 습식분급기

2.1.3 관성분리

고체물질이 가지고 있는 관성은 그 물질의 성분을 분리하는데 사용될 수 있다. 운동방향을 바꾸는데 영향을 미치는 저항인 관성은 밀도에 의존하며, 크기가 비슷한 대상은 가장 큰 밀도를 가진 대상이 최대 관성을 가진다. 이러한 원리를 성분이나 비중이 다른 물질을 분리, 정제, 농축하는데 이용할 수 있으며, 일반적인 관성분리기는 사이클론 분리, 탄도 분리 등이 있다.

가. 사이클론 분리

사이클론은 파쇄된 혼합물의 조성에 관계없이 주입되는 한 개의 유입구를 가진 원통형 챔버를 이용한 공기 분류기이다. 그림 2.10은 사이클론 분리기를 나타낸 것으로 혼합물이 공기에 떠 있는 동안 실린더 주위에서 소용돌이 형태의 관성 작용을 통하여 입자를 밀집시키고 밀집된 입자를 벽으로 이동시키며, 이동된 입자는 응집되어 바닥에 있는 원추형 부분을 통하여 떨어지게 된다.

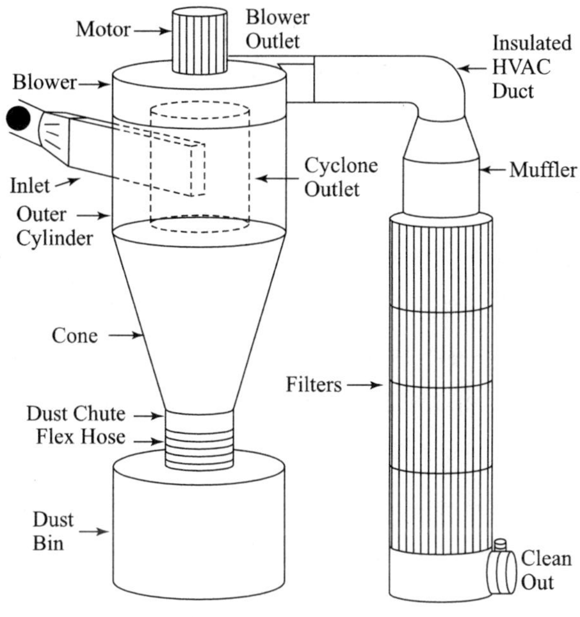

그림 2.10 • 사이클론 분리기

나. 탄도 분리

탄도 분리는 공기를 통하여 파쇄된 폐기물 입자를 추진시키기 위해 로우터를 이용하여 분리하는 공정으로, 고밀도이고 높은 관성을 가진 입자는 저밀도의 낮은 관성을 가진 입자보다 더 앞으로 추진되어진다. 그림 2.11에 나타난 바와 같이, 수집통은 그들이 떨어진 것처럼 입자를 포착하도록 설정되며 분리는 입자의 이동거리에 의해 결정된다.

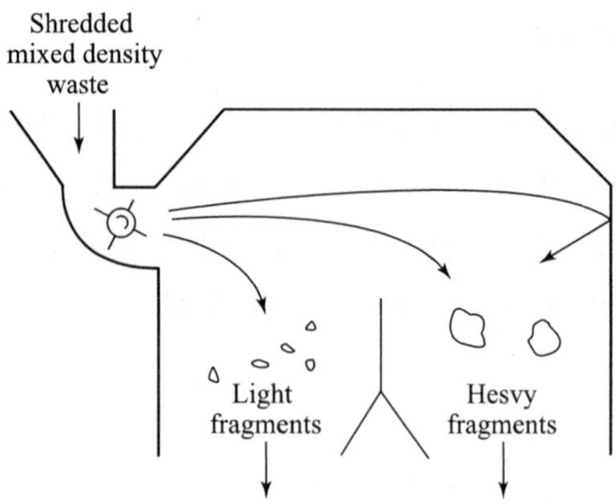

그림 2.11 • 탄도 분리기

2.1.4 자력분리

자력분리는 물질의 자성 차이를 이용한 선별법의 일종으로, 200년 이상 사용되어 왔으며, 최근 100년 사이에 이 기술은 광물과 무기물 폐기물로 분리하는데 사용되거나 미량의 철성분을 함유한 물질을 분리하는데 적용되었다. 광물의 경우, 자장 안에 물체를 놓을 때 자성체는 극쪽으로 끌리고 비자성체는 끌리지 않음으로 자성체와 비자성체를 분리할 수 있다. 그 예로써 자성체인 자철석과 비자성체인 석영의 분리를 들 수 있다.

자성에 의하여 물질 분리를 두 가지로 나누면 첫째, 자장 안에 놓을 때에 그것이 자계와 반대방향의 자성을 얻어 자석으로부터 척력을 받는 물질을 반자성체 또는 비자성체라고 하며, Au, Ag, Hg, Pb, Cu 등의 광물이 여기에 속한다. 두 번째로 자계 안에 놓을 때 그것이 자계와 같은 방향의 자성을 얻어, 자석으로부터 인력을 받는 물질을 상자성 물질이라고 하며, Fe, Ni, Co 등의 광물이 여기에 속한다. 그 중에서도 특히 Fe, Ni, Co 이외에도 자철광 같은 것은 자계 밖으로 내어 놓아도 상당시간 자성을 잃지 않는 것으로서, 이런 것을 특별히 강자성 물질이라고 한다.

한편, 두 개의 자극을 가까이 놓았을 때 작용하는 인력 혹은 척력을 식 (2.1)에 나타내었으며, 두 자극 사이에 작용하는 힘은 양극의 세기인 m_1, m_2에 비례하며, 양극간 거리인 r과 물질의 투자율(Magnetic permeability)에 반비례한다.

$$F = \frac{1}{\mu} \cdot \frac{m_1 m_2}{r^2} \tag{2.1}$$

μ : 물질의 투자율
$m_1 m_2$: 양극의 세기
r : 극간거리

자력에 반응하는 물질의 속성을 자화율(Magnetic susceptibility)이라 하고 이러한 자화율은 상자성체와 반자성체 물질로 분류된다. 상자성체 및 반자성체 물질이 자기장에 의해 받는 힘은 매우 미약하기 때문에 보통 자력분리법은 철, 티타늄, 망간 등을 포함하는 광물과 같은 강자성체 광물을 분리 할 때 적용하고 있다. 현재 철광석의 대부분을 자철석 및 적철석에 의존하고 있지만 다행히 이들 광물은 강자성체 중에서도 자성이 높은 물질에 속하고 있으며, 비교적 처리비용이 싼 약자력 분리에 의하여 효율적으로 분리할 수 있다.

2.1.5 정전분리

정전분리는 물질의 전기적 전도성 차이를 기반으로 하는 기술로서, 그림 2.12는 고장력 정전분리기를 나타내었으며, 투입된 대상 폐기물 중 전도성을 가지는 입자는 대전된 이온화 전극으로 이루어진 회전자로 이동되어 이온 충돌에 의해 대전된다. 투입된 입자는 접지 회전자에 대전되어 그것이 가진 전하를 잃게 되고 원심력에 의해 회전자 표면으로부터 분리된다. 부전도성 입자는 투입된 폐기물의 형태를 급격히 흩뜨리지 않으면서 회전자 표면에 유지되며 결국 로우터에서 떨어지게 된다.

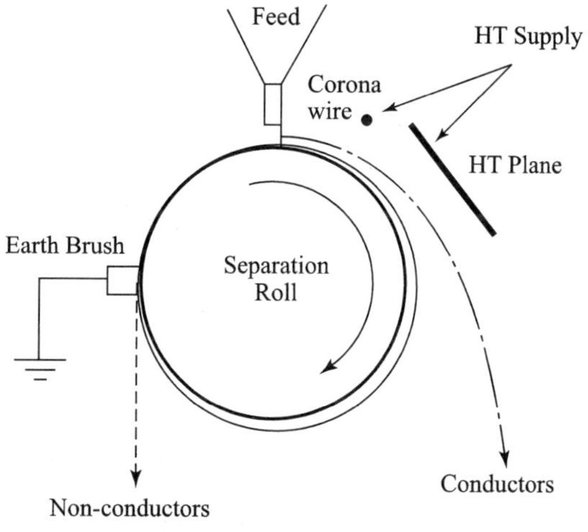

그림 2.12 • 고장력 분리기(high tension separator)

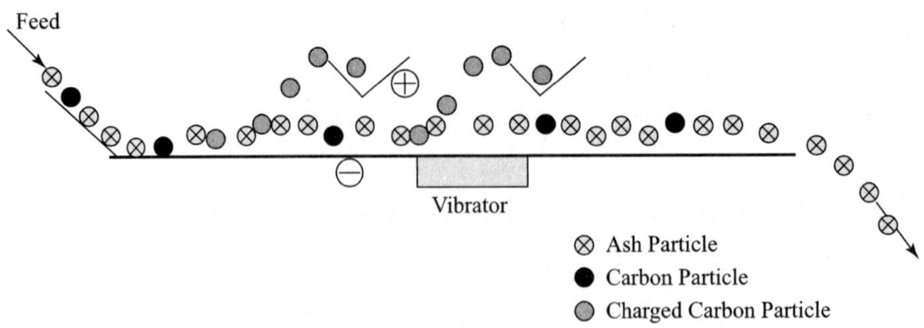

그림 2.13 • 진동식 정전분리기

보통 입자(전도성을 띠며 부전도성 성분들 사이에 존재하는 입자)는 더 빨리 그들의 전하를 잃고 먼저 떨어지게 된다. 조대 입자의 경우 표면의 전하는 미세 입자의 전하보다 질량에 의존하기 때문에 분리는 입자 크기에 의해 영향을 받으며, 더 쉽게 회전자 표면으로부터 제거된다. 그러나 미세 입자의 경우 부전도성 입자에 의해 갇히는 경향이 있기 때문에 클리닝이 종종 필요하다.

2005년 한호형 등(조선대학교)에 의해 연구되었던 '정전선별기에 의한 미립석탄회의 효과적 분리에 대한 연구'에서는 국내화력발전소에서 발생되는 석탄회 중 가장 조립질로 구성되어 있는 삼천포화력본부의 석탄회 정제공정에서 100 ton/일 전후 발생하는 잔사로부터 고품위 석탄회를 분리하기 위해 조립질 석탄회 분리에 탁월한 분리효율을 가진 정전유도에 의한 선별법을 적용, 1%LOI(한계산소지수, Limiting Oxygen Index) 이하의 고품위 석탄회를 80% 이상의 회수율과 함께 얻을 수 있어 그 분리 가능성을 확인하였다. 그림 2.13은 이 연구에서 사용된 정전유도형 정전선별기(폭 37 cm, 길이 100 cm인 수평선별 deck와 이로부터 1.25 inch 높이에 V-type의 회수대가 설치된 선별장치)로, 급광된 석탄회중 도체인 미연탄소는 정전유도판에 접촉하는 순간 바닥전극과 같은 극성으로 대전되어 V-type의 회수대 위로 반발 제거되고 반대로 석탄회는 정전유도되지 않는 상태에서 진동기의 진동에 의해 바닥전극을 따라 전진 이동하여 분리가 일어난다.

2.1.6 파쇄분리

가정용 집기(세척기, 냉동기, 기타 등등)로부터 재순환처리된 금속은 물질이 철금속류를 분리시키기 위해 파쇄되고 분열시키도록 요구되며 특히 가전제품의 경우 특수한 파쇄 시스템이 필요하다. 그림 2.14는 습식파쇄의 흐름도이며, 이러한 파쇄 및 분류 처리를 통해서 금속물질을 분리한다. 건조 파쇄기의 단점은 공기정화시스템이 모든 공중 입자를 제거하도록 요구된다는 것이나, 이것은 습식파쇄기에서 부분적으로 보완될 수 있으며, 습식 상태에서 분진제거에 사용된 물은 클리닝이 요구된다.

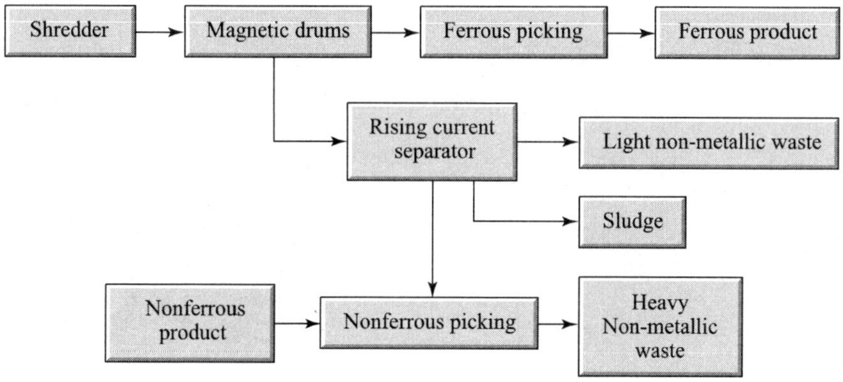

그림 2.14 • 습식파쇄시스템

2.1.7 흡착식 버블분리

흡착식 버블분리기술은 표면 활성도의 차이를 기반으로 하며, 미립자 또는 콜로이드 형태에서 고체가 선택적으로 부속장치의 가스(보통 공기) 버블에 의해 회수되는 원리이며, 버블은 물의 표면으로 상승하며, 포집된 입자는 재생된다. 자연적으로 표면활성이 되지 않는 물질은 종종 고체표면에 흡수되며, 이는 표면활성화를 진행시키는 시약인 콜렉터를 이용하여 만들어진다. 버블분리에서 사용되는 시약은 광물에서 포집제와 소수성막의 형성과 함께 일정한 범위의 pH 내에서만 상호작용이 일어난다. 예를 들어 황화광물의 경우에 어떠한 pH값 이상에서는 포집제 활용은 발생되지 않으며, 광물은 부유된다. pH의 또 다른 영향은 포집제의 이온화의 상태에 영향을 미친다는 것이다. 예를 들어 아민은 산성 수소 pH 농도범위에서 양이온이지만 알카리 pH에서 긴 고리형 아민은 중성 분자 상태에서 발생하며, 양이온 반응제로서 적절하지 않다.

흡착식 버블분리 장치의 많은 종류가 현재 사용 중이며, 이러한 디자인들은 소수성 접촉을 통해 대상 입자를 만드는 기능을 가지고 그 입자가 제거된 거품에서 표면으로 상승하게 하여 기포에 부착된다.

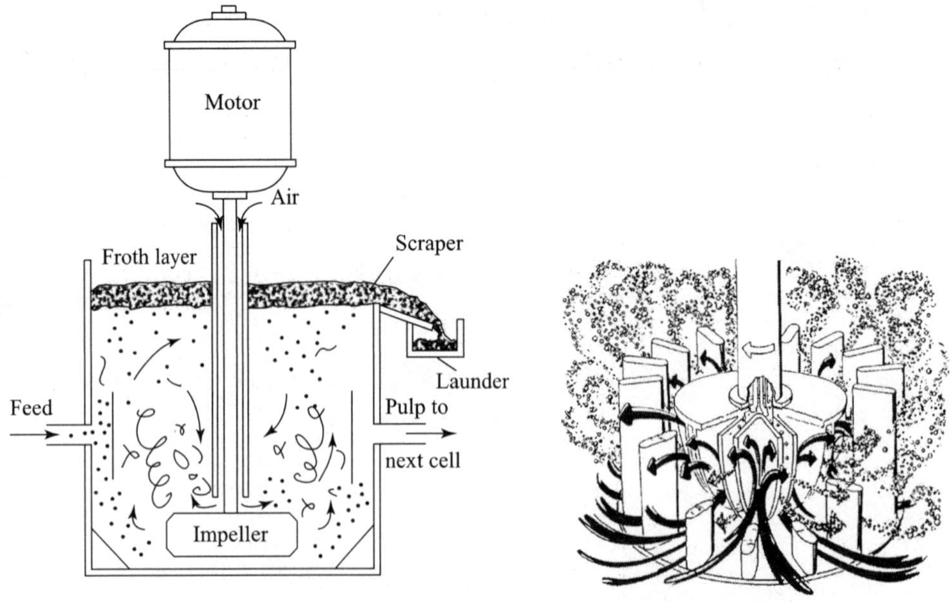

그림 2.15 • Wemco-Fagregren 거품부유장치

그림 2.15에 나타낸 Wemco-Fagregren 거품부유장치는 배플 내에 회전하는 임펠러를 가지고 있으며, 공기는 효과적인 버블 무기물 부속장치에서 버블 입자 충돌을 발생시키기 위해 임펠러를 통하여 주입되며 이를 통해 적절한 분산과 충분한 혼합이 이루어진다.

또다른 거품부유장치인 공기용해식 부유분리는 압력이 대기압으로 돌아갈 때 미세 입자 위의 버블의 침전에 따른 압력강하에 의해서 공기 및 다른 가스들이 물 안으로 용해되는 원리를 이용한다.

2.1.8 선별분리

선별에 의한 분리는 물리적 분리의 가장 오래된 방법 중 하나이며, 주로 석탄의 선광에 사용된다. 분리되기 위한 물질이 점점 다양해졌기 때문에 시각적으로 성분을 구별하는 것에 의한 물리적 분리는 서서히 사양되었으나, 최근 컴퓨터와 센서 공학으로 자동화 선별 장치의 발전을 이루었으며, 사람에 의한 직접적 선별보다 매우 우수한 효율을 보이게 되었다. 다양한 기술이 선별 장치의 개발에 적용되었으며, 그 예로 X-레이, 레이저, 적외선 전도성 그리고 다양한 전자 시스템의 조합들이 있다. 이러한 기술들을 적용하는 분리 장치는 특수한 화학물질이 사용되지 않기 때문에 잠재적으로는 낮은 분리비용이 요구된다.

2.2 액체물질의 분리 및 분류

2.2.1 원심분리

원심분리는 슬러지 등의 이물질이 혼합된 액체를 원심력의 원리를 이용하여 슬러지와 액체를 분리시키는 원리이다. 원심분리는 일반 제약회사나 실험실에서 사용하는 소규모에서부터 하수처리용의 대형 구조물까지 매우 다양한 크기가 있고 그 세부적인 원리, 기능 및 형태에 따른 종류도 또한 다양하다.

하수처리용 또는 이와 유사한 목적으로 사용되는 Decanter형 원심분리기를 그림 2.16에 나타내었다.

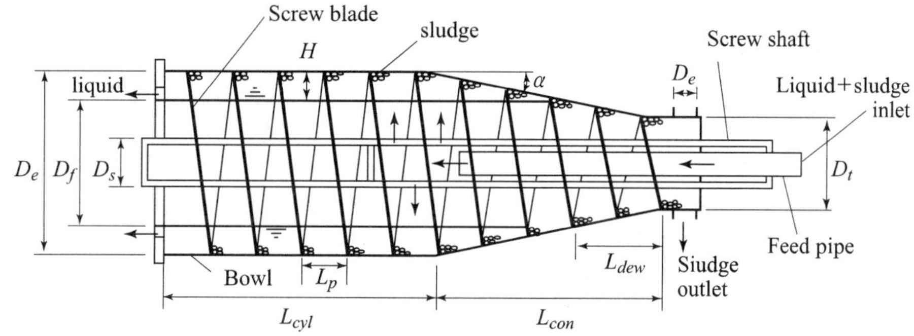

그림 2.16 • Decanter 원심분리기 모식도

가장 내부에 있는 피드 파이프(Feed pipe)와 그 외부의 스크류 축(Screw shaft) 및 보울(Bowl)은 동심축 상에 설치되며 스크류 축 표면에는 슬러지를 제거하기 위한 스크류 날개(Screw blade)가 부착되어 있다. 피드 파이프는 고정되며 스크류 축과 보울은 회전하는 구조로 되어 있어서, 회전 동력이 장치의 우측에서 공급되어 스크류 축을 먼저 회전시키면 이 축의 회전은 좌측의 기어박스를 통해 약간만 감속된 뒤 보울에 전달된다. 즉, 스크류 축과 보울은 거의 동일한 크기의 회전속도로 회전한다.

분리시키고자 하는 액체와 슬러지의 혼합물이 피드 파이프를 통해 스크류 축 내면에 투입되면 이것은 자연낙하 또는 강제 배출 방식으로 스크류 축 구멍을 통해 분출된다. 분출된 혼합액은 스크류 날개, 스크류 축 외면 및 보울 내면으로 형성되는 채널 내에 갇혀 스크류 및 보울과 같이 회전한다. 그러면 회전에 의한 원심력으로 액체는 보울의 내면에 밀착되고 이것이 누적되면 보울 및 축과의 동심원 형태로 자유표면을 구성한다. 액체의 유입이 계속되면 자유표면은 점점 상승하여 마침내 좌측의 액체 배출구를 통해 액체는 배출된다. 그러나 이 과정에서 액체보다 무거운 슬러지는 액체에 의한 부력보다는 원심력이 더 커서 보울 내면의 바닥에 모인다. 한편, 스크류 축은 보울보다 약간 작은 속도로 회전하기 때문에 스크류 작용에 의해 가라앉은 슬러지를 우측으로 쓸어모아서 마침내 슬러지 배출구를 통해 밖으로 배출해 낸다.

보울은 단순한 원통형인 실린더와 콘(Cone) 형태의 비치(Beach ; 길이 L_{dew}로 표시한 부분)가 연결된 모양을 취한다. 비치는 슬러지를 건져 올리고 이어서 슬러지에 포함된 액체 성분을 경사면을 통해 좌측으로 흐르게 함으로써 슬러지 출구를 통해 배출되는 슬러지의 함수율을 낮게 하기 위한 목적을 갖고 있다.

2.2.2 액체물질의 막분리

막분리 기술은 미세공(pore)을 가진 분리막을 이용하여 액체 또는 기체 속에 존재하는 용질들로부터 선택적인 분리가 가능한 분리 공정으로 정의할 수 있다. 본 절에서는 수 처리용 분리막, 즉 액체 속의 용질 분리를 목적으로 하는 분리막 공정만 주로 다루도록 하겠다.

분리막 공정은 미세공의 크기에 따라 또는 분리할 수 있는 용질의 종류에 따라 그림 2.17과 같이 분류할 수 있다. 즉, 역삼투(RO, Reverse Osmosis), 나노 여과(NF, Nanofiltration), 한외 여과(UF, Ultrafiltraion) 및 정밀 여과(MF, Microfiltration)로 분류된다.

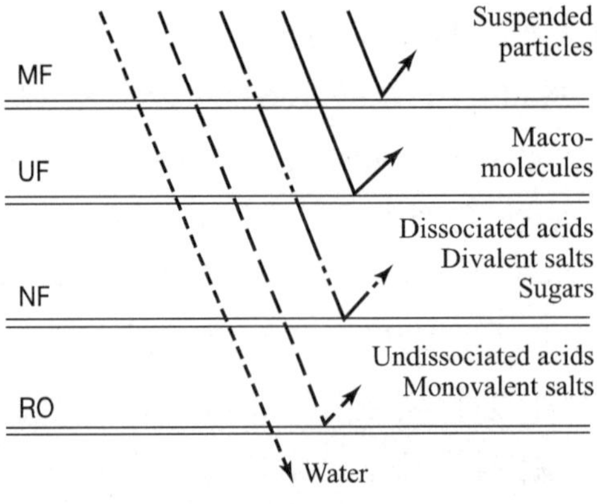

그림 2.17 • 액체 분에서 막분리의 적용

RO 공정은 물만 투과되고 나머지 모든 용질은 배제되는 것을 알 수 있으며, 주로 해수로부터 담수의 생산 및 정수기에 사용되며 용질의 농도에 따라 삼투압이 증가하기 때문에 보통 20~40기압 정도의 고압에서 작동된다. 예를 들면 용존 고형물(TDS, Total Dissolved Solids)의 농도가 35,000 mg/L인 해수의 삼투압은 25℃에서 397 psi 정도이다. 따라서 해수 속의 염을 제거하기 위해서는 약 27기압 이상의 높은 압력이 필요하다. NF는 RO와 UF의 중간 범위로 분자량이 수백에서 수천 정도의 용질을 분리해 낼 수 있으며, 2가 양이온을 1가 양이온과 선택적으로 분리할 수 있기도 하다. UF는 단백질, 다당류 또는 고분자 물질들과 같은 거대분자(Macromolecule)를 분리하는데 용이한 공정이며, 거대분자가 발생하는 삼투압은 미미하므로 UF 공정은 RO에 비해서 상대적으로 낮은 압력인 1~8 기압 정도로 운전한다. MF는 기본적으로 부유 입자성물질(현탁물질)을 분리하는데 적합한 공정으로 막의 세공 크기에 의해 박테리아나 입자물질을 분리할 수 있고 작동압력은 1~4 기압 정도이다.

분리막 공정은 제조된 막을 적당한 모양의 모듈을 만들어서 사용하고 모듈의 형태로는 나권형(Spiral wound type), 중공사형(Hollow fiber type), 관형(Tubular type), 평판형(Plat and Frame type) 네 종류가 있으며, 표 2.1에 각 모듈의 특성과 장단점이 비교되어 있다.

표 2.1 • 막분리 공정에 사용되는 모듈의 종류와 특성

형 태	특 징	장 점	단 점
나권형 (Spiral wound)	평판형 막 여러 장을 둘둘 말아서 하나의 모듈화	표면적이 크다. Scale-up이 용이하다.	입자크기가 큰 물질은 막히기 쉬움
중공사형 (Hollow fiber)	수 mm의 관경을 가지는 속이 빈 실관 형태	표면적이 크다. 다양한 형태의 응용 가능	입자크기가 큰 물질은 막히기 쉬움
관형 (Tubular)	10 mm 이상의 관경을 가지는 관 형태	용질의 입자 크기가 큰 경우에 중공사형보다 적합	표면적이 중공사형보다 작다.
평판형 (Plate and frame)	판(sheet) 모양의 모듈	Scale-up이 용이 유지 관리가 용이	표면적이 작다. 입자크기가 큰 물질에 불리

출처 : 한국과학기술정보연구원, 2002

적당한 분리막 모듈을 선택하기 위해서 가장 관심을 기울여야 하는 부분은 분리할 용질의 입자 크기와 모듈의 표면적이다. 일반적으로 표면적이 큰 중공사형이나 나권형 모듈은 입자 크기가 크면 분리막 내부가 막히는 문제(Clogging)가 발생할 수 있기 때문에 모듈의 선택에 신중하여야 한다. 반면에 표면적이 작은 관형이나 평판형 모듈은 입자의 크기가 비교적 크다고 하더라도 큰 문제가 되지 않는다. 따라서 최적의 모듈을 선정하기 위해서는 분리 대상 용액 중의 입자 크기에 대한 고려가 우선되어야 한다.

막의 성능을 평가하기 위해서 플럭스(Flux)와 제거율(Rejection rate)이 사용되고 플럭스는 막의 투과 능력을, 제거율은 분리 능력을 나타내다. 플럭스는 단위 막 면적당(m^{-2}) 단위 시간당(h^{-1}) 막을 통과하여 나오는 유출수(Permeate)의 부피로 표시하고 액체의 경우 주로 사용하는 단위는 LMH($l/m^2 \cdot hr$)이다. 제거율은 분리 대상 용질이 막을 통해 어느 정도 배제되었는지를 나타내며 식 (2.2)와 같이 계산할 수 있으며, 유입수의 용질농도에 대한 유입수와 여과수 용질 농도의 차이를 백분율로 나타낸 값을 제거율로서 나타낸다.

$$\text{제거율, } \% = (C_1 - C_2)/C_1 \times 100 \tag{2.2}$$

C_1 : 유입수의 용질 농도
C_2 : 여과수의 용질 농도

일반 모래 여과 방식처럼 유입수의 전량이 막의 표면 방향으로 여과를 진행된 방식을 종말 여과라고 한다. 그러나 막분리 공정에서는 십자 흐름 여과방식을 사용하며, 이 방식은 여과액이 막 표면에 대해 90°의 방향으로 흐르면서 여과를 진행시키는 방식으로, 막 표면에 쌓이는 오염 물질들을 쓸어내는 효과 때문에 종말여과 방식보다 여과 효율이 좋으므로 대용량 및 대부분의 산업용 막분리 공정에 사용된다.

2.3 기체물질의 분리 및 분류

2.3.1 심냉법

기체를 압축, 냉각, 액화시킨 후 Boiling point의 차이를 이용한 증류법으로 분리하는 방법을 말하며, 기체분리 기술 중 가장 오래된 기술이다.

1877년 Peetet가 액화 탄산가스를 냉매로 하여 압축산소를 최초로 액화시켰고 1895년 C.V. Rinde는 고압공기를 향류열교환기에서 냉각 후 자유팽창시켜 액화시키는데 성공하였다. 이후 1902년 G. Grande가 팽항기를 이용하여 공기를 액화시킴으로 공업적으로 연속적인 공기 액화 생산 기술의 기초를 만들었다. 1910년 Linde Co.사에서 액화 공기를 비점차에 의한 증류법으로 산소, 질소를 분리하는 복식정류탑(Duplex Rectifying Tower)을 개발하고 1939년 kapitzar가 반동식 팽창 터빈(Reaction Expansion Turbin)을 개발하여 현재의 공기분리를 위한 경제적 대량 생산기술을 확립하였다.

2.3.2 흡착법

분리하고자 하는 기체를 흡착제에 흡착시키고 흡착되지 않은 잔류기체는 다른 용기에 이송한 후 흡착된 기체를 온도차, 압력차 등을 이용하여 탈착 시키면서 기체를 분리하는 방법을 흡착법이라 한다.

이때 탈착시 온도를 이용하는 것을 Thermal Swing Adsorption(TSA), 압력을 이용하여 탈착시키는 방법을 Pressure Swing Adsorption(PSA)이라 하는데 PSA법이 cycle time이 짧아 실용적으로 많이 사용되고 있다.

1950년대 초 Esso Res & Eng.사의 C.W Skarstrom이 Heatless Air Drier을 개발하여 Silica Alumina로 GC용 건조공기를 제조하여 PSA 기술의 기본 개념을 도입시켰다. 1960년도 UCC사에서 수소정제 및 공기분리를 위한 대형 PSA 장치를 최초로 개발하여 수처리에 사용되는 폭기산소 공급원으로 사용하는데 이때 Zeolite를 질소흡착제로 사용하여 농도 95% 정도의 산소를 제조할 수 있었다. 이 PSA법은 심냉법보다 장치가 간단하고 경제적인 면에서 유리하므로 중소규모의 전기로 등 각종 화공산업 용도로 급속하게 적용되어졌다.

2.3.3 기체물질의 막분리법

특수하게 제작된 막의 한쪽 면으로 기체(여러 종류의 기체분자로 구성된 혼합기체)가 접촉되어 막 반대면의 압력이 저압 상태로 될 때 혼합기체중의 특정기체가 막을 투과하는 현상을 이용하여 분리하는 방법을 말하며, 이때의 투과현상은 막과 친화성이 좋은 특정기체분자가 압력차를 Driving Force로 하여 막의 표면에 용해되고 이어서 막 내부에서 농도구배에 의한 확산이 일어나고 다른 면에서 탈착되어지는 원리이다.

막분리법은 심냉법에서와 같이 상변환 공정이 필요 없어 에너지가 적게 들고 또한 PSA

법에서와 같은 단속된 cycle이 필요 없이 연속적으로 분리가 가능하며, 시스템이 간단하다. 구성설비로는 송풍기, 막, Module 및 감압 펌프만 있으면 충분하므로 단순 소형화가 가능하다.

1831년 J.V.Mitchel이 기체의 종류에 따라 막을 투과하는 속도 차이가 난다라는 사실을 연구하여 보고한 것이 막에 의한 기체 분리 가능성에 대한 계기가 되었다. 그 후 1866년 T.Graham이 고무막을 가지고 기체분리 현상은 막 표면에서의 용해, 농도차이에 의한 내부확산, 저농도 측에서의 확산, 탈착 과정에 의한다는 이론을 제안하여 막 기체분리의 기본 이론을 성립시켰다.

1950년대에 들어서야 본격적인 개발이 시도되어 실용상품이 시판되기 시작하였는데 1970년 Dupont에서 폴리에스터 중공사막을 개발하여 혼합기체로부터 수소와 헬륨을 분리하였다. 이후 1977년 Monsanto에서 Polysulfone 중공사막에 Dimethylsiloxane을 Coating한 복합중공사막으로 수소분리용 Prism Separator를 개발하여 1979년 시판을 개시 하였다. 1980년대의 Oil Shock를 계기로 특히 석유 수입국인 일본에서는 연소시의 에너지 절감 목적으로 산소부화막을 개발 시도하게 되었다. 같은 해 "산소부화막 연소기술 연구조합"이 결성되어 7개사가 참여하면서 5개년 계획으로 30억엔이 투입되어 고효율 연소시스템을 위한 산소부화막 공업화 연구가 시작되었다. 1985년 Dow에서 polyolefine계 중공사막으로 된 Generon을 개발하여 질소부화(98～99%), 산소부화(35%) 공기를 제조하였다.

이와 같이 막에 의한 기체 분리 연구는 100년 이상으로 거슬러 올라 갈 수 있지만 실용화되기 시작한 것은 불과 10여년 전 정도이다. 특히 대형 연소시스템에서 에너지 절감효과에 기대되었던 산소부화막은 원유가격이 떨어지면서 경제성을 잃게 되었으나 호흡질환 치료용에 관련된 주택자가치료용 기구로서 착실히 개발되어졌다. 최근에는 일본에서의 "산소Can" 붐에 의한 피로회복용도가 대두되어 소형화, 경량화, 저비용 제품이 개발되고 있다.

2.3.4 혐기성소화 반응기의 혼합 및 가온방식에 의한 분류

가. 혼합방식에 의한 분류

혐기성반응기를 설계하는 단계에서 중요한 것은 밀폐된 공간 내에서 산소를 차단시키면서 소화조 내 미생물상과 유기물을 접촉시켜 효율을 향상시키는 것이다. 기본적으로 산소를 차단한다는 전제조건에서 내부수를 순환시키거나 혼합시키는 방식을 채택하고 있다. 혼합방식에 따른 분류방법을 그림 2.18에 나타냈다.

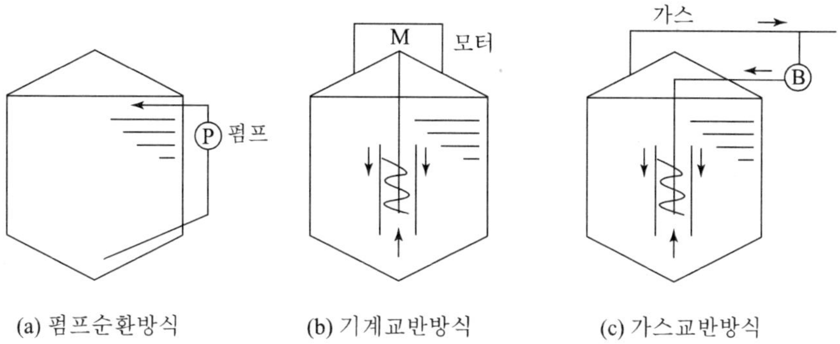

그림 2.18 • 반응조 내부물질의 혼합방식

내부수를 펌프에 의하여 순환시키는 펌프순환방식과, 모터를 설치하고 내부에 실린더형의 순환관로를 설치하여 모터의 교반에 의하여 물질을 순환시키는 기계교반식이 있으며, 송풍기에 의하여 내부가스를 순환시켜 공기력에 의하여 내부를 혼합시키는 가스교반방식으로 구분이 된다.

나. 가온방식에 의한 분류

일반적으로 혐기성소화조는 가온 방식에 의해서 기체의 분류가 이루어진다. 가온은 중온소화인 경우에는 35℃, 고온소화인 경우에는 55℃에서 이루어지며 가온조작에 있어서 내부의 미생물상에 영향을 주지 않으면서도 전체적으로 온도를 유지하기 위해서는 반응조의 주위에 자켓을 설치하고 자켓에 온수를 보내는 방법과 증기를 보내는 방법을 사용한다.

그림 2.19의 (a), (b), (c)는 고온의 온수를 보내어 제어하는 방법으로서 고온의 온수를 보내면서 냉각수에 의하여 온도를 제어하는 방법과 외부배제 및 가스를 연소시켜 온수보일러를 가동시켜 온도를 유지하는 방법으로 구분된다.

(d), (e), (f) 방식은 보일러를 설치하여 증기를 생산하여 증기를 반응기 주변의 자켓으로 공급하는 방법이다. 전기를 생산하지 않고 발생되는 가스를 연소시켜 사용하는 방법이 범용적으로 사용이 되고 있으며, 보일러를 설치하여 발생되는 메탄가스를 연소시켜 증기화하여 온도를 유지하는 것이다. 전기를 생산하는 가스엔진터빈이 설치되어 있는 경우에는 터빈을 작동하면서 발생되는 폐열을 이용하여 증기보일러를 가동시켜 생성되는 증기를 공급할 수도 있다. 또한 (f)에서와 같이 배출되는 폐액에 의하여 유입되는 폐액을 예열함과 동시에 첨가폐수에 열을 가하여 반응기전체의 온도를 유지하는 것도 가능하다. 어떠한 형

태의 가온을 선택하더라도 기본적으로 에너지절약과 동시에 혐기성미생물 반응조에 미치는 영향을 최소화하는 방법을 선정해야 한다.

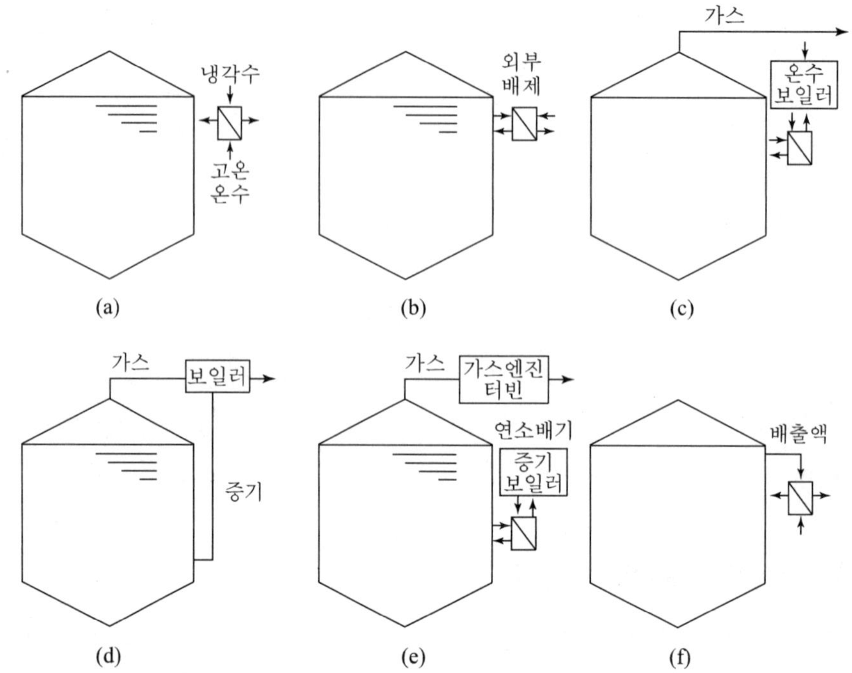

그림 2.19 • 발표조의 가온방식에 의한 분류

Reference

1. S. Ramachadra Rao, "Resource Recovery and Recycling From Metallurgical Wastes", *ELSEVIER*, (2006).
2. Daniel Hodouin, "Methods for automatic control, observation, and optimization in mineral processing plants", *Journal of Process Control*, 21, 211～225, (2011).
3. Liang Sun, Keqiang Qiu, Itabashi, O., Suzuki, T. and Inoue, K., "Vacuum pyrolysis and hydrometallurgical process for the recovery of valuable metals from spent lithium-ion batteries", *Journal of Hazardous Materials*, 194, 378～384, (2011).
4. Junmin Nan, Dongmei Han, Minjie Yang, Ming Cui, Xianlu Hou, "Recovery of metal values from a mixture of spent lithium-ion batteries and nickel-metal hydride batteries", *Hydrometallurgy*, 84, 75～80, (2006).
5. Jirang Cui, Eric Forssberg, "Mechanical recycling of waste electric and electronic equipment: a review", *Journal of Hazardous Materials*, 243～263, (2003).
6. Vito Alunno Rossetti, Luca Di Palma, Franco Medici, "Production of aggregate from non-metallic automotive shredder residues", *Journal of Hazardous Materials*, 1089～1095, (2006).
7. Hanna Kyllonen, Pentti Pirkonen, Vaino Hintikka, Pekka Parvinen, Antti Gronroos, Hannu Sekki, "Ultrasonically aided mineral processing technique for remediation of soil contaminated by heavy metals", *Ultrasonics Sonochemistry*, 11, 211～216, (2004).
8. Han, O. H., Park, B. W., "A Study on effetive separation of fine ash using an electrostatic separator", *Journal of Geosystem Engineering*, 42, 403～409, (2005).
9. A. Papageorgiou, J.R. Barton, A. Karagiannidis, "Assessment of the greenhouse effect impact of technologies used for energy recovery from municipal waste: A case for England", *Journal of Environmental Management*, 90, 2999～3012, (2009).
10. Amit Bhatnagar, Mika Sillanpaa, "Utilization of agro-industrial and municipal waste materials as potential adsorbents for water treatment-A review", *Chemical Engineering Journal*, 157, 277～296, (2010).
11. Scott D. Bergen, Susan M. Bolton, James L. Fridley, "Design principles for ecological engineering", *Ecological Engineering*, 18, 201～210, (2001).
12. Robinson, W.D., "The Solid Waste Handbook: A Practical Guide", *John Wiley & Sons, New York, NY*, (1986).

13. S.T. Lau, W.H. Cheung, C.K. Kwong, C.P. Wan, K.K.H. Choy, C.C. Leung, J.F. Porter, C.W. Hui, G. Mc Kay, "Removal of batteries from solid waste using trommel separation", *Waste Management*, 25, 1004～1012, (2005).

14. Gérard Morel, Hervé Panetto, Marek Zaremba, Frédérique Mayerc, "Manufacturing Enterprise Control and Management System Engineering: paradigms and open issues", *Annual Reviews in Control*, 27, 199～209 (2003).

15. Charles R. Rhyner et al., *Waste management and resource recovery*, (1995).

16. Ben Aim R., "Clean unit operation for low waste process with emphasis on membrane technology", *Proc. of workshop on clean technology, Nov., Thailand*, 153～168, (1989).

17. Bergman, R.A., "Cost of membrane softening in Florida", *Journal of AWWA, May*, 32～43, (1996).

CHAPTER 03

폐기물 특성 분석

폐기물 처리 및 자원 회수를 위해서 폐기물 구성물질의 특성을 분석하는 기본적인 방법 중 여러 가지 물리·화학적 분석방법들이 있다.

일반적인 화학분석은 물질들을 구성하는 원소에 관한 정보를 제공하지만, 이러한 분석 결과가 반드시 구성 광물 또는 화합물 모두를 나타내지는 않기 때문에 물질을 구성하는 화학적 조성 및 물질의 광물학적 특성을 파악하는 것이 필요하다.

화학적 또는 광물학적 분석을 위한 여러 가지 방법 중 본 장에서는 고체물질에 관하여 발열량 분석, 주사현미경 분석(SEM), 전자미세탐침(EPMA), 양성자 유도 분석법(PIXE), X선 회절분석법(XRD) 그리고 분광분석법(Spectrophotometry)을 나타내었으며, 액체 및 기체 폐기물의 일반적인 특성을 분석하기 위하여 사용되는 방법 중 기체 크로마토그래피와 흡광광도법의 기본적인 원리를 기술하였다.

3.1 고체물질의 분석

3.1.1 발열량 분석법

폐기물의 처리 및 자원 회수 시 대상물질의 전체 에너지는 운동 에너지, 위치 에너지 및 화학 에너지 등으로 구성되며, 화학 반응에 의한 내부 에너지 변화를 계산을 통하여 폐기물에서 발생하는 열량을 계산할 수 있다.

폐기물 등의 연소대상 물질이 완전 연소되어 이산화탄소와 수증기 등을 생성하는 과정에서 발생하는 열의 양을 발열량이라 부른다. 열량계로 측정하여 대상 물질 속의 수분 및 연소에 의하여 생성된 수분의 응축열을 포함한 열량을 고위 발열량이라고 하며, 이 값에서 수분 응축열을 뺀 열량을 저위 발열량이라고 한다. 식 (3.1)은 고위 발열량에서 수소 및 수분으로 인하여 발생하는 응축열을 뺀 저위 발열량을 나타내었다.

$$Hl = Hh - 600(9H + W)(\text{kcal/kg}) \tag{3.1}$$

위의 식에서,

Hl : 저위 발열량
Hh : 고위 발열량
H : 수소 함유율
W : 수분 함유율

대상 폐기물의 구성 원자비가 정해져 있는 고체 또는 액체 연료의 경우 열량계를 이용하여 발열량 측정이 가능하나 일반적으로 Dulong식, Steuer식 및 Scheurer-Kestner 계산식을 이용하여 그 물질을 구성하고 있는 탄소, 수소, 산소 및 황 원소 등의 무게 비율을 적용하면 발열량을 쉽게 구할 수 있다. 식 (3.2)는 Dulong식을 나타낸 것으로 수소의 함유율(H)를 H − O/8로 한 것은 연료에 존재하는 산소가 모두 수분(H_2O)으로 존재하여 발열과는 관계가 없다고 보고 산정되었으며, 석탄 등과 같은 탄소를 주성분으로 한 물질들의 계산에 이용되며 하수슬러지의 발열량 계산에도 이용된다. 식 (3.3)은 Scheurer-Kestner식이며, 연료 중의 산소가 모두 탄소와 결합하여 CO구조로 존재한다고 가정하여 유도한 식이다. 식 (3.4)는 Steuer식이며, 연료 중에 존재하는 산소의 반이 수분의 형태로 존재하거나, 탄소와 결합하여 CO의 구조로 존재한다는 가정을 도입한 식으로 실측값에 가장 가까운 값을 보여준다.

$$Hh = 8{,}100\mathrm{C} + 34{,}000\left(\mathrm{H} - \frac{\mathrm{O}}{8}\right) + 2{,}200\mathrm{S}\ [\mathrm{kcal/kg}] \tag{3.2}$$

$$Hh = 8{,}100\left(\mathrm{C} - \frac{3}{4}\mathrm{O}\right) + 34{,}250\mathrm{H} + 2{,}250\mathrm{S} + 5{,}700 \times \frac{3}{4}\mathrm{O}\ [\mathrm{kcal/kg}] \tag{3.3}$$

$$Hh = 8{,}100\left(\mathrm{C} - \frac{3}{8}\mathrm{O}\right) + 5{,}700 \times \frac{3}{8}\mathrm{O} + 34{,}500\mathrm{H} \times \left(\mathrm{H} - \frac{\mathrm{O}}{16}\right) + 2{,}500\mathrm{S}\ [\mathrm{kcal/kg}] \tag{3.4}$$

위의 식에서,

Hh : 고위 발열량
C : 탄소 함유율
H : 수소 함유율
O : 산소 함유율
S : 황 함유율

일반적인 폐기물의 경우에는 연소 계산에서 가연 성분만 고려하기 때문에 폐기물의 가연성분과 불연성분에 대한 조사가 필요하고 각 성분의 양을 조사하여야 한다. 또한 대상 폐기물이 지니고 있는 수분 함유율은 발열량을 산정하는데 중요한 요소이기 때문에 반드시 이에 대한 분석도 필요하다.

3.1.2 주사현미경 분석법(SEM, Scanning Electron Microscope)

주사전자현미경은 1938년 Von Arddenne에 의해 만들어졌으나, 그 당시에는 불과 몇 개의 SEM이 실험용으로 제작되었으며, 1942년(Zwory Kin el al)에 주사전자현미경을 이용한 몇 편의 논문이 나왔다.

40년대 중반 및 말기에는 주로 SEM의 개발에 많은 노력을 기울였으며, 그 결과 1965년 Oatley에 의해 영국에서 처음으로 상품화된 주사전자현미경이 만들어졌으며, 현재에는 여러 가지 형태의 주사전자현미경이 개발되어 시판되고 있다. 주사전자현미경은 Secondary electron(2차 전자), Back-scattered electron, X-rays, Visible light, Infrared energy 또는 Currents from semiconductors 등의 서로 다른 전자선에 의해 유도된 Signal로부터 얻은 다양한 전보를 가질 수 있기 때문에 모든 물체의 표면관찰과 화학물질의 조성과 전기적 성질 및 물질의 상호관계까지도 규명할 수 있다. 또한 주사전자현미경은 광학현미경, 형광현미경과 비교할 수 있는 상을 맺을 수 있는데 초점 심도가 매우 크기 때문에 주로 입체적인 상을 얻을 수 있고 시료의 제작도 매우 간편하며, 경우에 따라서는 화학적인 처리 없이 간편한 물리적인 조작으로 생체시료를 있는 그대로 관찰할 수 있다.

이와 같이 전자 및 전자기파(Electromagnetic wave)를 신호로 하여 브라운관(Cathode Ray Tube, CRT : 음극선관) 위에 밝기의 변화로서 상을 나타내도록 만든 장치를 주사전자현미경(SEM)이라 한다. 따라서, CRT에 나타난 화상은 시료의 각 점으로부터 방출되는 전자 또는 전자기파의 양의 다소를 나타낸 것이다. 주사전자현미경에서는 보통 2차 전자를 주된 정보로서 사용하는데 이 2차 전자의 발생량은 시료표면의 요철에 의한 것이므로, 이 장치로서 시료 표면의 형태를 알 수 있다.

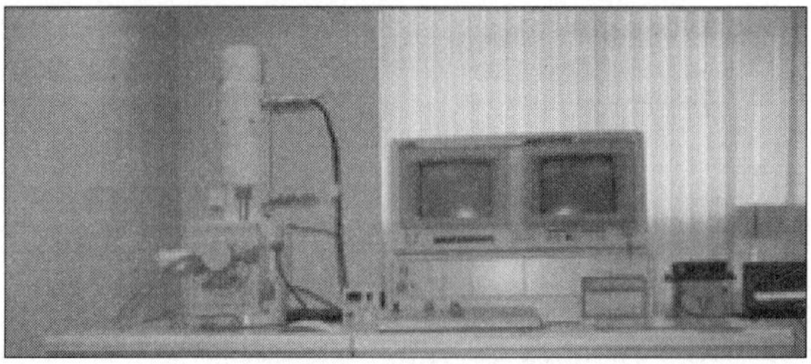

그림 3.1 • 주사전자현미경

시료 위에서 전자선의 진폭(Amplitude)과 CRT의 한 변의 비가 배율이 되기 때문에 전자선의 진폭을 적게 하면 배율이 올라가고 크게 하면 배율이 내려간다. 초점을 맞추려면 대물렌즈의 강도를 바꾸어 원추상(Cone shaped)의 전자선의 전점을 시료 위에 일치시켜 주면 된다.

주사현미경(Scanning Electron Microscopy)은 이미지를 형성하기 위해 전자를 이용하며, 비교적 높은 심도를 가지고 있고 고해상도의 이미지 및 고배율로 결과를 나타낼 수 있다. 또한 단지 전도성을 가지는 샘플만 있으면 되기 때문에 전처리과정이 비교적 간단하여 이러한 장점은 폐기물의 특성을 분석함에 있어서 주사현미경분석이 가장 빈번하게 사용된 기법 중 하나로 알려져 있다.

일반적인 주사현미경분석은 대상 물질의 샘플에 적합한 전자석과 그것에 집중시킨 전자의 빔을 이용한다. 필라멘트에 전압이 공급되어 전자를 가열시키면 가열된 전자는 음극선으로 작용하게 되며, 양극선은 이러한 전자와 부착되어 급격히 가속되며, 가속된 입자의 일부는 양극선을 지나서 칼럼을 지나 샘플에 도달하게 된다.

폐기물 분석에 주사현미경분석이 사용된 사례를 살펴보면, 슬러지 배출공정 최적화를 통한 탈수케익 함수율 저감에 관한 연구(슬러지 배출공정 최적화를 통한 탈수케익 함수율 저감에 관한 연구, 부산 상수도 사업본부)에서 덕산정수장 슬러지를 주사현미경분석을 통하여 형태적 특성분석 결과 그림 3.1에서와 같이 대부분 박테리아 형상이며, 표면수를 다량 함유하여 탈수가 어렵고 무정질형이므로 기공의 형성이 어려우며, 입자 크기가 무기질 입자에 비해 상대적으로 작은 것으로 나타났다.

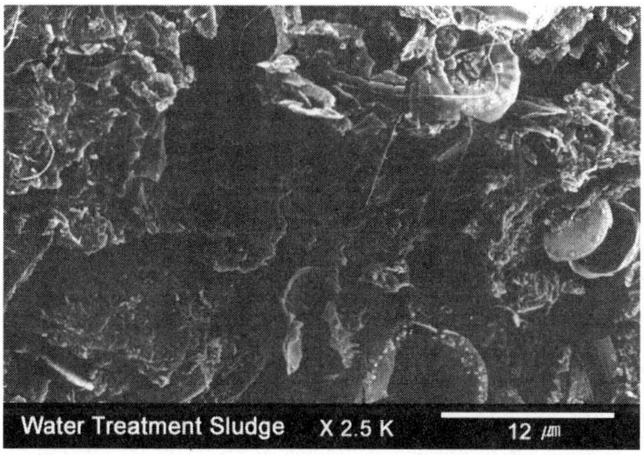

그림 3.2 • 덕산 정수장 슬러지 내 유기물 입자의 형상

1. 전계방사형 주사전자현미경 분석법 (FE-SEM, Field Emission Scanning Electron Microscope)

FE-SEM은 1차 전자(가속된 전자빔)가 시료에 조사되면서 이때 발생되는 2차 전자를 이용하여 시료 표면의 미세한 구조를 확대, 관찰하는 기기로서, 일반 광학현미경과 비교하여 분해능과 초점 심도가 우수하므로 시료 표면 형상을 보다 정밀하게 관찰하는데 사용되는 분석기기이며, EDS의 경우 전자현미경을 주 원(Source)으로 하며, 전자현미경 내에 검출기를 장착하여, 관찰하고자 하는 시료의 구성성분(정성, 정량)을 분석할 수 있는 장비이다.

전자총에 의해서 형성된 일련의 전자들이 인가된 전기장에 의하여 시료를 향하여 가속된다. 전자다발이 금속으로 형성된 Aperture와 자기장을 이용한 렌즈에 의해서 초점으로 모아지고 파장이 일정한 전자빔을 형성한다. 이 전자빔이 다시 자기장을 이용한 또 다른 렌즈에 의해서 시편에 초점을 형성한다. 시편에 입사되는 전자들과 시편내에 포함된 원자 및 전자들이 상호작용하여 그 결과가 탐지되고 이미지로서 스크린, CRT 혹은 필름에 기록된다.

가. 특징

- GB-mode : 가속된 입사 전자가 시편에 도착하기 바로 전에 시편이 장착된 Stage에 Bias전압을 걸어 주어 입사 전자가 시편에 Damage를 줄이는 것을 줄여주고 고분해능 Image를 관찰 할 수 있다. 특히 0.1 kv～4 kv에서 고가속 전압에서 얻을 수 있는 고분해능 Image를 얻을 수 있다.

- r-filter : 2차 전자 전극, 반사 전자 전극, filter 전극으로 구성된 r-filter는 시편에서 방출된 2차 전자와 반사 전자를 r-filter를 통해서 Energy별로 filtering하여 다양한 시편의 Surface information을 얻을 수 있게 해준다.

나. EDS 동작 원리

X-ray발생하여 Electron beam에 의해 전자가 궤도에서 이탈하고 그 빈 공간에 상위궤도의 전자가 채워주면서 Energy 준위차 만큼 Signal을 방출을 하는데 이것을 특성 X-ray라고 한다. 핵 주위를 도는 전자를 이탈시키기 위해서는 핵과 전자의 결합 에너지보다 높은 에너지를 공급해주면 핵으로부터 전자를 이탈시킬 수 있는데 이런 현상을 이온화라 부

르며 이 에너지를 이온화에너지라고 한다. X-ray의 Energy 값은 Energy shell과 Shell의 Energy 준위차이다. 따라서 모든 원소마다 고유의 Energy 값을 갖고 있어 이 값으로 분석이 가능하다.

그림 3.3 • **모델명** : Nanonova 230(**제조사** : FEI, USA)

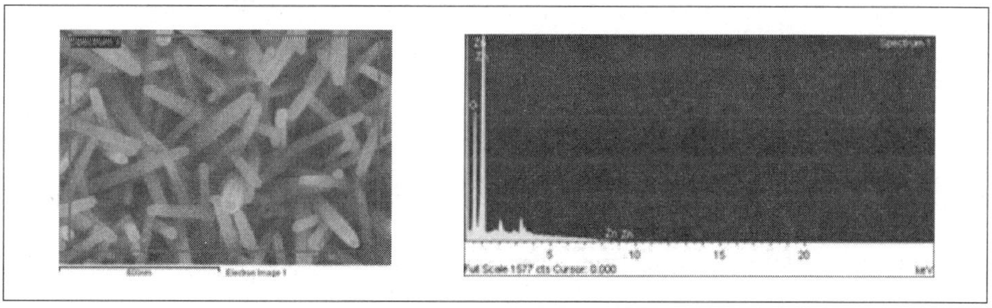

그림 3.4 • ZnO의 EDX **측정결과**

SEM에서는 시료의 표면에 Raster라고 불리는 일정부분에 Electron beam이 Scan된다. 이때 Electron beam과 시편표면과의 상호작용에서 발생되는 에너지 방출들이 시편표면의 다양한 정보를 제공해 준다. 상호작용에 의한 결과로 Secondary electron(2차 전자), Back scattered electron(후방산란 전자), Auger electron, Continuous x-ray, Characteristic x-ray 등이 있으며, 이에 의해 다양한 정보를 얻어 재료를 분석한다. 보통 SEM에서는 Secondary electron을 이용하여 상을 형성하는데, 주로 Secondary electron이 Beam 아래에서 곧바로 방출되어 높은 분해능을 가지고 있기 때문이다. Electron beam(20 keV)의 오른쪽에 Secondary electron detector(+200 V)가 있어 3~5 eV의 낮은 에너지를 가지고 있는 Secondary electron을 빨아들인다. Detector에 모이는 S.E(Secondary Electron)의 수는 Detector 위치에 대한 시편의 기울기와 관계가 있다. Backscattered electron으로부터 재료의 정보를 얻기 위해서는 S.E가 접근할 수 없게 −50 V의 Detector로 16~18 eV의 B.E (Backscattered Electron)만을 감지한다. B.E는 직진성을 가지므로 S.E보다 방향성에 더욱 민감하다. B.E는 물질의 원자번호에 관계하며, Material composition topography에 우수하고 S.E는 시편의 기울기에 민감하여 Surface topography에 탁월하다. 시료의 구성 원자가 무거울수록 후방산란 정도는 더욱 커지기 때문에, 평평한 시료의 표면에서 원자번호의 차이에 의한 대비가 후방산란 전자상에 나타난다. 따라서 후방산란 전자상으로는 시료의 조성에 대한 정보를 감지할 수 있다. 특히 원자번호의 차이가 20 이상이면 인접상의 구별이 가능하다. 시료에 흡수된 전자의 에너지가 형광반응으로 가시광선 영역의 전자파를 발생하는 시료에는 Robinson형 검출기로 이 신호를 측정하여 영상화하는데 이는 형광 혹은 발광 물질이나 상을 구분 관찰하는데 유용하다. 시편에서 발생되는 X선 신호로는 구성원소를 알아낼 수 있으며, 1차 전자빔을 주사하면서 발생하는 특정한 X선 신호의 세기로 CRT를 주사하여 영상화하면 원소의 분포도가 되는데, 이를 X선의 원소상이라고 하며, 2차 전자상과 함께 미세구조의 원소분포를 보여주는데 매우 유용하다. 또한 이 X선의 신호를 이용하는 정량분석은 SEM에 있어서 중요하면서도 강력한 분석기능이다.

3.1.3 전자 미세탐침 분석법(EPMA, Electron Probe Micro-Analyzer)

전자 미세탐침 분석법(Electron Probe Micro Analysis)은 금속입자 및 잔재물의 광물학적 특성 연구에 사용되며 샘플 표면으로부터 X-레이 신호에 의한 파장 분석기를 이용하여 분석한다. 동시에 모든 성분에 대한 X-레이 신호를 탐지하고 계산하는 EDS(Energy dispersive X-ray analyzer)와는 달리, 파장분석기는 동시에 단지 하나 성분에 대한 X-레이 신호를 계산하며, 이는 EDS보다 더 높은 정확성을 가지고 있다.

최근에는 5~10 ppm 범위의 트레이스 소자를 탐지할 수 있는 미세탐침 분석기법이 개발되었는데 이 기술은 주로 황비철광 암석에서 보이지 않는 금을 탐지하는데 사용된다. 미세탐침은 또한 대상물질 성분의 다양한 농도에 따라 여러 가지 색상이 나타나는 기능을 가지고 있기 때문에 동일 요소의 다양한 함유량을 가지고 있는 광물의 분포를 나타내는데 유용하다.

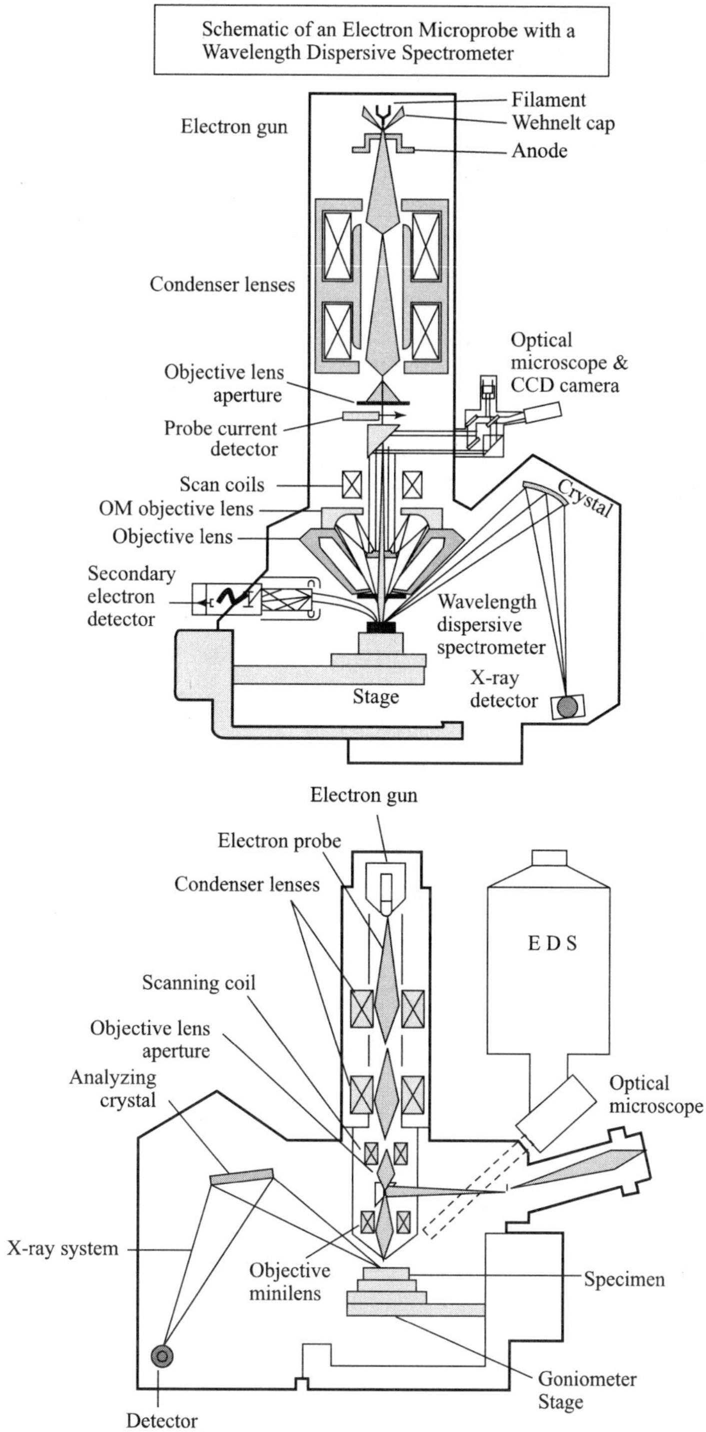

그림 3.5 • EPMA 분석장치 기본구조도

그림 3.6 • EPMA 분석장치(JXA-8100, JEOL(Japan))

3.1.4 양성자 유도 분석법(PIXE, Panticle Induced X-ray Emission)

양성자 유도 분석법(Proton induced X-ray Emission)은 여러 가지 원소물질의 원자량 분석을 위한 마이크로빔 분석 장비이며, 원자번호가 26보다 같거나 큰 원자번호를 가진 경우에 소수 ppm의 범위에서 검출될 수 있다. 양성자 유도 분석법에 의해 생성된 양성자는 미세탐침에 의해 생성된 전자보다 매우 깊게 투입되기 때문에 분석한계가 좀 더 낮은 것으로 알려져 있다. 양성자 유도 분석법에 의한 분석은 미세탐침과 유사하나 주요 차이는 신호와 잡음의 비율이 미세탐침에서 제한하는 것보다 양성자 유도 분석법에서 더 낮다는 것이다. 즉 분석자는 필요로 하는 주신호를 양성자 유도 분석법에서 더 선명하게 얻을 수 있다. 양성자 유도 분석법과 미세탐침의 정확도는 비슷하지만, 미세탐침의 경우 중첩된 피크를 분석함에 있어서 상당한 주의가 요구된다.

양성자 유도 분석법의 측정원리는 가속기로부터 약 3 MeV로 가속된 양성자 빔을 측정하고자 하는 시료에 투과하면, 대상 물질의 원자에서 전자가 산란된다. 이때 산란된 전자의 빈 자리에 상위의 궤도에 존재하던 전자로 채워질 때 에너지 차이만큼 X선이 발생하게 된다. 이 X선을 특성 X선(Characteristic X-ray)이라 하며, 원소마다 각각 특정한 에너지를 갖고 있다. 양성자 유도 분석법에서는 이와 같이 발생된 특성 X선을 검출기로 검출하여 에너지 스펙트럼을 분석함으로써 시료에 원소 조성을 정량분석하며, 액체, 기체, 분말 등 시료의 종류에 거의 제한이 없으며, 매우 큰 시료로부터 매우 작은 크기의 시료까지 크기의 제한이 거의 없다. 또한 전적으로 비파괴 표면 분석이어서, 불순물을 제거하는 것 외에는 시료의 전처리가 필요치 않으므로 시료에 손상이 없어 양성자 유도 분석 후 동일한 시료에 대해 다른 분석을 행하는 것이 가능하고 취급이 간단하여 단시간 분석이 가능하다.

3.1.5 X-선 회절분석법(XRD, X-ray Diffractometer)

모든 수정질의 화합물은 물질의 구성의 결정 구조에 따라서 각각의 X-선 회절(X-ray Diffraction) 패턴을 가지고 있다. 이러한 X-선 회절 형식은 화합물의 종류를 확인하고 그것들의 수량을 결정하기 위해 이용된다.

식 (3.5)는 이러한 X선 회절분석법에서 일반적으로 적용되는 Bragg식을 나타낸 것으로, 회절현상에 대하여 입사 X선의 파장 λ 및 입사각 θ와 격자면 간격 d 사이의 관계를 설명하였다. 회절 X선이 나타내는 입사각 θ가 정해지면 격자면 간격 d가 구해지게 된다. 일반적으로 X선 회절분석에서는 입사 X선과 격자면이 이루는 각도 θ보다도 측정계의 기하학적인 배치를 잘 반영하는 각도 2θ(회절각이라 부르고 입사각의 2배를 갖는다)가 사용된다. 분쇄한 시료를 사용한 분말 X선 회절법에는 각 입자의 배열이 λ로 존재하여 여러 가지 격자면 간격의 원자면이 나타난다. 입사 X선의 각도를 연속적으로 변화시키면서 회절 X선의 강도를 기록하면 강도가 다른 복수의 회절 피크로부터 형식을 얻을 수 있다. 결정성 물질 원자와 나란한 방향, 즉 결정구조는 물질에 따라 상이하여 회절 형식은 물질에 고유한 값으로 된다.

$$2d \cdot \sin\theta = n\lambda \tag{3.5}$$

d : 격자 간격
θ : 입사각
λ : 입사 X선 파장
n : 정수

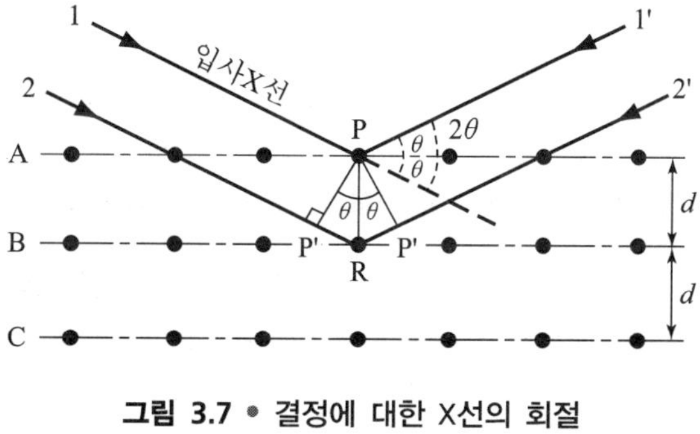

그림 3.7 • 결정에 대한 X선의 회절

그림 3.7은 임의의 결정에 대한 X-선 회절에 관하여 나타내었으며, 대상물질은 임의의 결정이며, 원자가 간격 d를 가지고 평행한 격자면 A, B, C로 배열되어 있을 때 이 결정에 파장 λ인 X선을 입사각 θ로 조사하면, X선은 원자에 의해 모든 방향으로 산란된다.

3.1.6 재활용 물질의 온라인 분류·분석

물질의 재활용 가능성 확인을 위한 온라인 분류는 그것이 분리 프로세스의 선택과 공정 파라미터의 최적화를 가능하게 하며, 재활용 가능 물질의 더 높은 복구 효율을 달성하기 위해 매우 유용하다. 본 장에서는 입자의 분광특성 분석, 전자기 인증, X-ray 분석의 기본 원리에 대하여 설명하였다.

가. 입자의 분광특성

모든 물질은 특정한 분광 조성의 빛을 반사하며, 분광기는 한정된 대역폭과 파장의 이미지를 제공한다. 예를 들어 카메라의 빨간색과 파란색의 조성물은 이미지의 스펙트럼 집합이라고 할 수 있다.

이러한 분광 특성들은 데이터 처리가 스펙트럼과 더불어 2-dimension형 이미지 처리와 다특징 분류를 충분히 적용시킨다면 형태학적 범주 내에서 물질이 가지고 있는 특정한 차이를 식별하는데 도움을 준다. 그러나 이러한 광학적 식별 시스템은 다음과 같은 주요 단점을 가지고 있다. 광학적 식별 시스템은 입자 표면에서 파생된 정보만이 식별에 사용될 수 있다. 예를 들어 비철 스크랩 입자에서 표면 산화, 먼지, 코팅 또는 강렬한 반사광 때문에 오류가 발생할 수 있다. 이때 입자 내부에 대한 특정 정보는 도출 될 수 없으며, 입자 자체의 체적은 결정되어 질 수 없다. 따라서 이러한 단점은 전자기 및 X-레이 검출을 기반으로 다른 센서와 비교했을 때 불리한 점으로 작용할 수 있다.

나. 전자기인증(Electromagnetic Identification)

전자기인증은 전도성을 가지는 입자에서 교류 전류에 의해 전류를 발생시키는 것을 기본 원리로 한다. 모든 금속은 특정한 전기적 전도성을 가지고 있기 때문에 전도입자와 코일 자기장의 가까이에 있는 코일 내 교류전류가 흐를 때, 그 입자에서 와류 전류라고 불리는 순환전류가 유발된다. 이러한 전도성 외에 신호 주파수, 입자 크기와 형상, 입자와 센서 사이에 거리 등 많은 여러 가지 인자가 와류 전류 반응에 영향을 미친다.

금속물질을 분석하기 위한 전류 센서는 송신기 도선과 수신기 도선의 배열로 구성되어 진폭과 신호의 위상 편위가 기록된다. 센서의 설치 및 8 × 8 × 0.4 mm의 알루미늄 입자의 진폭 이미지를 그림 3.8에 나타내었다. 전자기 이미지는 입자의 직경보다 몇 배 크며 전자 유도식 센서는 높은 전도성(예를 들면, 동, 알루미늄)과 낮은 전도성(예를 들면, 녹슬지 않는 스틸, 납) 물질을 효과적으로 구별한다. 전자 유도식 센서는 입자 영역과 두께에 대한 정보에 따라서 금속의 특성을 나타내는데 사용될 수 있다.

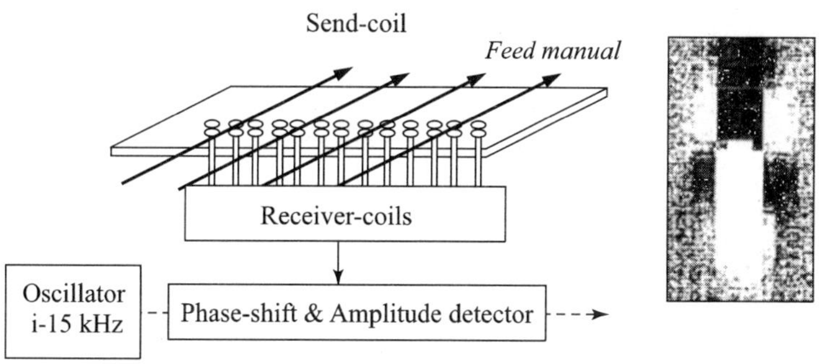

그림 3.8 • 8×8×0.4 밀리미터 알루미늄입자의 전자기적 센서의 세팅 및 진폭이미지

다. X선 분석

X선 분석(X-ray analysis)의 장점은 물질의 빠른 확인을 위해 매우 유용하며, X선광을 이용하여 빠르고 정확한 선별을 가능하게 한다. 또한 바로 표면층이 아니라, X선 형광 분석을 가진 경우처럼 입자 체적이 탐지된다는 것이다. 반면, X선 분석의 단점으로는 특정한 단계의 직접적 검출이 가능하지 않다는 것이나 이원적 X선 영상화 시스템의 경우 물질의 대략 평균 숫자의 결정할 수 있으며, 혼합물의 여러 가지 물질의 특성을 알 수 있다. 또한 이원적인 에너지 X선 영상화 시스템이 재활용 가능 물질의 확인에 대하여 적용되었으며, 입자 식별 시스템에서 파편과 폐유리를 구분할 수 있는 시스템을 이용하여 자동식별과 파쇄, 금속, 플라스틱의 선별을 가능하게 한다.

3.1.7 분광분석법(Spectroscopic Techniques)

분광표면분석의 기본원리는 전자기적 입자 또는 파장에 의해 충돌 뒤에 방출되는 방사선을 측정하여 대상 샘플을 분석하는 것으로 그림 3.9는 표면분석의 기술에 사용된 원인과 발생모드를 보여준다. 예를 들면, 전자의 빔이 샘플을 타격할 때, 수많은 2차 원소물질이 발생하며, 그 중 낮은 에너지 전자, 높은 에너지를 가지는 산란 전자 그리고 X선과 이온 등에 대한 다양한 분석 기술들이 이러한 2차 양자 에너지를 측정하는데 사용된다.

따라서 중요한 표면 분석을 수행하기 위해 샘플과의 상호작용과 방출입자의 물리적 특성과 함께, 방출되는 다양한 빔의 물성을 분석하는 것이 필요하다.

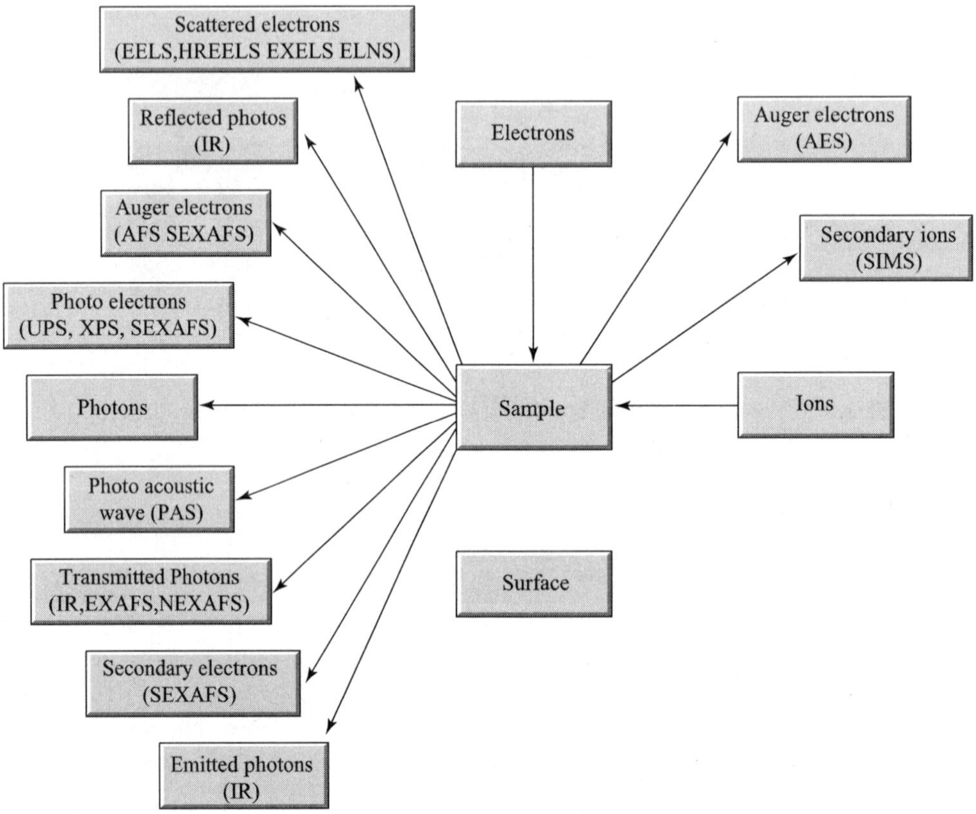

그림 3.9 • 분광분석법의 원리

표면분석에 이용되는 입사원 종류별로 고체시료와 입사원간에 일어나는 물리적, 화학적 반응을 구분하는 기본원리는 다음과 같다. 전자는 비교적 쉽고 간단하게 발생시킬 수 있으며, 전자 에너지와 밀도를 쉽게 조절할 수 있기 때문에 다른 입사원보다 가장 많이 그리고 다양하게 사용되고 있으며, 충분한 에너지로 가속된 전자를 고체표면에 충돌시키면, 4가지의 반응입자(이온, 중성자, 전자, 양성자)를 방출시킬 수 있다. 이론적으로는 모든 입자를 검출함으로써 표면특성과 관련된 정보를 도출해 낼 수 있으며, 그 중 전자와 X-선광자(Photon)의 효용가치가 가장 높다. 단순히 시료표면에서 반사된 전자는 재료의 질량분포 분석이 가능하고 탄성 산란한 전자는 표면의 결정격자구조를 알 수 있다. 또한 시료에서 발생한 2차 전자 중에 시료로 다시 흡수되지 않고 진공 중으로 방출된 전자를 이용하여 표면층의 형상을 고배율로 관찰할 수 있다.

3.2 액체 및 기체물질의 분석

3.2.1 기체 크로마토그래피 분석

기체 크로마토그래피는 열안정성이 좋고 휘발성인 유/무기화합물을 분리하는 기술이다. 그림 3.10은 Agilent 7890 모델이며, 운반가스, 오토인젝터(Auto injector), 칼럼, 디텍터로 구성되어 있다.

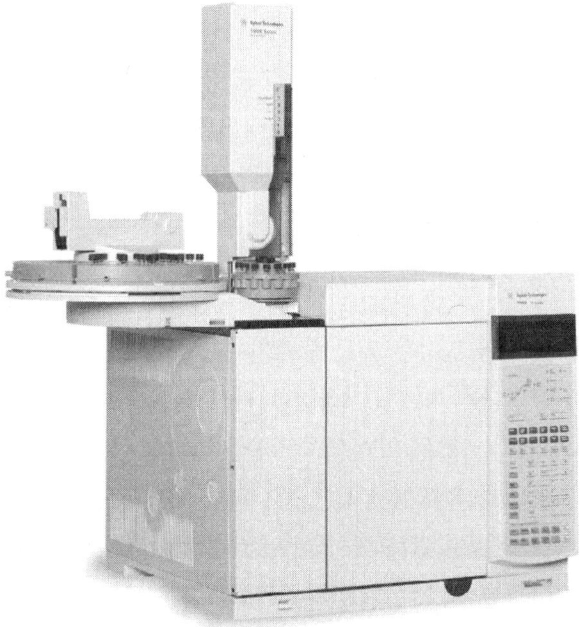

그림 3.10 • 기체 크로마토그래피

기체－액체 크로마토그래피(GLC)는 기체 이동상과 고체 담체에 지지된 액체 정지상 사이에서 화학적 혼합물들을 분배에 의하여 분리를 수행하며, 기체－고체 크로마토그래피(GSC)는 정지상으로 주로 고체 흡착제를 사용한다.

가. 기체 크로마토그래피 컬럼

기체 크로마토그래피 컬럼은 고정상의 충진유무에 따라 충진(Packed) 컬럼과 모세관(Capillary) 컬럼으로 나뉘어지고 모세관 컬럼은 다시 고정상의 형태에 따라 WCOT(Wall Coated Open Tube) 컬럼, SCOT(Support Coated Open Tube) 컬럼, PLOT(Porous Layer Open Tube) 컬럼으로 나눌 수 있다.

대부분의 분석시설에서는 모세관 컬럼을 많이 사용되며, 개방된 모세관 내벽에 직접 정지상을 고정시킨 WCOT 컬럼을 일반적인 모세관 컬럼이라고 부른다. 모세관 컬럼 형태로 기체시료나 휘발성 탄화수소시료 등의 분석에 가장 적합한 기체－고체 크로마토그래피용 컬럼을 개발하여 만든 컬럼이 PLOT 컬럼이며, 이는 모세관 내벽에 고체정지상 입자를 엷은 층으로 고정된 형태이다. 모세관 컬럼은 크게 극성 컬럼과 비극성 컬럼으로 나뉘며, 분석하는 물질의 극성도에 따라 컬럼을 선택할 수 있다. 아래에는 충진 컬럼과 모세관 컬럼의 구성 및 장단점을 나타내었다.

(1) 충진 컬럼 : 충진 컬럼은 제작이 쉽고, 값이 싸며, 큰 용량을 가지지만 분리가 어려운 시료에는 부적합하며, 이 컬럼은 일반적으로 스테인리스강, 니켈 혹은 유리시험강으로 만든다. 내경은 1.6～9.5 mm 정도이고 길이는 보통 3 m이며, 이들 컬럼은 보통 비활성 지지체인 규조토로 채워진다. 컬럼의 내경은 적어도 지지체 입자의 직경보다 8배 이상 되어야 한다.

(2) 모세관 컬럼 : 모세관 컬럼은 최근에 많이 사용하는 것으로 컬럼에 걸리는 압력은 작지만 시료주입용량이 적다는 제한점을 가지고 있으며, 모세관 컬럼의 내경은 보통 1 mm 이하이다. 이것은 일반적으로 용융실리카로 만들어져 있으며, 보통의 유리보다 규소－탄소기질 내에서 더 많은 교차 결합도를 가지고 있다. 실리카관의 높은 장력은 컬럼의 벽이 얇고 융통성이 있는 관을 만들 수 있게 하며, 흠집이 나지 않도록 얇은 벽을 보호하기 위해 외벽에 폴리머 이미드(Polymer imide) 보호 코팅이 되어 있다.

나. 이동상 용매의 선택

시료성분을 컬럼 내에 머무르게 하는 역할을 하는 이동상 용매의 기능은 시료성분을 명확히 분리하는 데에 있으며, 이러한 용매는 적당한 화학적 안정성을 가져야만 한다. 또한 가스 크로마토그래피에 있어서 컬럼에 시료를 머무르게 하는 성질인 정지상(Stationary phase)은 액체 조절 하한온도 한계 이내로 유지되면서 작용하여야 하며, 보통 작동은 상한 온도보다 10~15℃ 정도 낮은 데에서 수행되어야 한다. 왜냐하면 이러한 온도의 유지는 액체 정지상의 기화의 양을 최소화 함으로써 컬럼의 수명을 연장하고 검출기 오염을 막으며, 크로마토그램상의 바탕선을 안정하도록 할 수 있다. 모세관 컬럼 내벽이나 컬럼 충진물에 정지상 분배액체를 붙여서 표면에 고정상을 영구적으로 결합시킨다. 이것은 감지한 만큼의 증기압을 가지지 않는 액체상을 제공하게 된다.

다. 기체 크로마토그래피용 검출기

시료혼합물이 컬럼에서 분리되어 각 성분별로 유출되더라도 적절한 방법으로 검출하지 못하면 분석방법으로 효과를 얻을 수 없을 것이다. 기체 크로마토그래피에 사용되는 검출기는 상당히 다양하며, 검출기가 갖추어야 할 조건으로는 검출한계가 낮아야 하고 시료의 농도가 큰 범위에 대해서 검출기의 응답신호가 선형이 되어야 하며, 가능하면 모든 시료에 대해서 같은 응답신호를 보여야 한다. 또한 응답 시간이 짧고 잡음이 적으며, 검출기 내에 시료가 머무르는 부피가 작아야 한다. 가능한 한 검량(Calibration)이 간단할수록 유용한 검출기라고 할 수 있는데, 일반적으로 가장 널리 사용되는 검출기는 TCD(Thermal Conductivity Detector)와 FID(Flame Ionization Detector, FID)이며, 그 밖에 ECD (Electron Capture Detector, ECD), NPD(Nitrogen Phosphorous Detector), FPD(Flame Photometric Detector), PID(Photoionization Detector)가 사용된다. 질량분석기는 일반적으로 정확도가 가장 높은 검출기 중 하나이며, 기체 크로마토그래피와 연결하여 사용하므로, 흔히 GC-MS라 한다. 아래에는 이미 알려진 검출기들의 종류와 널리 사용되고 있는 몇 가지 검출기에 대하여 기술하였다.

(1) 열전도도 검출기(Thermal Conductivity Detector, TCD) : 그림 3.11은 열전도도 검출기의 원리 및 모식도를 나타낸 것으로 열전도도 검출기는 용출되는 기체흐름에 가열된 필라멘트를 사용한다. 검출기 벽에 연결된 필라멘트로부터 잃어버리게 되는 열량은 기체상의 열전도도에 의존하고 기체의 열전도도는 필라멘트의 저항으로 측

정된다. 기체의 열전도도 차이는 기체 분자가 필라멘트로 확산되어 충돌하는 속도와 관계가 있으며, 분자의 속도는 분자량의 함수이므로 분자가 작을수록 속도를 증가시키고 열전도도가 더 크다. TCD의 감도를 증가시키려면 필라멘트의 전류를 증가시키고 검출기 내 온도를 낮추고 열전도도가 큰 운반기체를 사용해야 하며, 흐름 속도를 줄여야 한다. 그리고 모든 용질의 열전도도가 다르므로 표준물질을 사용하여 보정해야 한다. TCD는 다른 검출기에 비해 단순하며, 값이 싸고, 선택성이 없고, 대상물질이 비파괴적으로 거동한다. 따라서 이러한 비파괴적 특성으로 인하여 컬럼 용출물은 TCD를 통과한 다음에 제 2의 검출기로 들어갈 수 있으며, 분별수집 및 조제용 크로마토그래피에 특히 적당한 반면, 다른 검출기에 비해 감도가 낮다.

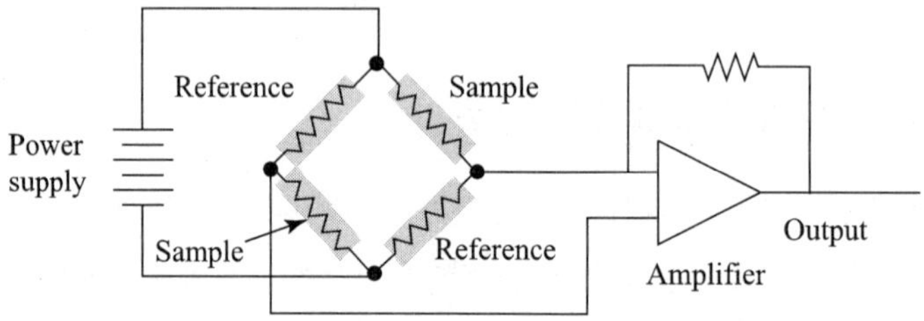

그림 3.11 • TCD 원리 및 모식도

(2) 불꽃 이온화 검출기(Flame Ionization Detector, FID) : 불꽃 이온화 검출기는 기체의 전기 전도도가 기체 중의 전하를 띤 입자의 농도에 의해 직접 비례한다는 원리를 이용한 것이다. 또한 이것은 수소와 공기 불꽃에서 시료가 연소될 때 전하를 띤 이온을 생성하며, 이 때 이온전류를 측정할 수 있다. 대부분의 유기 화합물은 이 불꽃의 온도에서 열분해되어 이온성 중간체를 형성하지만 카르보닐 또는 카르복실기와 같은 완전히 산화된 탄소 및 에테르와 같은 시료에는 반응하지 않으며, 할로겐, 아민, 하이드록시기 등의 치환기가 증가함에 따라 반응정도가 감소된다. 그림 3.12는 불꽃 이온화 검출기를 나타낸 것으로 비활성 기체, C_2, N_2, H_2O, CO, CS_2, H_2S, NH_3, NO_2, NO를 이용해 유기물을 분석할 경우에 일반적으로 FID가 유용하다. FID는 질량 흐름 속도에 대해 응답하는 검출기이므로 운반기체의 흐름 속도에 직접 관련되며 걸어준 전압(약 300 V)과, 수소–공기 혼합비에 따라 불꽃의 온도가 달라지므로 응답이 달라진다. 따라서 이러한 특성으로 인해 미량분석에 주로 사용된다.

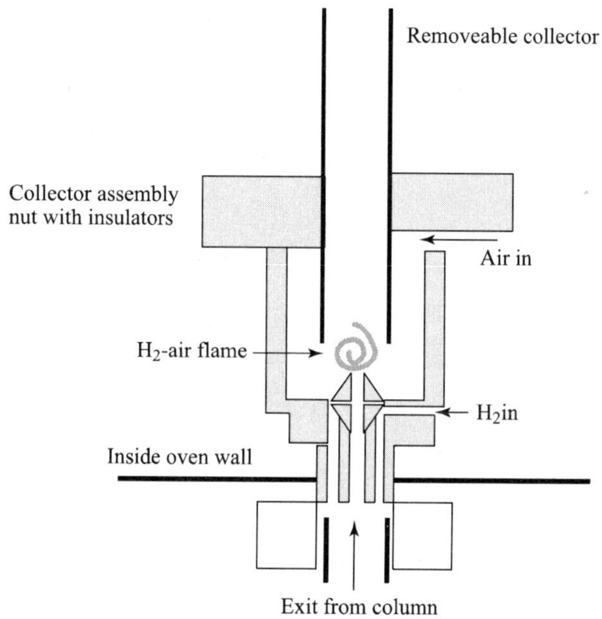

그림 3.12 • FID 원리 및 모식도

(3) 이온포획 검출기(Electron Capture Detector, ECD) : 이온포획 검출기는 양으로 이온화되어 생긴 전류를 측정하기보다는 오히려 신호의 감도를 측정한다. 그림 3.13은 이온포획 검출기의 기본원리를 나타낸 것으로 운반기체인 질소가 검출기를 통과할 때 3H이나 63Ni의 동위원소의 붕괴에 의하여 생성된 입자와 충돌하여 이온화되면 2차 전자(Secondary electron)가 생성된다.

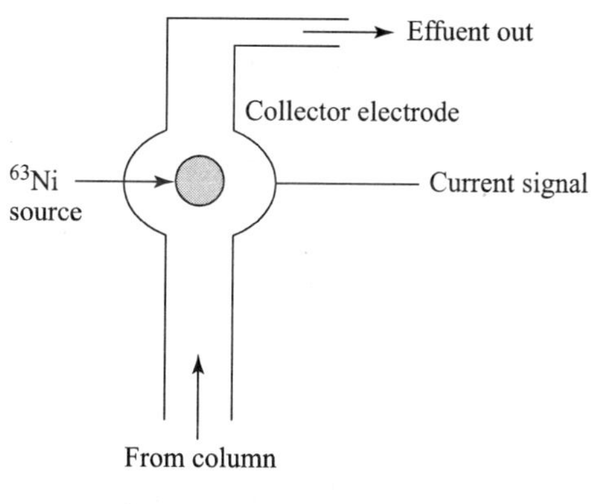

그림 3.13 • ECD 원리 및 모식도

이 때 생성된 2차 전자는 고압 전압으로 조정된 양극으로 이동하며, 전기계(Electrometer)에 의해 증폭된 전류로 전환된다. 만일, 운반기체인 질소 중에 전자를 잘 포착하는 용질이 지나가면 전류는 감소되며, 이와 같은 전류의 감소량은 시료 용질의 전자 친화력의 척도가 되며, 용질의 양과 관계되므로 정량적 검출이 가능하다.

(4) 인 검출기(Nitrogen Phosphorous Detector, NPD) : 인 검출기는 불꽃 열이온 검출기(Flame Thermionic Dectector, FTD) 또는 Alkali flame ionization detector (AFID)라고도 불린다. 불꽃 이온화 검출기와 거의 유사한 구조를 가지고 있으며, 특히 인(P) 화합물이나 질소화합물에 대하여 선택적으로 높은 감도를 나타내는 검출기로서, 인(P) 유기화합물이나 카르바민산염(Carbamate)계 농약의 잔류분석에 자주 이용된다. 그림 3.14는 인 검출기의 원리를 나타낸 것으로 불꽃 이온화 검출기의 수소불꽃 중에 알칼리 금속염(K. Pb 등)을 넣고 가열하면 알칼리 금속의 증기가 불꽃의 온도에서 이온화된다. 만일 불꽃 중에 인(P)화합물 또는 질소화합물이 혼입되면 연소하여 알칼리 금속의 열이온이 증가하며, 이러한 열이온 전류의 증감을 전위계를 이용해 증폭시켜 기록계에 기록한다.

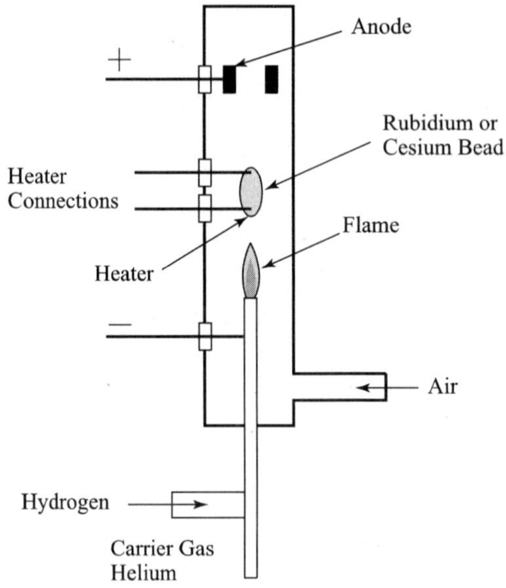

그림 3.14 • NPD 원리 및 모식도

(5) 불꽃 광 검출기(Flame Photometric Detector, FPD) : 불꽃 광 검출기는 본질적으로 휘발성의 황이나 인화합물을 정량하기 위하여 주로 사용되는 불꽃 방출 필터 분광기의 특수형태이다. 그림 3.15는 불꽃 광 검출기의 원리를 나타낸 것으로 버너 노즐의 선단에서 수소에 산소 또는 공기를 혼합하여 연소하여 불꽃을 얻는다. 황(S)이나 인(P)화합물은 불꽃 중에서 각각 특이한 파장의 빛을 낸다. 이것을 그 빛이 통과하는 광학필터를 거쳐서 광전자 증배관 내에서 전류로 변환한 다음, 전위계에서 증폭시켜 기록계로 도입하면 S화합물과 P화합물의 특징적인 크로마토그램을 얻을 수 있다. 보통 FID는 불꽃이 산화염인 것에 비하여 불꽃 광 검출기의 경우는 강한 환원염이므로 이온화 효율이 대단히 낮고 감도도 아주 낮아 유기성분을 확인할 목적으로 사용한다.

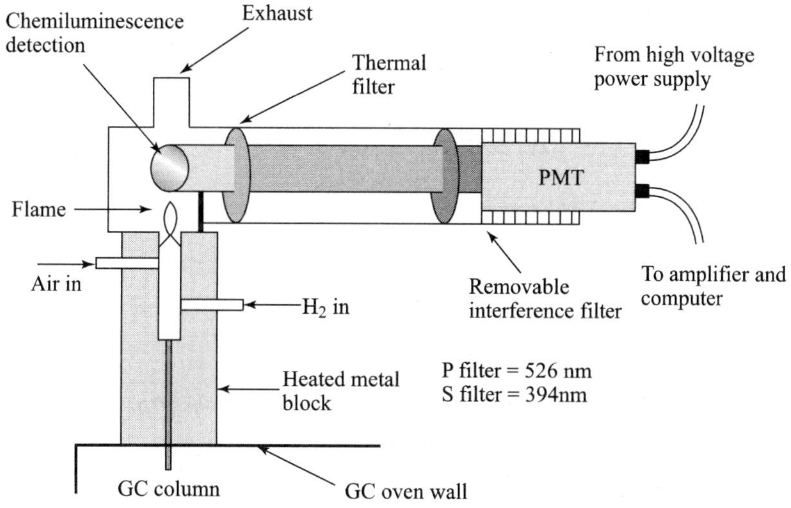

그림 3.15 • FPD 원리 및 모식도

(6) 광 이온화 검출기(Photoionization Detector, PID) : 기체 크로마토그래프의 유기 및 몇 가지 무기 물질을 검출하는 장치로 피코그램(Picogram) 범위의 검출 한계값을 가진다. 또한 광 이온화 검출기는 용질분자를 이온화시키기 위하여 9.5~11.7 eV 영역의 에너지를 내는 UV램프를 사용한다. 이온들은 양극에 수집되고 전류가 측정된다. 이온화 전압이 이온화하는 램프의 이온화 에너지보다 더 작은 전위를 가지는 화합물들은 응답을 보인다. 그림 3.16은 PID의 원리를 나타낸 것으로 UV 광

원을 가지고 있으며, 이온화 챔버를 통해 광학적으로 투명 셀을 통해 지나가는 광자를 방출한다. PID는 매우 민감하며, 노이즈가 적고, 직선성이 탁월하며, 시료를 파괴하지 않아도 분석이 가능하다는 것이 장점이다.

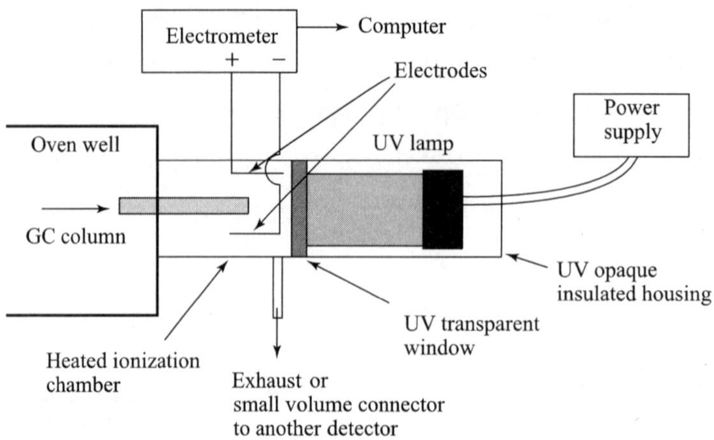

그림 3.16 • PID 원리 및 모식도

라. 분석조건의 최적화

(1) 운반기체 : 운반기체의 목적은 시료가 컬럼을 통하여 검출기에 운반되도록 하는 데에 있다. 적당한 운반기체의 선정은 매우 중요한데 그 이유는 컬럼과 검출기의 거동에 매우 큰 영향을 미치기 때문이다. 운반기체로는 일반적으로 질소, 수소, 헬륨을 사용하며, 질소는 다른 기체에 비해 최적 선형속도가 가장 낮다. 수소와 헬륨은 선형속도가 증가함에 따라 최소 단 높이의 변화가 거의 없어 최적값보다 더 높은 선형속도가 사용될 때에 효율의 감소가 적다. 따라서 이는 높은 선형속도를 사용함으로써 분석시간을 상당히 줄일 수 있다.

점도는 컬럼의 입구 압력을 말한다. 시료 성분의 확산계수에 대한 운반기체의 점성도 비율은 가능한 작아야 하는데, 이런 면에서는 수소의 선택성이 가장 좋다. 운반기체의 순도는 적어도 99.995% 이상 되어야만 한다. 산소와 물과 같은 불순물은 컬럼과 검출기 성능을 저하시킬 수 있으며, 온도프로그램에서 불순물은 크로마토그래피의 바탕선의 안정성을 해칠 수 있다.

(2) 등온 조작 시 컬럼 온도의 선택 : 분리도, 분배계수, 기체선속도 등은 온도의 함수이며, 분배계수와 머무름 시간은 온도상승에 반비례하며 일반적으로 30℃의 증가는 분배계수의 값을 반으로 줄이기 때문에, 분리속도는 2배로 증가한다. 등온 작동에 대한 컬럼 온도를 선택하는 것은 복잡한 문제이며, 보통 절충이 필요하지만, 종종 분리하기 가장 어려운 용질의 쌍에 의해 표시된다. 일반적으로 넓은 끓는점의 영역을 가지는 복잡한 다성분 시료들은 단일 등온 조작으로는 만족스럽게 조작할 수 없다. 왜냐하면 적당한 컬럼 온도에서 수행하면 낮은 끓는점 물질에 대해서는 좋은 분리능을 보이지만 높은 끓는점 물질의 용출에 대해서는 긴 시간을 요구한다. 후자의 경우 머무름 시간은 보통 길고, 피크도 넓게 퍼지므로 바탕선으로부터 구별하기가 곤란해진다. 따라서 크로마토그램이 높은 온도에서 수행된다면, 비록 용출속도는 빠르고 높은 끓는점을 갖는 물질에 대한 분리능은 좋지만 낮은 끓는점을 갖는 물질에 대해서는 분리능이 나쁜 단점을 초래한다. 이 문제를 해결하기 위해서는 온도 프로그램을 통하여 분리하는 동안 용질 이동속도를 변환시켜야 한다.

(3) 온도 프로그래밍(Temperature programming) : 온도 프로그램은 여러 가지 다른 온도에서 작동하여 가장 좋은 결과들을 조합시킨다. 시료 혼합물중 가장 낮은 끓는점을 가지는 물질의 끓는점은 보통 90℃ 이하로 맞춰진 컬럼이 장치된 크로마토그래피 시스템 속으로 시료를 주입하며, 그 다음에 컬럼 온도는 미리 선택된 속도로 올라가게 된다. 초기의 피크는 낮은 끓는점 성분을 나타내고 이것은 비교적 낮은 온도에서 작동되는 등온 컬럼으로부터 나타난 것이다. 컬럼 온도가 증가함에 따라 높은 끓는점 성분들이 더 빠른 속도로 컬럼을 통과한다. 최종 온도의 선택은 정지상의 한계온도가 초과되지 않는 범위에서 최종 용질의 끓는점 근처에 있어야 한다. 이러한 온도 프로그래밍은 분석용질이 넓은 끓는점을 갖는 경우, 복잡한 자연생성물, 시료를 분취할 경우, 미량분석에 이용된다.

3.2.2 흡광광도법

흡광광도법은 빛이 시료용액을 통과할 때 흡수나 산란 등에 의하여 강도가 변화하는 것을 이용하는 것으로서, 시료물질에 용액 또는 여기에 적당한 시약을 넣어 발색 시킨 용액의 흡광도를 측정하는 방법이다. 이는 시료중의 목적성분을 정량하는 방법으로 파장 200～900 nm에서의 액체의 흡광도를 측정함으로써 액체물질의 분석에 적용한다.

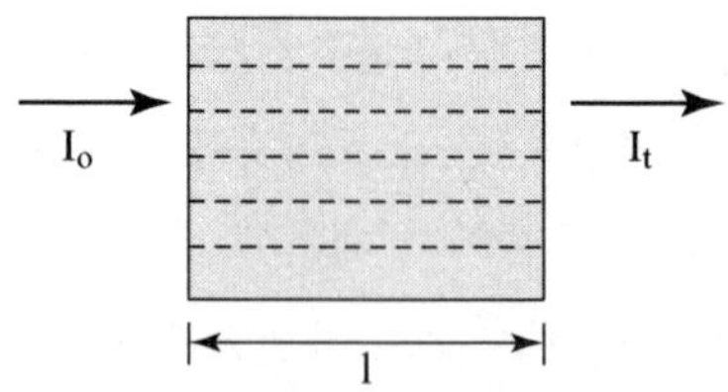

그림 3.17 • 흡광광도 분석방법의 원리도

흡광광도 분석법은 일반적으로 광원으로 나오는 빛을 단색화장치 또는 필터에 의하여 좁은 파장범위의 빛만을 선택하여 액층을 통과시킨 다음 광전 측광으로 흡광도를 측정하여 목적 성분의 농도를 정량하는 방법이다. 강도 I_o가 되는 단색광선이 그림 3.17과 같이 농도 C, 길이 l이 되는 용액층을 통과하면 이 용액에 빛이 흡수되어 입사광의 강도가 감소하여 강도 I_t 으로 투사된다.

식 (3.6)은 그림 3.17에서 나타낸 투사광의 강도 I_o와 통과한 직후의 입사광의 강도 I_t 사이의 관계를 램버트－비어의 법칙에 의하여 나타내었으며, 투사광은 시료의 농도와 투과거리 그리고 흡광계수에 의해 영향을 받는다. I_t 와 I_o의 관계에서 $I_t/I_o=t$를 투과도, 이 투과도를 백분율로 표시한 것 즉, $t \times 100=T$를 투과 퍼센트라 하고 투과도의 역수의 상용대수 즉 $\log(1/t)=A$를 흡광도라 한다. 램버트－비어의 법칙은 대조액층을 통과한 빛의 강도를 I_o, 측정하려고 하는 액층을 통과한 빛의 강도를 I_t 로 했을 때도 똑같은 식이 성립하기 때문에 정량이 가능하다.

$$I_t = I_0 \cdot 10^{-\varepsilon c l} \tag{3.6}$$

I_0 : 입사광의 강도

I_t : 투사광의 강도

C : 농도

l : 빛의 투과거리

ε : 비례상수로서 흡광계수라 하고, $C=1$ mol, $l=10$ mm일 때의 ε의 값을 몰흡광계수라 하며, K로 표시함.

흡광도를 이용한 램버트－비어의 법칙을 식으로 표시하면 $A=\varepsilon cl$이 되므로 농도를 알고 있는 표준액에 대하여 흡광도를 측정하고 흡광계수(ε)를 구해 놓으면 시료액에 대해서도 같은 방법으로 흡광도를 측정함으로서 정량을 할 수가 있다. 그러나 실제로는 ε를 구하는 대신에 농도가 다른 몇 가지 표준액을 사용하여, 시료액과 똑같은 방법으로 조작하여 얻은 검량선으로부터 시료중의 목적성분을 정량화한다.

흡광광도 분석방법으로 정량분석을 하려면 미리 흡광도와 시료성분의 농도와의 비례성과 같은 시료에 대한 흡광도의 재현성을 검토하여야 한다. 일반적으로 정량분석에는 검량선을 미리 작성해 놓는 방법을 이용하며, 경우에 따라서는 ε의 값(몰 흡광계수)을 미리 구해 놓는 방법도 이용한다.

가. 검량선의 작성

검량선은 표준액의 여러 가지 농도에 대한 적당한 대조액을 사용하며, 흡광도를 측정하고 표준액의 농도를 횡축, 흡광도를 종축으로 설정하여 종축과 횡축간의 관계선을 작성한다. 검량선은 거의 직선을 나타내는 범위 내에서 사용하는 것이 효율적이며, 시약이 바뀌거나 시험자가 바뀔 때에는 검량선을 다시 작성해야 한다.

나. 표준액

분석하려는 성분의 순물질 또는 일정농도의 표준액을 단계적으로 취하여 규정된 방법에 따라 표준액을 만든다. 이때의 표준액 농도는 시험용액중의 분석하려는 성분의 추정농도와 유사한 농도범위 만들어야 한다.

다. 대조액

일반적으로 용매를 사용하며, 분석 대상물질이 포함되어 있지 않은 동일한 종류의 시료를 사용하여 규정된 방법에 따라 만들어야 한다.

Reference

1. Charles R. Rhyner, Leander J. Schwartz, Robert B. Wenger, Mary G. Kohrell, "Waste Management and Resource Recovery", *LEWIS PUBLISHERS*, (1995).
2. Stephen E. Mbuligwe, Mengiseny E. Kaseva, "Assessment of industrial solid waste management and resource recovery practices in Tanzania", *Resources, Conservation and Recycling*, 47, 260～276, (2006).
3. S. Ramachadra Rao, "Resource Recovery and Recycling From Metallurgical Wastes", *ELSEVIER*, (2006).
4. Jambor, J. L., Sabina, A. P., Ramik, R. A., Sturman, B. D., "A fluorine-bearing gibbsite mineral from Francon quarry, Montreal, Quebec", *Canadian Mineralogist*, 28, 147～153, (1990).
5. Ana Pires, Graça Martinho, Ni-Bin Chang, "Solid waste management in European countries: A review of systems analysis techniques", *Journal of Environmental Management*, 92, 1033～1050, (2011).
6. Goldstein, J.I., Newbury, D. E., Echlin, P., Joy, D. C., Romig, A. D., Lyman, C. E., Lifshin, E., "Scanning Electron Microscopy and X-Ray Microanalysis", *Pleum Press,* New York, (1992).
7. Wanderley de Souza, Loraine Campanati, Marcia Attias, "Strategies and results of field emission scanning electron microscopy (FE-SEM) in the study of parasitic protozoa", *Micron*, 39, 77～87, (2008).
8. Kelebek, S., Yoruk , S. and Davis, B., "Characterization of basic oxygen furnace dust and zinc removal by acid leaching", *Minerals Eng*., 17, 285～291, (2004).
9. M. Romero, R.D. Rawlings, J. Ma. Rincon, "Crystal nucleation and growth in glasses from inorganic wastes from urban incineration", *Journal of Non-Crystalline Solids*, 271, 106～118, (2000).

CHAPTER 04

가스 자원화

급속한 경제발전과 생활수준 향상에 따른 소비성향의 변화 및 인구의 도시 집중화 현상 등으로 인해 우리나라의 폐기물 배출은 양적인 증가와 질적인 변화가 뚜렷하게 나타나고 있다. 날로 증가하고 있는 폐기물의 처리는 일부 재활용, 소각 등을 제외하고 매립에 의존하고 있으며, 이러한 폐기물의 최종처분지는 매립장이다. 매립지에서 매립된 폐기물 중 생물학적으로 분해 가능한 물질이 미생물의 활동에 의해 분해되면서 매립가스가 발생하게 되며 매립지의 구조와 규모, 관리형태, 매립경과시간, 매립되는 폐기물의 종류 등에 따라서 매립가스의 발생량과 그 성분은 크게 변동될 수 있다.

매립가스가 발생될 수 있는 매립지의 대부분은 혐기성 조건으로 유지되고 매립가스의 주요성분은 지구온난화를 유발하는 온실가스 성분으로 규정되어 있어 매립지 및 주변지역의 환경에 영향을 미칠 수 있는 다양한 악취물질과 휘발성유기화합물이 포함되어 배출되고 있다. 이를 위해 매립지에 물리·화학적 및 생물학적 정화공법을 최대한 적용시켜 매립가스 발생을 극대화하여 대체에너지로써의 활용 가능성과 매립가스(LFG, Landfill gas)의 환경적 측면에서의 관심과 중요도가 증대되고 있다.

또한 우리나라는 전국적으로 음식물류 폐기물, 가축분뇨 및 하수슬러지 등 다양한 유기성 폐기물이 다량 배출되며 유기성 폐자원의 에너지화를 위해 혐기성 소화공정을 거쳐 바이오가스가 발생하게 된다. 바이오가스는 혐기성 소화 작용으로 메탄 생성 박테리아가 바이오매스를 분해할 때에 발생하는 대사산물의 하나나로서 메탄과 이산화탄소의 혼합 형태인 기체를 말하며, 바이오가스의 형태는 퇴비가스, 습지가스 등 자연적으로 생성되는 것과 제조되는 가스가 있다. 현재 국내에서 바이오가스를 생산하기 위하여 이용할 수 있는 유기성 폐자원으로는 음식물 쓰레기, 하수슬러지, 축산분뇨 등이 있고 이를 이용하여 바이오가스 생산이 가능하며, 전력 및 온수 등으로 이용되고 있다.

4.1 매립가스 자원화

4.1.1 국내·외 매립가스 동향

국내에는 1970년대 초부터 대학과 연구소를 중심으로 연구가 시작되었고 매립가스를 이용한 대체 에너지화 이용기술에 대한 관심이 생겨나기 시작한 것은 1980년대 후반으로 비교적 짧은 기간으로 실제 적용된 사례 현황도 매우 적다. 하지만 대규모인 수도권 매립지의 매립가스 발생에 대한 처리 및 이용방안이 대두되면서 관심이 높아지고 있다. 1988년부터 대체에너지 개발 촉진법에 따라 정부 차원에서 기술이 개발되어 1990년대 이후 매립가스 이용기술과 바이오수소 생산기술 개발이 주요 분야로 추가되었다.

1990년대 초 매립지 가스 추출의 영향 반경과 매립지 투과계수 등을 구하여 매립가스 추출 효율을 평가하였고 1990년대 중반에 쓰레기 매립장의 매립가스 포집·정제·활용에 따른 최적화 개발은 기존의 포집과 유사한 기류를 불어내는 추출방법을 상용화 하였으며, 정제기술은 알칼리 습식법으로 CO_2와 CH_4 분리에 중점을 두었다. 또한 매립가스 발생량 계산에 따른 경제성을 평가하였고 1995년도에 매립지를 운전하여 발생하는 가스 및 침출수의 모니터링 기법에 대한 효율적인 매립가스 관리시스템 및 추출·처리 시스템의 최적 설계기술과 매립가스 정제 시스템 등이 행하여졌다. 이후 1999년까지 바이오 에탄올, 메탄 가스화 기술이 추진되었다.

선진 외국은 환경오염 제어나 메탄가스의 경제적인 가치가 높아짐에 따라 새로운 대체 에너지원으로 많은 연구와 이용이 늘어나고 있는 실정이다. LFG Activity에 의하면 1995년도 집계로 5대륙에 걸쳐 13개국에서 매립가스 에너지 회수설비가 적어도 400여개로 알려져 있으며, 대부분 미국, 독일, 영국으로 전체 매립가스 이용 사례의 75%정도 이상을 차지하고 있으며, 이 중 대부분이 전력생산을 가장 많이 채택하여 사용한다. 일례로 영국에서는 65여개의 매립가스 에너지 회수 설비가 가동되고 있으며, 이 중 82%는 전력(Total around 85 MW capacity)을 생산하고 나머지 18%는 매립가스 분리 정제공정의 채택으로 직접 가스를 이용하며, 부가적으로 42개의 매립가스를 이용한 전력설비가 추진되고 있다. 또한 캐나다는 매립지에 9개의 매립가스 이용 설비를 가지고 있으며, 그 중 7개가 매립가스를 분리·정제해서 직접 연료로 이용하는 것으로 나타났다.

가. 국내 사례

난지도 매립지의 경우, 1978년 매립을 시작하여 1993년까지 약 15년간 서울시에서 발생한 폐기물의 70% 이상을 매립하여 왔다. 난지도 매립지 안정화는 전체 매립지의 제 1매립지, 제 2매립지와 슬러지 매립지 등으로 구분되어 약 9,200만 ton의 폐기물이 오염 방지시설을 제대로 갖추지 않은 채 비위생적으로 매립되었다. 생활폐기물이 매립된 제 1매립지의 CH_4 농도 범위는 45～60%를 유지하고 있으며, 제 2매립지는 25～60%를 보였다. 2000년도에 기본설계가 완료되어 포집정 106공을 설치하고 이송 관로를 연결한 후 송풍기를 이용하여 가스를 뽑아내고 있으며, 이 가스는 보일러 연료로 사용하여 난방열을 만들어 월드컵 경기장과 주변의 아파트 3,000여 세대에 공급되고 있다.

수도권매립지 제 1매립장은 1992년 2월 매립을 시작하여 약 6,400만 ton의 폐기물을 매립하고 2000년 10월 매립을 종료하였다. 제 2매립장은 2000년 10월 매립을 시작하여 2012년 3월 7단 매립을 진행 중이며 8단까지 매립을 진행할 예정에 있다. 제 2매립장의 매립 용량은 6,700만 ton이며 2015년까지 매립이 가능할 것으로 예상하고 있다. 제 3매립장은 제 2매립장 매립 종료에 대비하여 매립장 기반시설 설치를 준비 중에 있으며 제 4매립장에는 주변지역 수해 방지를 위하여 2009년 9월 안암도 유수지를 설치하였고 잔여 부지는 향후 매립장으로 조성할 예정이다.

수도권 매립지는 국가적으로 가장 관심이 많은 위생매립지로 완전한 포집이 되지 않고 일부 포집된 것을 소각처리하고 있어 불완전 연소로 인한 악취의 문제점이 거론되고 있다. 그 원인 중 하나가 매립가스이며, 매립가스 포집처리시설은 주변의 환경오염 방지와 매립장 조기 안정화에 필수적인 시설이다.

매립가스 포집시설은 난지도 매립지 등 여타의 매립지와 달리 설계에 반영되어 매립 제방 주위에는 가스 이송관이 있고 수평 포집관이 설치되어 있으며, 현재 대부분 117개의 응축수 배제정이 폐쇄되어 현재에는 약 300～350 m^3/min 정도의 매립가스가 포집되고 있다. 매립가스를 이용하여 전력을 생산함으로써 연간 약 2.5만 toe의 대체 에너지를 공급할 수 있으며, 매립가스를 수집하고 이를 에너지화 할 수 있다.

부산의 생곡 매립가스 발전소는 쓰레기 매립장에서 발생한 가스를 이용해 전력을 생산하는 곳으로 서희건설이 운영하고 있다. 이 발전소는 지난 2001년 7월 부산 강서구 생곡동에 들어선 뒤 하루 6 MW의 전력생산 설비를 갖추어 가동 중이며, 6 MW는 하루 평균 3 kW를 소비하는 2,000 가구가 사용할 수 있는 규모의 전력량이다.

발전소는 쓰레기 매립장에서 발생하는 메탄가스를 주원료로 가동하고 있고 가스 포집·정제, 기관 엔진(발전), 한국전력 송전 및 변압 등의 과정으로 이뤄지고 있다. 먼저 매립장에 구멍을 뚫어 가스를 채취한 뒤 수분과 황 등을 함유한 질이 떨어지는 가스는 정제 과정을 거쳐서 필터를 통과하여 메탄가스 발전에 사용이 가능할 만큼 불순물을 제거하고 생산된 전력은 한전 선로를 통해 kW 단위로 사용한다.

나. 국외 사례

미국에서는 환경과 건강의 관심사 때문에 US EPA에서 매립지 발생가스를 오염물질로 규정하고 있으며, EPA에서 현존하거나 새로이 건설되어질 매립지에 대한 매립가스 발생기준을 제안하고 있다. Clean Air Act에 의해 제안된 규제대책으로 인해 도시고형 폐기물의 매립지 발생가스를 포집, 제어하는 시스템을 도입하여 에너지화하는 장소가 꾸준히 늘고 있으며, 이러한 규제에 영향을 받은 매립지들은 매립가스를 소각하지 않고 이용하여 큰 이익을 얻고 있다.

미국에서 매립가스를 이용한 에너지 회수 시스템은 전체 시스템 중의 78% 가량이 전력을 생산하고 있으며, 지역 시설에 제공하고 있다. 전력 생산에서는 내부연소(Internal combustion, IC) 엔진을 사용하여 총 350 MW의 전력을 생산하고 있고 가스 엔진 및 스팀 터빈을 이용하기도 한다. 또한 직접적인 가스이용을 통하여 디젤 연료를 생산하고 약 22% 정도는 보일러 연료로 사용하고 있다.

메탄가스를 회수·이용한 최초의 매립지는 Los Angeles시의 남서 20 mile에 위치한 Rolling Hill Estates시에 있는 매립지로서 유기물질을 포함한 고형 및 액상 폐기물을 같이 매립하여 1980년에 매립 완료할 때까지 약 2,000만 ton의 폐기물이 투입된 곳이다. 당초 악취 대책으로서 가스 흡입정을 설치하여 연소시키고 있었으나 석유 파동 이후 Getty Synthetic Fules사(New York주 Fresh Kills 매립지에도 메탄가스 회수공장을 건설)가 메탄가스 회수이용 공장을 설계하여 약 2,000만 ton의 폐기물 중 380만 ton이 생물분해 가능한 폐기물이었고 약 1.3×108 m^3의 가스가 발생할 것으로 추측하여 5.6×104 m^3/일의 가스를 회수할 수 있다고 추산하였다. 가스 포집시스템과 가압 시스템, 수분제거 시스템, 탄화수소 제거 시스템, CO_2제거 시스템 등으로 구성되어 있으며, 정제가스는 14 kg/cm^2로 가압되어 South California 회사의 천연가스 Pipe line에 송입되고 있다. 이 플랜트의 처리량은 50 km^3/일로서 약 3,500세대가 필요한 에너지량에 상당한다.

4.1.2 매립가스 영향인자

매립장에서 가스 발생에 영향을 주는 인자는 일반적으로 폐기물의 특성, 매립지내 온도, 수분, pH, 산소, 영양분의 영향을 받는다. 매립가스 생성에 가장 중요한 인자는 매립된 폐기물의 조성이며, 크게 분해용이 성분과 중위급 분해 성분, 난분해성 성분으로 나눌 수 있으며, 분해용이 성분으로는 음식과 잡초류, 중위급 분해 성분으로는 종이와 목재, 섬유류, 난분해성 성분으로는 플라스틱, 고무류 등이 있다. 폐기물 중 지방분이나 단백질 또는 탄수화물을 함유하고 있는 주방용 쓰레기가 많이 포함되면 분해용이 성분의 함유율이 높아지기 때문에 매립 초기(매립 후 2년내) 분해가스의 발생량이 많아지고 이러한 쓰레기의 반감기는 대개 1년 정도이다. 지방산의 분해에 의한 매립가스의 가스조성은 CH_4 71%, CO_2 29% 정도의 비율이며, 중위급 분해 성분의 분해 반감기는 대체로 2년, 난분해성 성분은 20년 정도로 총 가스 발생 추산량의 99%를 분해시키는데 소요되는 기간은 분해용이 성분의 경우 3년반, 중위급 분해 성분은 최고 6년, 난분해성 성분은 60년이 걸린다. 또한 종이류, 섬유질 등 중위급 분해 성분을 많이 함유하고 있는 쓰레기의 경우에는 실제 매립 후 3~4년의 반감기를 갖게 되는 것이 보통이며, 발생되는 매립가스 조성은 CH_4 51%, CO_2 49% 정도이다.

가. 매립지내 온도

매립지 내의 초기온도는 일반적으로 호기성 박테리아의 활성도에 따라 지배되며 매립 후 45일 이내 최고 온도에 도달한다. 매립지내 심층부는 무산소 상태에 가까워 혐기성 분해가 일어나기 때문에 온도의 상승을 일으키지 않는다. 지표 1~2 m 깊이에서는 공기투과와 확산으로 외기 온도의 영향을 받아 지중온도가 강화되고 일반토양의 경우 지표와의 온도 구배가 약 4.5℃/m이며, 매립지의 경우는 2~3℃/m이다. 혐기성 분위기에 도달하면 매립지의 온도는 내려가게 되며 혐기성 분해 박테리아인 중온성 미생물은 20~40℃의 온도 범위에서 가장 잘 성장하고 호기성 분해 박테리아인 고온성 미생물은 45~55℃에서 가장 잘 성장하는 박테리아이다.

나. 수분의 영향

혐기성 분해 반응은 다습한 분위기에서 일어나므로 매립층 내에서의 수분함량은 메탄가스 생성에 매우 큰 영향을 주는 중요 인자이다. 수분함량은 지하수유입과 우수침투, 쓰레기 분해에 의한 수분 생성 등의 요인에 따라 변화될 수 있다.

매립층 내의 수분은 쓰레기의 성분을 균일하게 하고 영양분 및 분해 가능 유기물의 농도 변화를 감소시켜 미생물을 성장시키며 쓰레기 전체를 박테리아가 분해시켜 가스 발생량을 극대화 시킨다. 매립지의 쓰레기 함수율은 43%~53% 정도이나 미생물로 분해되는 유기체 성분을 완전히 변환시키는데 최적 습기량은 약 50%~60%이다.

다. pH의 영향

폐기물의 혐기성 분해는 일반적으로 pH 6.6~7.6 범위에서 이루어지고 보다 효과적인

pH는 7.0~7.2이다. pH 6.2 이하일 때 미생물의 활동 범위로 유기물을 유기산으로 분해시켜주며, 이 때 생성된 CO_2의 용해로 인하여 산도가 증가하고 메탄생성 박테리아의 활성을 저하시켜 메탄가스의 생성이 급격히 감소하게 된다.

라. 산소의 영향

매립층 내부에 산소가 없으면 혐기성 박테리아의 성장과 유기물질 분해에 좋은 조건이 되어 탄소화합물이 빠르게 반응한다. 특히 메탄 형성 박테리아는 혐기성 미생물로 매립지 내부에 산소가 있으면 증식이 불가능하다.

마. 영양분

매립지에서 박테리아가 성장하기 위해서는 여러가지 영양소가 필요하다. 탄소, 수소, 산소, 질소, 인은 충분히 존재하여야 하며, 그 외에도 소량이지만 나트륨, 칼륨, 황, 칼슘, 마그네슘도 있어야 한다. 메탄가스 생성은 질소에 대한 탄소의 비율(C/N비)이 30일 때 최상의 값을 나타내는 것으로 알려져 있다. C/N비가 크면 CO_2 생성증가로 인해 LFG의 조성이 변하게 된다.

4.1.3 매립가스의 조성 및 특성

매립가스의 조성은 매립 쓰레기의 종류와 생물학적 분해 단계에 따라 다르며 매립지에서 발생되는 가스의 주성분은 메탄(CH_4), 이산화탄소(CO_2), 산소(O_2), 질소(N_2)로 이루어져 있다. 그밖에 유해를 일으킬 수 있는 악취 성분으로 암모니아(NH_3), 일산화탄소(CO), 황화수소(H_2S)와 미량성분인 휘발성 유기물질(VOCs) 등이 있다. 표 4.1 매립장 gas의 성분 구성비를 보면 대부분 발생되는 가스는 크게 메탄과 이산화탄소이며, 메탄이 45~60%, 이산화탄소는 40~60%를 보였으며, 그 외 가스는 미량의 성분으로 구성되어 있다.

메탄과 이산화탄소는 도시폐기물 생분해성 유기물질의 혐기성 분해에서 발생되는 주요 가스이며, 황화수소, 아민류 기타 자극성 있는 기체성 물질은 매립 폐기물의 혐기성 상태인 분해 과정에서 주로 발생하게 된다. 매립가스 내의 악취성분은 주로 황화수소를 포함한 메르캅탄류와 아민류가 주종을 이루고 있으며, 매립 폐기물의 종류와 기후, 지리적 여건에 따라 차이가 있다.

표 4.1 • 매립장 gas의 성분 구성비

Ingredient	Unit	Component
Methane(CH_4)	vol. %	55~60
Carbon dioxide(CO_2)	vol. %	35~40
Nitrogen(N_2)	vol. %	< 5
Oxygen(O_2)	vol. %	< 2
Sulphur, Inorganic	mg/m^3	0~100
Mercaptans	mg/m^3	0~10
Halogenated hydrocarbons	mg/m^3	0~150
Water	-	saturated

출처 : 이성호, 한국폐기물학회, 2008

폐기물 반입시 미량성분이 함유된 폐기물이 매립지로 들어가거나, 매립지 내에서 일어나는 생물·무생물 반응에 의하여 가스가 발생하며, 매립가스 중의 미량성분에 대한 국내·외 조사 결과를 보면 발견된 화합물의 다수는 휘발성유기화합물(VOCs)이다. 매립가스에서 VOCs의 농도가 크게 나타난 매립장은 VOCs를 함유한 산업·상업 폐기물이 반입된 후나 오랜 시간이 경과한 매립지의 경우이며, 유해 폐기물의 처분이 금지된 신규 매립지에서는 매립가스의 VOCs의 농도가 극히 낮다. 또한 국내의 최대 규모인 수도권 매립지에서의 매립가스 내 대표적인 미량성분(BTEX)은 톨루엔의 농도가 가장 높았다.

매립가스의 주요 발생 물질 중 메탄의 특성으로 무색, 무취, 무미의 부식성이 없는 가연성 가스이며, 공기보다 가벼워 천연가스의 주요한 성분으로서 독성이 거의 없다. 9% 이상의 메탄이 함유된 공기를 흡입하면 눈의 통증이나 두통을 유발할 수 있으나 곧바로 신선한 공기를 흡입함으로써 이러한 통증을 가라앉힐 수 있다. 특히 고려해야 할 것은 공기 중 메탄의 확산에 의한 폭발성이 높아 특별한 주의가 필요하다.

이산화탄소는 무색, 무취 및 비가연성의 약산성 가스로서 공기보다 약간 무겁다. 이산화탄소는 공기보다 무겁기 때문에 공기 중으로 잘 확산되지 않으므로 한정된 지역에 농축되는 경우가 있으며, 높은 농도의 이산화탄소는 호흡기관에 장해를 일으키고 호흡 속도를 증가시킨다. 공기 중 이산화탄소의 일반적인 농도는 약 0.03%이나 12~15%의 농도로 존재하는 경우에 곧 의식을 잃게 되고 25%의 이산화탄소에 노출되는 경우에는 수시간 내에 죽음에 도달하게 된다.

4.1.4 매립가스의 발생원리

매립지 가스는 미생물에 의한 생물학적 반응의 산물로 매립되어 있는 폐기물의 양, 종류, 물리 화학적 성상과, 수분함량, 매립지의 온도, 복토량, 수소이온 농도 및 물리 화학적 반응 등과 같은 내부적 요인이 복합적으로 작용하여 발생한다.

매립지의 유기성 쓰레기가 미생물에 의하여 혐기성 분해 과정과 동일한 산 형성 단계를 거쳐 메탄 형성 단계로 진행되며, 분해 과정을 여러 단계로 구분하여 메탄 생성을 특정 짓는다. 매립시간 경과에 따라 매립지내에서의 분해특성과 발생가스의 변화 추이를 살펴보면 5단계로 구분하여 그림 4.1에 나타내었으며, 단계별 특징은 다음과 같다.

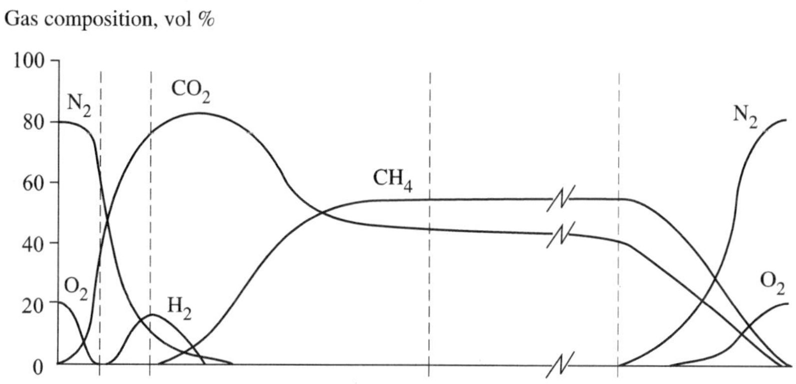

그림 4.1 • 매립지 내에서의 LFG 가스조성 변화

제 1단계 : 폐기물 매립시에 혼입한 공기로 인해 호기성 상태가 유지되어 호기성 미생물이 O_2를 소비하므로 거의 같은 몰의 CO_2가 생성된다. 호기성 단계로서 폐기물 매립 후 몇일 또는 몇 개월 가량 지속되는데 폐기물 내에 수분이 많은 경우 반응이 가속화하여 용존산소가 쉽게 고갈되어 다음 단계의 반응에 빨리 도달하게 된다. 주된 조성은 N_2, O_2 및 CO_2로 N_2와 O_2는 급격하게 감소하는 반면 CO_2는 서서히 증가하고, 이는 매립지가 호기성 상태임을 알 수 있다.

제 2단계 : 호기성 상태에서 혐기성 상태로의 전환단계로 산 생성 박테리아에 의하여 SO_4^-와 NO_3^-가 환원되는 단계이다. 혐기성 미생물은 가수분해에 의해 복잡한 유기물을 발효시켜 지방산, 알코올, CO_2, NH_3, H_2 등을 생성하며,

H_2와 CO_2가 증가되는 동시에 O_2는 거의 없어지고 N_2도 계속 감소한다. 이는 매립지가 혐기성 상태로 전환함을 의미하고 CH_4의 발생이 일어나지 않으며, 수분이 충분한 경우 혐기성 상태로의 전환이 빨라진다.

제 3단계 : O_2가 완전히 고갈되며 CH_4가스의 발생이 최대치를 보이게 된다. H_2는 CH_4 생성 박테리아가 소비하므로 이 단계의 초기에 소실하게 된다. 가스 내의 CH_4 함량이 증가함에 따라 온도가 약 55℃까지 증가하며, N_2와 H_2의 소실은 매립지가 혐기성 상태에 도달했음을 의미한다. 이 단계를 일반적으로 매립 후 최소 6개월이 경과되어야 시작된다.

제 4단계 : 가스의 생성과 분해과정이 정상상태에 이르는 CH_4의 정상 생성기로 CH_4와 CO_2의 농도는 거의 일정하게 된다. CH_4 가스는 50～70%, CO_2 30～50% 정도 발생하게 되는데 대개 매립 후 1～2년이 경과한 후에야 나타난다.

제 5단계 : CH_4 발효의 종말기로 매립 층 내의 내압이 저하하고 기압 상승이나 확산 등에 의해 공기가 매립층 내부에 혼입해 CO_2나 CH_4 가스의 농도가 저하되고 N_2와 O_2의 비율이 상대적으로 증가하게 된다.

초기 조정단계로써 폐기물 중 생분해가 가능한 유기성분은 호기성 미생물에 의해 분해되기 시작한다. 호기성 조건은 폐기물 매립 시 유입되는 공기에 의해 매립 초기에 형성되며 복토재의 호기성 세균(Aerobic Bacteria)에 의해 분해가 이루어진다. 초기 조정단계에서의 호기성 반응식은 다음과 같이 표현할 수 있다.

$$C_6H_{12}O_6N + 6O_2 \rightarrow 6CO_2 + 6H_2O + \frac{1}{2}N_2 \tag{4.1}$$

위 반응식에서도 알 수 있듯이 유기성분이 분해되면서 산소 농도는 감소하는 반면에 이산화탄소 농도는 증가하게 된다. 따라서 외부에서 지속적으로 산소가 공급되지 않는다면 호기성 분해는 점차 감소하게 된다. 그러므로 점차 매립시설 내에서는 산소가 감소되기 때문에 호기성 반응은 수일간 밖에 지속되지 않으며, 온도가 10～20℃정도 상승된다. 또한 수분의 함량이 증가하면 물의 높은 비열로 인해 온도가 더욱 상승할 수도 있다.

전이단계는 호기성 반응으로 인해 매립시설 내의 산소가 고갈되면서 혐기성 조건이 형성되기 시작한다. 통성혐기성(Fermentative)세균에 의한 혐기성 분해가 일어나며, 산소 대신에 질산염(Nitrate)과 황산염(Sulfate)을 전자 수용체로 활용하여 질소와 황화수소가스로 환원시킨다. 폐기물의 산화/환원 전위차(Oxidation/reduction potential)를 측정하여 혐기성 분해가 일어나기 시작하는 것을 감지할 수 있으며, 일반적으로 전위차 값이 −50∼−100 mV인 경우에 질산염과 황산염의 환원이 일어나는 시점으로 혐기성 분해의 시작을 알 수 있다.

한편 전위차 값이 −150∼−300 mV인 경우에 메탄 생성이 일어나는 것으로 알려지고 있다. 침출수 형성이 거의 일어나지 않으나, 만약 침출수가 형성된다면 유기산과 CO_2 농도 증가로 인해 pH가 다소 떨어지는 양상을 띠기 시작한다.

산 형성 단계는 2단계에서 시작된 미생물의 활동은 많은 유기산과 약간의 수소를 발생시킨다. 첫 번째 반응은 고분자 화합물인 지질, 탄수화물, 단백질, 핵산 등을 효소반응에 의해 저분자 화합물로 전환하는 전환단계이다. 두 번째 반응은 아세트산(CH_3COOH)과 펄빅산(Fulvic acid)그리고 다른 좀 더 복잡한 유기산으로 대표되는 첫 단계 산물을 저급 분자 화합물로 전환하는 단계이다. 침출수의 pH는 유기산과 매립시설 내 이산화탄소 농도의 증가로 5 또는 그 이하로 떨어진다. 유기산이 용해되므로 전기전도도가 증가하고 pH가 낮기 때문에 많은 무기물 특히 중금속이 3단계에서 많이 증가된다.

메탄발효단계는 메탄생성균이 아세트산과 수소를 이용하여 메탄, 물, 이산화탄소 등으로 다음과 같이 전환시킨다.

$$4H_2 + CO_2 \rightarrow CH_4 + 2H_2O \qquad (4.2)$$

$$CH_3COOH \rightarrow CH_4 + CO_2 \qquad (4.3)$$

유기산의 소모는 pH를 점차적으로 증가시켜 7∼8정도까지 높이고(중성 pH), BOD와 COD가 감소하며 높은 pH로 인해 침출수의 중금속 농도도 감소한다.

마지막 숙성단계에서는 LFG 발생률이 급격히 감소하는데 이것은 대부분의 영양물질이 앞 단계에서 분해되어 매립지내에 잔류하는 유기물은 난분해성 물질들이기 때문이다. 5단계에서 생성되는 주요 가스는 메탄과 이산화탄소이며, 소량의 질소와 산소도 LFG에 나타난다.

4.1.5 매립가스의 발생량과 발생속도

매립된 폐기물로부터 발생하는 가스가 언제까지 발생하고 최종적으로 얼마만큼의 양이 발생 할 것인가를 예측한다는 것은 매립지의 환경 대책을 강구하는데 필수 불가결한 정보라 할 수 있다. 가스 추출관의 관경이나 길이, 적정한 배치밀도를 결정하기 위해서는 가스 발생량이 결정되어야 하며, 또한 매립지의 사후 토지이용을 고려할 때에는 지반의 안정화 정도를 파악하고 발생 가스의 조성이나 발생 속도로부터 어느 정도 판단할 수 있다.

그러나 매립 폐기물 중에 함유되어 있는 유기물이 모든 성분 분해를 받아서 매립지부터 소실 된다고는 할 수 없기 때문에 실제 매립지에서 가스 발생량과 가스화율을 측정한다는 것은 매우 어려운 실정이다. 그 이유로 매립은 단계적으로 진행하는 것이 일반적이고 포집되는 가스는 신규 매립층으로부터의 혼합가스이기도 하며, 발생한 가스가 수평으로 확산하여 매립지 외로 유출해 버리는 것과 최종 복토를 통해 대기로 확산되는 양도 적지 않다는 점을 들 수 있다.

미국에서는 실제의 매립지로부터 발생하는 가스량을 화학 양론적으로 구한 양의 약 1/2 정도로 매립층 내의 메탄발효가 이론적으로 100% 일어날 수 없다는 것에 기초를 둔 것이며, 또한 회수 가능한 가스량으로는 대기로의 발산량을 뺀 이론양의 약 1/4이 될 것으로 추산하고 있다.

일반적으로 가스 발생량을 구하는 방법은 폐기물의 원소 분석으로부터 폐기물의 화학 시성식을 만들고 모두 혐기성 분해를 받는다고 가정해 화학 양론적으로 산출하는 방법과 폐기물 모두가 생물 분해되지 않고 그 일부만 생물 분해가 가능하다고 가정하여 산출하는 방법으로 폐기물 중의 총 유기탄소 함유량으로부터 구분하여 산출할 수 있다.

발생속도는 가스 발생량의 시간 의존성을 나타내는 양이고 매립가스 발생량과 발생속도는 매립 전체 면적과 매립층의 평균깊이, 쓰레기의 조성, 매립 쓰레기 층의 총무게, 수분함량 등을 기초로 매립지 가스 발생량을 예측하는 이론식은 다음과 같다.

가. stegmann 이론식

stegmann 이론식은 매립 쓰레기 ton당 유기물(함량이 200kg)이 분해되어 약 60～180 Nm^3의 가스가 발생되는 것으로서 단위 중량당 세분하면 kg당 0.3～0.9 m^3의 가스가 발생한다고 보고되었다.

나. Tabasaran 이론식

Tabasaran 이론식은 단위 쓰레기당 가스 발생량을 산정하는 식과 매립 경과 년도별 가스 발생량을 추정하는 식으로 구분된다. 단위 쓰레기량을 산정하는 식은 (4.4)와 같다.

$$G = 1.868\mathrm{TOC}(0.0140\,T + 0.28) \tag{4.4}$$

$$G_n = 314(1 - e^{0.07n})$$

$$G_k = 0.067e^{-0.288n}$$

G : 혐기성 상태에서 생산 가능한 총 가스량(Nm^3)
TOC : 폐기물 중의 TOC량(kg)
T : 매립시설 평균온도(℃)
n : 경과 년수(년)
G_n : 매립경과 기간 내 가스 발생량(Nm^3/ton)
G_k : 매립경과 연도의 가스 발생량(Nm^3/kg)

다. Rettenberg식

매립 경과 년도별 발생 가능한 가스량을 비율화한 식은 (4.5)와 같다.

$$F = 0.067e^{-0.288t} \tag{4.5}$$

F : 매립경과 연도의 가스발생량(m^3/kg)
t : 경과 년 수(년)

4.1.6 매립가스의 배출량 산정방법

매립지 메탄가스는 배출경로가 다양하고 측정 및 조사방법의 적용이 곤란하거나 매립지의 측정위치에 따른 편차가 매우 큰 경우가 많기 때문에 매립지 현장에서 메탄가스 배출량 측정을 통해 전체 메탄가스 발생량을 결정하기에 어려운 점이 많으므로 국내·외의 일부 매립지에서는 매립가스 배출량에 대한 측정과 그에 대한 변동 및 영향인자에 대한 분석을 병행하고 있다. 매립가스 배출량 측정은 그 경로와 방법에 따라 강제포집량, 가스배제공을 통한 자연배출량, 매립지 복토층을 통한 표면 발산량에 대하여 주로 이루어지고 있으며 이들을 조합한 종합적인 모니터링을 수행하기도 한다.

가스 발생량 평가는 가스 발생 예측 모델과 함께 현장측정으로 산정된 실 메탄 배출량과의 비교를 통해 평가된다. 그러나 실제 매립지에서는 가스 발생의 최적조건이 유지되기 어렵기 때문에 예측 모델을 통해 산정된 발생량보다는 가스포집량을 실제적인 매립가스 발생량으로 간주하여 평가하는 경우도 있다. 매립가스의 표면 발산량 현장측정 방법은 미기상학적방법과 후드방법으로 분류되며 미기상학적 방법은 매립지 표면 상태 그대로 매립가스의 배출량을 측정하나 후드 방법은 매립지 표면의 공간을 한정지어 외부의 영향을 최소화하여 측정하는 방법이다. 배제공을 통한 자연배출량의 측정은 가스의 농도 측정과 동시에 유량을 측정하여 배출량을 산정한다.

가. 미기상학적 측정방법

미기상학적 방법은 측정 시 주위 환경에 변화를 주지 않으면서 보다 넓은 지역을 대표할 수 있는 배출량 결과를 얻을 수 있다. 반면에 고도의 숙련된 전문가와 비용문제가 있고, 다른 배출원이 있을 경우 해당 배출원에서의 배출량 측정이 불가능하다는 단점이 있다. 분산모델을 이용한 측정방법으로 Mobile Plume Measurement는 매립지에서 바람이 불어가는 방향으로 매립지 끝부분에서의 메탄 플럭스의 차이로 매립지 메탄배출량을 산정한다. 메탄 Plume의 풍하 쪽에서의 메탄농도는 분산모델을 통해 매립지 내의 배출유형을 평가하여 메탄배출량을 산정한다. 매립지의 지형적 차이는 분산모델을 통해 자동적으로 반영되며 이 측정방법은 매립지 전체에 대한 배출량을 산정할 수 있다. 그러나 매립지의 풍하 쪽에서 측정이 가능해야 하며 Mobile Plume 측정 장비는 연속측정이 불가능하고 장비가 고가이며 연속 측정시 인력이 많이 소요된다.

나. 후드 측정방법

후드 측정방법은 미기상학적 방법에 비해 비교적 간단하고 경제적인 방법이다. 측정 가능한 면적이 매우 작으며 이는 배출량이 국소적으로 큰 차이를 나타내는 복잡한 지역의 세부 특성을 나타내거나 다른 배출원이 공전할 때 표면 발산량의 측정이 가능하다는 장점이 있다. 반면, 배출량 측정결과가 측정지점에 국한될 수 있고 넓은 지역을 대상으로 할 때 지역의 대표성이 제한 받을 수 있는 단점이 있다. 따라서 후드 방법을 통해 매립가스의 배출량을 산정할 때 여러 지점에서의 측정을 통한 지역의 대표성을 확보할 필요가 있다. 기존의 연구에서는 후드 방법 중 Chamber 방법을 이용한 사례가 많으며 이는 장치의 운용이 편리하고 경제적이며, 측정지점의 배출특성을 대표할 수 있는 가스의 표면 발산량 측정 사례가 많다. Chamber방법은 형태에 따라 Static Flux Chamber(Closed Chamber)와 Dynamic Flux Chamber(Open Chamber)로 분류된다. CO_2나 CH_4와 같이 비교적 반응성이 느린 기체의 경우 주로 Closed Chamber가 이용되며 NO_X와 같이 반응성이 강한 기체의 경우 Open Chamber가 이용된다. Open Chamber는 다양한 기체에 대해 다양한 범위의 배출량에 대한 측정이 가능하고, 분석시간이 짧으며 한번 설치에 의한 모니터링이 가능한 반면 장비가 복잡하고 설치가 어려워 측정시간이 다소 길게 소요된다. Closed Chamber는 설치가 편해 짧은 시간에 여러 지점을 모니터링 할 수 있으나 분석시간이 길게 소요된다.

다. 매립가스 배출량 예측방법

매립가스를 예측하는 방법에는 크게 매립지 기초자료를 이용하는 방법, 매립가스의 일시적인 발생을 가정한 방법, 시간경과에 따라 예측하는 방법 등으로 나누어 볼 수 있다. 매립지 기초자료를 이용하는 방법은 매립된 폐기물의 성상과 양, 그로부터 발생되게 되는 메탄의 양과 기타 매립지의 기초적인 데이터를 이용하여 매립가스 발생량을 예측하는 방법이며 미국의 EIIP(Emission Inventory Improvement Program)에서는 기본적인 메탄발생량을 평가하는 방법으로 소개하고 있다.

매립가스의 일시적인 발생을 가정한 대표적인 방법으로 IPCC Default Method를 들 수 있다. 이는 물질수지모델(Mass Balance Model)로서 매립된 폐기물의 DOC(Decomposable Organic Carbon)함량을 이용하여 메탄의 발생을 계산하는 방법으로 폐기물 분해와 그에 따른 가스 발생에 대한 시간적 변동을 고려하지 않고 폐기물이 매립된 1년 동안 가스도 모두 발생한다고 가정하고 있다. 매립가스의 경우 미생물에 의한 분해의 산물이므로 좀 더 현실적인 예측을 위해서는 반드시 시간을 고려해야만 하며 이를 위하여 반응 속도론적 접근방법에 의해 시간 경과에 따라 예측하는 방법이 사용되고 있다.

현재까지 사용되고 있는 매립가스발생량 추정 방법으로는 크게 양론식을 이용한 방법, 물질수지에 의한 방법, 동역학적 모델(Kinetic Model), 연속적 생물분해반응 모델(Sequential Biodegradation Model), 그리고 회귀 모델(Regression Model)로 제시할 수 있다. 양론식(Stoichiometric Equation)과 물질수지에 의한 방법(Mass Balance Model)은 매립된 폐기물로부터 발생 가능한 매립가스의 총량을 산출할 수 있는 방법이다. 양론식은 폐기물의 화학식을 이용하여 이론적으로 매립가스발생량을 예측할 수 있는 가장 기초적인 방법이며, 물질수지에 의한 방법인 IPCC Default Method는 메탄가스 발생량 산정을 위해 국제적으로 적용하고 있는 방법이지만, 매립가스의 일시적인 발생량을 예측하므로 시간경과에 따른 발생량 예측이 요구되는 실제 매립지에 적용하는 데는 한계가 있다.

먼저, 일차분해모델(First order kinetic model)이 현실적인 가스발생량 예측에 보다 정확하다는 가정 하에 폐기물 분해 또는 가스발생을 1차 반응으로 간주하여 매립가스 발생량을 추정한다. 이 경우에도 실제 매립지에서는 기상변수의 영향과 서로 다른 시기에 매립된 폐기물이 각각 다른 가스발생 단계를 거치고 있기 때문에 가스 발생량의 측정이 곤란하므로, 모델의 개발은 어려움이 많다. 또한, 반응속도에 의한 모델은 적은 양의 폐기물이 분해되는 것을 설명하기에는 가장 좋은 모델이지만 전체 매립지에 대하여서는 큰 오차를 유발할 가능성이 있다. 그러나 매립지의 가스자원화를 위한 매립가스발생량 추정뿐만 아니라 국제적인 온실가스배출량 산정 등에 있어서는 일차분해모델이 공식적으로 채택되어 이용되고 있다.

메탄발생속도를 제한하는 인자는 매립지 내부에 남아있는 물질의 양으로 가정하며, 폐기물 분해과정에 대해 영향을 미치는 다른 변수와 인자들은 메탄발생속도를 제한하지 않는 것으로 가정한다. 매립된 폐기물이 다음 식과 같은 미생물에 의한 1차 반응 형태의 반응식에 따라 분해된다고 가정하고 그에 따라 가스가 발생하는 것으로 추정하는 방법이다.

$$-\frac{dW}{dt} = k_{waste} W \tag{4.6}$$

여기서, W : 폐기물량

t : 경과시간

k_{waste} : 폐기물의 분해속도상수

위 식을 적분하여 나타내면 다음 식과 같다. 여기서 R_0는 초기 폐기물량이며, 매립된 폐기물이 시간경과에 따라 분해되어 폐기물량은 감소하는 것을 표현한다.

$$W = W_0 e^{-k_{waste} t} \tag{4.7}$$

매립된 폐기물이 분해됨에 따라 그 만큼 그 만큼 가스가 발생할 수 있는 잠재량은 감소하게 되므로 가스발생량은 시간의 경과에 따라 폐기물 분해와 같은 패턴을 나타내게 된다. 따라서 가스발생량도 1차 반응으로 표현될 수 있으며 다음 식으로 나타낼 수 있다.

$$C = C_0 e^{-k_{gas} t} \tag{4.8}$$

여기서, C : 가스발생량

C_0 : 전체 폐기물의 잠재가스발생량

k_{gas} : 가스발생속도상수

다양한 일차 분해 모델이 가정 조건과 적용된 매립지, 추정인자 등의 차이에 따라 변형되어 사용되고 있다.

(1) Scholl Canyon model

미국 캘리포니아 로스엔젤레스 지역의 Scholl Canyon 매립지에서 발생하는 메탄의 양을 추정하기 위하여 사용된 대표적인 일차분해 모델이다. 혐기성 조건과 미생물의 증식을 통해 안정화되기 직전까지의 지체시간을 무시하여 초기 가스발생량을 최대값으로 가정하고 있다. 따라서 가스발생량은 초기의 최대로 발생할 수 있는 잠재적인 메탄의 양(이하 메탄잠재발생량)으로부터 남아있는 메탄 발생이 가능한 양(L)으로 평가되며, 매립된 폐기물의 유기물질량과 함께 감소되는 것으로 가정된다. 이를 식으로 나타내면 다음과 같은 1차 반응식으로 나타낼 수 있다.

$$-\frac{dL}{dt}=kL \tag{4.9}$$

여기서, t : 시간

L : t시간이 경과한 시점의 메탄잠재발생량의 잔존량(m^3/kg)

k : 메탄발생속도상수($year^{-1}$)

위 식을 적분하면 향후 발생 가능한 메탄의 잔존량인 L(m^3/kg)은 메탄잠재발생량인 L_0(m^3/kg)를 사용하여 다음과 같이 나타낼 수 있다.

$$L=L_0e^{-kt} \tag{4.10}$$

따라서, 매립 초기부터 t시간까지의 기간 동안 발생한 메탄의 누적량(V, m^3/kg)은 메탄잠재발생량(L_0)으로부터 남은 메탄발생가능량(L)을 제외한 값이므로 다음 식으로 나타낼 수 있다.

$$V=L_0-L=L_0(1-e^{-kt}) \tag{4.11}$$

이를 시간에 따른 메탄발생량(Q, $m^3/kg/year$)으로 표현하면 다음과 같이 나타낼 수 있다.

$$Q = \frac{dV}{dt} = -\frac{dL}{dt} = kL = kL_0 e^{-kt} \quad (4.12)$$

이 식의 메탄발생량은 매립되는 폐기물의 단위중량당 발생하는 메탄의 부피로 계산되므로, 매립지 전체에 대한 추정을 위해서는 폐기물의 양이 감안되어야 하며, 폐기물 매립은 지속적으로 이루어지므로 1년의 시간적 구분을 통해 매년 매립되는 폐기물의 양으로부터 발생하는 메탄의 양으로 예측할 수 있다. 따라서 다음의 식을 얻을 수 있다.

$$kL = \sum_{i=1}^{n} W_i k_i L_{0_i} e^{-k_i t_i} \quad (4.13)$$

여기서, n : 매립년수

W_i : i번째 연도에 매립된 폐기물량(kg)

t_i : i번째 연도에 매립된 폐기물의 경과시간(year)

k_i : i번째 연도에 매립된 폐기물의 가스발생속도상수(year^{-1})

k와 L_0의 값이 매년 일정하다고 가정하면 다음과 같이 나타낼 수 있다.

$$kL = kL_0 \sum_{i=1}^{n} W_i e^{-kt_i} \quad (4.14)$$

이 모델은 기질이 제한된 상태의 미생물 생장패턴(1차 반응)을 기초로 하여 제안된 것으로 매립지의 많은 환경인자가 기질의 이용도를 변화시킬 수 있다.

(2) SLC model

수도권매립지관리공사가 개발한 SLC Model(Version 1.1)은 일차분해모델을 기본으로 하면서 매립지 현장 조건에 적합한 추정인자를 선택하여 맞는 인자의 선택할 수 있도록 구성되어 있다. SLC 모델에 의한 매립가스 발생량 예측식은 식 (4.15)과 같다. 연도별 전체폐기물의 매립량과 잠재가스발생량 및 메탄발생속도 상수를 적용하여 당해 연도의 매립가스 발생량을 예측한다.

$$Q_{CH_4} = \sum_{i=1}^{n} [L_{0_i} \times \mathrm{MSW_i} \times (\mathrm{e}^{-\mathrm{k} \times (\mathrm{t}-1)} - \mathrm{e}^{-\mathrm{k} \times \mathrm{t}})] \quad (4.15)$$

여기서, Q_{CH_4} : 당해연도의 매립가스 발생량(m^3 CH4/year)

n : 매립년수

L_{0_i} : i번째 연도의 잠재가스발생량 (m^3 CH_4/Ton waste)

MSW_i : i번째 연도의 폐기물 매립량(Ton/year)

k : 메탄발생속도상수($year^{-1}$)

t : 매립시작 후 경과시간(year), (당해 연도-매립시작연도)

4.1.7 매립가스의 이동특성

매립가스의 이동은 대류와 확산에 영향을 받으며, 대류는 시스템 내 가스의 전압(Total pressure)이 일정하지 않을 때 발생하고 가스는 전압이 높은 지점에서 낮은 지점으로 흐른다. 확산에 의한 가스 흐름은 시스템 내에서의 가스 농도가 일정하지 않을 때 발생하며, 가스의 분압이 서로 다를 때는 농도가 높은 곳에서 낮은 곳으로 흐른다.

확산은 매립지에서 메탄가스 이동에 관여하는 중요 인자이며, 매립지 내의 압력이 고압 상태이거나, 기류를 불어내는 장치 등에 의해 매립지 내의 압력 구배가 증가될 경우 그 비중이 작아진다. 따라서 인위적, 강제적 압력 구배가 생기는 경우 대류에 의한 흐름이 매립지 내의 매립가스 이동특성을 결정하는 주요 메커니즘이 된다. 가스는 모래와 침적토는 물론 진흙 속에서도 공극만 있으면 흐를 수 있으며, 공극률이 작은 진흙 속에서는 감소하고 공극률이 큰 자갈 등에서는 증가하게 된다.

Darcy's law는 공기층을 통한 물의 이동 현상을 해석하는데 널리 이용되고 있으며, 추출관(extraction well)을 향한 가스의 이동 특성을 파악하는데도 이 식을 적용할 수 있다. 가스의 생성량과 이동을 예측하는 데에는 몇 가지의 수학적 모델을 이용할 수 있지만 매립지 내에서 메탄가스의 생성과 이동은 여러가지 예측 불가능한 인자들에 의해 크게 변화할 수 있으므로 여러가지 모델에서 제시한 방법들을 종합적으로 검토하는 것이 무엇보다 중요하다.

4.1.8 매립가스 추출 및 처리공정

매립가스 회수이용 공정에서 추출공정은 가장 중요한 공정이다. 적절한 추출공정이 선정되지 않으면 충분한 가스의 양을 얻을 수 없고 초기투자비 회수도 어려워진다. 매립가스

추출공정은 매립가스 회수시스템에 적용되고 있는 것으로 매립가스를 흡입 포집하기 위해 추출정에 음압을 걸어야 하며, 그 음압의 정도는 매립가스 양과 질에 따라 달라질 뿐만 아니라 추출정의 깊이, 복토재의 특성, 폐기물의 질(매립기간, 수분, 밀도, 폐기물종류), 최종 복토와도 밀접한 관련이 있다. 음압을 너무 심하게 걸면 매립가스에 공기 유입이 불가피해지고 공기 유입에 따라 매립가스의 발열량 저하와 매립가스에 포함된 공기 중의 산소량이 송급 파이프 라인이나 처리설비의 폭발 가능성이 생기며 공기 주입으로 혐기성 조건 형성이 제약되어 매립가스 발생 자체가 감소하고 과다한 음압 적용에 따른 외부 공기 유입으로 인한 문제점을 들 수 있다.

가스 추출정에는 수직정(Vertical Well)과 수평정(Horizontal Well)이 있으며, 일반적으로 수직정을 많이 사용한다. 수평정은 깊이가 깊은 매립지 또는 현재 매립이 진행 중인 매립지에 더 적합하다. 가스 추출정은 서로 연결되어 주 포집기로 가스를 이송하여 저장하게 만들어져 있으며, 모니터링과 가스량 조절이 가능하도록 설계 하여야 한다.

매립가스 추출시스템은 능동적 포집시스템과 수동적 포집시스템, 혼합방식으로 구분할 수 있으나 가스를 회수할 목적으로 이용할 때는 기류를 불어내는 장치에 의한 강제적인 압력구배를 이용하여 가스를 추출하는 능동적 방식이 주로 사용된다.

표 4.2 • 매립가스 포집방식 비교

구분	수직포집방식	수평포집방식
설치방법	• 폐기물의 최종 매립 완료 후나 일정 매립 후 적정 간격으로 수직 Boring 하여 포집공에 유공관과 자갈을 매설, Blower로 강제 흡입하여 가스를 포집	• 폐기물을 단계적으로 매립하고 복토 후에 일정간격으로 매립가스 포집용 유공관과 자갈을 포설, Blower로 강제 흡입하여 가스를 포집
설치시기	• 매립 중 또는 매립 완료 후	• 매립 중
장점	• 각각 포집공의 압력조절이 가능하여 포집 효율이 좋음 • 파손된 포집정의 교환이나 매립가스 포집량 증가를 위한 포집정 추가시공 가능 • 폐기물 부등침하에 의한 영향이 적음	• 폐기물 매립 중 설치와 포집용이 • 폐기물 매립작업에 지장이 적음
단점	• 폐기물 매립 진행 중에 설치하는 경우 매립작업에 주의 필요	• 폐기물 층 부등침하로 수명이 짧음 침출수로 인한 가스포집효율저하 및 응축수 제거에 대한 대책 필요
포집가스 처리	• 자원화 및 소각처리 가능	• 자원화 및 소각처리 가능

출처 : 폐기물 자원화 바이오가스 생산 및 활용, 2010

가. 능동적 포집시스템(Active system)

폭이 좁고 가스의 양이 많지 않는 매립지에서 인위적인 가스 추출장치를 사용하지 않고 자연적인 압력구배에 의한 가스를 배출할 때 능동적 포집시스템이 유리하며, 기계적 장치가 필요 없기 때문에 동력비나 기계 교환비 등의 운전 유지비가 필요 없게 되는 장점이 있다. 그러나 능동적 포집시스템은 지하수위 수면이 낮고 토양의 투과성이 작은 것은 통제가 불가능하고 변동이 심한 지질학적 조건에 많은 영향을 받게 된다. 또한 가스의 흐름을 효과적으로 제어하는데는 자연적인 압력 구배가 매립층 내에 존재하여야 한다.

나. 수동적 포집시스템(Passive system)

수동적 포집시스템은 매립가스 이동을 제어하는데 효과적이고 적용 대상의 범위가 넓으나 복잡하고 운전 유지비가 많이 든다는 단점이 있다. 가스의 흐름을 통제하고 조절하는 데에는 적합하며, 능동적 방식은 수동적 포집시스템으로 제어하기에는 너무 넓고 깊이가 깊은 매립지와 주거 단지가 인접해 있는 경우에 적용하여야 한다. 즉 능동적 방식은 가스의 적절한 제어가 불가능한 경우에 사용되며 가스추출관의 영향 반경은 쓰레기 매립깊이의 약 1.5배로, 가스 추출관의 길이는 매립된 쓰레기의 깊이에 따라 정해지는데 일반적으로 쓰레기 매립 깊이의 80% 정도이다.

쓰레기 매립 깊이를 정확히 파악할 수 없는 경우에는 매립 깊이보다 더 깊게 굴착하는 방법도 가능하며, 이 경우에는 쓰레기층의 바닥에서 위쪽으로 90 cm 정도 밀봉하여 쓰레기층 아래 토양층의 투과성이 매우 좋아야 하며, 투과성이 낮은 물질은 쓰레기층 과의 경계면까지 되메우기를 해야 한다. 수평층 30～45 cm 간격으로 상부에 교차되게 설치하고 가스추출에 필요한 진공압과 가스 부피에 따른 적정한 크기를 정해야 한다.

다. 혼합포집 방식(Hybrid system)

혼합포집 방식은 수동적 포집시스템을 능동적 포집시스템으로 변경할 경우에 사용한다. 수동적 포집시스템으로 운영할 때는 수직관에 송풍기를 설치할 수 있고 가스를 강제로 추출하는 능동적 포집시스템으로의 전환은 수동적 포집시스템으로 가스의 생성량이 많아질 경우에 필요하게 된다.

현재 매립가스의 추출 설비로 대부분 다공관으로 이루어진 추출관을 매립지 내에 수직으로 설치하는 방법으로 공기의 혼입을 방지하기 위해 밀봉하여야 하며, 다공관 주위를 굵은 자갈과 같이 투과성이 좋은 재료로 채워주어야 한다. 일반적으로 사용되는 수직형 추출관은 보통 0.3∼0.9 m이며, 강제적인 압력 구배를 형성하기 위해 기류를 불어내는 장치를 가동시켜 매립지 내에 부압을 형성한다. 수직형 가스 추출관의 길이는 매립된 쓰레기의 깊이에 따라 정해지는데 일반적으로 쓰레기 매립 깊이의 80% 정도가 적합하며, 이때 다공관은 가스추출관의 하부로부터 약 2/3 정도의 길이가 적당하다. 또한, 수직형 추출관의 설치 간격은 매립지에서의 추출실험 결과에 의해 나타나는 영향 반경으로부터 산정하는 것이 바람직하다.

4.1.9 매립가스 정제공정

Selexol에 의한 매립가스 분리 정제공정은 가스 흡수법으로서 석유 화학 공업에서 많이 사용되고 있는 공정이다. 매립 가스로부터 CO_2 및 H_2S 등의 가스를 유기용제와 제거한 후 용매를 재생, 재순환시키는 시스템으로서 약 8,400∼8,700 kcal/m^3의 발열량을 갖는 매립가스를 생산하며, 생산된 정제 가스는 천연가스 또는 프로판 가스와 적당한 비율로 혼합하여 사용된다. Selexol 공정은 투입된 원료의 매립가스 발열량 기준으로 약 70∼80%가 생산된 정제가스에 남게 되며, 나머지는 정제공정에서 배기가스로 배출되어 추출시스템 내에 낮은 메탄가스의 회수율로 이 방법은 매립지 주변 여건상 스팀이나 전력 등의 수요처를 구하기 힘든 경우에 이용되는 방법이다.

Membrane 공정은 다른 기술과 비교하여 에너지 사용량이 적고 장치의 소형화가 가능하며, 운전이 간단하여 운전조건의 변화에 유연히 대응할 수 있는 장점을 가지고 있다. 또한 성분의 재생 및 이동의 필요성이 적어지고 불필요한 부산물의 생성도 방지할 수 있다. 이 기술에 의한 이산화탄소의 정제는 메탄에 비해 이산화탄소 선별 분리도가 높으며, 고압의 혼합가스를 주입시켜 각 성분의 막투과도 차이에 의해 분리하는 방법이다. Membrane 공정에서는 고온과 마찰, 방사선의 다수 화학 약품에 대해 내구성이 강한 투과막을 이용할 경우 다른 막의 경우보다 CH_4에 대한 선택도가 가장 높다. 또한 Scrubber 공정은 입자 및 오염가스의 제거가 목적이므로 낮은 에너지 함량의 가스가 배출된다.

메탄가스와 이산화탄소의 정제 기술은 유럽과 미국 등 선진국을 중심으로 개발되었으며, 메탄을 주성분으로 이산화탄소, 기타 황화수소, 휘발성유기화합물 등으로 구성되어 있으며, 메탄 순도를 높이기 위해 이들 가스를 분리·정제하여 활용하고 있다. 정제공정으로는 크게 흡수와 흡착, 막분리를 통해 회수하는 방법이 있으며, 흡수공정은 물이나 아민, 글리콜에탄과 같은 흡수액을 사용하여 메탄가스 이외의 이산화탄소 등을 제거하는 공정으로 스웨덴과 프랑스 등에서 많이 사용하지만 흡수액 사용에 따른 2차 오염물질 처리 및 비용 부담의 단점이 있다. 흡착공정은 활성탄과 같은 분자체 탄소를 이용하여 메탄가스를 정제하는 공정으로 화학약품을 사용하지 않고, 폐수가 발생하지 않는 장점이 있으나 흡착제 오염을 최소화하기 위한 전처리 공정이 필요하다는 단점이 있다. 막분리 공정은 분리막에서의 특정성분에 대한 선택도 차이를 이용한 분리공정으로 흡착공정과 마찬가지로 화학약품을 사용하지 않는 건식공정으로 2차 오염물질이 발생하지 않는다는 장점이 있는 반면 분리막 제조에 따른 높은 투자비와 장기운전에 따른 성능저하 등의 단점이 있다.

가. 흡수에 의한 분리 회수법

흡수법은 이산화탄소에 대한 흡수성이 뛰어난 액상의 흡수제를 선택하여 이산화탄소를 물리적 또는 화학적으로 흡수한 후 탈거탑에서 온도와 압력을 변화시켜 분리하는 기술이다. 흡수법은 이산화탄소와 흡수제간의 화학적 반응의 유무와 탈거 방법에 따라서 물리 흡수법과 화학 흡수법으로 나누어지며 두 방법 모두 상업적으로 공정이 개발되어 전세계적으로 가동되고 있다.

물리 흡수법은 약 산성인 CO_2를 약 염기성 유기용매인 프로필렌, 메탄올, 탄산염 등을 이용해 CO_2를 물리적으로 용해하여 흡수하는 방법으로 물을 용매로 쓰는 고전적인 방법 이외에 Selexol 같은 기술의 용매제가 개발되고 있다. 이는 용매의 재생 공정이 필요하며, 높은 CO_2의 부분압과 고온, 고산성도 조건에서 유리하며, 화학 흡수법보다는 에너지 소모가 적다는 장점이 있으나 가격이 매우 고가이다.

화학적 흡수법은 CO_2와 H_2S를 포함한 매립가스로부터 산성가스를 흡수에 의해 제거하는 기술로 보통 아민 계통의 흡수액을 사용한다. 흡수제의 종류에는 MEA(Mono Ethanol Amine), DEA(Di Ethanol Amine), MDEA(N-Methyl Di Ethanol Amine) 등이 있으며, 이 중 MEA가 이산화탄소와의 반응속도가 빠른 장점을 가지고 있어 가장 널리 사용되어 왔다. 그러나 MEA는 반응열이 크고 재생에 필요한 에너지나 농도가 높기 때문에 장치 부식 등의 문제를 일으키는 단점이 있어 새로운 흡수제가 요구되어 왔으며, 대표적인 것이 AMP(2-amino-2-methyl-1-propanol)로 산성가스의 제거에 우수한 용매이다. 타흡수제에 비해 흡수속도가 높고 CO_2 부하능이 높으므로 산성가스를 처리하는 공정에서 새로운 용매로 제시되었다. CO_2와 알카놀아민 수용액은 아민의 열화에 의해서 형성되는 안정한 염들로부터 알카놀아민을 재생하는데 어려움이 있고 열화 생성물은 알카놀아민 용액의 손실과 산성가스의 흡수를 방해한다.

나. 흡착에 의한 분리 회수법

흡착법에 의한 이산화탄소의 분리 공정은 건식법으로 운전되므로 부식문제가 없으며, 설비의 가동시간이 짧고 조작이 간단하며, 공정의 자동화가 가능하다. 그림 4.2는 흡착법의 원리로 CO_2를 활성탄 및 분자체 탄소에 흡착 제거하는 방법으로 고농도의 정제된 메탄 생산이 가능하다.

메탄장치는 흡수법에 비하여 작고 흡착제의 수명이 길며 손실이 없다는 장점이 있어 연소 배가스로부터 이산화탄소를 분리하는데 적합한 공정이다. 그러나 이산화탄소의 농도가 낮은 경우 고농도로 농축하는 것이 어렵고 흡수법에 비교하여 에너지 소모가 적기는 하지만 흡착열과 탈착열이 많으며, 대용량의 이산화탄소를 처리하는 경우 기술 축적이 제대로 되어 있지 못하다는 단점이 있다.

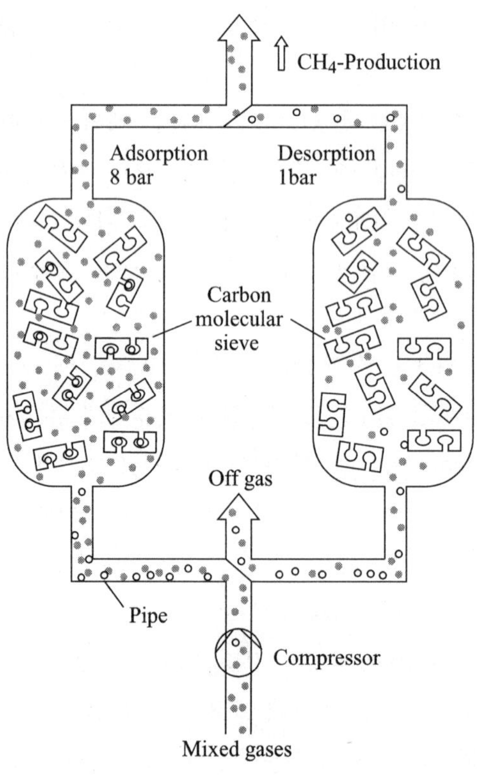

그림 4.2 • 흡착법 원리

가장 널리 이용되는 흡착제는 이산화탄소에 대해 흡착 선택성이 양호한 활성탄이나 다공질체인 제올라이트이다. 제올라이트의 이산화탄소 흡착량은 활성탄에 비하여 양호하지만 일반적으로 수분의 영향을 많이 받으므로 이산화탄소의 흡착량이 감소하고 흡착제의 재생성도 저하되는 문제점이 있다. 이에 비하여 활성탄은 소수성의 특성이 있어 제올라이트와 같이 수분의 영향에는 그리 민감하지 않다. 또한 그 내부에 큰 표면적을 가진 미세한 구멍이 있는 탄소로서 기공표면에 VOC 성분이 흡착된다. 흡착이 일어나면 가스 속에 기체로 존재하고 있던 용제나 VOC 성분은 액체로 되어 기공으로 들어가며 기공율만큼 VOC 성분을 흡착할 수 있다. 활성탄 흡착은 농도나 분압이 증가할수록 흡착능이 증가하고 온도가 증가할수록 감소한다. 또한 분자량이나 비점이 큰 물질들은 흡착이 많이 되면 다성분인 경우 각 성분들이 경쟁적으로 흡착하려고 하기 때문에 단일 성분에 비해 흡착 성능을 감소시킬 수 있다.

다. 막을 이용한 분리 회수법

1970년대 후반부터 연구 개발이 본격적으로 수행되어 온 막분리 공정은 분리막을 이용한 기체 분리 기술로 상변화가 수반되지 않으므로 에너지의 소모가 적고 공정의 조작 및 운전이 간단하다. 분리막 공정을 기존 시설에 부설하여 이산화탄소의 처리량을 조절할 수 있고 분리 대상 기체에 대하여 높은 선택성과 투과성을 가진다는 장점이 있어 흡수법, 흡착법과 더불어 기체 분리에 적합한 공정으로 평가받고 있다.

그림 4.3은 막분리법의 원리로 혼합가스가 멤브레인을 통과할 때 CO_2를 선택적으로 제거하는 방법으로 유해물질 배출이나 폐수 처리 등의 문제가 없는 환경친화형 공정으로 에너지 효율이 높고 투과속도 향상과 모듈화에 의해 설비의 규모를 줄일 수 있다.

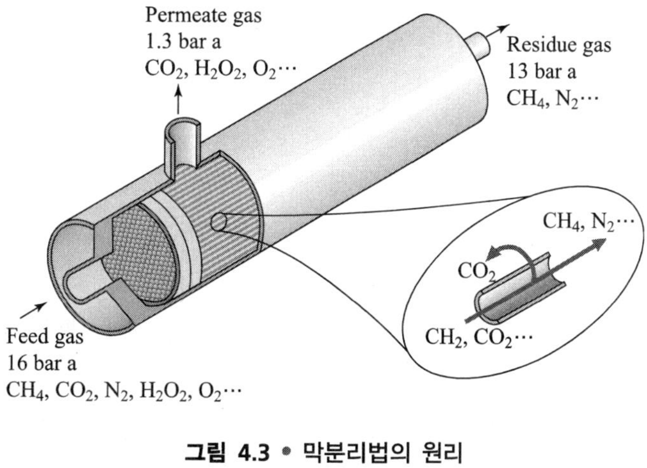

그림 4.3 • 막분리법의 원리

고분자막에 의한 분리 기술은 어느 정도 실용화되어 기체 분리 공정에 이용되고 있고 기체의 확산 속도는 고분자의 종류와 분리 기체에 따라 달라진다. 분리막을 이용한 기체 분리시 기체의 압력을 증가시켜 압력 차를 발생시켜야 분리된다. 이 막분리법은 장치가 간단하고 운전이 용이하며, 유지 보수가 간편하므로 가스 배출구에 직접 연결하여 이산화탄소를 분리할 수 있고 다른 공정과 연결하여 복합공정을 구성함으로써 분리 효율과 경제성을 높일 수 있다.

4.1.10 매립가스 전처리

매립가스 전처리의 필요성을 보면 고형물은 기기와 배관의 마모, 막힘의 원인이 되기 때문에 분진제거가 필요하며, 탈황으로 매립지 가스속에 함유되어 있는 미량 성분 중 황화수소는 대기오염의 원인이 될 뿐만 아니라 인체에 유해하기 때문에, 도시가스나 자동차용 연료로 공급할 때에는 제거되어야 한다. 또 메탄올 제조나 연료전지에 의한 발전의 경우에는 개질공정에 사용되는 Ni계 촉매가 유황분에 약하기 때문에 탈황이 필요하다.

매립지 가스 중에는 과잉의 이산화탄소를 포함하기 때문에 일부 제거할 필요가 있으며, 자동차용 연료로 이용할 경우도 탄산가스의 감압시 동결되어 막힘의 원인이 되기 때문에 제거할 필요가 있다. 또한 도시가스 및 자동차용 연료로 매립지 가스를 정제할 경우에는 수송 혹은 저류시 물의 응축 방지를 위해 건성 가스로 송출할 필요가 있다.

매립가스의 전처리는 대기오염물질 배출을 최소화하고 메탄성분으로부터 에너지를 회수하는 것이다. 매립가스의 포집·회수 설비는 수동적 회수 시스템과 능동적 회수 시스템으로 구분하고 있다. 수동적 회수 시스템은 매립가스의 대기 방출을 줄이기 위한 것이 주목적으로 매립가스의 가스압 만을 이용하여 회수하는 방식으로 매립지 표면에 통기구를 설치하고 폐기물 매립층까지 매립가스의 배출을 유도할 수 있는 배기설비를 설치하여 매립가스를 회수하고 이를 버너로 연소 처리하고 있다. 능동적 회수 시스템은 감압 또는 진공 펌프를 이용하여 매립가스의 이동을 제어하고 매립가스의 회수 효율을 높이기 위한 형태이다.

매립가스 회수 과정에서 주위의 공기 유입이 불가피하고 그로 인해 매립가스의 메탄 농도가 떨어지게 되므로 포집설비의 설계는 매립가스의 사용목적, 발생량, 회수율 등에 따라 결정하여야 한다. 매립가스 이송설비를 보면 추출정에서 회수된 매립가스를 최종 포집 설비로 모으기 위해 기류를 불어내는 장치를 사용하며, 목적에 따라 정제 등의 전처리 과정을 거쳐 매립가스를 압축하여 에너지 회수설비 등으로 이송한다. 응축수 포집 및 처리에서는 매립가스의 수분이 포화되어 있으며, 따뜻한 매립가스가 가스 포집 시설을 통과하는 과정에서 냉각되어 응축수가 발생한다. 포집 가스에서 응축수를 제거하지 않으면 포집관이 막혀 매립가스의 포집이 불가능해지므로 이송관을 경사지게 설치하여 응축수의 이동이 용이하도록 하고 포집된 응축수는 응축수의 특성에 따라 적절히 처리할 수 있도록 한다.

4.1.11 매립가스 이용방안

우리나라의 매립가스 이용사례는 매립가스 회수의 초기 단계를 지나 이용 가능성을 연구하고 개발하는 시기이다. 외국의 사례를 보면 미국 EPA나 연방기관을 중심으로 민간가스 회사나 전력 회사, 그리고 자치단체 조직으로 가스 추출 개발 연구를 폭넓게 진행되고 있다.

내체에너지로서의 메탄가스의 중요성이 강조되면서 쓰레기 감량과 에너지화에 대한 기술개발 연구가 적극 추진되면서 바이오에너지를 이용하는 메탄가스 추출 설비 건설이 증가추세에 있으며, 현재 미국 내에 120개 이상이 있다. 일본의 경우 메탄회수에 관한 실행은 1984년경 동경 안에 위치한 중앙방파제 매립지에 가스추출 플랜트를 설치하여 하루에 6,200 m^3 용량의 가스를 추출하고 1986년부터 시운전을 거쳐 매립지 내에서 발전용 연료(3,940 L/일)와 폐플라스틱 용융회전로의 연료로 공급하고 있으며, 이외에도 외국에서 현재 매립가스를 중질가스, 전력생산, 전기발전, 전기생산, 자동차 연료 등으로 이용하고 있다.

우리나라 전역에 산재해 있는 매립지는 대부분 중·소규모로서 매립지 가스의 발생량은 소량이며, 주변 인근지역에 대기 환경적인 측면에서 상당히 유해를 가지고 있으며, 일부지역에서는 매립지 가스를 포집하여 연소 처리하고 있다.

매립지가스를 이용하기 위해서는 경제적 이익과 에너지의 이익 등을 고려하여야 하며, 운영할 제반시설의 투자비와 손익 분기점을 파악하고 타 에너지와의 비교 분석 후 결정해야 한다. 선진 외국의 매립지 가스의 이용사례를 분석한 결과 경제성 있는 매립지의 매립용량은 100만 m^3 이상이어야 하고 매립이 진행 중이거나 매립경과 완료 후 2～3년이 경과되지 않는 곳이며, 매립의 깊이가 12 m 이상되어야 한다. 이 매립지에서 발생한 매립지 가스는 최소 1일 1만 m^3 이상이 배출되고 있다.

매립가스의 이용방안은 발생량에 상당한 영향을 미치고 있는데, 포집된 매립지 가스를 적정하게 처리하고 이용하기 위해서는 탈수시설과 휘발성유기화합물(VOC) 제거시설, 탈황 처리시설, CO_2 제거 시설이 필요하고 에너지원으로 공급하기 위한 부대시설이 필요하다. 매립지 가스의 이용방안은 매립지 인근에 발전 시설을 설치하여 전력을 생산한 후 지역 전원을 공급하거나 매립지 주 전력의 보조 전원으로 사용할 수 있으며, 주변 공업지역의 산업용 전력으로 공급할 수 있다.

매립지 가스의 전력생산 기술에는 가스엔진, 가스터빈, 증기터빈의 방식이 있으며, 전력생산의 기술을 결정짓는 것은 발전용량과 메탄의 농도에 따라 결정할 수 있으나 절대적인 것은 아니다. 일반적으로 가스엔진은 메탄농도 45~50%이며, 가스터빈은 35~40%, 증기터빈은 20% 정도의 메탄농도에 적합하다고 알려져 있다.

가스엔진은 발전효율이 높고 소형에 적합하며, 부하변동에 효과적으로 대처 할 수 있어 매립지 가스의 발생량이 변동될 수 있는 매립지에는 유용한 방법이며, 발전 용량이 3 MW 이하에서 가장 많이 사용되고 있다. 가스터빈은 가스엔진과 비교하여 NO_X 발생이 낮기 때문에 환경규제가 심한 지역이나 주거 지역에 적합하며, 발전 용량이 3~4 MW 이상의 중대 매립지에 적용이 가능하다. 또한 증기터빈은 발전 용량이 10 MW 이상일 때 경제성이 향상되므로 대규모 매립지에 적합하고 대기오염 물질이 적으며, 전기에너지와 열에너지를 병용해서 사용 가능한 장점이 있어 대단위 주거단지 지역 주변에서 사용 가능한 방식이다.

매립지 가스를 탈수, 정제한 후 인근 주거 지역에 난방 가스로 공급하여 지역 열원으로 사용할 수 있으며, 매립지 가스의 정제 시설 후 메탄 함량이 98% 이상을 유지해야 하고, 물리·화학적 방법으로 매립지 가스의 메탄 함량을 높이는 것이다. 위 방법의 장점은 정제과정에서 매립지 가스의 100% 회수가 가능하고 정제된 가스도 고순도이므로 연료로서의 가치가 탁월하며, 대기오염물질이 거의 없다는 것이다.

매립지 가스를 직접 연료로 활용하는 방안은 매립지 가스의 간단한 정제과정을 거쳐 매립 가스를 직접 연료로서 활용할 수 있으며, 대기오염 물질은 적으나 가스관에 공급해야 되기 때문에 그에 따른 비용도 상승된다. 반면 가스관이 설치되어 있지 않은 지역에는 초기 투자 비용이 높은 편이다.

지역특성에 따른 매립지 가스 이용 방안은 서울 도심지의 외곽이나 농촌지역, 공장지역, 주거지역 등 다양하게 상용화 되고 있으며, 농촌지역에서 발생하는 매립지 가스를 그린하우스의 열원과 CO_2 공급원으로 활용하는 방안이 있다. 매립지 가스에는 메탄이 40~50%, 이산화탄소 30~50%와 소량의 질소가스를 포함하며, 매립지 가스를 직접 그린하우스에 공급하는 방법도 있으나 매립지 가스에 함유되어 있는 휘발성유기화합물(VOC)이 식물 성장에 치명적일 수 있기 때문에 대부분 매립지 가스를 연소하여 발생하는 폐열과 이산화탄소를 그린하우스에 활용한다. 매립지 가스를 식물 재배에 직접적으로 활용하는 것은 아니지만 매립지 가스에서 나오는 에너지원과 이산화탄소를 이용하는 것이므로 매립지에 가까운 곳에 위치한 그린하우스에서 이용이 가능하다.

도시지역과, 공장지역의 활용방안은 발전시설을 이용하여 전력을 이용하는 방안과 매립지 가스를 정제한 후 인근 지역에 지역 난방용 가스로 공급하는 방안과 보일러 또는 산업 공정에서 직접연료로 활용하는 방안이 있으며, 난지도 쓰레기매립지에서 발생하는 매립가스를 모으기 위한 가스 포집공 106곳과 13 km에 달하는 매립가스 이송관로를 설치하여 2002년 월드컵 관련시설에 열을 공급하기 위한 지역난방 열 공급 시설을 건설하였고 매립가스를 사용연료로 신규 택지 및 기존아파트 시설 등 총 12,425세대에 열과 전기를 생산하고 있다. 대구 방천리 매립장 매립가스의 경우 중질가스를 생산하는 방법을 택하여 포집설비에서 포집된 매립 가스는 기류를 불어내는 장치의 힘에 의해 기수 분리기와 습식 세정탑에서 분리한다. 기수 분리기는 수분을 머금은 매립가스의 수분을 제거하는 역할을 하며, 습식 세정탑은 매립가스에 포함된 황화수소 등 독성물질을 제거하는 것이 주요 목적이다. 여기에서 처리된 매립 가스는 열교환기를 거쳐서 나머지 수분을 제거하게 되고 필터를 거치면서 미세먼지가 제거된다. 여기서 압축기로 0.4～0.8 MPa 압력으로 승압시켜 가스홀더에 저장하며, 0.3 MPa 압력으로 7.9 km 떨어진 한국지역난방공사 대구지사로 지하매설 PE 배관으로 매립가스가 공급된다. 부취 설비는 가스의 누출시 일반인들도 쉽게 감지가 가능하도록 부취제를 주입하는 설비 시설로 되어 있다.

호주에서는 1980년대 중반부터 매립가스를 이용하여 전력을 생산함으로써 매립가스 자원화를 시작하였다. 전력의 생산에 주로 사용되는 기술은 가스터빈, 증기터빈, 가스엔진 등으로 그 규모는 수백 kW에서 수 MW에 이른다. 호주에서는 5십만 m^3 이상의 매립 폐기물로부터 700 kg/m^3의 메탄을 발생하며, 폐기물 백만 ton 당 3백 5십만 m^3의 가스가 발생할 것으로 예상하고 있다. 호주에서 매립가스를 이용한 전력 생산이 최초로 이루어진 사업대상 매립지는 멜버른 소재의 노스코트 매립지이며, 1995년에 사업이 시행되었다. 호주는 EDL(Energy Development Ltd) 등과 같은 전문기업을 통해서 매립가스 프로젝트가 수행되고 있으며, EDL이 생산하는 262 MW 중 매립가스로부터 생산되는 전력은 호주 내의 사업대상지 20개소를 대상으로 약 80 MW 정도로 알려져 있다.

호주가 처음으로 전력 판매에 관여한 매립지는 벨로스 매립지와 루카스 하이트 매립지이다. 각 매립지에 현장 포집시스템과 가스 추출 설비가 설치되어 있으며, 1 MW 발전기

4대를 설치하였다. 한편 1998년 호주는 EDL과의 새로운 매립가스 개발에 의해 전력을 공급받고 있으며, 호주의 매립가스 자원화 사업을 통한 전력생산은 2000년까지는 100 MW, 2001년까지 250 MW에 이르고 있다.

영국 내에서 발생하는 가정계 폐기물의 90% 이상은 매립에 의해 처분되고 있으며, 폐기물 처분을 위한 매립지는 10,000개소 이상으로 파악되고 있고, 이 중 수백 개소에 이르는 매립지에서 발생하는 매립가스를 에너지로 사용할 수 있을 것이며, 1995년까지 영국에서는 75개의 매립가스 이용시설이 가동 중에 있다. 이 중 대부분을 차지하는 62개 시설에서는 1995년 말까지 100 MW의 전력을 생산하였으며, 직접소각, 증기생산 등이 이루어졌다. 전력 생산의 규모는 5 MW 이상인 경우도 있으나 대체로 1～5 MW 수준이며, 매립가스를 직접 이용하는 경우에는 0.5～3.5 MW의 규모이다. 영국에서는 1984년부터 매립가스를 이용하여 전력을 생산하고 있는데 전력생산설비의 올바른 선택을 위해서는 유용한 매립가스량 예측이 필수적이며, 전력생산의 방법으로는 주로 가스터빈과 가스엔진이 사용되고 있다.

매립지로부터 발생하는 매립가스도 천연가스의 일종이며, 따라서 매립가스를 이용할 경우 크게 추출과 포집시스템, 이용 시스템으로 나뉜다. 실례로 매립지에 설치한 가스정과 가스정을 접속하는 배관, 수분 등을 제거하는 필터 및 가스를 흡입하는 펌프 등의 설비는 이용목적에 따라 전력과 직접 연료화 또는 열에너지로 교환하는 시스템이다. 수분과 부유물질을 제거하여 보일러나 천연가스, 석유의 대체연료로 사용이 가능하다. 또한 침출수 처리장 및 매립지 관리시설의 냉난방 연료로 매립가스를 사용하는 것은 매우 경제적인 이용방법으로 널리 적용되고 있다.

가. 직접연료로 활용

매립가스를 직접연료로 이용하는 방법은 보일러의 연료나 건조공정, 시멘트 및 아스팔트 제조공정, 침출수 증발공정 같은 산업공정에 중질가스로 이용하는 방법이다. 이 방법은 다른 방법에 비하여 설치비용이 낮고 보일러 등의 매립가스 내의 불순물에 대한 부식 문제가 적어 적용성이 쉬운 방법으로 매립가스 내의 응축물과 분진 등을 제거하여 기존 설비에 적용한다. 하지만 불순물이 처리된 매립가스의 이송 배관에 많은 비용이 소모되므로 가스공급지와 수요자의 거리를 충분히 고려하여야 하고 매립가스의 저장 방법이 없기 때문에 연속적으로 연료를 소비할 수 있는 곳이 필요하며, 매립가스 발생량과 수요자의 필요량을 고려해야 한다. 일반적으로 폐기물 백만 ton에서 발생되는 가스를 보일러 연료로 사용했을 때 스팀은 약 8,000～10,000 lbs/hr을 발생한다.

나. 매립가스 발전

매립가스 발전 사업은 매립가스 에너지 전환사업 중 가장 많이 적용된 분야이며, 매립가스 발전 방법에는 전력만 생산하는 것과 전력과 난방열을 동시에 생산하는 열병합 발전으로 나눌 수 있다. 전력만 생산할 경우 효율이 20~50%밖에 미치지 못하지만 열병합 발전은 전력과 스팀, 온수를 동시에 생산하기 때문에 효율이 높다. 열병합 발전에서 발생된 열은 매립지 현장에서 난방에 이용되거나 인근 주변의 소비자나 산업 공장에 이용되며, 전력 발전에 이용되는 시스템은 내부 연소엔진, 연소터빈, 스팀터빈이 있다.

내부 연소엔진은 설치비가 저렴하고 가장 널리 이용되고 있으며, 전체 전력발생 시스템의 80%를 차지하고 있다. 내부 연소엔진의 열효율은 10,600 Btu/kWh이며, 이 방식은 가스 발생량이 625,000~2,000,000 ft^3/일인 소규모 매립지에 적당하다. 매립가스를 활용하는 엔진 발전시스템은 12 MW가 가장 큰 규모이다. 연소터빈(가스터빈)은 매립가스 발전 규모가 최소 3~4 MW 이상인 중간규모나 대규모 매립장에서 주로 이용되며, 배기가스가 적고 운전 및 유지비가 적게 든다는 장점이 있다. 열효율은 12,200~16,400 Btu/kWh이다. 스팀터빈은 보일러를 사용하여 스팀을 발생시켜 터빈을 돌려서 발전하는 방식으로서 규모가 클수록 경제적이다.

다. 고질가스(High BTU)로 활용

고질가스로의 이용은 정제된 매립가스의 메탄함량이 98% 이상을 유지하여야 하며, 이를 위해서는 매립가스에 존재하는 수분과 미량의 휘발성유기화합물, 이산화탄소 등을 물리 화학적 방법으로 제거하거나 정제하여 매립가스의 메탄 함량을 높이는 것이다. 수분 제거를 위해서는 냉각제를 이용하여 매립가스 내의 수분을 응축시켜 제거하고 휘발성유기화합물은 활성탄 등의 고체 흡착제로 제거하며, 이산화탄소는 성분 함량이 40% 정도이므로 이를 선택적으로 제거할 수 있는 고효율 공정이 도입되어야 한다.

이를 가스관에 공급하기 위해서는 일정한 압력을 유지시키기 위해 압축을 해주어야 하며, 고압 가스관에서는 300~500(psig), 그리고 저압 또는 중압 수준의 가스관에서는 적어도 10~30(psig)까지 압축을 해야 한다. 이러한 장점은 회수된 매립가스가 철저한 정제과정을 거치게 되므로 매립가스의 100% 회수가 가능하고 정제된 가스는 고순도이므로 연료로서의 가치가 탁월하며, 대기오염물질의 배출도 거의 없다. 반면에 단점으로는 매립가스로부터 고순도의 메탄 연료생산을 위해서는 복잡한 정제과정을 거쳐야 하므로 설치 운영비용이 상승하게 된다.

라. 중질가스(Medium BTU)로 활용

가스 수요자가 매립지와 인접할 때는 사전에 공급 가능량, 운송방법, 가스의 질, 수요처의 시설변경, 관계법규 등을 검토하여 매립가스를 중질가스로 정제한 후에 직접연료로 사용 할 수 있다. 먼저 중질가스로 활용하기 위해서는 수분과 미세입자 등의 불순물을 제거하고 매립가스 중의 부식성 물질인 H_2S와 NH_3을 제거하여 직접 보일러 연료로 사용하는 방법으로 침출수 처리장의 보일러에 사용되며 전처리가 단순하고 소요 비용이 적어 가장 경제적인 방법이다.

다음은 고열량인 다른 연료와 혼합하여 중질가스로 제조, 판매하는 방법이 사용되며 이 방법은 매립가스를 도시가스의 품질기준에 적합하도록 처리한다. 매립가스의 메탄함량은 중질가스(도시가스)에 비해 절대적으로 부족한 상태이다. 매립가스 중 CO_2를 정제하여 메탄의 함량을 높일 경우, 소요되는 시설비 및 유지 관리비가 과다함으로 매립가스 중 H_2S와 악취 물질만을 탈황시설과 활성탄으로 제거하는 방법이며, 부족한 열량은 23,000 kcal/m^3인 액화석유가스(LPG)와 혼합하여 열량이 약 10,500 kcal/m^3인 도시가스(LNG)로 공급하는 방법이다.

가장 간단하면서도 비용이 적게 드는 방법으로서 보일러, 건조기, 시멘트나 아스팔트 제조공정 등에 직접 이용하는 방법이다. 잉여 가스는 보관이 곤란하기 때문에 가스 발생량과 수요량이 일치하여야 최고의 효율을 올릴 수 있다. 직접 연료로 사용시 고려해야 할 매립가스의 특성은 높은 수분함량으로 3～7%의 수분이 함유되어 있으므로 이를 제거하기 위한 장치가 필요하며, 또한 낮은 화염온도로 천연가스보다 온도가 낮아 더 큰 과열 장치가 필요하고 낮은 열량으로 포집 과정에서 섞인 공기가 열량을 저하시킬 수 있으므로 대비할 필요가 있다.

장점으로는 간단한 정제과정을 거쳐 매립가스를 직접 연료로 사용할 수 있는 가스관이 갖추어져 있는 지역에서는 용이하게 설치하여 운영될 수 있다는 점과 단순히 연료로 사용되기 때문에 오염물질 배출에 따른 부담이 적다는 사실이다. 반면에 압축하여 가스관에 공급해야 하므로 압축공정이 필요하며, 비용이 상승하고 가스관이 설치되어 있지 않은 지역에는 초기 투자비용이 높아진다.

마. 기타 용도

기타 용도로는 이산화탄소의 제조 원료 등으로 쓰는 방법이 있으나 그 활용은 제한적으로 이루어지고 있다. 기타 용도로의 활용 가능성은 매립지의 요구, 규모, 가스의 질 등 매립지의 특성에 따라 달라진다. 매립가스 규제 정책, 매립지 운영자의 목표, 잠재적 수요자의 요구 등도 중요한 요인이다. 그러나 이러한 용도로의 활용은 상업적인 것과는 거리가 있다.

CNG 차량 연료로는 LA 카운티 보건국의 푸엔테힐스 매립지는 매립가스를 차량 연료로 활용하는데 성공하였다. 매립지 현장에 압축 매립가스 주입기를 설치하고 쓰레기 수거 차량에 연료로 공급하고 있어 잉여 가스를 태워 없앨 필요가 없어졌으며, 동시에 쓰레기 수거 차량의 매출 가스도 줄이는 효과를 가져 왔다.

메탄올 생산으로는 자동차 연료나 화학적 공급연료로서 사용하며, 매립가스의 메탄올 변환은 1980년대 초부터 미국 내에서 연구되어 왔으나 메탄올 가격이 낮기 때문에 경제성이 맞지 않아 실질적인 생산은 이루어지지 않았다. 1990년대에 들어와서 메탄올 가격이 2~3배 상승하면서 캘리포니아 남부 해안 대기관리국(South Coast Air Quality Management District)으로부터 50만 달러를 지원 받아 테라메스사(TeraMeth Industries, Inc.)는 매립가스로부터 고급 메탄올을 생산하는 설비를 설치하여 1997년부터 1일 63,000 리터(16,667 갤런)의 메탄올을 생산한다.

매립가스를 활용한 연료전지는 용이성, 소용량화 가능, 고효율, 저소음, 낮은 환경 영향 등의 장점으로 인하여 장래성이 매우 큰 기술이다. 천연 가스를 이용한 연료전지는 상업적으로 가동되고 있으나 매립가스를 이용한 것은 1996년 10월 기준으로 개발 단계에 있었으며, 가장 커다란 난점은 매립가스 정제 시스템을 개발하는 것이다.

연료 전지는 매립가스와 같은 연료로부터 얻어지는 수소에 공기 중의 산소를 전기화학적으로 반응시켜 에너지를 얻는 기술이다. 연료와 공기가 공급되는 한 전기를 50% 이상의 고효율로 계속적으로 얻어질 수 있다. 발전에 적합한 연료전지는 Phosphoric Acid Fuel Cells(PAFC) ; Molten Carbonate Fuel Cells(MCFC) ; Solid Oxide Fuel Cells(SOFC) 등 세 가지 형태가 있다. 이 중 PAFC가 매립가스를 이용한 상업적 발전에 가장 가까이 근접해 있으며, EPA가 캘리포니아 선밸리의 펜로우즈 매립지에서 200 kW짜리 PAFC를 시험하고 있으며,(1996년) 기타 몇 곳에서 시험 가동을 하였다.

4.1.12 부산 생곡매립지 매립가스

부산광역시 생곡동 매립가스 발전사업은 매립 폐기물의 혐기성 분해과정에서 발생하는 매립가스를 포집하여 발전하고 계통전력망에 공급하는 사업으로써 주요 온실가스 중의 하나인 메탄가스의 배출을 줄일 뿐만 아니라 계통연계 발전소에서 화석연료를 이용하여 발전하는 과정에서 발생하는 이산화탄소 배출을 감축하게 된다. 부산광역시가 추진한 사업으로 2001년 7월 시작되어 2020년까지 약 20년간 진행될 예정이며, 2007년 7월 정부 승인을 획득하였다. 대상 배출원인 부산광역시 생곡매립장은 부지 758,000 m^2, 매립면적 508,000 m^2 규모로 건립되어 매립 가능 용량이 24,494,000 m^3이며, 1996년 4월 매립을 개시한 이래 10년 동안 약 11,127,000 m^3의 생활폐기물과 도시폐기물이 매립되었고 2021년까지 13,367,000 m^3의 폐기물이 추가 매립될 계획이다.

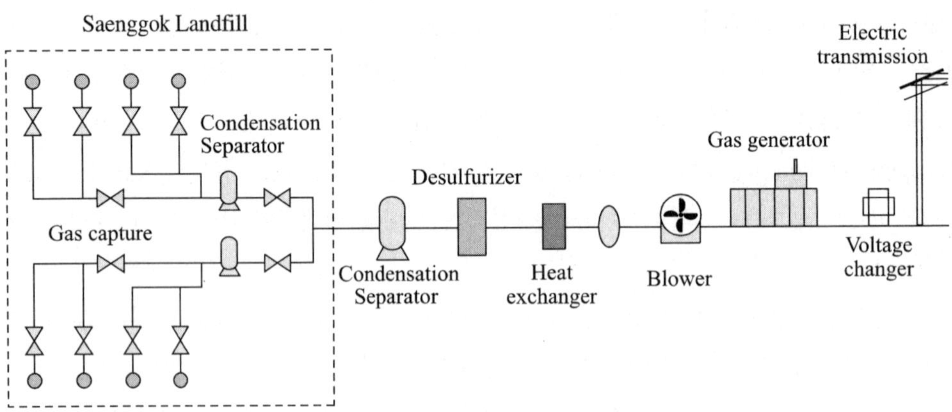

그림 4.4 • 생곡매립장 LFG 공정도

가. 적용기술

주요 공정은 LFG(매립가스) 포집시스템, LFG 정제시스템, 전기 발전시스템으로 구성되어 있다. 주요 설비로는 가스 포집공 및 가스정, 압축 분리기, 탈황기, 열교환기, 가스 필터, 블로어, 가스터빈 발전기 등이 있다. 그림 4.4는 LFG 공정도를 나타낸 것이다.

LFG 포집시스템으로 LFG를 포집하기 위한 70개의 수직포집정이 설치되어 있으며, 가스량 조절, 계량 및 샘플링이 가능한 6개의 가스정이 10~12개의 수직포집정과 연결되어 있다. 가스정은 최대 50 m 반경에 포집효율을 고려하여 설치되었으며, LFG 포집정과 가스정 헤드 스테이션과의 거리는 약 100 m이다. 측면 헤더 파이프 라인은 Lateral-Heater

파이프라인과 연결되어 있고 포집 가스는 이 파이프라인을 통해 CSV(응축수 분리기)로 이송된다.

LFG 전처리 시스템을 살펴보면 매립가스는 보통 CH_4(50~60%), CO_2(35~39%), N_2, O_2, H_2S, NH_3(미량) 등으로 구성되어 있다. 매립가스는 메탄가스의 높은 열량으로 인해 연료로서의 이용 가능성을 가지고 있지만, 적절한 전처리 과정이 없이 사용된다면, 소량의 황화수소, 암모니아, CFCs(1% 이하의 극소량이 있다 하더라도) 등이 금속 부식 등의 심각한 문제를 일으킬 수 있다. 따라서 연료로 사용하기 전에 적절히 정제되어야 한다.

먼저, 응축수 분리기(CSV)에 의해 수집된 매립가스로부터 물이 제거되고 열교환기는 가스의 온도를 적정 온도로 조절한다. 암모니아가 이 냉각 과정을 통해 물에 용해되고 매립장의 폐수처리 설비로 보내진다. 다음으로 황화수소가 탈황설비에 의해 흡수되어 가스 엔진이 부식되는 것을 방지한다. 미세먼지는 가스여과기에서 걸러지며, 블로워는 포집된 가스 성분조성 변화에 대응하여 매립가스 유량 및 속도를 통제한다.

발전시스템의 엔진은 1,058 MW급 6기가 도입되었고 생산된 전력은 일부 설비 운영을 위한 자가소모분을 제외한 전량을 한국전력공사(KEPCO)의 공급 시스템에 연결된 배전망으로 공급된다. 전력 생산량은 년간 약 41,830 MWh로 추정된다.

4.1.13 매립가스 자원화 기술의 평가

자원화 기술에는 여러 가지가 있으며, 각각 장·단점을 지니고 있다. 따라서 자원화 기술을 환경성, 기술성, 경제성 측면에서 평가할 필요가 있으며, 이를 근거로 하여 향후 국내 상황에 가장 적합한 기술을 도출하여야 한다. 환경성은 메탄가스 저감효과와 악취물질 및 휘발성유기화합물 저감효과, 2차 오염물질의 발생량에 의해 결정할 수 있고 기술성은 기술의 효율성, 안정성과 내구성에 의해 결정할 수 있으며, 경제성은 설치 운영비 측면에서 분석하여 비용 측면에서 가장 유리하여야 한다.

가. 환경성

대표적인 기술로 가스엔진, 가스터빈, 증기터빈을 꼽을 수 있는데 메탄가스 저감효과는 얼마나 효율적으로 메탄을 이산화탄소로 전환할 수 있는가에 달렸다. 또한 연소설비 자체가 완전 연소를 위해 꾸준히 개발되었기에 메탄이 연소되지 않는 상태로 배출될 가능성은 희박하며, 메탄가스의 저감 효과는 탁월하다고 할 수 있다.

매립지 가스 이용기술의 환경적 효과로, 먼저 매립가스의 배출로 인한 환경적 효과를 들 수 있다. 메탄 및 이산화탄소의 배출로 인한 지구온난화 효과와 악취발생, 위해한 특정 휘발성유기화합물의 배출로 인한 건강상의 위험이 있으며, 비메탄계 유기물의 배출 및 광화학반응으로부터 생성되는 오존의 영향, 메탄가스에 의한 폭발 가능성을 들 수 있다.

둘째는 매립가스 자원화에 따른 환경적 효과로 먼저 온실가스 저감 효과를 들 수 있으며, 회수된 매립가스를 에너지원으로 활용하면 최종 산물인 이산화탄소와 물이 생성된다. 구체적인 온실가스 저감량은 식 (4.4)와 같다.

$$\text{온실가스 저감량(kg TC)} = 4.98 \times \text{예상 메탄 배출량(EME)} \tag{4.4}$$

매립가스의 주성분인 메탄가스는 지구온난화 지수가 약 1/21인 이산화탄소로 전환되기 때문에 그만큼 온실가스 저감 효과를 거둘 수 있다. 미량으로 발생되는 휘발성유기화합물의 경우 유기성 폐기물의 혐기성 분해 과정에서 주로 생성되며 다른 원인 물질로서 가정과 산업 활동에서 사용하는 유기용제와 에스테르, 황이 포함된 유기물과 부탄올 등이 있다. 휘발성유기화합물을 포함한 매립가스를 효율적으로 포집 처리하게 되면 이러한 물질들의 발생은 최소화 될 것이다. 또한 에너지 자원의 절약 효과로 매립가스는 폐기물의 분해 과정에서 생성되는 부산물로 메탄가스가 주성분이기 때문에 에너지원으로서의 활용 가치가 탁월하고 매립가스 에너지로서의 가치는 발열량이 약 4,000～5,000 kcal/Nm^3으로 보았을 때 연료로서 가치가 약 1/4 수준으로 탁월하다.

나. 기술성

기술성은 기술의 효율성·안정성·내구성으로 판단할 수 있으며 발전기술의 효율성은 발전 효율로 추정한다. 안정성은 기술의 신뢰도로서 기술이 얼마나 광범위하게 적용되어 상업화에 따른 제반 어려움으로 판단한다. 또한 내구성은 설비의 사용년한과 밀접한 관련이 있으며, 장치의 내구성에 영향을 미칠 수 있는 설비의 구조적 특성을 검토한다면 내구성 진단이 가능하다. 전력생산 측면에서는 가스엔진이 가스터빈보다 유리하고 폐열도 훨씬 적은 편이다. 한편 증기터빈은 증기생산에 대다수의 에너지를 생산하며, 이에 따른 전력생산은 상대적으로 훨씬 적은 편이다. 그러므로 증기생산 과정에서 에너지를 회수할 수 있는 형태가 발전되고 있고 직접가스로 활용하는 경우에도 대다수가 시스템 운전을 위해 증기생산을 하고 있으며, 전체 에너지 측면에서 약 1/4 이하가 에너지로 활용하고 있다.

가스엔진은 소규모, 가스터빈은 중규모 이상, 증기터빈은 대규모 매립지에 적합하며, 가스엔진이 발전효율이 가장 높으며, 현재까지 미국에서 보급된 매립가스용 발전설비의 60%가 가스엔진을 적용하고 있다. 그러나 열에너지와 병용해서 사용할 수 있는 가능성은 증기터빈이 가장 유리하다. 증기터빈은 장치의 특성상 열에너지를 활용하기에 유리하므로 전력생산 과정에서 발생되는 폐열을 활용하여 전체적인 에너지 효율은 크게 향상될 수 있다.

따라서 기술적 효율성 측면에서는 가스엔진이 가장 탁월하고 그 다음이 증기터빈, 가스터빈 순이나, 세 기술 모두 발전효율 측면에서 큰 차이가 없다. 기술의 안정성 측면에서는 현재 가장 많이 보급되어 현장 적용의 완성도가 뛰어난 가스엔진이 가장 유리하며, 가스터빈(13%)도 현장 적용 사례가 많기 때문에 기술의 안정성에는 큰 문제가 없다. 반면에 증기터빈은 3% 정도 밖에 보급되지 않아 기술의 안정성에서는 가스엔진과 가스터빈 보다 떨어진다.

기술의 내구성 측면에서는 매립가스 중에 포함되어 있는 부식성 및 휘발성 가스 등이 설비와 접촉하지 않는 증기터빈 방식이 가장 유리하다. 가스엔진은 매립가스와 지속적인 접촉으로 인하여 장치 부식이 자주 발생하는 것으로 알려지고 있어 내구성 측면에서는 가장 불리하다. 그러나 최근에는 가스엔진의 부식방지 기술이 개발되어 부식을 최소화할 수 있는 것으로 알려지고 있다. 부대시설 측면에서는 세 기술 모두 전처리시설로 탈수 및 탈황설비를 갖추어야 되고 가스엔진과 가스터빈은 고압의 압축시설이 필요하다. 반면에 증기터빈은 증기응축 설비와 보일러 부대 설비가 필요하고 소규모 매립지에서는 가스엔진, 중대규모는 가스터빈, 대규모는 증기터빈이 기술적으로 적절하다.

다. 경제성

매립가스가 정상적인 상태에서 발생되면 메탄가스 55%(±5%), 이산화탄소 45%(±5%), 기타 1% 미만의 미량 유해물질인 황화수소, 메틸머켑탄, VOCs, 각종 탄화수소물질 등으로 구성되어 있다. 메탄가스의 발열량이 9,500～10,000 kcal/Nm^3 정도임을 고려할 때, 매립가스의 메탄 함유량을 50%로 가정하면, 매립가스의 발열량은 약 4,800 kcal/Nm^3 정도이다. 메탄가스 연소설비의 발전 효율을 30%로 가정할 때, 1 MW의 전기를 생산하는데 약 10 Nm^3/min의 매립가스가 필요함을 알 수 있다.

2004년 기준으로 볼 때 국내에 있는 매립가스 자원화 시설에서 발생하는 총 매립가스량은 약 1,250 Nm^3/min이고, 발전 가능량은 약 130 MW 정도이다. 이를 전력시장 평균 가격 60원/kWh로 환산하면 년간 약 700억원의 전력을 생산하게 된다. 또한 국내에서 매립가스를 자원화하고 있는 매립지는 전체 매립장 중 약 4%에 불과하므로, 국내의 전체 매립지에 매립가스 자원화 시설을 설치할 경우, 총 2조원 규모의 시장이 형성될 수 있음을 보여준다. 가장 대표적인 매립가스 이용사례로서 가스엔진을 이용한 발전의 경우 개략적인 경제성 분석을 하면 다음과 같다.

이 때 표 4.3과 같이 매립지의 매립가스 발전을 위한 시설비로 포집설비와 발전설비로 양분할 수 있는데, 설비의 수명을 20년이라 보고 그 각각에 소요되는 연간 운영비용이다.

표 4.3 • 매립가스 포집 및 발전설비의 연간운영비(설비수명 20년)

포집 및 관리설비	년간운영비 (천원)	발전설비	년간운영비 (천원)
추출정	10,000	희박연소 내연엔진 부장품	150,000
압축송풍기	20,000		
파이프 연결	35,000	전기설비 및 배관공사	20,000
응축수 제거 및 여과정제	2,000		
잉여 소각시설	15,000	운영유지 관리비	100,000
운영유지 관리비	70,000		
합 계	152,000	합 계	270,000

출처 : 박순철, 대한설비공학회, 2002

표 4.3 • 100만 ton 규모 매립지에 매립가스 발전설비 설치에 따른 예상 비용과 수익

비 용	천원	발 전 수 익	천원
포집 및 관리설비 운영비	152,000/년	신재생에너지 발전차액 기준가격	75원/kWh
발전설비 운영비	270,000/년		
LFG 발전설비 설치비	3,000,000		
합 계 (20년)	11,440,000	합 계 (20년)	26,300,000

출처 : 박순철, 대한설비공학회, 2002

먼저 해마다 10만 ton 규모의 쓰레기를 매립하여 10년 동안 총 100만 ton의 쓰레기를 매립할 수 있는 매립지를 예로 들면 매립가스는 매립 폐기물 ton당 112～230 m^3 정도 매립지가스가 발생하며, 매립 후 20～30년까지 생성이 가능한 것으로 보고 되고 있다. 매립 폐기물 ton당 매립가스 발생량이 200 Nm^3으로 20년 동안 생성된다고 가정하면 이 때 분당 평균적으로 발생하는 매립가스의 양은 1 MW의 전기를 생산하는데 약 10 Nm^3/min의 매립가스가 필요한 것으로 나타났고 100만 ton 규모의 매립지에 매립가스 발전시설을 설치할 경우 약 2 MW 규모의 전력을 생산할 수 있다.

표 4.3에 나타난 매립가스 발전소 사업비를 고려할 때, 100만 ton 규모의 매립지에 대한 매립가스 발전시설 설치비용으로 30억원을 가정할 수 있다.

이상으로부터 매립가스 발전시설 설치에 따른 비용과 수익을 보면 매립가스 고정 가격인 75원/kWh를 기준으로 하였을 때, 9년 이후에 손익 분기점에 도달하고 20년 동안 발전설비를 운영할 경우, 약 150억원의 순이익이 발생한다. 이는 매립가스 자원화에 따른 온실가스 저감효과와 악취 저감효과를 제외한 전력생산에 따른 수익만을 고려한 것으로, 환경규제 및 온실가스 규제에 따라 매립가스 자원화에 따른 수익성은 더욱 증가할 것으로 기대된다.

4.2 바이오가스 자원화

4.2.1 바이오가스 현황

우리나라의 혐기성 소화 기술은 하수처리장의 슬러지를 감량할 목적으로 재래식 혐기성 소화조를 외국에서 도입하여 사용되었다. 이후 1970년대 초부터 연구를 시작하여 1980년대 외국의 기술을 접목하여 개량된 형태의 반응조를 연구하였으며, 1988년부터 대체에너지 개발 및 이용, 보급촉진법에 따라 정부차원에서 기술을 개발하였고 농림부를 중심으로 농가 단위의 가축분뇨를 이용한 난방 및 취사 연료용 에너지의 활용이 가능한 간이 혐기성 소화기술이 개발되었다. 이후 1990년대 초반 다양한 고효율 혐기성 반응조들이 외국에서 발표됨에 따라 국내에서도 기업과 학교 등을 통해 연구하기 시작하였으나 1～2기의 실증 설비 적용 후 추가적인 보급의 확대와 운용자의 기술 습득 부족으로 보급이 확대되지 못하였다.

상용화 단계 기술 현황을 살펴보면 국제적인 기후변화 협약의 가시화 및 유가의 급상승과 국내적으로 유기성폐자원의 매립 및 해양투기가 금지됨에 따라 정부에서는 유기성폐자원의 자원화와 육상처리 대안으로 혐기성 소화를 통한 감량화 및 에너지회수의 기술 개발에 대하여 적극적인 관심을 보이고 있다. 국내에는 공장폐수 및 축산분뇨를 처리하기 위해 도입된 외국기술 위주의 혐기성 소화시설이 대부분을 차지하고 있으며, 유기성폐자원을 중심으로 자체개발 기술과 외국기술을 도입한 국내업체 그리고 외국기업의 자체투자 등의 방법으로 상업화가 이루어지고 있다. 주로 음식물 쓰레기와 하수슬러지, 축산분뇨와 음식물의 병합처리 등으로 적용 실적이 발생하고 있으며, 소규모의 시설로 운영되는 곳이 대부분을 차지하고 있다.

4.2.2 혐기성 소화의 영향인자

혐기성 소화공정은 연속적인 반응으로 이루어지지만 각 단계의 반응은 거의 동시에 일어나기 때문에 중간대사 생성물과 많은 미생물 종의 상호작용으로 이루어진다. 미생물들의 반응이 혐기성 조건에서 정상적으로 진행되면 최종 산물로 대부분 메탄과 이산화탄소가 발생한다. 그러나 다양한 운전조건들이 적합하지 않을 경우에는 아세트산, 프로피온산, 부티르산 등과 같은 중간 생성물이 메탄으로 전환되기보다 그 자체가 주요한 최종 생산물이 되어 반응조에 축적되는 현상이 발생하고 이것은 혐기성 소화 효율을 저해시키는 원인이 된다. 그러므로 혐기성 소화공정의 소화효율을 극대화하기 위해서는 반응조 내 미생물에 적합한 환경을 조성하여야 하며, 특히 메탄생성균의 활성을 증진시키는 것이 중요하다. 혐기성 소화에서 미생물 성장의 주요 영향인자로는 반응온도의 영향, pH의 영향, 기질 부하량, 체류시간, 혐기조건, 독성물질을 들 수 있다.

가. 반응온도의 영향

혐기성 소화에서 온도는 중요한 영향을 미치며 미생물 온도 특성에 따라 저온소화(Psychrophilic, 10~25℃), 중온소화(Mesophilic, 35~40℃), 고온소화(Thermophilic, 50~60℃)의 3종류로 구분이 되고 있다.

고온소화는 중온소화에 비해 유기물 감량 효율이 높으며, 병원균 사멸율이 상대적으로 크나 고온성 미생물의 온도와 유기물의 부하에 따른 안정성, 복원력, 처리수의 수질 등의 문제점이 따른다. 중온소화는 고온소화보다 바이오가스 생성이 뛰어나며 소화조의 가온을 위해 에너지가 적게 소비되어 운전시 고온소화보다 조작성이 좋다. 이러한 이유로 대부분의 공정은 중온소화에서 이루어지고 있으며, 한편 메탄 생성 공정의 미생물은 온도 변화에 민감하여 45℃ 부근에서 미생물의 성장 조건에 적합하지 못하여 소화 효율이 감소하므로 주의를 요한다.

나. pH의 영향

pH는 혐기성 소화에서 가장 중요한 영향 인자 중의 하나로서 일반적인 혐기성 소화는 pH가 중성범위에서 이루어진다. 초기에 산성을 유지하고 안정되면 중성으로 전환하게 된다. 그러나 단상 혐기성 소화조에만 해당되는 것으로써 산생성 반응조와 메탄생성 반응조가 분리되어 있는 이상 혐기성 소화조에는 각 반응조의 적정 pH가 있다. 산생성 단계에서는 pH 5.5～6.0에서 유기산이 최대로 발생되며 메탄생성 단계에서는 pH 6.8～7.4에서 메탄가스 발생량이 최대로 발생된다. 상분리가 없이 단상 혐기성 소화로 진행할 경우에는 가능한 중성에서 약알칼리 영역을 빠른 시간에 유지시켜 주는 것이 필요하고 이상 혐기성 소화에서는 각 발효단계의 pH 영역의 유지가 중요하다. 축산폐수를 처리할 경우 pH가 10.0～11.0 정도로 상승하는 경우도 있다. 이러한 경우에는 유입되는 원료의 C/N비가 낮게 유지되어 소화가 진행됨에 따라 질소 성분이 암모니아로 전환되기 때문이다. 소화조의 적정운전을 위해서 pH는 항상 일정하게 유지되어야 하며, 암모니아성 질소와 암모늄이온의 농도에 따른 알칼리도의 균형을 유지하기 위하여 외부에서 산을 가하여 적정 pH를 조절해야 한다.

만약 반응조의 완충능력이 감소하면 pH가 감소하고 분해되지 않은 유기물이 미생물의 성장을 억제하므로 메탄발효 능력이 떨어지게 된다. pH가 5.0 이하로 3일 이상 유지되면 그 이후에 pH를 조절해도 반응조가 정상적으로 가동하기 어려워지므로 혐기 반응조 내 pH 민감성에 대처하는 방법이 필요하다.

다. 기질 부하량

기질 부하량은 슬러지의 유기물량으로 휘발성 고형물을 기준으로 이용하며, 균체의 성질이나 발효 온도에 의하여 적절한 함량이 필요하다. 과잉의 유기물이 공급되면 영양이 과다하게 되어 발효가 원활하게 이루어지지 않는다. 단상 반응조에 의한 고온 발효에서는 5～6 kg · vs/m^3/d가 최적이라고 알려져 있으나 메탄발효의 부하량은 발효 온도에 의해서도 다르며 고온 발효는 중온 발효의 약 3배 정도이다. 단상 반응조의 유기성 폐액 메탄발효법에서 중온 발효는 2～3 kg · vs/m^3/d가 최적이며, 이상 반응조는 6 kg · vs/m^3/d가 최적이다.

라. 체류시간

고형물 체류시간을 증가시킴으로써 바이오가스를 더 많이 얻을 수 있게 된다. 많은 양의 바이오가스를 회수하려면 SRT(Sludge Residence Time)를 길게 하여 혐기성 미생물 중 메탄생성균의 균체수를 증가시키면 메탄 생성 효율이 증가하게 된다.

혐기성 소화공정에서 온도가 높을수록 소요되는 체류시간은 줄어들며 저온성 소화에서 평균 고형물 체류시간은 100일 이상이다. 이에 따라 만일 상당한 양의 슬러지가 생성된다면 소화를 위해 넓은 면적의 부지가 필요하고 낮은 온도에서 운전될 경우 보다 높은 SRT를 필요로 하는데 중온성 소화조는 전형적으로 20～35일, 고온성 소화조는 12～15일 정도로 운영된다.

마. 혐기조건

혐기성 소화공정에서는 엄격한 혐기조건이 요구된다. 그러나 산생성 반응조와 메탄 생성 반응조의 각각의 미생물군의 조건은 다르기 때문에 산생성 반응조에서는 철저한 혐기조건이 요구되지 않지만 메탄생성 단계에서는 절대 혐기성균으로 인하여 철저한 혐기조건의 유지가 필요하게 된다. 절대 혐기성균이나 다른 균이 산소를 이용할 때에는 기질이 가지고 있는 결합형 산소를 이용하기 때문에 메탄 발생의 극대화를 위해서는 반응기내에 기밀성을 유지해야 한다.

바. 독성물질

혐기성 소화공정에서 독성물질로 소화에 저해를 일으키는 물질은 여러 가지가 있다. 그 중 온도와 pH가 높을수록 암모니아 가스의 생성 비율이 증가하여 저해 작용을 한다. 혐기성 소화시 아미노산이나 단백질이 분해되면서 암모니아성 질소로 전환되며, pH에 따라 NH_4^+, NH_3로 존재하게 된다. 암모니아성 질소의 농도가 3,000 mg/L 이상일 경우 독성 물질로 작용하고 pH 7.5에서는 3,000 mg/L 이하의 농도에서 혐기성 소화의 독성 물질로 작용한다. 이러한 경우 메탄생성균의 활성이 저하되며 혐기성 소화의 실패로 이어지므로 고농도의 암모니아성 질소의 유입 전·후에 암모니아의 제거가 필요하다.

황화수소 또한 혐기성 처리 공정에 악영향을 미친다. 20 mg/L 이하의 낮은 황화물 농도는 메탄생성균의 최적 활성을 위해 필요하지만 200 mg/L 이상 존재할 때 독성을 야기한다. 이온화되지 않은 황화수소(H_2S)는 이온화된 황화물보다 더 독성이 강한 것으로 알려져 있다. 황산염 환원균은 COD 성분에 대한 메탄생성균과 경쟁하여 메탄가스 생성량이 감소한다.

4.2.3 바이오가스에 의한 생성물

가. 가스발생량(메탄가스)

유기물의 감량화에 부가적인 에너지로서 사용가능한 가스가 얻어진다는 점에서 혐기성 소화가 처리방법으로 인정되고 있다. 유기물의 종류에 따라 발생하는 가스량에 차이가 있으나, 유기물 kg당 400～600 L이고 유기물성 폐기물 1 ton당 100～200 m^3의 가스가 발생한다. 그 조성은 메탄가스가 50～60%, 나머지는 이산화탄소이다. 유기물의 가스 생성량은 고온발효나 중온발효에서 큰 차이가 없다. 생가스는 6.5 kWh/m^3의 열량을 가지고 있는 것으로 메탄가스를 태워서 발전할 경우에 전기를 생산하여 사용하는 것이 가능하다. 이러한 전력과 열은 소화조를 보온하기 위한 것과 처리장에 필요한 전력으로서 활용할 수 있다. 이 같은 활용으로 발효 과정상에 소요되는 에너지를 절약 시켜줌으로써 경제성을 개선할 수 있다.

폐기물과 분뇨 중에 포함되어 있는 유기물은 탄수화물, 단백질, 지방이다. 이들을 구성하는 원소가 사전에 알고 있는 것이라고 한다면 식 (4.5)에 의하여 메탄발생량을 산출하는 것이 가능하다.

$$\mathrm{CnHaOb} + \left(\mathrm{n} - \frac{\mathrm{a}}{4} - \frac{\mathrm{b}}{2}\right)\mathrm{H_2O} \rightarrow \left(\frac{\mathrm{n}}{2} + \frac{\mathrm{a}}{8} + \frac{\mathrm{b}}{4}\right)\mathrm{CH_4} + \left(\frac{\mathrm{n}}{2} - \frac{\mathrm{a}}{8} + \frac{\mathrm{b}}{4}\right)\mathrm{CO_2} \tag{4.5}$$

식으로부터 알 수 있듯이 탄소와 수소가 많은 것에 대해서는 메탄발생량 조성이 크며 이산화탄소의 양이 적어진다. 산소가 많은 유기물에 대해서는 탄산가스량의 비중이 증가하게 된다.

나. 고형물

혐기성 소화과정에 이용되는 유기성 고형물은 종류에 따라 이물질의 형태 및 최종 소화액 내에서 고형물의 형태로 발생되며 BOD로 환산하여 10~20% 정도의 유기물이 미분해되어 잔존하게 된다. 이러한 고형물은 탈수과정을 거친다고 해도 수분함량이 80% 전후를 나타내기 때문에 매립처리가 불가능하다. 따라서 분해 가능한 유기물에 대해서는 재차 호기성 퇴비화 공정에 투입하여 유기물의 안정화 과정이 수반되어져야 한다. 즉 유기물은 최종 생산물(퇴비)로 전환되며 재활용될 수 있다. 발효과정을 통한 분해과정에서 발생된 생쓰레기는 슬러지의 형태로 전환되어 퇴비화 공정의 안정화 조작을 위한 농작물의 비료나 토양 개량제로서 활용될 수 있다. 최종적으로 생성되는 생산물의 질은 추후 숙성과정에서 안정화되는 정도에 따라 더욱 향상될 수 있다. 숙성된 생산물은 원예 목적으로도 판매 가능하다. 최종 생산물의 품질은 원료에 따라 다르게 나타나게 되는데 이물질이 제거될수록 분해 과정의 청결 정도가 높을수록 좋은 제품으로의 유통이 가능하게 되는 것이다.

4.2.4 바이오가스의 생성

바이오가스는 혐기성 소화작용으로 메탄생성 박테리아가 바이오매스를 분해할 때에 발생하는 대사산물의 하나로서, 메탄과 이산화탄소의 혼합 형태인 기체를 의미한다. 바이오가스의 형태는 퇴비가스, 습지가스 등 자연적으로 생성되는 것과 제조된 가스가 있으며, 현재 국내에서 바이오가스를 생산하기 위하여 이용할 수 있는 유기성 폐자원으로는 음식물 폐기물, 하수슬러지, 가축분뇨 등이 있으며, 이를 이용하여 약 113만 toe의 에너지에 해당하는 바이오가스 생산이 가능하고 이를 전력 및 온수로서 활용할 수 있다.

가. 혐기성 소화의 원리

혐기성 소화란 산소 부재 상태에서 유기물을 분해하기 위해 미생물을 이용하는 생물학적 공정이다. 공학적 설계에 의한 혐기성 소화조 내에서의 유기물 소화는 밀폐 공간인 반응조 내에서 일어나며, 가스 발생량과 폐기물 분해 속도를 극대화하기 위해서는 반응조 내의 수분 함량과 온도, pH와 같은 환경 조건들이 중요하며, 혐기성 소화는 다양한 유기물을 분해시키고 안정화시키는데 필요한 가수분해 단계, 산생성 단계, 메탄생성 단계로 구성된다. 유기성 폐자원의 혐기성 소화단계는 그림 4.5와 같다.

먼저 가수분해 단계를 보면 복잡한 유기화합물(탄수화물, 단백질, 지질)이 가수분해균과 발효균의 가수분해 효소에 의해 분해되는 과정으로 다당류, 탄수화물, 단백질, 지방, 리그닌, 셀룰로오스 등의 복합유기물이 용해성의 당, 알코올, 지방산, 아미노산, 폴리 펩타이드 등의 저중합체로 분해된다. 고형물이 많은 폐수인 경우 가수분해 단계가 전체 공정의 율속 단계(Rate-Determining Step)가 되기 때문에 유입 고형물의 크기가 미세할수록 효율이 향상된다.

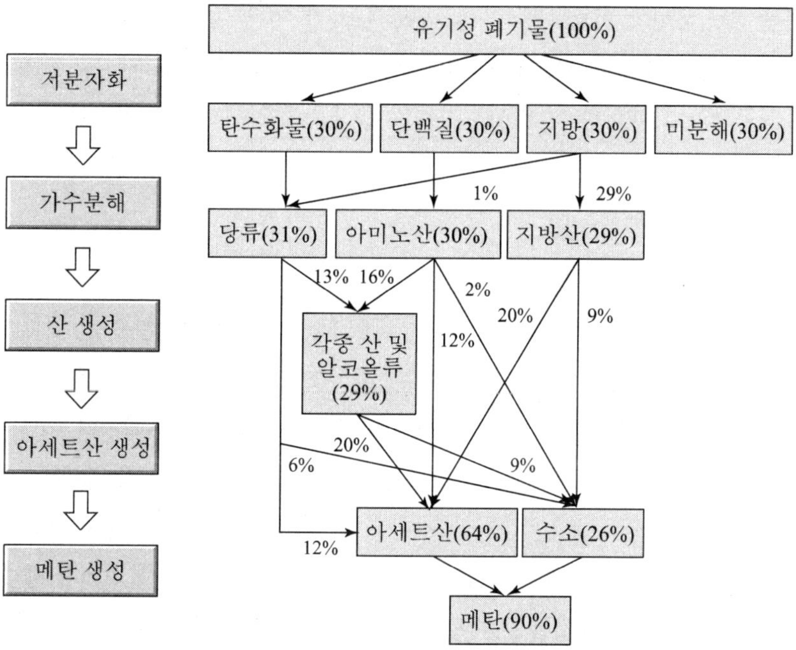

그림 4.5 • 유기성 폐자원의 혐기성 소화단계

산생성 단계에서는 산생성균(Acidogens)에 의해 가수분해 산물이 프로피온산, 부틸산, 아세트산, 기타 저분자 유기산 및 수소, 이산화탄소로 전환된다. 가수분해 단계에서 생성된 용존성 저분자 유기물을 프로피온산, 부틸산으로 분해시키는 미생물은 산생성균이고 이들 미생물에 의해 생성된 유기산을 아세트산으로 분해하는 미생물은 아세트산 생성균이다. 산생성균은 메탄생성균에 비해 증식율과 기질 이용 속도가 빠르고 환경변화에 더욱 안정적인 특성을 가지고 있다. 산생성 단계는 가수분해되어 생성된 단당들이 프로피온산이나 부틸산까지 분해되는 단계와 프로피온산 등을 이용하여 최종적으로 아세트산으로 분해되며 산생성균 단계에서는 기질이 분해되어 메탄 형성의 기질인 아세트산, 수소가스, 이산화탄소가 만들어진다.

혐기성 소화의 마지막 단계인 메탄생성 단계로 수소를 기질로 이용하여 메탄을 생성하고 두 종류의 미생물군은 절대 혐기성균으로 기질 이용과 동력학적 특성에 있어서 상이한 특성을 가지고 있으며, 메탄생성균은 산생성균에 비해 pH, 온도, 독성물질 등 환경변화에 매우 민감하고 증식 속도나 기질 이용률이 낮다.

따라서 혐기성 소화조의 효율을 향상시키기 위해서는 운영 관리상 여러 가지 환경조건을 적절하게 관리하여야 한다. 특히 가수분해 단계가 전체 공정의 율속 단계로 작용하고 있기 때문에 혐기성 소화공정에 있어서 가수분해를 촉진시키기 위한 기술의 도입은 전체 혐기성 소화공정의 소화효율 및 바이오가스의 생산을 향상시키는데 있어서 가장 중요하다고 할 수 있다.

나. 혐기성 소화과정

혐기성 소화에 관여하는 미생물은 통성 혐기성 세균군(기질분해균, 산생성균[Acid Former])과 편성(절대) 혐기성 세균군(메탄균) 등 2종류의 세균군으로 대별할 수 있다. 음식물 중의 유기물질은 탄수화물, 지방, 단백질의 3대 영양소로 나누어진다. 이들 유기물질의 소화과정을 분해에 기여하는 세균군으로 분류하면 2단계로 분류할 수 있으며, 제 1단계는 탄수화물, 지방, 단백질, 섬유질의 고분자 유기물이 통성 혐기성균에 의해서 저분자화되면서 저급 지방산인 유기산, Alcohol, 이산화탄소, 수소 등을 생성한다. 제 2단계에서는, 제 1단계에서 생성한 유기물질이 편성 혐기성 세균의 작용으로 더욱 분해되어 메탄, 이산화탄소, 암모니아, 황화수소, 물 등 최종 생성물까지 분해된다. 또한 음식물의 소화과정을 pH에 의해 분류하면 다음 3단계로 나눌 수 있다.

(1) 산 발효기(Acid Fermentation Stage)

당이나 전분 등의 탄수화물이 분해되어 저분자의 지방산, 즉 초산, 락산 및 프로피온산이 생기는 단계이다. 이러한 산의 급격한 생성 때문에 pH가 5.0~6.8까지 저하하고 이때 발생되는 가스 중에는 CO_2가 대부분이며, 악취를 유발한다. 이 과정은 주로 산생성균에 의해 이루어지며 여기서 생긴 불포화 지방산은 수소와 화합해서 포화 지방산이 된다.

(2) 산성 감퇴기(Acid Regression Stage)

유기산과 용해성 질소화합물의 분해가 일어나게 되면 암모니아, 아민 및 소량의

CO_2, N_2, CH_4, H_2 가스가 생기는 단계이다(이 중 대부분이 CO_2). 이 기간 중에는 pH가 서서히 상승의 경향을 보여 6.6～6.8 정도가 된다. 이 시기의 음식물은 거품이 발생하는 현상을 보이며, 가스 발생량은 약간 감퇴하고 H_2S, 인돌, 스카톨 및 메르캅탄 등이 생긴다.

(3) 알칼리성 발효기(Alkaline Fermentation Stage)

셀룰로우스(Cellulose : 섬유질)와 질소화합물 등이 분해되는 시기이다. 또한 앞에서 나타낸 바와 같이 각 과정에서 생긴 저분자의 유기산은 CO_2와 CH_4로 분해된다. pH는 7.0～7.4 가까이에 도달하고 CO_2가 감소하며, 메탄가스 발생량이 증대한다. 이때에는 악취가 없어져 타르 냄새를 띄며 소화오니의 색이 흑색을 나타내고 침전성이 양호한 과립 형태를 형성한다.

소화과정을 단계적으로 나누어 기술하였지만 이것은 어디까지나 소화를 단계적으로 다루어 기술한 경우이고 실제 시설에서는 연속적으로 이루어지기 때문에 모든 단계가 동시에 존재하며, 메탄균은 통성 혐기성세균에 비하여 환경조건의 변화에 민감하므로 소화 반응속도에 영향을 미치는 것은 주로 메탄균이다.

4.2.5 바이오가스의 전처리 기술

유기성 폐자원을 활용한 혐기성 소화공정을 거친 바이오가스의 불순물에 대한 전처리 기술은 하수처리장에서 가장 활발히 진행되고 있으며, 음식물 폐기물이나 가축분뇨 공공처리장 등에서도 고려되고 있으며, 바이오가스 조성 중에서도 크게 탈황기술인 건식, 습식 탈황방법과 생물학적 탈황방법으로 나눈다.

가. 탈황기술(건식, 습식 탈황방법)

혐기성 소화조에서 생성된 바이오가스는 CH_4이 55～65%, CO_2가 35～45%로 주를 이루고 있으며, 1% 이내의 미량가스로 구성되어 있다. 미량의 가스는 NH_3와 H_2S 등으로 이루어져 있으며, 기타 휘발성 물질도 소량 포함되어 있다. 이 중 H_2S는 가스배관용 파이프나 기타 사용기기의 부식작용을 초래하는 원인으로 작용하기 때문에 대부분의 혐기성 소화 공정은 H_2S 제거시스템이 포함되어 있으며, 탈황방법에는 건식, 습식, 그리고 생물탈황

방식이 있다.

탈황 메커니즘을 살펴보면 황은 자연계 내에서 유기물 및 무기물의 형태로 존재하고 자연계 내에서 상대적으로 발견되는 황 산화·환원 미생물에 의해 다양한 형태의 황화합물들로 존재하게 된다. 바이오가스 중 포함된 황화수소를 제거하기 위한 방법은 크게 물리적, 화학적, 생물학적 처리방법으로 나눌 수 있으며, 세부적으로는 건식과 습식, 생물학적 처리 방법으로 나눌 수 있다.

먼저 황화수소를 제거하는 화학적 방법 중 흡착법은 흡착제에 악취물질을 통과시키는 과정에서 악취물질이 흡착제의 공극사이에 흡착되는 특성을 이용하여 악취물질을 제거하는 방식이다. 흡착법의 장점은 건식 조작으로서 습식조작과 달리 배수나 배액을 처리할 필요가 없으며, 설치비가 비교적 싸고 유지관리가 쉬우며 광범위한 악취가스 제거에 효과적이라는 점이다. 그러나 흡착법에 반드시 따라 다니는 문제는 활성탄 등의 흡착제 재생문제로서 유지관리 비용 및 원활한 흡착제의 주기적인 교체가 필수적이다.

습식법에는 수 세정식과 알칼리 세정식, 약액 세정식이 있다. 수 세정식은 지하수나 2차 처리수로 바이오가스를 세정하는 방법으로 건설비는 적으나 다량의 세정수가 발생하며, 황화수소 제거효율도 비교적 낮다. 알칼리 세정식은 2～3%의 탄산나트륨(Na_2CO_3) 또는 수산화나트륨 용액과 바이오가스를 접촉시키는 것으로 약품액은 순환적으로 사용가능하며, 일부는 새로운 약품과 교환해야 한다. 약품 농도의 관리가 필요하지만 황화수소 제거율은 높다. 약액 세정식은 흡수탑과 재생탑을 결합한 것으로 알칼리 세정 후 약액은 재생탑에서 촉매를 사용하여 황화물을 분리 재생시켜 반복 사용하는 것이다. 약액 세정식은 건설비가 많이 드나 황화수소가 고농도이고 바이오가스량이 많은 경우 유지관리비가 싸게 든다.

나. 연소법

연소법에는 직접연소법, 축열식 연소법, 촉매연소법 등이 있다. 직접연소법은 전반적으로 악취제거 효과가 뛰어나나 연소시 발생하는 질소산화물(NO_X), 황산화물(SO_X) 등의 유독가스에 의한 2차 대기오염을 발생시킬 우려가 있다. 또한 연료소비량이 커서 운영경비가 높은 단점이 있다. 반면 촉매연소법은 직접연소법에 비해 저온(직접연소법 : 650～800℃, 촉매연소법 : 150～400℃)에서 연소가 가능하므로 직접적인 연료비 절감과 배가스의 질소산화물 발생량을 감소시킬 수 있다. 여기서 축열식 연소법의 경우는 기존의 직접연소법에서 열효율을 향상시킨 형태이므로 직접연소법의 한 형태로 보아도 무방하다.

다. 생물학적 탈황방법

생물학적 처리방법은 주로 미생물의 활동에 의한 산화작용을 이용하는 방법으로, 반응기로 통과된 가스내의 황화수소는 표면에 부착되어 있는 생물막(Biofilm)의 각종 미생물들에 의하여 생물학적으로 산화 분해되어 미생물의 에너지원으로 이용됨으로써 제거된다.

미생물을 이용한 생물학적 처리방법은 건설비와 운전조건이 까다롭기는 하나 다른 방법에 비해서 장치의 설치비가 저렴하고 유지관리가 쉬우며 반영구적으로 사용이 가능하고 약품사용과 부대비용이 적게 들어 경제적으로 유리하다.

바이오필터(Biofilter)의 경우 저농도와 고용량에 적합하며, 미생물을 이용하기 때문에 운전비가 낮고 2차 오염이 없다. 그러나 고온, 고농도의 가스처리에는 한계가 있으며, 온도, 습도 등의 미생물 생장이 가능한 환경을 유지하기 위한 환경 조성에 제한을 많이 받게 된다. 반면 연소법의 경우 고농도에서도 이용이 가능하나 Biofilter와 비교해 상대적으로 높은 초기 투자비가 소요된다. 또한 처리가스가 저농도이거나 간헐적으로 발생할 경우 Biofilter 등의 기술에 비해 경제성이 떨어지는 단점이 있다.

4.2.6 바이오가스 정제기술

바이오메탄이란 슬러지류 및 유기성 폐자원(음식물 쓰레기, 가축분뇨 등)이 미생물에 의해 분해하면서 생성되는 메탄과 이산화탄소 등이 포함된 바이오가스 중에서 이산화탄소를 제거한 순수한 메탄가스를 말하며, 천연가스와 같이 청정하면서 연료로 사용되고 있는 에너지원이다. 바이오가스의 경우 함유된 메탄조성이 60～80% 수준인데 반해 운송용 연료인 CNG나 도시가스 등은 대체로 메탄의 구성비가 91%이다. 천연가스와 비슷한 발열량을 맞추기 위해 대략 바이오가스의 메탄함량을 96% 이상으로 향상시키고 생성된 바이오메탄은 천연가스와 같은 공급 설비를 통해서 공급할 수 있도록 한다. 이렇게 메탄 함량을 향상시키기 위한 고질화 방법을 정제기술이라 하고 바이오가스 중에 메탄 다음으로 많은 이산화탄소 등을 제거함으로써 메탄의 순도를 향상 시킬 수 있다.

바이오가스에는 많은 성분을 함유하고 있지만 대부분은 메탄과 이산화탄소이며, 바이오가스 중 메탄가스는 에너지원으로서 고순도의 메탄가스를 분리·회수하여 자동차 연료 혹은 도시가스 연료로 이용되고 있다.

가. 흡수법

물리 흡수공정인 경우, 흡수제의 흡수량이 CO_2의 분압에 비례하는 Henry의 법칙에 따라서 이산화탄소가 흡수되는 특성이 있으므로 처리하는 가스원이 고압이고 이산화탄소 농도가 비교적 높은 경우에 유리한 방법이다. 따라서 이산화탄소를 분리하기 위하여 최적의 흡수 조건을 유지할 수 있는 별도의 처리공정이 필요하다.

이와 같은 물리 흡수법에 이용되는 흡수제는 다양하나 대부분이 TBP(Tri-n-butyl phosphate), 프로필렌, 메탄올, 프로필렌글리콜, 탄산염 및 물과 같이 주로 약 염기성 유기계 흡수제이다. 특히 이들 흡수제는 약알칼리성이므로 이산화탄소를 제외한 산성 가스인 황산화물, 질소산화물 및 황화합물 등이 존재하면 이산화탄소에 대한 흡수제의 흡수 능력이 감소되게 된다. 흡수제와의 물리적 특성에 의하여 이산화탄소를 분리하는 물리 흡수 공정은 매우 다양하게 상용화 되었는데 이들은 주로 사용되는 흡수제의 특성에 따라 구분되어 진다. 대표적으로 상용화된 이산화탄소 분리공정 중 메탄올을 흡수제로 사용하는 공정이 대표적이다. 또한 흡수공정이 기상의 원료가스와 액상의 흡수제가 접촉하여 목적 성분을 회수하는 특성이 있는 공정이므로 이들의 접촉효율을 향상시키므로 흡수효율을 증대시킬 수 있다.

화학 흡수 공정의 기본 개념은 물리 흡수와 같이 흡수제와 원료 가스와의 접촉을 위한 흡수탑과 흡수된 이산화탄소의 탈착을 위한 재생탑 및 원료 가스의 전처리 설비로 구성되어 있는데 이들 공정은 사용 흡수제의 종류에 따라 구분된다.

활성화된 MDEA법의 흡수 온도는 40～90℃이며, 원료 가스 중의 CO_2 분압은 2～6 kg/cm^{2}이다. 또한 열 탄산 알칼리법인 경우, 원료 가스를 가압하에서 온도 약 120℃의 탄산 알칼리 수용액과 접촉시킴으로서 CO_2를 제거하는 것이며, CO_2를 흡수한 흡수제는 상압에서 재생탑으로 보내, 리보일러(Reboiler)로부터의 수증기로 가열시켜 CO_2를 방출하며, H_2S로 동시에 제거가 가능하다.

나. 심냉 분리법

바이오가스 중 유용성분인 메탄을 회수하기 위해서 바이오가스에 함유된 이산화탄소를 심냉 공정을 거쳐 액체 상태로 변화시켜 고순도의 메탄을 회수하는 공정이다. 이산화탄소는 －78℃ 이하에서는 액체 상태로 존재하게 되며 이산화탄소는 압력과 온도조건에 따라 기체, 액체 및 고체로 전환할 수가 있다. 즉, 온도가 낮을수록 압력이 높을수록 이산화탄소는 기체에서 액체 및 고체로 전환되며 바이오가스에 함유된 메탄을 온도가 −161.6℃ 이하일 때 액체 및 고체로 전환하게 된다. 이와 같이 이산화탄소와 메탄의 어는점 차이를 이용하여 이산화탄소와 메탄을 분리하게 되며 가스 중 함유된 수분도 제거할 수 있는 장점을 가지고 있다.

다. 실록산(Siloxane) 제거

유럽의 경우 1980년대 후반부터 매립가스를 연료로 하는 가스엔진 발전설비가 설치되어 상업운전을 하기 시작하였는데, 초창기에는 매립가스 전처리 설비 없이 가스엔진을 운전한 경우 3,500시간 만에 가스엔진에 모래류(규소산화물)의 유입에 의해 파손되는 사례들이 나타났다. 이에 가스 필터를 장착하는 등 임시적 방편으로 대처하였으나 이러한 문제들이 개선되지 않았으며, 1990년대 초반에 들어 매립가스 전처리 설비를 설치하여 엔진의 수명을 유지하는 방안이 도입되었다.

그림 4.6은 일반적인 바이오가스 전처리 공정인 실록산 공정으로 수분을 제거하기 위한 응축·제습 설비와 규소화합물류를 흡착하기 위한 활성탄 필터로 구성되며, 채용되는 Siloxane 제거설비는 2단 활성탄 필터 방식으로서 이미 유럽에서는 상용화 되었다.

실록산은 유기기를 함유한 규소와 산소 등이 실록산 결합으로 연결된 화합물로 분자 구조상 무기적인 성질과 유기적인 성질을 동시에 갖게 된다. 즉 분자 구조상 실록산 결합에 기인하는 무기적 특성 때문에 내열성, 화학적 안정성, 전기 절연성, 내마모성, 광택성 등이 우수하며, 사슬 구조의 유기적 특성 때문에 반응성, 용해성, 작업성이 우수하다. 또한 실록산은 규소와 산소가 전기 음성도의 차이가 크기 때문에 이온 결합에 가까워 열과 산화에 강하다. 이러한 실록산 화합물은 세제, 샴푸, 냄새 제거제, 화장품 등이 생활용품과 수지 및 합성고무 등의 산업용품 전반에 걸쳐 광범위하게 이용되고 있다.

실록산 화합물이 혐기성 소화조로 유입되어 혐기성 상태에서 시간이 지남에 따라 저분자가 되어 바이오가스와 같이 발생하게 된다. 이러한 실록산 물질은 바이오가스의 미량 성분이지만 바이오가스를 이용하여 에너지를 생산할 때 보일러 또는 가스엔진 등의 연소공정에서 산화되어 이산화규소 형태의 침전물을 형성함으로써 바이오가스 자원화 시설과 배출가스 처리 시스템 등의 효율 저하 및 가동중지 등을 유발하는 중요한 원인이 되고 있다. 주로 사용되고 있는 가스엔진의 경우에도 마모와 부정합 등에 의한 설비의 손실 및 과다한 유지보수비를 초래하게 된다.

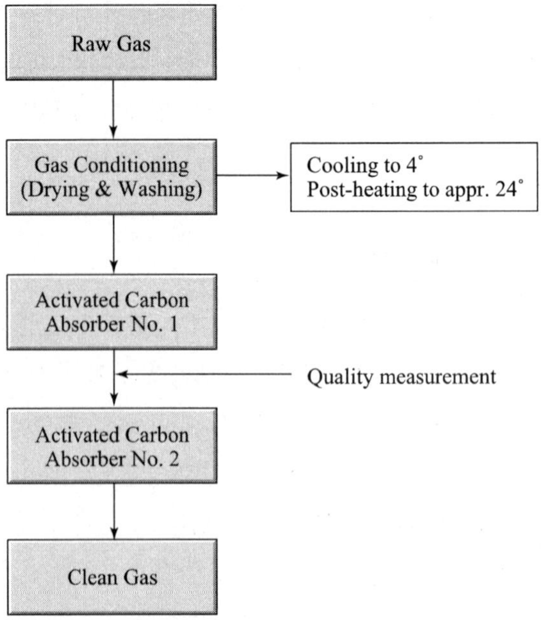

그림 4.6 • 실록산 제거 공정

라. 흡착법

흡착법은 고체상의 흡착제 표면과 흡착되는 흡착질 간의 상호 인력에 의하여 목적 성분을 분리하는 법으로 흡착제와 흡착질의 인력 특성에 따라 물리 흡착과 화학 흡착으로 구분되나, 대부분의 흡착공정에서 적용되는 흡착의 형태는 물리 흡착으로써 흡착제와 흡착질의 결합력이 화학 흡착에 비하여 약하므로 흡착제의 재생성이 양호하므로 분리 공정에서 흡착은 대부분 물리 흡착의 특성을 이용하고 있다. 이러한 물리 흡착의 흡착 평형은 온도가 낮을수록, 압력이 높을수록 흡착질의 흡착이 증가하는 특성을 나타내고 있는데 대개의 흡착 분리공정은 이와 같은 원리를 이용한다.

또한 연속적인 흡착 공정은 흡착층의 특성에 따라 분류되는데 흡착층의 형태는 고정상, 이동상 또는 유동상 등이 있으나 대부분의 흡착제가 기계적 특성이 취약하므로 실제 이용되는 흡착 공정의 대부분은 고정 흡착층이다. 이러한 고정 흡착층의 연속적 운전을 위하여서 수개의 고정 흡착층을 설치하여 주기적으로 각 고정 흡착층의 운전 모드를 변화시켜야 한다.

4.2.7 바이오가스 이용방안

가. 부산 생곡사업소

부산 생곡사업소에는 2005년부터 음식물 쓰레기의 매립장 반입 금지와 매립금지가 법제화되는 등 환경관련 규제강화에 대응하고 음식물류 폐기물 해양투기가 2012년 종료됨에 따라 각 지방자치단체별로 폐기물종합처리센터 마련을 대비하여 음식물 자원화 발전시설을 2005년부터 부산광역시 강서구 생곡동에 음식물 하루 200 ton 처리시설을 준공하여 현재 상업 운영 중에 있다. 민간투자 사업으로 시도하는 음식물 자원화 발전사업은 혐기성 소화시 발생하는 메탄가스를 이용해 인공적으로 미생물을 배양 및 분해하여 바이오가스를 추출하고 이를 연료로 에너지를 생산하는 방식으로 친환경적인 음식물 쓰레기 자원화 기술이다. 이 사업에 적용되는 기술을 벨기에 OWS사가 개발한 DRANCO 공법인 건식단상 혐기성소화방식으로 유럽 10개국 이상에서 상용화되어 운영하고 있어 이미 우수성 및 적용성이 입증된 공법이며, 국내 특허도 보유하고 있다.

그림 4.7은 DRANCO 공정도로 우선 혐기성 소화조로 들어온 음식물 쓰레기는 1차 소화과정을 거친 뒤 소화조 밑부분에 연결된 파이프를 거쳐 탈수기로 보내어진다. 물기를 짜낸 뒤 남은 고형물은 새로 들어온 음식물 쓰레기와 함께 다시 혐기성 소화조에 투입되며

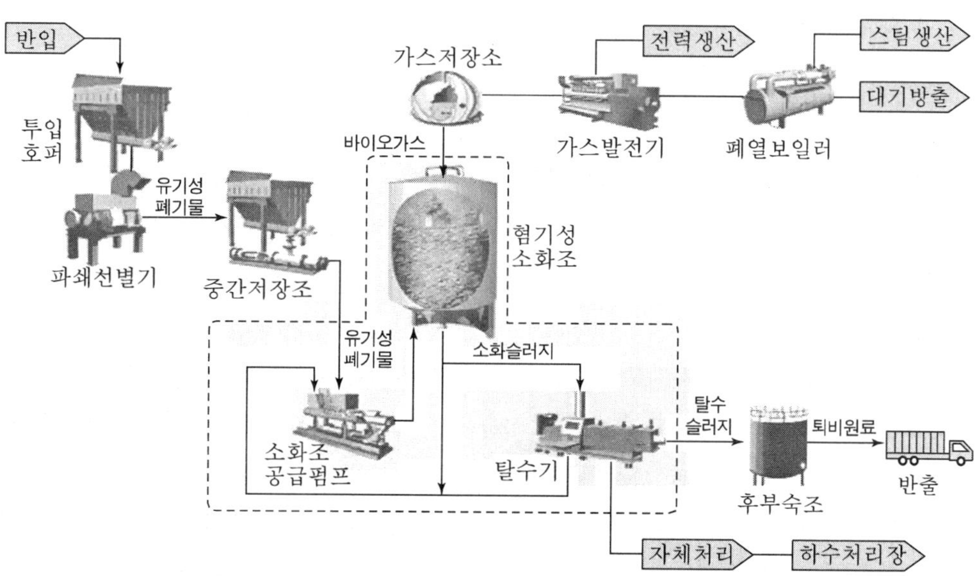

그림 4.7 • DRANCO 공정도

음폐수는 폐수처리설비에서 1차 처리된 뒤 하수처리장으로 보내진다. 30일간 매일같이 이런 과정을 되풀이하다 보면 국물이 많이 섞인 음식물 쓰레기를 소화조에 바로 투입하더라도 점차 고형물 비중이 높아져 건식시스템에 적응해 간다.

이러한 과정을 거치게 되면 바이오가스(메탄 65% 내외)가 생성된다. 생성된 바이오가스를 한곳에 모아서 발전기를 돌려 2,000 kw/h의 전기를 생산하게 된다. 이렇게 만들어진 전기는 일차적으로 생곡사업소에서 사용하게 되고 남은 전력은 한국전력에 판매한다.

이렇게 하여 부산 생곡사업소는 매달 8,000만원 이상의 수익을 올리고 있다. 또한 혐기성 소화과정을 거쳐 발생되는 부산물인 퇴비는 진주 소재의 청솔 영농협동조합에 유상으로 판매하고 있다. 한 가지 눈여겨 봐야할 점은 생곡사업소에서 생산되는 퇴비는 호기성 소화과정으로 음식물 쓰레기를 처리하는 민간 업체에서 생산되는 퇴비보다 질이 좋다는 것이다. 우리나라의 음식은 염분이 많아 바로 퇴비로 쓰기에는 한계가 있다. 하지만 건식 혐기성 소화과정을 거치게 되면 염분의 농도가 기준치 이하로 낮아져 양질의 퇴비가 된다.

㈜서희건설은 음식물쓰레기를 혐기성소화공정으로 처리하기 위하여 벨기에로부터 건식 혐기성 처리공정(Dranco Process)을 도입하여 국내 최초로 부산시 강서구 생곡동 환경자원공원 사업소 내에 부산광역시 음식물자원화 발전 사업소를 시작으로 2번째로 동대문 환경자원센터를 건설하였다.

이 시스템은 하루 98 ton의 음식물쓰레기를 처리할 수 있는 규모로 동대문구의 감량화 사업장 외 전체 음식물 발생량을 처리하고 있고, 국내 최초로 도심 속 지하화한 음식물 처리시설이다. 바이오가스를 생산해 가스발전기를 가동하여 소내에서 사용하며, 잉여 전력은 한국전력에 판매하고 있다. 또한 소화 잔류물은 호기성 발효조로 부숙한 후 퇴비제조업체에 원료로 공급하고 있다. 혐기성 소화를 통해 바이오가스 형태의 에너지를 생산함과 동시에 후단의 호기성 퇴비화 과정을 통해 양질의 퇴비원료를 위생적이며 안정적으로 생산하는 기술로서 소화조부피 최소, 폐수발생량 감소, 염분문제 해결이라는 장점을 안고 있다. 본 시설은 민간 제안에 의한 민간 투자사업(BTO)으로 건설되었으며, 20년간 위탁운영하고, 그 운영은 음식물쓰레기의 반입수수료비용과 잉여 전기 판매료의 수익으로 운용되고 있다.

건식 단상혐기성소화(Dranco Process) 기술은 유기성폐기물을 혐기성으로 분해하는 프로세스로써 음식물쓰레기, 농축슬러지 등을 처리하는 공법이다. 혐기성 소화를 통해 바이오가스 형태의 에너지를 생성함과 동시에 후단의 호기성 퇴비화 과정을 통해 양질의 퇴비원료를 위생적이며 안정적으로 생산하는 기술이다. 전처리된 음식물류 폐기물은 공급 장치(펌프)에 의해 소화조에 투입되고, 투입 후 소화조 내에서 동시에 산발효 및 메탄발효가 일어나 효율적인 소화가 일어난다. 소화조 내에 투입되는 음식물류 폐기물은 투입 전 별도의 가수(공정수 투입 및 희석)가 필요 없어 건식소화공법이라 하고, 또한 소화조 내 교반장치에 의한 교반이 아닌 소화슬러지의 반송 및 순환을 통하여 소화조 내 상분리 및 스컴의 발생을 억제한다. 미생물 활성화에 최적조건을 갖춘 소화조는 효율성 부분에서 일반소화조의 절반인 7일이면 완전소화가 이루어지나 안정적 처리를 위하여 30일 가량 체류 후 탈수기로 유입시켜 탈수시킨다. 소화 후 발생된 바이오가스는 포집 및 정제 후 가스발전기를 통해 전력을 생산하고, 탈수기에서 탈수된 고형물은 호기성 퇴비화, 탈수액은 폐수처리시설에서 처리 후 배출허용기준 이하로 방류한다.

나. 대우건설 DBS 공법

대우건설은 세계적 추세와 미래 환경 및 에너지 시장의 변화를 감지하고 일찍부터 고농도 유기성 폐기물 및 폐수의 혐기성 소화에 의한 에너지화 기술(DBS : Daewoo Two-phase Anaerobic Biogas System)을 개발하였다. 2001년 고농도 황산염이 함유된 주정폐수의 혐기성 소화 및 바이오가스 생산효율을 증대시키고자 개발한 이상 혐기소화공정은 이후 2003년 축산 연구소에서 양돈분뇨 10 ton/일을 대상으로 고농도 암모니아를 함유한 축산분뇨 혐기공정의 운전성능을 검증하였다.

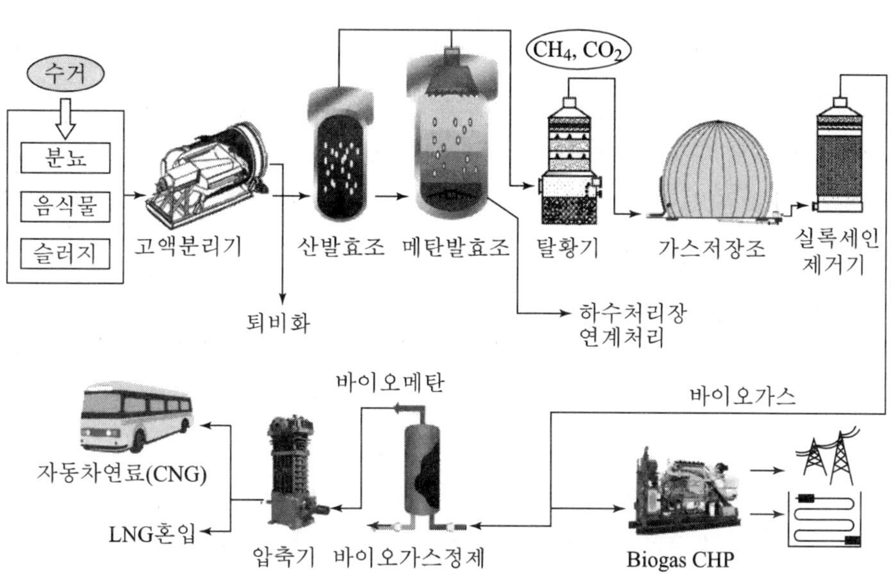

그림 4.8 • DBS 공정 구성도

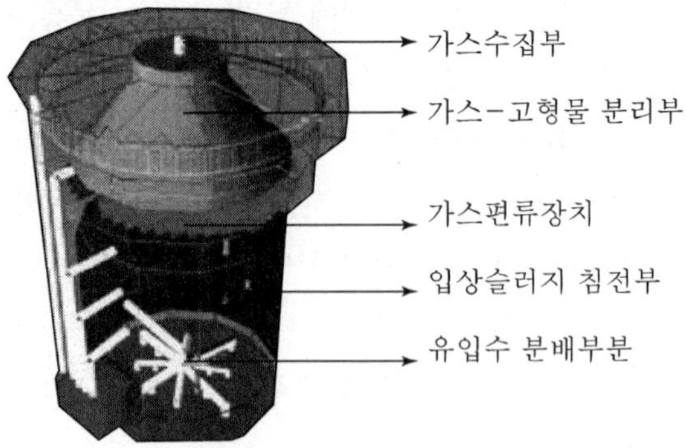

그림 4.9 • 메탄발효조 공정

또한 2005년부터 2006년까지 지식경제부 에너지관리공단의 신재생에너지 시범 보급사업을 통하여 이천시 모전 영농조합법인의 양돈분뇨 20 ton/일을 이용하여 발생되는 바이오가스를 활용한 국산 열병합발전기를 적용한 사업을 시작하여 국내 축산분뇨 바이오가스 생산기술의 시범적 모델을 제공하였다. 최근 2008년 12월 준공을 목표로 에너지관리공단 지방 보급 사업으로, 최초로 무주군 축산폐수 공공처리장에 유입되는 50 ton/일의 축산분뇨를 이용하여 1,500 kWh/일을 생산하는 바이오가스 열병합발전시설을 시공하는 등 기술 적용 영역을 넓혀가는 중이다.

대우건설의 DBS공정은 그림 4.8과 같은 구성으로 이루어져 있다. 유입되는 유기성폐기물을 고액 분리하여 고형분은 퇴비화하고 액상성분은 산발효조와 메탄발효조로 구성된 이상 고효율 혐기성소화를 통하여 바이오가스로 전환하고 처리액은 하수처리장 연계처리 및 자체 후처리 시설로 이송되어 최종 처분한다. 발생되는 바이오가스는 70~75%의 메탄과 25~28%의 이산화탄소, 황화수소, 암모니아, 실록산 등으로 이루어져 있어, 열병합발전기의 연료 및 정제를 통한 CNG 및 LNG의 혼입연료로 사용되기 위해서는 수분제거, 탈황, 실록산 제거, 미세입자 제거의 공정을 통해야 한다. 축산분뇨의 단독 처리시에는 실록산의 발생량이 미미하여 별도의 처리시설이 필요하지 않으나, 하수슬러지 및 음식물의 처리 시설에서는 반드시 실록산 제거시설을 준비하여 열병합발전기의 엔진마모를 방지하여야 한다.

DBS공정의 이상 고효율 혐기성소화 장치는 단상공정의 운전시 발생하는 유입부하 변동과 독성물질 유입시 우려되는 혐기소화조의 비정상운전을 방지하고 혐기소화의 안정성을 증대시키기 위하여 산발효조와 메탄발효조로 분리되며, 산발효조는 완충조 및 양질의 유기산을 생성하여 메탄생성 미생물의 원료와 고도처리 시설의 외부 탄소원으로 활용할 수 있다.

그림 4.9는 메탄발효조 공정으로 유기산을 이용하여 메탄을 생성하는 메탄발효조는 고효율 입상슬러지로 구성된 Bed층을 보유하여 반응기 하부를 통하여 유입된 폐수가 입상슬러지 층을 상향류 흐름으로 통과하며, 80% 이상의 유기물 제거효율을 보인다. 메탄발효조는 별도의 교반장치를 두지 않고 유입되는 폐수와 입상슬러지와의 접촉에 의해 자연 교반이 발생되며, 생성된 바이오가스는 입상슬러지 표면에 부착하여 반응조 상부로 부상한다. 상부로 부상된 입상슬러지와 바이오가스는 가스고형 물분리장치(GSS) 내부에서 가스와 입자로 분리되어 입상슬러지는 재침전되고 입상슬러지 Bed 층을 형성하게 된다.

다. 국외사례

바이오가스화와 바이오메탄 분야에서 가장 앞서가는 국가는 스웨덴으로 천연가스 자동차의 50%가 바이오메탄으로 운영되고 있다. 2009년 스웨덴에서 천연가스 자동차는 자동차 연료의 0.5%를 차지하고 있으며, 바이오메탄은 천연가스 자동차 연료 중에서 50%를 점유하고 있고 그 비율은 지속적으로 증가될 것으로 예상한다. 스웨덴은 2020년 석유 제로 국가를 선언하면서 석유를 제외한 신재생에너지원 개발에 매진하고 있으며, 석유 제로에 가장 중요한 에너지원으로 바이오가스를 지목하고 있다. 이것을 뒷받침 하는 것으로 스웨덴 내에 바이오가스 관련 연구개발 기관과 사업화 기업(Malmbergs water. Flotech Ltd. SBI etc.)들이 활동하고 있다. 스웨덴에서 바이오가스는 음식물 쓰레기, 하수슬러지, 매립장 등에서 생산되며 생산된 바이오가스는 전처리 과정과 정제 설비를 거쳐 고순도 메탄을 생산하여 자동차 연료와 가스 배관망, 보일러 연료 등에 사용하고 있으며, 특히 바이오가스의 정제기술은 흡수법, 흡착법 등을 주로 사용하고 있는 실정이다. 2007년 스웨덴은 바이오메탄/CNG가 64백만 리터 휘발유를 대체하였고 115개의 CBG(Compressed Biogas)와 CNG 충전소가 있으며, 101,000 ton의 CO_2를 감축하였다.

독일은 유럽에서 바이오가스 생산량이 가장 많은 나라로 1991년에 120개의 바이오가스 플랜트가 운영 되었고 2005년에는 3,000개 이상의 바이오가스 플랜트가 운영되고 있으며, 바이오가스 산업에 8,000명이 종사하고 있다. 독일은 바이오가스를 주로 전기 생산 목적으로 이용하며, 바이오가스의 원료는 산업폐수나 축산분뇨 또는 바이오가스 생산용 에너지 작물이다. 바이오가스 반응기는 바이오가스 뿐만 아니라 바이오 디젤이나 바이오 에탄올을 생산할 수가 있지만, 바이오가스가 바이오 디젤보다 4배의 생산량을 가지고 있다.

바이오가스 생산량 증대와 천연가스 차량의 보급 확대로 인하여 바이오가스의 차량용 연료로서의 사용이 급증하게 되었고 독일은 2006년 자동차연료 공급을 위한 바이오가스 충전소가 설치되었으며, 독일가스협회는 2006년 차량용 연료로 바이오가스 사용목표를 2010년에 10%, 2020년에 20%를 설정하였다.

오늘날 덴마크는 가정 폐기물로부터 소화가스를 생산하는 가장 선도적 국가 중 하나이다. 다른 국가들과 비교하면 덴마크에서 소화가스의 생산은 매우 매력적인 방법인데 특별한 덴마크의 세금구조 때문이다. 소각 및 예치폐기물에 대하여 덴마크에서는 ton당 130 DDK의 세금을 부과하고 있다. 이 세금은 음식물 쓰레기가 소화가스 시설이나 퇴비화시설로 가지 않는 한 반환되지 않는다. 동시에 가정용 화석연료의 높은 에너지 비용은 소화가스의 가치를 더욱 높이고 있다. 예를 들어 화석연료에는 ton당 약 2,000 DDK의 세금이 부과되고 있다.

덴마크의 Hillerod 지역에는 실험시설이 연간 300 ton의 시설용량으로 1989년에 설치되었다. 이 시설은 여러 가지 실험조건에서 운전 중이며, 특히 운전수분의 저하에 목적을 두고 있다. 이 시설은 거의 고온조건에서 운전되고 있다. 1990년에 북동부 Zealand의 Elsinore 지역에는 야심찬 2단계 실규모 시설이 연간 2만 ton의 용량으로 설치되었다. 처리대상은 분리수거된 가정계 바이오매스였다. 덴마크의 다른 지역에서는 유기성 가정폐기물과 농업폐기물의 혼합처리에 대한 관심을 두고 있다. 1990년에 Northern Jutland의 Aaborg에서는 농업시설에 유기성 가정폐기물을 혼합 처리하는 시험을 시작하였다.

아시아에서 혐기성 발효방식에 대하여 오랜 역사를 지닌 국가는 중국이다. 중국에서는 농촌지역에 사는 840만의 중국인이 만들어내는 농업부산물, 인분, 축분, 음식물 쓰레기를 처리하기 위하여 분산식 시스템인 혐기성 소화조를 설치하기 시작했다. 이 사업은 1970년부터 시작되었으며, 시설의 형태는 주택용 혐기성 소화조였다. 이 사업에 의하여 중국에는 농촌지역 주택의 약 5백만 가구에 혐기성 소화조가 설치되어 있다. 혐기성소화조를 설치한 가구에서는 인분, 축분, 볏짚, 감자줄기, 잡초 등의 농업 부산물을 함께 처리하고 상한 음식, 곡식껍질, 잡초 등 타 유기물질은 소량 첨가한다.

30년전 소화조가 처음 설치될 시기에는 볏짚이 주로 이용되었는데 이는 타 유기물이 적었기 때문이다. 초기 소화조는 규모가 컸고 기계적인 청소장비를 이용하였다. 그러나 곡식줄기는 쉽게 분해되지 않아 상층에 1 m 정도의 두꺼운 층을 형성하였다. 그 층은 매년 제거가 필요했고 반응도 효과적으로 이루어지지 않았다. 이 문제를 해결하는 유일한 방법은 소화조의 투입구를 설치하는 것이었다. 그러나 이 방법은 작업도 어려웠고 산소가 없는 상태에서 생물가스가 폭발할 위험성도 안고 있었다. 이러한 문제점을 개선하는 방향으로 반응조의 구조는 지속적으로 발전하여 왔다. 원통형의 주 반응조에 원형 뚜껑이 달려있고 유입물은 투입구를 통하여 바닥으로 공급된다.

초기의 반응조에는 유출수 저류조가 설치되어 있었으며, 수면 아래로 연결파이프가 있고 청소가 쉽도록 반응조 상부에 뚜껑을 설치하였다. 가스누출을 방지하기 위하여 뚜껑은 무겁게 제작하였다. 투입구는 비교적 컸으며, 수동으로 쓰레기를 넣을 수 있도록 외부에 설치하였다. 오늘날의 구조는 단순화되어 졌고 반응조의 상부에 투입구가 없다. 유출수 저유조와 반응조는 연결되어 있고 화장실과 축사는 직접 연결되어 있다. 반응조는 정부로부터 훈련받은 기술자나 주택 소유자가 직접 설치하였고 건설소재는 콘크리트나 블록이 주를 이루었다. 대부분의 반응조는 새로운 축사와 변소의 설치시 연계하여 설치한다. 설치기간은 1주일 정도이고 자재비와 인건비를 포함한 총비용은 $80 정도이다. 현대식 자동 주입시스템은 운전과 유지관리를 더욱 편리하게 만들어졌으며 축사와 화장실로부터 나온 폐기물은 직접 반응조로 유입된다. 많은 가정에서 유출수는 없고 단지 세축수만이 유입된다. 보고에 따르면 6 m^3의 반응조에 매일 주입되어야 할 투입물은 30 kg의 분뇨 및 타유기물과 50 kg 정도의 물과 요라고 한다. 반응조로 유입되는 순수한 고형물은 대략 8% 정도이어야 한다. 농부들의 입장에서 반응조를 설치하는 주요한 이유는 60%의 메탄을 함유하는 소화가스를 활용하기 위해서라고 한다. 가스 생산은 온도에 영향을 받는데 평균 대기온도가 10℃ 이하에서는 생산이 장해를 받는다. 소화 가스는 주로 취사와 광열에 이용되며, 소화 가스는 한 가족이 사용하는 전기량의 약 60%를 공급한다. 대부분의 부엌에는 가스버너와 함께 전통적인 연료 스토브가 설치되어 있어 가스 생산이 낮아지는 동계에는 볏짚, 목재, 석탄 등을 취사용으로 이용한다.

반응조의 유출수는 무취의 흑색 슬러지로 주로 농업용 퇴비로 이용된다. 다른 용도로는 돼지 급이 보조제, 버섯재배 매체, 물고기 사육사료, 지렁이 사육매체, 씨의 발아매체 등이 있다.

4.2.8 바이오가스 활용

바이오가스는 다량의 메탄을 포함하고 있기 때문에 신재생 에너지원으로 사용되고 있다. 이러한 바이오가스는 보일러와 가스엔진, 연료전지 설비의 연료로 사용하여 열과 전기를 생산할 수 있으며, 또한 바이오가스를 정제하여 CNG 또는 LNG를 생산하여 천연가스와 동일한 연료원으로 사용이 가능하다.

가. 보일러

우리나라의 하수처리장 및 대부분의 혐기성 소화조 시설에서 바이오가스의 유효이용은 거의 모두가 혐기성 소화조의 가온용 연료로서 사용한다. 보일러 설비를 이용하여 바이오가스를 사용할 경우 바이오가스 중의 수분과 황화수소 정도만을 전처리한 후 보일러 연료로 사용하며, 보일러의 효율은 약 70～80% 정도로 열에너지(온수)를 생산할 수 있다. 보일러를 이용한 방법은 다른 설비보다 설치비와 운전비가 저렴한 장점을 가지고 있으나 보일러의 사용은 겨울에 주로 이용되고 여름과 같이 날씨가 따뜻하게 되면 사용하기가 어려워 계절적으로 사용이 제한되는 단점을 가지고 있다.

보일러를 통한 혐기성 소화조 가온방법은 소화가스를 연료로 사용하는 보일러에서 수증기를 증발시켜 조내에서 직접 흡입하는 방법이 있으며, 혐기성 소화조로 인입되는 폐기물과 보일러에서 발생되는 수증기의 간접 열교환을 통해 인입되어 폐기물의 온도를 상승시켜 혐기성 소화조를 가온하는 방법이 있다.

나. 열병합 발전

열병합 발전설비는 내연기관에 연료를 주입하여 연소시키면서 전기를 생산하고 연소과정에서 발생되는 열(내연기관 냉각열, 배기가스 열)을 이용하여 온수를 생산하는 설비이다. 일반적으로 열병합 발전기의 전기효율은 약 30～40% 정도이며, 열효율은 약 40～50% 정도로서 종합 효율은 약 80～90% 정도를 갖는 설비이다.

열병합 발전설비에서 생상된 전기는 플랜트 내 소요전력으로 사용하거나 한국전력으로 송전하여 판매하고 생성된 열의 경우 혐기성 소화조 가온 또는 실내 난방에 사용한다. 열병합 발전설비에서 발생되는 열을 이용하여 난방뿐만 아니라 흡수식 냉동기 설비를 설치하여 실내 냉방까지 할 수 있는 설비가 설치되고 있고 열병합 발전설비의 연료로 대부분 천연가스를 사용하였으나 천연가스 대신 혐기성 소화조에서 발생되는 바이오가스를 연료로 사용한 플랜트가 유럽 등에서 많이 건설되어 운전되고 있다. 열병합 발전설비의 연료로 바이오가스를 사용하기 위해서는 바이오가스 중 메탄의 농도가 40% 이상이 되어야 연료로서 사용이 가능하며, 바이오가스 중에 포함되어 있는 수분이나 황화수소, 실록산 화합물을 제거해야만 한다. 수분은 바이오가스의 열량을 감소시켜 열병합 발전설비의 효율을 감소시키며 황화수소는 열병합 발전설비에서 연소되어 SO_X를 생성하게 되는데 SO_X가 수분과 반응을 하게 되면 H_2SO_4 등의 산성물질이 생성되어 배관 및 발전기에 손상으로 저온 부식현상을 발생시킨다.

다. 연료전지

연료전지는 수소와 산소를 연속적으로 공급하면서 화학 반응시켜 직접 전기 에너지를 생산하는 시스템으로서 SO_X, NO_X 등 대기오염물질을 거의 배출하지 않으며, 열기관을 이용한 종래의 화력발전에 비하여 5~20% 정도의 높은 발전효율, 저소음 및 무진동으로 도시 내부에서도 발전할 수가 있다. 또한 폐열을 활용하면 종합발전 효율을 80%까지 높일 수가 있다.

연료전지에 공급되는 연료로 대부분 천연가스를 이용하고 있으나 연료 다변화의 일환으로 천연가스 이외에도 혐기성 소화조에서 발생하는 바이오가스를 연료로 사용하고자 하는 연구가 많이 진행되고 있다. 하지만 바이오가스를 연료전지의 연료로 사용하기 위해서는 바이오가스에 포함되어 있는 불순물을 대부분 제거해야 하는데 특히 황화수소는 연료전지 전극과 개질촉매의 활성화를 저해하여 메탄의 수소로 개질 반응을 떨어뜨리게 된다. 또한 실록산 화합물을 함유한 바이오가스를 연료로 사용한 연료전지에서는 메탄을 개발하기 위한 메탄 개질 촉매에 실록산 화합물이 연소되어 실리카를 형성하게 되고 연료전지 수명에도 영향을 미친다. 따라서 연료전지의 효율을 높이기 위해서는 고농도의 메탄이 필요하므로 메탄과 이산화탄소를 분리할 수 있는 전처리 공정이 필요하다.

라. CNG, LNG

보일러, 열병합 발전설비는 에너지 활용성이 떨어지는 문제점이 있다. 이러한 단점을 보완하고 에너지의 활용성을 높이기 위해 바이오가스의 고질화 기술이 발전하게 되었다. 바이오가스의 고질화를 위해서는 수분과 황화수소, 실록산 화합물 뿐만 아니라 연료전지와 같이 약 45~70% 정도 CH_4 농도를 가지고 있는 바이오가스의 메탄농도를 98% 이상으로 정제하기 위해 이산화탄소를 분리 제거할 수 있는 전처리기술이 필요하다. 전처리 공정을 통해 고질화된 바이오가스를 CNG 또는 LNG 형태로 제조하여 천연가스와 같이 연료로 사용할 수 있다.

Reference

1. 박순철, 미활용 바이오가스 에너지 이용, *대한설비공학회*, vol.31, no.5, (2002).
2. 주식회사 상원 EnC, 비위생 매립지 조기 안정화 및 가스 자원화 기술, *폐기물 자원화 J of KOWREC*, vol.8, no.4, (2000).
3. 이성호, 생활폐기물 매립지의 매립가스 자원화에 관한 연구, *환경과학논집 J of NERI* vol.8, no.1, 203～213, (2003).
4. 이덕생, 쓰레기 매립장의 LFG 포집, 정제, 활용에 따른 최적화 개발에 관한 연구, *한국폐기물 학회지*, vol.11, no.4, 602～608, (1994).
5. 주성호, 수평형 혐기성 소화조를 이용한 바이오가스 발전 및 음식물 쓰레기 처리 기술, *J of KOWREC*, vol.8, no.2, (2000).
6. 김남천, 혐기성 소화공정에 의한 바이오가스화의 기술 원리 및 응용, *J of KOWREC*, vol.10, no.1, (2002).
7. 서울산업대학교, 바이오매스 & 바이오가스화 기술.
8. 에너지관리공단 신재생에너지센터, 신재생에너지 RD&D 전략 2030 시리즈 3.
9. 오광중, MEA/AMP 혼합 흡수제를 이용한 이산화탄소 흡수 및 재생 특성, *대한환경공학회지*, vol.25, no.5, 609～615, (2003).
10. 최원준, AMP(2-amino-2-methyl-1-propanol)에 MDEA(N-methyldiethanolamine)을 첨가한 흡수제의 CO_2와 H_2S의 흡수특성, *대한환경공학회지*, vol.23, no.8, 1337～1347, (2001).
11. 최원준, 화학흡수제를 이용한 CO_2/H_2S의 분리·회수에 관한 연구, *대한환경공학회*, 논문집 1359～1363, (2003).
12. 환경부, 바이오가스 생산 극대화를 위한 음식물폐기물/하수슬러지 혐기성 병합처리 예측 제어 시스템 개발.
13. 김오우, 매립가스 자원화를 위한 가스엔진 발전의 수익성에 관한 연구, 산학경영연구, vol.19, no.2, (2006).
14. Waste management and resource recovery.
15. Stone, R. Reclamation of landfill methane and control of off-site migration hazards, (1978).
16. 김수평, 매립가스와 음식물류폐기물을 이용하여 전력을 생산하는 기술, *J. of KORRA*, vol.17, no.4, (2009).
17. 박현수, 고농도 유기성 폐기물을 이용한 바이오가스 열병합 발전(DBS), *유기물자원화*, vol.16, no.4, (2008).
18. 수도권매립지관리공사, 수도권매립지공사 통계연감 제9호, 41~44 (2005).

19. 한국환경공단, 매립지 온실가스 현장 측정을 통한 입력변수 개발 (2010).

20. 이승무, 육상매립에 있어서 도시폐기물의 혐기성 분해에 관한 연구(I), 한국폐기물학회지, vol.2, no.1, 3~14, (1985).

21. Ham, R. K. and Bookter, J., Decomposition of solid waste in test lysimeters. Journal of Environmental Engineering Division, 1147~1170, (1982).

22. Schumacher, M. M., Landfill Methane Recovery, Noyes Data Corporation, 126~145 (1983)

23. Peer, R. L. et al., A Comparison of methods for estimating global methane emissions from landfills, Chemosphere, Vol.26, No.1-4, 2660-2663 (1993).

24. 배재호, 유만식, 류돈식, 이종규, 김창균, 폐기물자원화 : 바이오가스 생산 및 활용, 동화기술, 서울, 220~228 (2010).

CHAPTER 05

액상폐기물 및 슬러지의 자원화

공장폐수 중 광산, 제련업, 도금공장, 염료 및 피혁업체 등에서 유출되는 폐수에는 카드뮴, 구리, 납 이온 등 인간에게 치명적인 중금속이온이 포함되어 있다. 이와 같이 폐수는 독성을 지니고 있으며, 지속성도 높기 때문에, 환경에 단기적인 피해뿐만 아니라, 장기적인 피해를 입히게 된다. 따라서 폐수의 중금속 및 유해물질 제거는 환경 보전에 있어서 상당히 중요한 요소이다. 폐유 또한 액상 폐기물로써 생활과 산업 및 기계류에 이용되어 상당히 많은 양이 발생하고 있다. 과거에는 산업의 발전에 따라 폐유의 발생량이 점차적으로 증가하였으나, 최근에는 기술적 발전으로 인해 대부분이 재활용되고 있고 그 비율도 점차적으로 증가하는 경향을 보이고 있다.

폐수뿐만 아니라, 폐수를 처리함으로써 발생되는 하수슬러지 및 산업공정 슬러지에도 중금속 및 기타 오염물질이 포함될 수 있다. 이와 같이 폐수 및 슬러지에 포함된 중금속을 처리함과 동시에 회수함으로써 자원화하는 수많은 방법이 연구개발되고 있으며, 각 기술마다 여러 가지 장단점을 가지고 있으므로 기술적, 경제적인 요인을 고려한 기술의 선택이 매우 중요하다. 본 장에서는 액상 폐기물 및 슬러지를 처리하고 있는 여러 기술적인 내용과 함께 적용사례에 대해서 기술하였다.

5.1 폐수의 중금속 회수 및 처리

5.1.1 폐수의 중금속 회수 및 처리 동향

현재 오염물질 사후처리 차원에서 벗어나 오염물질의 발생을 원천적으로 없애거나 최소화시키는 방향으로 전환되고 있으며, 자원과 에너지의 절약 및 효율적 이용 측면에서 중금속 회수의 중요성이 증대되고 있다. 이때 중금속 제거 및 회수의 우선도는 환경적인 측면과 경제적인 측면을 고려하여야 한다.

금속의 환경 위험도와 자원고갈 속도를 고려한 회수 우선도를 살펴보면 카드뮴, 납, 수은, 아연의 회수 우선도가 가장 높으며, 다음으로 구리, 코발트, 니켈이 중간의 회수 우선도를 가지며 알루미나, 크롬, 철이 낮은 우선도를 나타내고 있다.

현재 폐수의 중금속을 제거하기 위해 이용되는 방법으로는 화학침전법, 증발법, 역삼투막법, 이온교환법, 액막법, 산화/환원법, 활성탄흡착 및 생물학적 방법 등이 있다. 이러한 방법들은 중금속의 회수를 가능하게 하고 실제 적용되는 사례도 있으나 경제적, 기술적으로 제한된 부분이 많은 실정이다.

공장폐수로부터 중금속을 제거하기 위한 공정은 용액 속의 중금속 농도에 따라 크게 두 가지 공정으로 나눌 수 있으며, 농도가 높은 경우는 중금속을 수산화물이나 유화물로 만들어 침전시킴으로서 대부분의 중금속을 제거할 수 있고 농도가 낮은 경우에는 이온교환 수지나 역삼투막법 등을 이용하여 처리할 수 있다.

5.1.2 물리화학적 방법에 의한 폐수의 중금속 처리 및 회수

가. 화학침전법(chemical precipitation)

화학침전법은 현재 가장 많이 사용되고 있는 중금속 처리 기술로 고농도의 중금속 함유 폐기물의 처리에 경제적이다. 화학침전법은 중금속에 대한 선택도가 없어서 회수가 어려운 단점이 있으나, 다른 기술에 비해 공정이 비교적 간단하고 경제적인 장점이 있다.

중금속을 응집, 침전시키기 위해서는 폐수에 암모니아수, 소석회 등 다량의 알칼리를 첨가하게 되고 이로 인해 pH를 10 이상으로 증가시키게 되면 알칼리와 중금속이 수산화물을 형성한 후 침전하게 된다. 이와 같이 중금속이온의 침전은 금속이온 농도, pH의 영향을 받고, Fe > Al > Cu > Zn > Ni > Pb > Cd > Mn 등의 순서로 침전되기 쉬우며, 폐수처리 시 주로 문제가 되는 Pb, Cd의 제거는 화학침전법으로 적당치 않다.

아연, 구리, 카드뮴, 니켈, 납과 산성용액에서의 크롬을 제거하기 위해 아철산염을 이용하면 안정된 슬러지가 생성된다는 장점이 있다. 황화물 침전법은 수산화물침전법과 유사하고 수산화물에 의한 슬러지에 비해 용해되는 정도가 낮지만 산성 폐수에서는 황화수소가 발생된다는 단점을 가지고 있어, 수산화물 침전 후 폐수의 중금속 함량을 낮추기 위한 2차 처리법으로 사용되고 있다. 크산틴산염 침전법은 이온교환과 침전법을 결합한 처리방법으로 카드뮴, 3가 크롬, 구리, 납, 수은 등을 제거시키는 능력을 가지고 있다.

현재에는 용해 상태의 금속을 수산화물(hydroxide), 황화물(sulfide), 아철산염(ferrite), 크산틴산염(xanthate) 등을 폐수에 주입하여 불용성 상태로 변환시킨 후 응집, 침전과정을 거쳐 용액으로 분리하는 방법을 주로 이용하고 있다.

중금속 폐수처리기술 공정에 직접적으로 적용되는 예로 도금폐수처리공정이 있다. 도금폐수는 도금공정 중에 발생되는 사업장 폐수로 도금공정의 종류별로 폐수 발생량 편차가 심하고 도금공정 중에 첨가되는 약품과 도금조의 형태에 따라서 오염물질 발생 또한 여러 가지가 있다. 보통 일반산업 폐수 오염원으로는 BOD나 부유물질이 해당되지만 도금폐수는 BOD, 부유물질과는 관계가 적고 pH값이 산성이나 알칼리성이거나, Cr, 구리, 니켈, 아연, 철 등의 중금속과 유독한 시안화물을 함유하는 것이 특징이다. 도금폐수는 CN, Cr, 중금속, 산·알칼리 등 다양한 오염물질이 함유되어 있으며, 이를 정화하기위해 최소한 3가지 단위공정의 조합이 필요하며, 이를 다음 표 5.1에 나타내었다.

표 5.1 • 도금폐수 단위공정별 처리방법

단위공정	주 처리	보조처리
CN^- 처리	알칼리염소법	Ferite
Cr^{6+} 처리	환원법	
중금속 처리	수산화물침전법	황화물침전법, 공침법

CN^-의 주처리방법인 알칼리염소법은 CN을 $CO_2 + N_2$ 기체로 전환시켜 대기 중으로 방출시킴으로써 CN^-을 제거하게 된다. 실질적으로 폐수내에 존재하는 CN^- 이온은 유리 CN으로 존재하는 것이 아니라 폐수에 포함된 각종 중금속과 착염을 형성하고 있으며, 이러한 중금속의 종류에 따라 CN의 분해되는 특성이 다르다. 즉, Zn, Cd의 시안착염은 분해가 용의하며, Cu의 시안착염은 산화제를 30～50% 정도 과잉으로 처리하면 빠르고 Ag, Ni의 시안착염은 반응시간을 길게 해야 분해된다. CN^-의 보조처리방법인 Ferite법은 알칼리염소법 처리 후 잔존하는 CN을 Fe^{2+}을 투입하여 불용성 착염을 형성 침전시켜 제거하는 방법이다. 주의할 점은 산화제 성분이 없는 상태에서 사용하여야 효과가 있다.

Cr^{6+}은 중금속이지만 금속수산화물 침전을 형성하지 않으므로 Cr^{3+}로 환원시켜 다른 중금속과 마찬가지로 수산화물침전법으로 제거한다. Cr^{3+}의 수산화물침전은 CN^- 처리시 사용하는 NaOCl과 반응하면 다시 Cr^{6+}로 산화되어 재용출 될 수 있으므로 주의하여야 한다.

도금폐수에 포함된 대부분의 중금속은 수산화물침전법으로 제거할 수 있다. CN^-이 제거되고 Cr^{6+}이 Cr^{3+}로 환원된 상태에서 폐수의 pH를 상승시키면 대부분의 금속이온은 금속수산화물로 침전 제거된다. 이때의 pH는 8～9 정도 범위이다.

또 하나의 중금속이온 처리방법은 Fe^{2+}를 이용한 공침법으로 수산화물침전법의 일종이다. 금속이온은 수산화물침전을 형성하는 pH가 각각 다르지만 이들 이온이 폐수 내에 혼합하여 존재할 경우 일정 pH에서 공동으로 침전되는 특성이 있다. 대부분의 폐수는 공침을 형성하지만 특정 폐수에서는 Fe^{2+}을 투입하여 공침효율을 높이게 된다.

도금폐수에는 CN^-, Cr^{6+}, 중금속(Cd^{2+}, Pb^{2+}, Fe^{2+}, Na^+ 등) 등 오염물질이 혼합하여 존재하며, 이들의 구성성분은 각각의 제조공정마다 매우 다르다. 그러므로 도금폐수를 처리하기 위해서는 각각의 단위 공정별 특성을 충분히 이해하고 발생폐수의 성상에 맞도록 설계하는 것이 매우 중요하다.

위와 같은 원리를 이용한 도금폐수의 중금속 처리 공정은 각 중금속의 개별적 처리 공정과 통합처리 공정 두 가지로 나눌 수 있으며, 이를 그림 5.1에 나타냈다. 그림에서 A공정은 통합처리 공정이고 B공정은 개별적 처리공정이다. 두 가지 공정을 비교하게 되면 B공정은 두 단계에 걸쳐 중금속을 제거하지만 A공정은 한 단계이기 때문에 B공정이 A공정에 비해 오염물질 처리 능력이 높다.

CN의 경우 B공정은 중금속을 한 단계 제거한 후 CN 처리를 실시하기 때문에 금속시안착염이 적어 CN 분해에 유리하다. 또한 B공정은 A공정에 비하여 약품 소모량이 20~30% 정도 저렴하다. A공정의 경우 원수의 낮은 pH를 CN 처리를 위해 높인 후 Cr 처리를 위해 다시 낮추고 중금속 처리를 위해 다시 높이는 형태인 반면 B공정은 원수의 낮은 pH에서 Cr을 제거한 후 CN 처리를 위해 pH를 한 번만 높이면 폐수처리가 가능하므로 A공정에 비해 가성소다(NaOH) 소모량이 적다.

혼합폐수 처리 공정에서는 B공정을 변환하여 CN을 먼저 제거한 후 6가 Cr을 처리하는 방법이 일부 처리장에서 적용되고 있다. 도금폐수 처리과정에서 CN의 제거는 매우 어렵고. C폐수 내의 NH_4, 유기물질, 중금속, 환원성 물질 등에 의해 영향을 크게 받기 때문에 6가 Cr을 먼저 제거한 후 CN을 처리하는 B공정이 바람직하다.

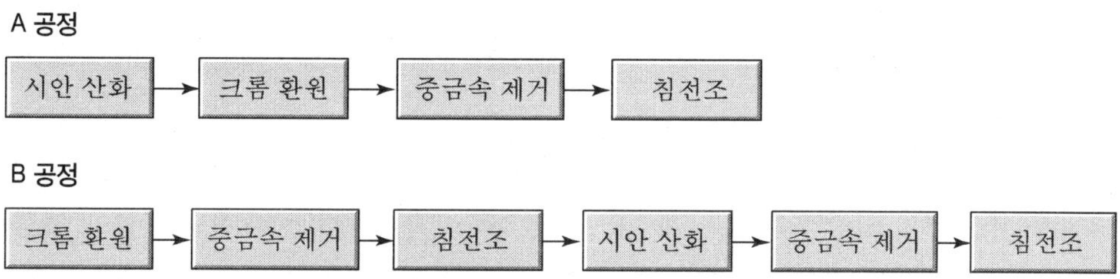

그림 5.1 • 중금속 혼합 폐수 공정 흐름도

나. 산화/환원법

산화/환원법을 이용하여 중금속을 처리하는 대표적인 것으로 시안계 및 크롬 폐수를 처리하는 방법이 있다. 시안계 폐수를 처리하는 방법은 시안을 산화시켜 독성이 적은 이산화탄소나 질소가스로 변환시키는 것으로서 이에 사용되는 산화제로는 오존, 염소, 과망간산칼륨, 과산화수소, 차아염소산 등이 있으며, 주로 차아염소산 및 염소를 사용하는 알칼리성 염소 주입법이 사용된다. 그리고 시안처리에는 오존에 의한 산화방법도 가능하며, 시안을 완전히 분해시키는 능력과 대규모 처리에는 불충분한 면이 있으나 처리과정중 화학약품의 투여가 불필요하다는 장점을 가지고 있으며, 미생물에 의한 처리법은 시안에 잘 적응된 미생물을 이용해 살수여상법이나 활성슬러지법으로 상당량의 시안을 제거할 수 있는 것으로 알려져 있다.

크롬폐수를 처리하는 방법은 환원법으로써, 6가 크롬을 3가 크롬으로 환원 시킨 후 약품을 투입하여 3가 크롬을 불용성 상태로 만들어 분리해 내는 방법이 있다. 이를 위해 환원제로 아황산가스를 투입하여 $[Cr_2(SO_4)_3]$로 환원시킨 후 소석회를 투입하여 $2[Cr(OH)_3]$ 형태로 분리하는 방법이 일반적이며, 메타중아황산나트륨 $3[Na_2S_2O_5]$, 또는 황산철 $6[FeSO_4]$를 환원제로 사용하는 방법도 부분적으로 사용된다.

다. 이온교환법

이온교환법은 물의 연성화와 정화에 널리 사용되고 있으며, 중금속제거에 있어서 매우 효율적인 기술로 판명되어 왔다. 이러한 방법에 의한 유가금속회수는 각종 금속이온에 대한 수지(resin)들에 부착되어 있는 이온기(ionic group)의 특성을 이용하는 방법으로 단위 수지당 이온기의 수에 따라 이온교환 능력이 결정된다. 양이온 수지는 황산용액으로 재생되며, 재생되고 남은 나머지 용액은 수산화물에 의해 침전되고 음이온 수지는 수산화나트륨 용액으로 재생시킨다. 금속회수용으로 사용된 양이온교환 수지는 재생액에 의해 재생 후 다시 사용되고 재생액은 용매추출, 전기분해, 이온킬레이팅 수지 등으로 중금속을 회수하여야 하다.

이처럼 중금속 제거 능력은 뛰어나지만 사용되는 이온수지의 값이 매우 고가이고 처리 능력에 한계가 있어 발생되는 수세 폐수를 전량 처리하기 위해서는 많은 이온층을 형성시켜야 한다. 또한 시안화합물과 같은 물질의 경우 이온교환능력을 저하시킬 수 있다는 단점과 경제성을 고려해야하는 문제 때문에 Cu, Ni, Zn 등 비교적 가격이 저렴한 도금공정에는 사용되지 못하고 있는 실정이다.

이온교환수지는 어느 정도의 고순도 중금속 용액의 처리가 가능하고 연속조작이 가능하나 파울링이나 채널링을 방지하기 위하여 수용액중 현탁 고형물을 일정한 농도 이하로 줄이는 전처리 공정이 필요한 경우가 많다.

이온교환법을 주로 이용하는 분야의 하나는 도금공업으로, 크롬을 회수하고 공업용수를 재사용하면 매우 경제적이다, 이 방법은 먼저 폐수를 양이온교환 수지에 통과시켜 금속이온을 제거하고 배출수는 음이온교환수지를 통과하게 하여 크롬산을 탈염 보충수로 만든다.

라. 액막(liquid membrane)과 고체막(solid state membrane) 분리

금속이온에 대한 선택성의 증가와 분리속도의 증가로 새로운 중금속 제거 및 회수 기술로 주목받고 있는 액체막에 의한 중금속 분리법은 생체막에서 볼 수 있는 능동수송(active transport)에 기인하는 선택적 분리농축의 기능을 인공적으로 모방한 것이다.

이 방법은 유화형 액체막의 개발, 액체막에 의한 나트륨의 능동수송에 관한 연구가 시초로써 다음과 같은 여러 가지 장점을 가지고 있다. 첫째, 이온에 대한 선택적 분리가 가능하고 농축율이 아주 크며 둘째, 추출 속도가 빠르고 단일 공정에 의해 추출과 역추출이 동시에 진행 가능하며, 셋째, 용질을 선택적으로 분리시켜 고농도로 농축 가능하며, 막의 지지체가 불필요할 뿐만 아니라 막 자체를 재생 또는 재사용이 가능하다.

그러나 액막법은 액막의 팽윤 및 파괴현상이 발생하는 단점을 가지고 있다. 유화형 액체막은 내수상에 농축된 금속이온을 추출하기 위해서는 에멀젼(emulsion)을 파괴하여야 하며, 또 에멀젼과 외수상을 혼합 교반할 때에 내수상의 유출, 물의 침투 등에 의하여 액체막이 파괴되어 분리효율이 저하된다. 액체막으로는 대용량 액체막, 에멀젼 멤브레인 등이 사용되고 있다.

고체 분자막은 액체막에 비하여 막 자체의 안정성이 크고 분리 공정이 간편한 이점이 있으나, 이온의 투과속도가 늦으며, 액체막과 같이 투과물질을 식별하고 특정한 물질만을 선택적으로 분리, 수송하는 기능이 떨어지는 단점이 있다.

중금속이온의 선택적 분리 기능을 갖는 고체 분자막을 얻기 위해서는 고분자막 자체가 선택성을 가져야만 되며 이를 위해서는 막이 투과물질과의 선택적인 상호작용을 갖는 작용기를 적용시켜야 한다. 막에 대한 선택성을 높이기 위하여 작용기를 막에 적용하는 것이 효과적이긴 하나, 이 경우 막내에 도입된 작용기가 투과 물질과의 상호작용으로 막내에서의 투과물질의 운동성이 저하되고 확산계수가 감소하는 경향이 있다.

이와 같이 액막과 고체막의 장단점과 효율을 비교해 볼 때 액체막을 사용한 분리가 선택성과 기타의 점에서 고체 고분자 막보다 안정성이 훨씬 높고 분리공정도 간편한 것으로 알려져 있다.

마. 용매추출(solvent extraction)에 의한 회수

용매추출은 중금속과 반응하여 복합물을 형성하는 착화제를 이용하는 것이고 중금속에 대한 선택성이 뛰어나 각 중금속의 선별 회수가 가능하게 한다. 용매추출은 대단히 많은 종류의 추출제가 사용될 수 있어 금속이온을 복합 수용액으로부터 선택적으로 제거 및 분리하는데 매우 유용한 기술이다. 이 기술을 이용한 중금속회수에 예로는 폐촉매로부터 팔라듐과 백금의 회수, 금광 폐기물로부터 삼산화 비소(arsenic trioxide)의 회수, 폐기 건전지로부터 납의 회수, 도금공정의 구리, 카드뮴, 니켈, 아연의 회수 등이 있다.

이를 위해서는 중금속이온과 착물을 형성할 수 있는 착화제의 합성이 중요하고 이를 응용하여 중금속이온의 분리 및 회수하는 기술이 개발되고 있다. 착화제로는 거대고리 리간드(Macrocyclic ligand)가 많이 사용되고 있다.

거대고리 리간드와 금속이온과의 착물 형성에 관한 연구는 점차 증가하는 추세에 있으며, 거대고리의 주개원자(donor atom)를 산소원자 대신 질소원자로 바꾼 거대고리 리간드를 합성하여 전이금속이온과 착물 형성에 관한 연구가 활발히 진행 중에 있다. 그리고 주개원자가 질소와 황으로 이루어진 거대고리 화합물을 합성하여 금속이온과의 착물 형성 및 용매추출에 관한 내용과 함께, 거대고리 리간드를 운반체로 이용하여 액체막을 이용한 금속이온의 이동현상을 이용한 기술 개발이 진행 중에 있다.

최근 전자산업에서의 수요증가로 은의 소비가 생산을 크게 앞지르자 추출공정 등을 이용한 은의 회수 기술이 관심을 끌고 있으며, 특히 폐기 전자부품에는 은, 납 등 여러 금속과 혼합물을 이루고 있다. 또한 사진필름은 표면에 은을 함유하고 있는데 흑백필름과 칼라필름의 경우 대부분이 현상 과정에서 제거되기 때문에 은을 비롯한 중금속을 간편하고 선택적으로 분리할 수 있는 추출제의 개발이 시급한 실정이다.

바. 활성탄 흡착 및 선택적 흡착

활성탄은 유기물과 무기물을 효과적으로 흡착할 수 있는 물질로써, 산업용 활성탄은 가스화된 목탄에 의해 만들어진다. 여러 가지 값싼 물질들이 활성탄을 만드는데 이용되며, 이들은 일반적으로 쉽게 이용 가능한 땅콩껍질과 같은 농업 폐기물로부터 나온다. 이러한 물질로부터 만들어진 활성탄은 0.575 mm 입자 크기의 활성탄을 이용하여 금속이온을 제거하는 산업용 활성탄보다 효과가 뛰어나다.

Periasamy와 Namasivayan(1995)은 도금 폐수 리터당 3 g 탄소 주입량이 pH 4～10 및

교반 시간 3시간에 의해 니켈이 75%만큼 제거되고 탄소의 주입량을 8 g/L만큼 늘리면 대부분 제거되는 것으로 보고하였다.

흡착은 통상 (1) 물리적 흡착과 (2) 화학적 흡착으로 분류되며 물리적 흡착은 주로 Vander Waals력에 기인하며, 가역적으로 발생한다. 용질과 흡착제 사이에서 분자의 인력이 용질과 용매사이의 인력보다 클 때 용질은 흡착제 표면에 달라붙게 된다. 활성탄 흡착은 물리적 흡착에 기인하며, 탄소 입자 내에 수많은 모세관을 가지고 있고 흡착 할 수 있는 표면으로는 입자의 외부 표면과 더불어 공극내의 표면도 포함된다. 실제로 공극 표면적은 입자의 표면적보다 훨씬 크고 대부분의 흡착은 공극 표면에서 일어나게 된다. 활성탄에 있어서 질량에 대한 총 표면적의 비는 매우 크다.

활성탄은 고체를 탄화(carbonization)시킨 후 뜨거운 공기나 증기로 활성화시켜 제조한다. 활성탄 입자를 유기용질이 들어 있는 용액에 넣고 그 슬러리를 교반 또는 혼합시켜 적당한 접촉이 이루어졌을 때 용질의 흡착이 일어나게 된다. 그 접촉시간을 충분할 정도로 유지시켜 주면 용질의 농도는 초기농도 C_o에서 평형농도인 C_e로 감소하게 될 것이다. 대개 평형 상태는 약 1～4시간 이내에 일어나게 되고 일련의 슬러리 실험을 행함으로써 평형농도(C_e)와 활성탄의 단위질량당 흡착된 유기물량(m) 사이의 관계를 알 수 있게 된다.

실험적인 Freundlich 등온 흡착식은 한정된 범위의 용질농도에 대한 흡착 평형값을 나타낸다. 그 식의 한 형태를 보면 다음과 같다.

$$\frac{x}{m} = X = KC_e^{\frac{1}{n}} \tag{5.1}$$

x : 흡착된 용질의 양
m : 흡착제의 양
X : 고체상의 질량비. 즉, 흡착제 질량 당 흡착된 용질의 질량
C_e : 용질의 평형농도(질량/체적)
K, n : 실험적 상수

고체상 농도 x/m을 y축에, 액체상 농도 C_e를 x축에 놓았을 때 이 등온흡착선은 로그함수그래프에서 직선으로 나타남을 알 수 있다. 이 직선의 기울기는 $1/n$이며, 일단 이 값을 알면 n 값이 구해질 수 있다. 탄소흡착의 사용가능성과 관련하여 Freundlich 등온흡착식의 가장 중요한 면 중의 하 나는 $C_e = C_o$일 때 n 값의 수치적 값과 x/m의 값이다. n 값은 평형농도에 사용한 단위와 상관없이 동일하다. 그러나 상수 K의 값은 평형농도에 적용한

단위에 따라 그 수치가 변한다.

흡착평형을 나타내는 또 다른 등온흡착식은 Langmuir 등온흡착식으로 다음과 같다.

$$\frac{x}{m} = X = \frac{aKC_e}{1+KC_e} \tag{5.2}$$

a : 흡착제 단위질량을 완전히 포화시키는데 필요한 흡착된 용질의 질량

K : 실험적 상수

위의 Langmuir식은 (1) 한정된 표면만이 흡착에 이용되고, (2) 표면에 흡착된 용질물질은 그 두께가 분자 한 개 정도의 두께이며, (3) 흡착은 가역적이고 평형조건이 이루어졌다고 가정함으로써 유도된 식이다. 흡착제를 용액에 넣었을 때 흡착과 탈착(desorption)이 일어나나, 흡착율이 탈착율보다 훨씬 크다. 결국 평형조건은 흡착율이 탈착율과 같을 때에 얻어진다. Freundlich 등온식과 같은 공식은 용질농도의 제한된 범위에서만 타당성이 있다.

활성탄으로의 흡착은 화학적 결합이 아니기 때문에 대부분 금속은 탄소와 결합하지 않지만 화학 작용기를 이용함으로써 탄소를 개량하여 금속과 화학결합을 하는 것은 가능하며, 이러한 개량은 흡착공정의 효율을 높인다. 예로, 테트라뷰틸-암모늄 요오드화물(TBAI)에 의해 개량된 활성탄으로 동, 아연, 크롬을 흡착하는 것이 있다.

선택적 흡착은 생물흡착제, 무기산화물, 고분자 수지 등을 이용하며, 이러한 기술들은 중금속에 대한 선택성이 뛰어나 각 중금속의 선별 회수가 가능하게 한다. 선택적 흡착제를 이용한 낮은 농도의 금속 수용액으로부터의 금속의 회수는 용매추출에 대한 대안적 기술로 떠오르고 있다.

종래에는 활성탄, 합성 제올라이트와 같은 여러 가지 무기물질이 금속이온의 흡착제거에 사용되었으나, 이러한 흡착제들은 흡착용량이 우수한 반면에 가격이 높아 경제성이 떨어지는 이유로 이를 대체할 수 있는 흡착제로 무기산화물, 천연 제올라이트, 흙(점토), 나무껍질 등이 검토되어 왔다.

그러나 이런 무기흡착제는 여러 가지 용질의 상평형 특성과 재생의 용이함에 의해 흡착효율이 제한된다. 따라서 높은 선택성과 저농도 수용액을 처리할 수 있는 고상 추출제의 개발이 요구되어왔는데 킬레이트−이온교환수지와 용제침윤수지(Solvent impregnated resin, SIR)가 이러한 요구를 충족시킬 수 있음이 인식되어 왔고 이 두 가지 기술 개발을 위한

연구가 이루어져 왔다. 킬레이트 – 이온교환수지는 폴리머 수지에 특정 금속과 반응성이 높은 기능기를 고정시켜 특정 중금속을 선택적으로 제거할 수 있도록 한 것이다.

이러한 특수 수지를 이용한 중금속 제거 공정의 예로 전자회로기판 PCB(printed circuit board)의 세정액 중의 구리의 제거 공정을 들 수 있다. 구리가 포함된 세정액은 우선 필터를 거친 후 고분자 흡착제에 의해 계면 활성제와 유기물이 제거된다. 이어서 3단의 이온교환 수지로 처리되는데 1단과 2단은 강산성 술폰산 이온교환 수지로, 1단은 구리이온을 제거하고 2단은 나트륨이온과 약간의 무기물을 제거한다. 3단은 강염기성 이온교환 수지로서 음이온과 유기물, EDTA를 제거한다. SIR은 폴리머 수지(resin)에 중금속이온과 반응성이 있는 용매 추출제를 함침 고정시켜 주로 중금속을 제거하는 기술로써 SIR기술은 금속 추출제의 특성을 보존하면서 추출제의 사용에서 발생하는 추출제의 손실을 막고 상분리 효율이 증가하며, 혼합조나 침전조와 같은 장치가 필요하지 않아 분리장치가 간단해지는 이점을 갖게 된다.

최근에 뼈의 주성분이기도 한 수산화아파타이트[$Ca_{10}(PO_4)_6(OH)_2$]를 합성하여 중금속처리용 재료로 이용하는 방법도 개발되고 있다. 수산화아파타이트 중의 칼슘이온이 다른 2가 금속이온으로 쉽게 치환 될 수 있고 OH^- 이온은 Cl, F 등의 이온으로 치환이 쉽게 일어나므로, 중금속이온이 포함된 공장폐수와 반응시킬 경우 폐수 중의 Pb, Cd, Cu, Mn, Co 등 몸에 해로운 중금속이온이 수산화아파타이트의 칼슘이온과 치환될 수 있다. 그러나 이 방법은 칼슘이온과 다른 중금속이온이 치환하는데 시간이 많이 소요되고 또 치환량에도 한계가 있다는 단점이 있다.

사. 증발법

증발법은 용액의 물을 증발시킴으로써 용액 내 남아있는 용질의 농도를 원하는 범위까지 올려 재사용하는 방법으로 두 가지 유형으로 나눌 수 있다. 첫째, 대기압 하에서 액체를 끓이는 방법으로 증발온도를 낮추거나, 증발량을 증가시키는 방법으로 증발 표면 위로 온도가 높은 액체의 살포시킨 후 그 표면 위로 공기를 통과시켜 증발된 수증기를 대기로 배출하거나 응축시켜 세수로 재사용하는 방법과 둘째, 증발 압력을 낮춤으로써 저하된 온도에서 액체가 끓게 되는 원리를 이용하는 진공 증발법이 있다.

증발법은 유가금속을 회수 할 수 있는 확실한 방법으로써 외국의 많은 도금공장에서 설치 가동 중이나, 회수되는 물의 양이 매우 적고 운전비용이 높으며, 운전 시 고도로 숙련된 기술자가 필요한 문제점이 있다. 또한 폐쇄 회로 운전 시 불순물이 계속 누적이 되며 폐수 증발을 위한 에너지 소모가 크다는 문제점이 있다. 그리고 응축기나 증발기 내부의 경우 오염(fouling)현상이 생길 수 있다는 단점이 있기 때문에, 증발법을 이용한 폐수 내 중금속 처리 시 폐수의 농도, 발생량, 유출 속도 등을 잘 고려해야 한다.

5.1.3 생물학적 방법에 의한 폐수의 중금속 처리 및 회수

공장폐수에 함유된 중금속은 독성이 강하며, 폐수 내에 잘 축척되므로 그 독성이 지속적이며, 하·폐수 처리장 슬러지는 축적된 중금속으로 인하여 농업토양 등에 재이용되지 못하고 있다. 그러므로 폐수 중의 중금속 제거는 처리 공정 시 매우 중요한 과정이다.

미생물을 이용한 중금속 처리 기술은 생물수착/축적, 산화/환원, 메틸화/탈메틸화, 금속 유기물과의 착물화 등이 있으며, 이러한 중금속 흡착 원리를 이용하여 중금속을 처리하는 공정의 경우 전처리 공정에서 중화반응을 이용하여 중금속의 용해성을 높이고 미생물이 부착되어 있는 반응기를 통과할 때 중금속이 쉽게 흡착 처리되도록 설계된다. 이러한 처리 공정의 경우 산업폐수내의 중금속이 다른 독성 화학물질의 첨가 없이도 흡착 처리될 뿐만 아니라 동시에 황산염이나 질산염 그리고 다른 유기물의 처리까지도 가능한 기술이다.

미생물을 이용해 3년 동안 건조중량(dry matter)의 50%까지 농축된 중금속은 수집되어 재처리 과정을 거쳐 원료로 재이용될 수 있어서 환경친화적인 기술로 평가받고 있다. 미생물 균주들은 유독 중금속의 용해성과 비용해성을 결정짓는 가장 중요한 환경요인이며, 이러한 미생물 균주들의 기작은 중금속으로 오염된 환경을 복원시키는 데에 중요한 기술기반을 제공한다. 이는 주로 박테리아 균주에 의한 중금속의 용해도를 변화시키는 것과 곰팡이에 의한 종속영양 추출(heterotrophic leaching), 그리고 미생물 균주들의 중금속 환원반응과 메틸화 기작 등을 들 수 있다.

가. 생물수착과 축적(Biosorption & Bioaccumulation)

많은 박테리아, 곰팡이, 그리고 조류(algae)와 같은 미생물들은 자신의 신진대사에 필요한 양이온 영양염류를 동화(assimilation)하거나, 농축(concentrate)시킬 수 있는 능력을 가지고 있다. 미생물들이 영양염류 금속을 축적하는 과정은 크게 생물축적과 생물수착으로 구분이 된다. 이 중 에너지를 사용하여 능동적으로 금속을 체내로 전달시켜, 무기금속화합물 동화과정을 거치면서 금속을 체내에 축적하는 것을 생물축적이라 하고 생물수착은 능동적인 에너지의 사용 없이, 미생물의 세포벽 표면에 있는 리간드나 작용기와 금속이온이 착화합물을 형성함으로써 흡착시키게 되는 과정을 말한다.

이러한 금속축적 능력들은 오염된 환경에서 미생물이 중금속을 축적하는 방법으로 이용되며, 생물학적 중금속 처리 및 제거에 활용된다. 이처럼 다양한 미생물의 결합 능력은 하수나 폐수를 재사용하기 위해 위해한 금속을 제거하는데 이용된다.

미생물을 이용한 중금속 제거의 예로 물이끼를 이용한 기술이 있으며, 스펀지 덩어리와 같이 존재하는 물이끼와 같은 많은 바이오매스는 일반적으로 적절한 고액 분리가 되는 하류의 흐름이 필요로 한다.

물이끼가 금속을 섭취하는 과정은 산성 조건에서 이온교환을 거치고 이는 식 (5.3)과 같이 나타낼 수 있다.

$$M^{2+} + 2PM - Na \rightarrow Na^{+} + (PM)_2 - M \tag{5.3}$$

M(Metal)과 PM(Peat Moss)은 금속과 물이끼를 나타내며 물이끼는 리그닌과 셀룰로오스를 주성분으로 하는 복합물질로써 알코올, 알데히드, 케톤, 산과 같은 극성 기능기를 포함하고 이는 화학적 결합이나 금속이온과 복합물질을 형성할 수 있다. 이러한 물이끼의 흡착능은 Pb > Ni > Cu > Cd의 순이고 흡착 동역학과 똑같은 순서로 이루어진다.

Greene과 McPherson(1987)의 연구에 의하면 물이끼가 금속을 섭취하게 되면 세틸-트리메틸-암모늄 브로마이드(cetyltrimethylammoniumbromide)를 pH 6.4 조건에서 12.5 mg/L를 섭취하고 먹이를 0.5 g/L만큼 섭취하게 된 후 부유된다. 물이끼 대부분 100%는 3분 안에 부유되며, 금속은 염산에 의해 탈착된다. 조류와 균류와 같이 자연적으로 발생하는 물질의 생물학적 흡착과 같은 생물 공학적 기술은 여러 금속을 제거하기 위해 사용되어져 왔다. pH 5의 0.1 mM 용액에서 금속이온은 다음과 같은 순으로 높은 결합력을 지니게 된다.

Ag(I) > A1(III) > Cu(II) > Pb(II) > Cd(II) > Ni(II) > Cr(III) > Co(II)

나. 산화/환원

미생물들은 무기 오염물질의 용해도(solubility)와 이동성(mobility), 그리고 독성(toxicity)에 큰 영향을 끼칠 수 있다. 이는 주로 미생물에 의한 생물학적 산화반응(oxidation)과 환원반응에 의해서 이루어지는 것으로, 산화반응은 미생물이 금속의 전자를 제거하거나 금속의 원자가를 증가시키는 반응을 말하며, 환원반응은 그 반대의 반응을 말한다. 한 예로써, 크롬(Cr)의 경우, 생태계에 존재하는 Cr(III)는 독성이 매우 낮으나, 미생물에 의해 산화된 상태의 Cr(VI)은 상대적으로 높은 독성과 이동성을 띠게 된다. 이러한 산화/환원 반응은 무기오염물질의 처리에 활용된다.

다. 메틸화와 탈메틸화(Methylation & Demethylation)

수많은 미생물들은 독성을 지닌 중금속들로부터 자기보호를 위해 금속을 메틸화 또는 탈메틸화 할 수 있는 능력을 가지고 있다.

한 예로써, 독성이 높은 셀레늄은 미생물에 의해 독성이 낮은 디메틸 셀레늄(dimethyl selenide)으로 탈메틸화 된다. 이외에도 미생물에 의해 메틸화 되는 금속들은 셀레늄(Se), 수은(Hg), 비소(As), 납(Pb), 백금(Pt), 주석(Sn) 등이며, 이는 경우에 따라서 금속의 독성을 낮추기 위한 중금속 처리방법의 하나로 이용되기도 한다.

라. 금속 유기물과의 착물화(Metal-organic complexation)

몇몇 미생물들은 금속 착화제를 생산하여, 금속의 용해도와 이동도를 증가시켜, 독성을 띤 금속들이 유기 물질들과 착물화한 상태로 만들기도 한다. 이는 수용액 내의 자유 무기 염류의 농도를 낮추는 기능과 착물화된 금속이 체내로 이용되는 것을 방해하는 기능을 한다. 미생물들이 생산하는 대표적인 금속 킬레이트제는 사이드로포어(siderophores)를 들 수 있으며, 이는 독성을 띤 구리로부터, 자기를 보호하는 기작에 이용된다.

마. 불용성 합성 구조물(Insoluble complex formation)

황산염 환원 세균을 환원시켜서 황화이온을 생산하는 경우, 이 황화이온들이 수용액 상태의 금속이온들과 결합하여 비용해성의 금속 황화물로 변환 후 수용액 상태의 금속이온을 침전시켜 제거하게 된다. 금속 황화물로 침전이 되는 금속이온들은, 카드뮴(Cd), 은(Ag), 수은(Hg), 납(Pb), 니켈(Ni), 셀레늄(Se), 아연(Zn) 등이 있으며, 자주 중금속 제거 처리시설에 활용된다.

Sharma et al. 등은 염수 침적층으로부터 중금속에 저항성이 높은 Klebsiella planticola strain, Cd^{-1}을 분리하였고 이 균주는 thiosulfate가 배양액에 첨가된 조건에서 상당한 양의 카드뮴을 사용한 Upflow Anaerobic Fixed-Film(UAFF) Reactor가 200 mg/L 농도의 Cu, 150 mg/L 농도의 Ni과 Zn, 75 mg/L 농도의 Cr, 50 mg/L 농도의 Cd 그리고 40

mg/L 농도의 Pb를 metal sulfides의 형태로 100% 제거되는 것으로 나타났다.

5.2 슬러지의 자원화

경제성장과 산업도시의 발달로 인해 물의 사용량이 증가하고 이에 따라 하수 및 산업용수의 발생량도 증가한다. 표 5.2에는 전국 탈수케이크 발생량을 나타냈으며, 현재 수자원 보호를 위하여 필수적으로 수행되는 산업현장 및 하수처리 과정에서 전국적으로 1일 약 10,000 ton의 고함수 슬러지케이크(하수슬러지 6,500ton/일 평균함수율 80%, 제지슬러지 1,500 ton/일 평균함수율 70%, 섬우염색슬러지 2,000 ton/일 평균함수율 85%)가 발생하고 이중 대부분의 슬러지가 매립과 해양투기로 처리되어 심각한 환경오염 문제를 발생시키고 있다. 더구나 2006년부터는 해양투기를 저감할 목적으로 슬러지 해양투기에 대한 총량제가 실시되고 있으며, 런던협약에 의해 2013년부터 해양투기 금지법이 발효됨에 따라 산업현장에서 발생하는 슬러지처리의 해결방안이 시급히 요구되고 있는 실정이다. 이를 해결 할 수 있는 방법으로 슬러지로부터 자원을 회수하거나 퇴비화 및 여러 개량 과정을 통해 자원화하는 연구가 활발히 진행 중에 있다.

표 5.2 • 전국 탈수케이크 발생량

종류 / 구분	하수슬러지		제지슬러지		섬유염색슬러지	
	발생량 (ton/일)	함수율 (%)	발생량 (ton/일)	함수율 (%)	발생량 (ton/일)	함수율 (%)
슬러지	44,000	97	15,000	97	10,000	97
탈수케익	6,500	80	1,500	70	2,000	85

출처 : 환경부, 2009

5.2.1 슬러지로부터의 금속회수

가. 산업공정 슬러지로부터의 금속회수

산업공정에서 나오는 유출액 석회처리에 의해서 만들어진 슬러지는 종종 많은 불순물을 포함하고 이를 처리하기 위해 여러 단계를 거쳐 고순도의 수산화구리 농축물을 회수하게 된다.

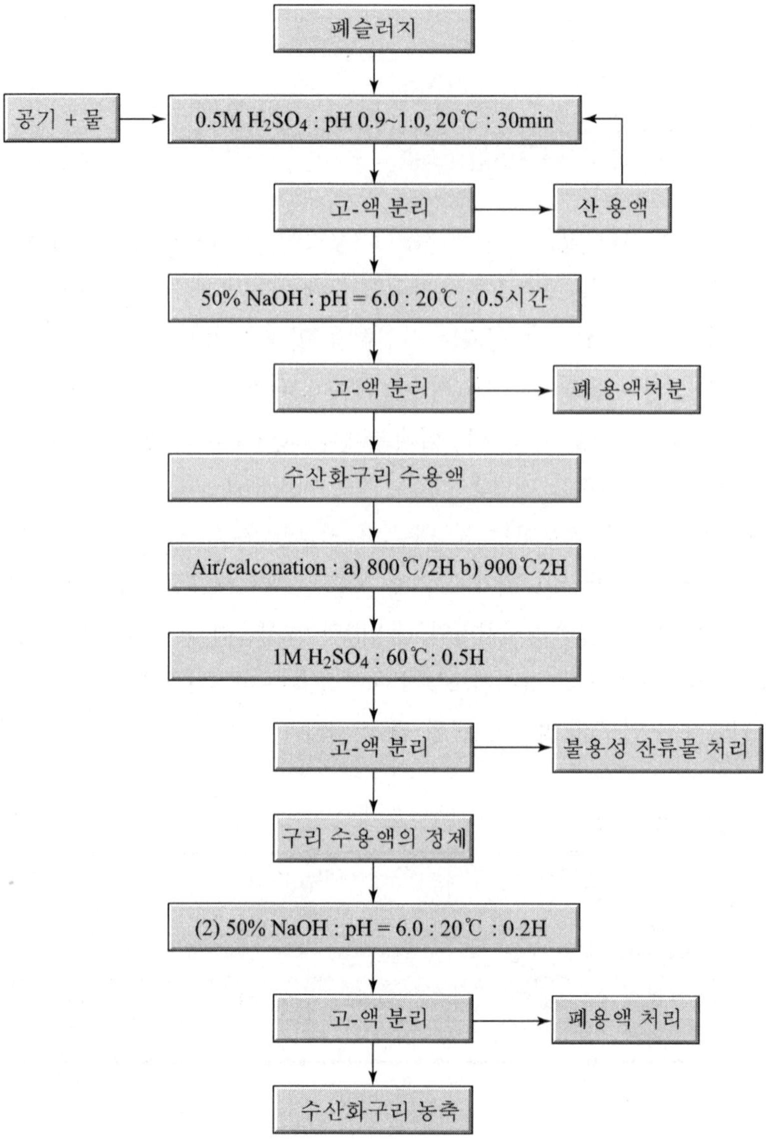

그림 5.2 • 산업슬러지로부터 구리 회수 과정

이러한 일련의 과정을 그림 5.2에 나타냈으며, 슬러지는 pH 0.9～1 황산에 의해 희석되어 걸러지며, 이것은 몇몇 종류의 산화 금속류와 함께 구리 수산화물을 용해시킨 후 산성찌꺼기가 액체 분리 단계로 인해 분리된 후, 구리는 pH 6.0의 50% 수산화나트륨에 의해 침전된다. 여전히 잔존하게 되는 수산화구리는 800~900℃에서 구워져 산화구리를 생산한다. 불순물로써 산화알루미늄은 알루민산철로 전환되고($FeAl_2O_4$) 1 M의 황산을 포함하는 산 용출 다음 단계에서, 알루미늄철이 녹지 않은 채로 남아있는 동안 산화구리는 선택적으로 걸러진다. 정제된 구리 용액은 수산화구리 농축물을 침전시키기 위해 50%의 수산화나트륨을 처리한다.

나. 수산화 슬러지로부터의 금속회수

니켈광산에서 나오는 황산니켈 광석은 폐슬러지를 많이 생성시키며, 침전지에서의 슬러지 처리는 일반적으로 광물처리 과정에서 형성되며, 고체함량과 무해한 슬러지를 생산하고 현장에서 감소시키는 것이 필요함에 따라 연구 및 개발이 지속적으로 이루어지고 있다. 광산에서 나온 슬러지는 수산화물로서 5~7%의 Ni를 포함하고 있고 Ca(~3.5%)와 Fe(~10%), Mg(~10%)와 Cu(~0.5%)를 포함하고 있다. 따라서 이것들은 니켈로 사용이 가능한 유용한 물질이며, 또한 수산화 슬러지로부터 금속의 회수에 관한 여러 습식제련방법이 연구되고 있다.

다. 오존화와 산성 용출(leaching)에 의한 니켈회수

Calzado 등(2005)에 의해 니켈을 회수하기 위한 새로운 방법이 연구되었으며, 이것은 2단계 과정으로 이루어져 있다. 첫 번째 단계에서, 슬러지는 pH 3.2 황산에 의해 걸러지고 니켈과 마그네슘을 포함하는 여과액은 수산화철에 의해 분리된다. 두 번째 단계에서, 식(5.4)와 같이 Ni^{2+}로 존재하는 니켈이 오존과 반응함으로서 수산화니켈로 분리된다.

$$O_3 + 2Ni^{2+} \rightarrow 2NiOOH + O_2 + H_2O \tag{5.4}$$

위의 식에서 Ni^{2+}는 수산화물로 전환되기 때문에, 충분한 수산화이온 농도를 공급하기 위해 pH를 최적의 상태로 올리는 것이 필요하다. 연속적 반응을 위해서는 pH가 7 정도로 유지되어야 하며, pH 3.2의 액체는 수산화나트륨에 의해 7로 변하고 수산화나트륨을 더 추가함으로서 그 값으로 유지된다. 산화에 의해 생성된 99%의 가용성 니켈은 니켈 옥사이드 하이드록사이드(NiOOH)로 재생된다. 화합물인 니켈 옥사이드 하이드록사이드(NiOOH)는 쉽게 침전하고 쉽게 분리되는 흑색 고형물이이다. 0.5% Ni과 11% Fe를 포함하는 여과액체는 pH를 올리기 위해 석회와 함께 혼합된 후 표준 침출성 테스트를 통과한다. 선택적으로 이것은 유용한 산업적인 응고제인 황산철을 생산하기 위한 공급 원료로 이용될 수 있다.

라. 광산 슬러지로부터의 금속회수

광산에서 석회를 처리함에 따라 발생되는 슬러지는 철과 아연 외에 망간을 포함하고 있으며, 이러한 슬러지로부터 중금속을 회수하기 위한 방법은 다음과 같다. 첫 번째 단계에서, 아황산을 이용하여 Mn^{3+}에서 Mn^{2+}로 산화시킨 후 용해된 후 과산화수소에 의해 다시 산화된다. 이후 pH 3의 수산화철에 의해 침전되며 초과된 과산화물은 이산화망간과의 반응에 의해 제거고 다음 단계에서 용액내의 구리와 카드뮴은 아연 먼지에 의한 접합(교착, 제련)에 의해 분리된다.

이러한 금속을 분리과정 시킨 후 코발트와 니켈은 3.0~5.0 사이의 수치의 pH를 갖고 있는 1-2니트로소나프톨(1-2 nitroso-naphthol)과 반응함으로서 분리된다. 아연과 망간은 납－은(1%) 양극(anode)과 알루미늄 음극에 의해 회수되며, 이 중 아연은 음극에 의해 금속으로 침적되고 망간은 이산화망간 Mn^{2+}으로 재생된 후 Mn^{4+}로 산화된다. 전기화학반응은 다음 식 (5.5)와 같다.

$$Zn^{2+} + 2e \rightarrow Zn\,(cathode) \quad (5.5)$$

$$Mn^{2+} \rightarrow Mn^{3+} + e\,(anode)$$

$$2Mn^{3+} + 2H_2O \rightarrow MnO_2 + 4H^{+}$$

양극의 역할은 양극화 산화 반응에 의해 이산화망간을 생산하는 것으로써, 산화된 망간 이온은 이산화망간 침전을 생산하기 위해 물에서 산소와 반응하게 된다. 최종적인 결과는 갈색을 띤 검은 침전물 조각의 형태를 보인다. 이산화망간은 전도체가 아니고 침전물은 전극의 저항을 증가시킬 수 있다. 이것은 이산화망간의 침적을 최소로 한 물질을 사용해 최소화 된다. 납은 스테인레스 철 혹은 티타늄은 이러한 목적을 위해 적절한 양극물질이라는 것이 발견되었다.

5.2.2 슬러지 자원화 기술

가. 퇴비화

하수슬러지 퇴비화는 유기물을 생물학적 분해과정을 통해 안정된 최종 생산물로 만드는 공법으로 퇴비화된 슬러지는 위생적이며, 불쾌감이 없는 부식토와 같은 물질로 구성되게 된다. 퇴비화 기간 동안 발생된 열은 병원균을 사멸시키고 악취제거와 탈수에 효과가 있다.

이렇게 생성된 퇴비는 양호한 토양개량제 역할을 하지만 비료로써의 가치는 낮기 때문에 하수슬러지를 단독으로 퇴비화 할 때 인산과 질소, 칼륨 등 비료효과 성분의 불균형은 하수슬러지를 음식쓰레기와 적정 비율로 혼합 퇴비화 할 경우 이를 해결할 수 있다.

표 5.3은 서울 난지도 하수처리장 음식물 쓰레기와의 혼합퇴비(음식쓰레기 : 하수슬러지 =7 : 3)가 비료공정규격을 충분히 만족하고 있음을 보여줌으로써, 하수슬러지 외에도 계속 문제가 되고 있는 음식쓰레기를 자원화 하는 측면에서 본다면 효과적인 방안이라 할 수 있다.

퇴비화 과정에 있어서 반응을 촉진시키기 위하여 각종 첨가제를 통기개량제로서 사용하지만 하수처리장이 도시에 집중되어 있으므로 현실적으로 공급에 어려움이 있으며, 또한 반응기의 크기도 통기개량제의 첨가량만큼 증가하지 않으면 안 된다. 이러한 점에서 통기개량제를 사용하지 않는 퇴비화 시스템의 개발이 요구된다. 또한 슬러지 탈수 시 이용되는 응집제의 종류에 따라 퇴비의 성상을 달라지게 할 수 있다.

표 5.3 • 음식물 쓰레기 및 하수슬러지 퇴비화

		퇴비화 기준	농업 조합 퇴비	음식물 쓰레기 및 하수슬러지를 이용한 퇴비
NaCl(%)		-	0.38	1.3～1.8
Moisture content(%)		-	41.02	22.1～24.5
pH		-	8.11	-
Organic matter content(%)		20 이하	39.52	75.5～77.9
Heavy metal content (mg/kg)	Cu	20 이하	113.9	129.9
	Pb	20 이상	2.14	61.9
	Cr	500 이하	23.63	ND
	Cd	150 이하	0.56	1.6
	Hg	300 이하	ND	1.1
	As	5 이하	ND	1.6

출처: 환경부, 2006

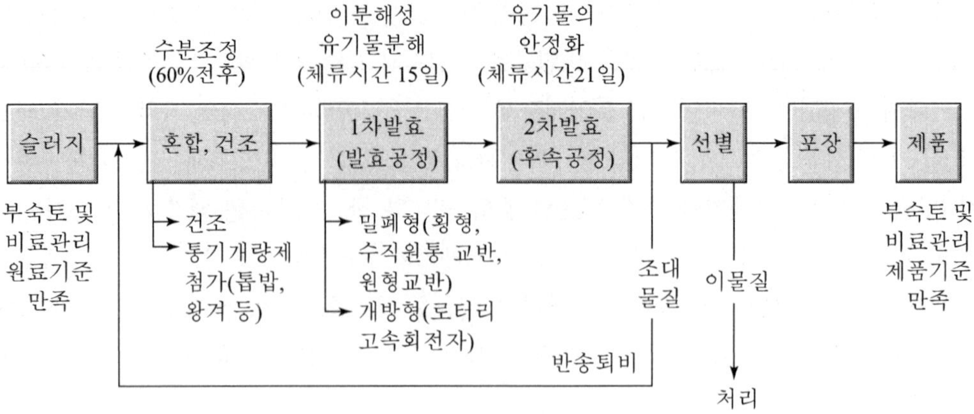

그림 5.3 • 퇴비화 공정

응집제로 소석회를 첨가 시 산성토양의 개량에 좋고 생성된 퇴비의 질을 좋게 하지만 슬러지 발생량이 증가하므로 고분자 응집제 사용의 증가를 추진해야한다. 일반적인 슬러지 퇴비화 공정에 대한 과정을 그림 5.3에 나타냈다.

슬러지를 퇴비화 하기 위해 먼저 부숙토 및 비료관리 원료기준에 만족하는 슬러지를 혼합하여 약 60% 전후의 수분으로 건조시킨 후 1차, 2차 발효를 거치게 된다. 이때 1차, 2차 발효조의 구조 및 형상에 따라 퇴비화기술에 차이가 있으며, 시설의 설치가 비교적 간단하고 고도의 기술이 요구되지는 않는다. 이후 선별과정으로부터 이물질을 걸러내게 되고 최종적으로 포장하여 부숙토 및 비료관리 제품기준에 만족하는 퇴비가 완성된다. 퇴비화시설 운전과정 중에 침출수 등 고농도 폐수가 발생되며 유기물 분해와 동시에 암모니아 등 무기취가 발생하기 때문에 세정 및 생물탈취시설을 설치하거나 건물을 밀폐, 환기 및 배기시설 등을 통해 악취를 처리할 필요가 있다.

이러한 슬러지 퇴비화 방안은 다음과 같은 법적 한계성을 지니고 있다.

첫째로 유기물 분해를 확보하기 위한 체류시간을 총 36일로 규정하고 이를 만족하기 위해 부숙조의 용적이 크게 요구되기 때문에 부지확보가 필요하다. 유기물함량에 따라 체류시간의 단축이 요구되므로 이를 위해 부숙도 시험을 통한 기준치 만족 시 체류시간 단축을 허용하는 방안이 필요하다. 둘째로 슬러지는 퇴비화 원료로써의 기준을 만족하여야 하지만 실질적으로 통기개량제의 투입 등에 의하여 유기물함량 농도가 저하되므로 제품으로 생산된 것에 대한 기준과 원료의 농도를 평가하여 만족여부를 제시하여야 한다. 셋째로 이용단계에서 농림수산식품부의 '비료관리법' 내에서 사용이 원천적으로 차단되고 있기 때문에 현재 2단계로 되어진 기준을, 1단계 목본과수지, 묘목장, 화훼단지, 2단계 공원녹지, 임야지, 토양복원 폐광산, 3단계 매립복토재로, 3단계화 할 필요가 있다.

농림수산식품부에 따르면 2004년까지 조림이나 육림계획에 따라 산림용으로 사용하는 복합비료의 50% 정도를 퇴비로 전환할 경우 잠재적 수요량은 연간 15,000 ton으로 추정하고 있으며, 서울시에서 연간 조경용으로 사용하는 퇴비는 약 500 ton 정도로써 조경용 퇴비를 상용하는 정책을 마련하면 전국적으로 확산되어 잠재적 수요량은 20,000 ton 전후가 될 것이다. 실질적으로 춘천 하수종말처리장에서는 15,000 ton의 하수슬러지가 조경용으로 재활용되고 있으며, 부산 및 천안에서도 연간 2,400 ton 정도가 재활용 되고 있다.

나. 지렁이 분변토

지렁이의 산업적 가치가 인정되어 농림수산식품부는 2005년을 기점으로 지렁이를 가축으로 등록고시 하였다. 슬러지 분변토화란 토양 동물인 지렁이를 이용하여 생분해 가능한 유기성 슬러지를 분해시켜 감량화를 유도하고 동시에 지렁이 및 분변토를 생산하는 방법으로, 대상 유기성 폐기물을 분뇨처리장, 공단폐수종말 처리장, 제지공장 등의 슬러지가 주 대상이 되며, 하수처리장, 맥주 공장 슬러지 및 음식물 쓰레기 등은 자연 부숙 후 직접 지렁이 먹이로 공급한다.

지렁이 먹이로 이용될 수 있는 슬러지는 유기물의 분해에 의하여 발생되는 잔존 산화열이 없는 분위기를 조성해야 하며, 산화환원전위가 양(+)의 값이 되어야 하고 알칼리도는 1,000 ppm 이하여야 한다. 또한 그림 5.4와 같은 전처리 조작에 의하여 유기물을 충분히 안정화시킨 후에 지렁이가 생육에 알맞은 pH 5～8, 온도 20±5℃ 범위, 함수율 70±10 %, 용해성 무기염류 5,000 ppm 이하, 햇빛에 노출되지 않도록 사육(야행성), 적정습도 유지 등의 조건을 설정하여 지렁이에 의한 유기물의 분해가 이루어지도록 해야 한다. 한편, 이와 같이 생물을 이용하여 유기성 폐기물을 처리하는 방식은 환경조건 변화에 매우 민감하므로 관리가 어렵고 문제 발생 시 지렁이가 사멸하여 유기성 슬러지 처리가 불가능해지는 단점이 있다.

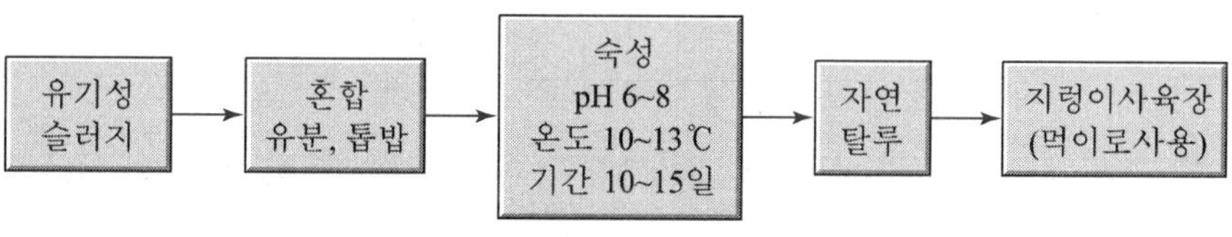

그림 5.4 • 하수슬러지 지렁이 처리 공정

다. 녹화공법

녹화공법은 도로개설 및 택지개발 등 각종 토목공사로 인해 발생하는 풍화암 등의 절개지 녹화와 기존 산림 복구 현장으로 암절개지와 절토면, 성토면 사력토, 바다 흙 준설토, 부식암, 리핑암 발파암 등 시드스프레이나 잔디시공으로 자연 녹화가 불가능한 지역에 기존 녹화토 공법을 적용하여 보다 우수한 녹화품질을 얻음과 동시에 신기술개발로 인한 시공경비 절감으로 크게 저렴한 공사비로 시공할 수 있는 환경 친화적인 최고의 녹화공법이다.

녹화공법의 적용 예로써, 산림이 훼손되어 식물 생육이 불가능한 절개지에 비탈면의 경사도에 따라 부착망을 설치한 후 보습력, 응집력, 발아율이 크게 향상된 미생물과 첨단 녹화토에 양잔디, 야생화 초목본류를 대상지의 토질에 따라 혼합한다. 그리고 특수 고압 호수를 통해 최우기로 살포하여 법면 유실과 낙석방지를 겸한 이상적인 식생기반 자재로 암 녹화공법을 조성함으로써 식물의 조기녹화와 식생천이를 유도하여 훼손된 경관을 아름다운 자연경관으로 영구적으로 복원시키는 공법이다.

라. 경량골재로의 이용

하수슬러지의 주성분은 약 30%의 유기성분과 약 70%의 무기성분으로 이루어져 있으며, 슬러지 중 회분은 실리카 30~40%, 알루미나 15%~20%, 철 5~10%, 인산 7~20%, 칼슘 10% 정도 등으로 구성되어 있기 때문에 슬러지의 무기물은 약간의 처리만 거치면 토양의 복토재로 사용하거나 경량골재 등의 토목재료로도 재활용될 수 있다.

슬러지 소각시 유기성분은 가스화, 무기성분은 소각재로 잔류하게 되고 이러한 소각재를 물과 혼합하여 소결과정을 거쳐 가볍고 강도가 우수한 경량골재로 제조하여 건축자재로 활용하면 천연골재 채취로 인한 환경적 문제를 줄일 수 있으면서 천연골재의 부족현상을 막을 수 있다. 또한 슬러지를 탈수 등의 후처리공정을 거친 다음 다른 물질과 혼합하여 시멘트나 벽돌로 생산하여 건축재료로 재활용할 수 있는데 건조된 슬러지는 분쇄 후 진흙과 섞어 고온으로 가열하여 경량골재를 생산하거나 슬러지를 가마에서 찐 후 잘게 부수어 석회가루와 일정비율 혼합하여 고온으로 구워 시멘트를 생산할 수도 있다.

하수슬러지를 이용하여 건축자재로 이용하는 자원화 기술은 하수슬러지 중에 무기물질을 이용하는 기술로서 연소 등의 수단에 의하여 소각한 후에 잔존하는 소각재를 이용하는 기술이 대부분이다. 하수슬러지의 성상분석에서도 언급이 되었듯이 지역별, 처리장별, 처리공정별, 사용하는 응집제에 따라 발생하는 소각재의 성상에 차이가 있으므로, 소각재의

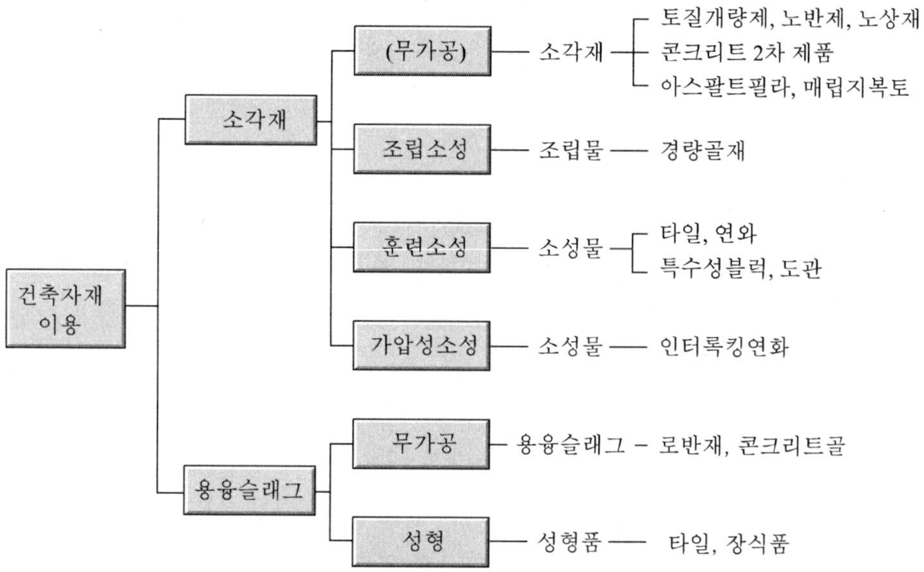

그림 5.5 • 건축자재로서 하수슬러지의 이용방법과 용도

성상을 이해한 후에 처리 및 자원화방법에 대하여 검토하는 것이 필요하다. 그림 5.5는 하수슬러지를 건축자재로서 이용 가능한 방법을 도식화 했다.

하수슬러지 소각재를 크게 분류하면 석회계소각재와 고분자계소각재로 구분할 수 있으며, 석회계소각재는 소각전의 프로세스인 탈수조작에서 소석회, 염화제2철 등의 응집제를 첨가한 것이다. 석회계소각재는 CaO로서 중량비 20~50% 정도의 칼슘을 포함하고 있어, 이 칼슘화합물에 의한 발열반응과 포졸란반응에 의하여 토질개량효과와 지지력효과를 가지는 것으로 알려져 있다. 따라서 소정의 품질을 만족시키는 것이라면 토양개량제와 노반재로서 이용이 가능하나, 실제 사용에 있어서는 석회계의 품질의 평가방법과 품질관리방법 및 배합설계, 시공관리 등을 충분하게 확립하여 갈 필요성이 있다.

석회계소각재가 토질개량제와 노반재로서 이용 가능하다는 것은 하수슬러지를 처리하는 전문가들 사이에서는 일반적으로 잘 알려져 있으나, 이용하는 측에서는 충분한 지식을 가지고 있지 않은 상태이기 때문에 소각재의 성상을 이해하고 이용용도에 대하여 검토하는 것이 필요하다.

고분자응집제 소각재는 SiO_2로서 중량비로 20~50% 정도의 규소를 함유하고 있어 점토 등의 대체물로서 블록, 타일, 연와 등의 1차 제품을 시작으로 하는 각종 용도로 이용이 진행되고 있다. 콘크리트 2차 제품으로는 인터록킹블럭, 보차도경계블럭이 있으며, 소성 2차 제품으로는 타일, 보통연와, 인터록킹연와, 투수성블럭, 도관, 경량골재 등이 있다.

마. 매립지 복토재

하수슬러지의 또 다른 재활용방법으로 매립지의 복토재로 사용할 수 있는데 생활폐기물 매립지는 15 cm 이상의 일일복토와 30 cm 이상의 중간복토 및 50 cm 이상의 최종복토를 하기 때문에, 매우 많은 양의 흙과 건설잔토 등이 이용되고 있으므로 이러한 복토재료의 부족현상으로 인한 한계점이 존재한다.

하수슬러지의 경우는 산업폐수 슬러지에 비하여 중금속 등 유해성분의 함량이 낮아 소석회들을 이용하여 고화시킨 후 매립지 복토재의 대용 가능성이 있는 것으로 판단된다. 고화슬러지가 매립지의 안정화에 영향을 미칠 수도 있으므로 일일 복토재로 사용 전에 충분한 특성을 평가하여 2차 오염문제를 발생시키지 않는다면 부족한 복토재의 대용과 함께 새로운 경로의 하수슬러지의 재활용이 가능하다.

어떤 매립장의 경우 복토재의 구입에 들어가는 비용이 전체 운전비의 약 20%가 되는 곳도 있다. 이러한 문제를 해결하기 위하여 최근 대용 일일복토재의 사용이 점차 늘어나고 있으며, 그 종류로는 건축폐기물, 슬러지 개량제, 모래 및 합성수지 등을 이용한 경우가 대부분을 차지하고 있다. 하수슬러지는 후처리 공정을 거친 다음 다른 토양과 혼합하여 매립지의 복토재로 이용될 수 있으며, 이를 통하여 복토재 구입 문제 해결과 침출수 방지효과를 기대할 수 있다.

바. 슬러지 탄화

탄화(carbonization)란 넓은 의미에서는 열분해 공정을 의미한다. 그러나 최종적으로 가스와 탄화물이 생성되는 전반적인 것을 열분해라고 한다면, 탄화는 탄화물(carbide)의 생성량을 최대로 하기 위해 열분해 공정을 진행하는 과정이라 할 수 있다.표 5.4에 유기물의 열분해 온도에 따른 성상변화 특성을 나타냈다. 유기물질은 온도가 상승하면 불안정하게 되는데 100~200℃에서 가열 건조나 수분분리가 일어난다. 250℃에서는 산화, 탈황, 세포내 수분 및 탄화수소의 분해 혹은 황화수소의 분해가 시작된다. 340℃에서 포화 환상 결합의 분해가 있고 380℃에서 탄화가 시작되며, 400℃에서 탄소-산소 및 탄소-질소 결합의 분해가 일어난다. 400~600℃에서는 역청성분의 중질유 또는 tar로의 전환이라고

하는 현상을 거치고 유기물질이 탄화물 및 가스상의 저분자 탄화수소로 분해된다.

하수슬러지를 구성하고 있는 세포의 구성은 그림 5.6과 같으며, 세포 내의 수분은 free-water, interstitialwater, surfacewater, boundwater 등으로 구분된다. Freewater와 surface-water는 100±5℃에서 건조되지만 interstitialwater와 boundwater는 약 400℃ 부근에서 파괴 및 건조가 일어난다.

표 5.4 • 유기물질의 열분해온도와 화학변화 특성

탄화온도(℃)	화학반응
100～200	가열건조, 수분분리(물리처리)
250	산화, 탈황, 세포내 수분 및 탄화수소의 분해, 황화수소의 분해 개시
340	포화환상결합의 분해, 메탄 및 포화환상탄화수소의 분해 개시
380	탄화(탄화부화)
400	탄소－산소 및 탄소－질소결합의 분해
400～600	역청성분의 중질유 또는 타르로의 전화
600	역청성분의 열안정성물질(가스상, 저분자탄화수소)로의 분해
> 600	올레핀(에틸렌)의 부틸렌전화 : 부타디엔으로의 탈수소화 : 에틸렌에 의한 세클로헥상으로의 불포화화, 벤졸 및 고온환상화학물로의 가열환상화

출처 : 박상우, 폐기물 탈소각을 위한 탄화처리, 2004.3

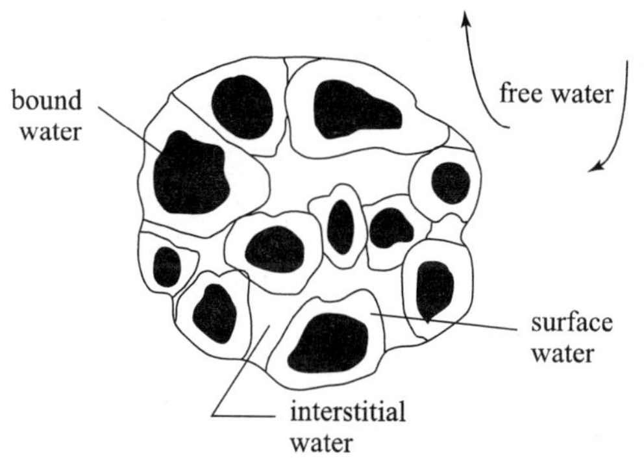

그림 5.6 • 하수슬러지 내의 수분구성

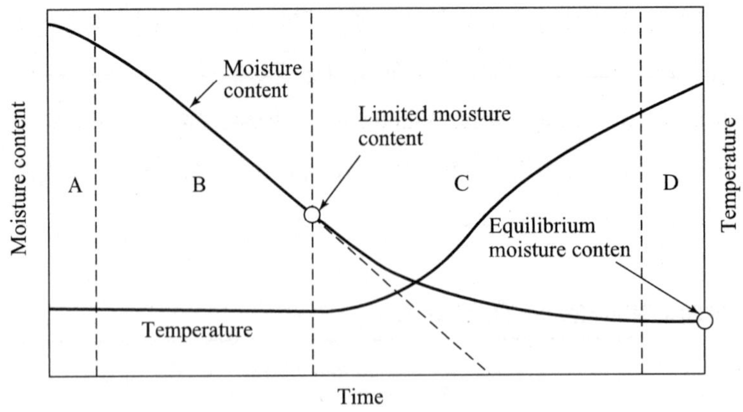

그림 5.7 • 하수슬러지의 수분 건조속도 곡선

일반적인 건조속도 곡선은 그림 5.7에서 보는 바와 같이 A 단계는 예열단계, B 단계에서는 온도상승 및 수분의 증발, C 단계는 슬러지 건조가 한계에 달하며, D 단계에서는 더 이상 함수율이 감소하지 않는다.

식 (5.6)~(5.9)에 나타낸 반응은 폐기물을 탄화할 때 고형탄소(숯)와 유기성 물질로부터 H_2, CO, CO_2, CH_4 등의 휘발성가스가 생성되는 반응이다. 식 (5.6) 반응이 탄화하는 과정이고 식 (5.7)의 반응은 CO와 H_2 합성가스를 생성하는 반응이며, 분리된 고형탄소(숯)는 필요한 경우 H_2O와 반응하여 연료가스를 만든다. 이러한 탄화처리공정을 거쳐 생성되는 물질의 특성과 용도는 다음 그림 5.8과 같다.

$$C_nH_n(\text{유기물}) \rightarrow xCH_4 + yH_2 + C(\text{숯}) \tag{5.6}$$

$$CH_4 + H_2O \rightarrow CO + 3H_2 \tag{5.7}$$

$$C + H_2O \rightarrow CO + H_2 \tag{5.8}$$

$$C + CO_2 \rightarrow 2CO \tag{5.9}$$

지금까지 폐기물을 직접 소각·열 회수하는 경우, 특히 사업장폐기물 등에서는 소각재의 용점이 낮기 때문에, 보일러 설계상 전열 면으로의 융착 등으로 인해 보일러의 효율이 저하될 수 있다. 또한 배가스량이 증가하고 다이옥신류의 오염물질이 발생할 수 있다.

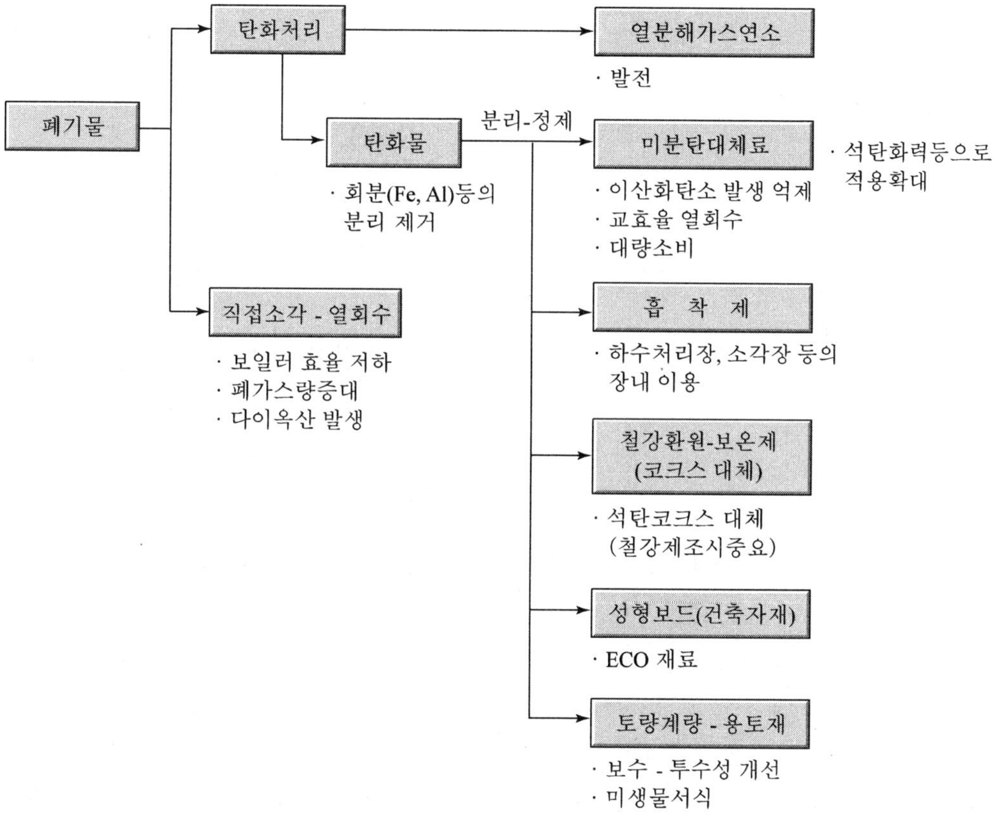

그림 5.8 • 폐기물 탄화처리의 특성 및 탄화물의 활용

그에 비해 탄화처리하는 경우, 열분해 가스는 400~500℃의 저온 가열처리에서 얻어진 가스이기 때문에 융착현상이 없고 탄화용 열원이나 고효율·열회수 가스개질에 의한 발전이 가능한 것으로 알려져 있다.

또한 탄화물은 최종적으로 "고정탄소+무기물"이라는 기존 처리기술과는 다른 생성물질로서 퇴비화나 용융슬래그 등에 비교하여 고체연료, 흡착재, 코크스 대체재 그리고 건축재 등 상품가치가 높은 것으로 이용 가능하기 때문에 재활용사업으로서의 가치가 높다는 특징이 있다.

탄화공정은 산소가 존재하지 않는 환원분위기에서 원료물질 내부의 방향족 적층구조의 탄소 물질과 비탄소 물질과의 결합이 끊어져 기본적인 세공구조의 골격이 형성되는 열분해 공정이다. 일반적인 탄화공정을 그림 5.9에 나타내었다.

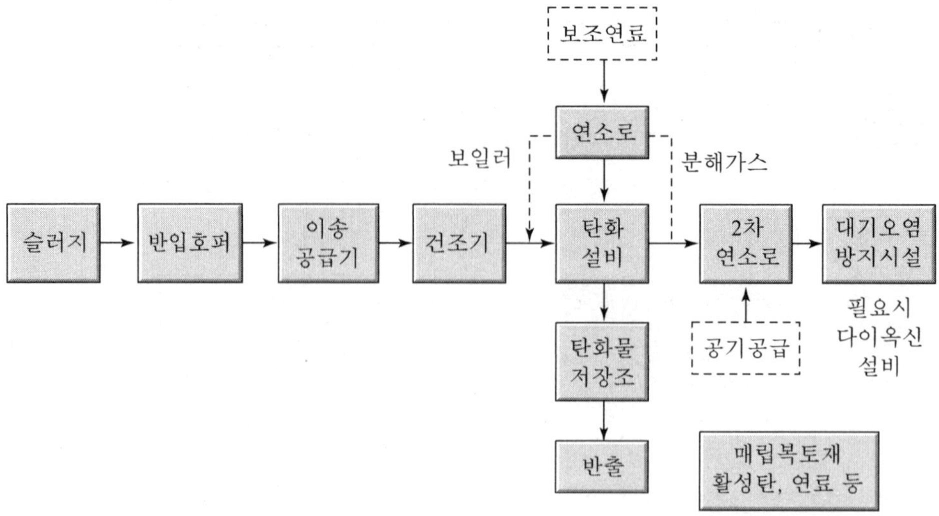

그림 5.9 • 슬러지 탄화공정(한국건설기술연구원, 1994)

슬러지는 유기물함량이 낮은 반면 수분함량이 높고 열분해 대상으로는 부적합한 측면이 있기 때문에, 수분에 의한 영향을 최소화하기 위해 건조공정은 필수적이다. 탄소를 포함한 물질을 고온까지 올리면 최종적으로 흑연결정이 되는 것은 당연하지만 이 같은 최종단계에 도달하기까지의 과도기적인 단계로 무정형부터 결정형의 범위에 걸쳐 여러 종류의 구조가 존재한다. 탄화공정의 중요한 결정요인은 탄화온도와 탄화시간이며, 특히, 탄화온도는 활성탄의 활성점과 기계적 강도를 지배하는 매우 중요한 요인이다.

탄화온도가 낮아지면 반응이 충분히 이루어지지 않고 탄소 이외의 수소, 산소, 질소, 황 등의 원소가 잔사보다 많이 남으며, 탄화온도가 높아지면 탄화수율이 낮아져서, 원료의 종류, 가열방법에 따라 원소조정은 일정치 않다. 활성탄의 흡착특성에 커다란 영향을 미치는 공극구조는 탄화온도와 함께 변화하기 때문에 적당한 탄화온도를 설정하는 것이 매우 중요하며, 또한 탄화시간은 탄화공정 중 가해지는 열이 원료물질 내부로 충분히 침투할 수 있도록 탄화시간을 설정하는 것이 중요하다. 탄화공정 중 환원분위기를 유지하기 위해 주로 질소를 사용하며, 이산화탄소를 사용하는 경우도 있으며, 탄화공정 중 주입되는 가스는 활성탄의 표면구조에 거의 영향을 미치지는 않는다.

이러한 공정은 열분해기술의 시험 및 검사기준의 소각로 기준에 따라 2차 연소로에서 850℃, 2초의 체류시간 조건이 만족되어야 하고 대기오염방지시설을 완비해야 한다. 또한 탄화처리를 통해 배출되는 탄화물의 용도는 매립복토재로 한정해야 한다.

공정을 통해 발생되는 대기오염물질은 악취 및 연소가스 형태로 발생되고 있어, 저감시설의 설치가 필요하고 폐열보일러 및 열교환기에서 발생되는 응축수와 세정 탈취시에 저농도의 폐수가 발생한다. 처리공정 내에서 폐기물 발생은 없으나 탄화물의 수요처가 없을 경우 폐기물로 처리되어야 한다.

탄화설비는 열분해가스를 이용하기 때문에 건조 및 분해가 가능하고 정상 운전시에는 에너지 절감이 용이하며, 간헐운전 시에는 보조 에너지가 필요하다. 또한 건조설비 및 탄화로 주변 등에서 악취가 발생하여 2차 오염방지시설 설치비용이 추가되며, 건축, 탄화설비, 토목 등 종합처리시설로써 설치비용이 고가인 문제점이 있다.

선진국에서는 이렇게 생성된 탄화물을 재활용하여 자원화 할 수 있는 기술개발에 대해 많은 관심을 가지고 있다. 이러한 예로 하수슬러지 탄화물의 용융에 의한 골재개발 기술, 인 회수 기술, 활성화에 의한 흡착제개발 기술 등이 있다.

이러한 열분해 잔류물의 재활용에 관한 방법 중 활성화에 의한 비표면적 증가를 통한 흡착제개발 기술이 선행되어 왔다. 하수슬러지를 흡착제로 개발하기 위해서는 입자의 경도, 비표면적 등 활성탄 기준에 만족해야 하나 현재까지 연구결과에 따르면 하수슬러지 탄화물 자체의 물리적 조건에 따른 비표면적 개발은 60～250 m^2/g 정도이며, 이는 액상에서 유기물 제거에 적용 가능한 정도이고 그 이상의 비표면적을 가지기 위해서는 활성화가 필수적이다.

황혜련, 오광중 외 3명(2007)은 하수슬러지 활성탄의 비표면적을 높이기 위하여 KOH를 이용하여 활성화하였고 KOH의 첨가량이 증가함에 따라 탄화 시 가스화 반응이 활발히 일어나 고정 탄소내의 탄소성분이 제거됨으로 인해 요오드 흡착능의 값이 증가한다는 것을 보고하였다.

한영석, 오광중 외 3명(2007)에 의하면 슬러지를 이용하여 제조한 활성탄은 상업용 활성탄의 3급과 유사한 흡착능을 나타낸다고 보고하였다. 하수슬러지를 이용하여 제조한 점착 흡착제와 상업용 활성탄(A.C)의 성능을 비교하기 위해 유량 200 mL/min, 온도 60℃의 실험 조건에서 H_2S와 CH_3SH의 농도를 각각 200 ppm 주입에 따른 혼합가스의 제거실험을 수행하여 시간에 따른 가스 배출농도를 측정한 결과 H_2S의 경우 제조된 점착 흡착제는 100 min, 상업용 활성탄은 132 min, CH_3SH의 경우, 제조된 흡착제는 172 min, 상업용 활성탄은 205 min으로 제조된 점착활성탄이 상업용 활성탄에 비해 약 30 min의 빠른 파과점을 보여 일반 상업용 활성탄의 80% 수준까지 이르는 것으로 나타났다. 이러한 활성탄의 흡착능을 개선시키기 위해서 활성탄 내 무기물질을 제거하는 방법이 있으며, 흡착제의

SiO_2, Al_2O_3, Fe_2O_3의 경우 KOH 수용액을 가온교반시킴으로써 35%까지 감량화 할 수 있으며, 이로 인해 요오드 흡착능 값이 증가하게 된다.

일반적인 고정층 반응기를 이용한 탄화공정 이외의 기술을 이용한 연구도 보고되었다. 정영헌, 오광중(2006)은 유동층을 이용한 하수슬러지를 열분해하여 탄화 특성을 파악하였다. 일반적인 고정층 반응기의 경우 하수슬러지의 수분량을 제거하는 데에 높은 열에너지와 체류시간이 필요하게 되는데, 본 연구에서 적용한 유동층을 이용하게 될 경우 고정층을 이용한 기술 보다 슬러지의 건조효율이 약 6배 정도 증가하는 것으로 나타났다.

사. 액화

유기성 슬러지에 압력과 온도를 가해주면 약한 결합 상태로 있는 물이 분리되어 유동성이 있는 액체 상태로 전환된다. 이 과정에서 슬러지에 포함된 고분자 유기물이 저분자의 오일로 전환되어 에너지를 회수할 수 있다는데 착안하여 개발된 기술이다.

슬러지는 탈수하였을 때 발생하는 진흙과 같은 상태의 고형물로서 수분 80%, 유기물 15%, 그리고 나머지는 무기물로 구성되어 있다. 이 중 대부분의 수분은 고형입자의 미세기공 사이에 포함되어 있거나 결정수형태로 존재하기 때문에 기계적인 방법으로 함수율을 낮추기는 매우 어려운 것으로 알려져 있다. 그러나 압력(50기압 이상)과 온도(200℃ 이상)를 가하면 수분이 분리되어 슬러지는 유동성 유체로 변하며, 이 과정에서 슬러지에 포함된 유기물이 저분자 오일로 전환된다. 이 때 생성물에 포함된 무기성분은 원심 분리될 경우, 처음 슬러지 양의 10% 이내만 남게 되고 오일은 액체연료로 활용할 수 있으며, 슬러지의 액화는 금속염의 촉매작용에 의해 일어나게 된다.

국내 적용사례에 따르면 대구염색공단에서 발생하는 슬러지로부터 생성된 오일의 발열량이 9,000 kcal/kg 이상으로 Bunker-C유와 비슷한 성질을 가지는 것으로 알려져 있다. 또한 난지하수처리장의 1차 슬러지에 대한 회분식 액화실험을 수행한 연구결과 350~450℃의 온도범위에서 온도 증가에 따라 오일 수율이 증가하고 그리고 10분 동안의 반응시간에서 최고의 오일회수율을 나타낸 것으로 보고되고 있다.

아. 인(P) 회수

하수 중에서 인(P ; phosphorus)은 유기물에 결합된 형태나 정인산(Ortho-P) 혹은 무기인(Poly-P) 무기물의 여러 가지 형태로 존재하며, 유기물에 붙은 인은 불용해성인 반면,

정인산 혹은 무기인은 용해된 상태로 존재하게 된다.

생물학적 처리공정에서는 미생물이 인염을 정인산형태로 전환시켜 식물에 바로 흡수되도록 하며, 하수 중 인염은 주로 합성세제와 사람의 활동으로부터 발생하게 되고 하수 중 인염의 30%가 합성세제로부터 기인하기 때문에 오늘날 가장 큰 논쟁으로 대두되고 있다. 인의 농도를 표시하는 방법 중 인화합물의 전환계수를 표 5.5에 나타내었다.

표 5.5 • 인화합물의 전환계수

P	PO_4^{3-}	P_2O_5
1	3.06	2.29
0.33	1	0.75
0.44	1.34	1

출처 : 이창호, 한국유기성폐자원학회, 2003

인의 존재형태는 pH에 따라 변하는데 다음과 같이 묘사할 수 있다. pH가 증가하면 인화합물의 이온기는 0에서 −3으로 변한다.

$$\xrightarrow{\text{increasing pH}} \\ H_3PO_4 \Leftrightarrow H_2PO_4^- \Leftrightarrow PO_4^{-3}$$

인은 인구 100만을 기준으로 하였을 경우 하루 2∼3 ton 방출되는 것으로 알려져 있고 우천 시 산성비에 의하여 감소하는 인은 산성비의 영향을 줄이는 완충역할을 할 수 있다. 특히 유럽의 경우 인광이 없으므로 하수나 폐수에서 나오는 인의 활용은 상당한 가치가 있다.

유럽 EC 규제에 의하면 1998년 12월 31일부터 인과 질소에 대한 규제를 강화하고 있으며, 인은 100 μg/L 정도 존재하여도 부영양화를 일으킬 수 있는 것으로 알려져 있다. 하수로부터 인의 회수를 위한 대표적인 방법으로는 슬러지 소각법과 흡착제 첨가법, crystalactor공정 및 struvite제조 등이 있다.

슬러지 소각법은 태운 슬러지 재(ash)를 물에 분산시켜 인을 용해시키는 것으로(인은 ortho 혹은 poly 형태로 용해됨), 기술적 제한이 따르고 공정비용이 아주 비싸다는 단점이 있다. 흡착제 첨가법의 경우 하수에 활성알루미늄, Ca/Mg 카보네이트, 적니(red mud, 보크사이트로부터 Al을 추출하는 과정에서 생기는 잔류물) 등을 첨가하여 인을 회수하는 것으로 알루미늄인 화합물은 비료로서의 가치는 떨어지는 것으로 알려져 있다.

또한, crystalactor공정은 1970년대 말 crystalactor공정이 독일의 DHV에 의해 개발되어 상업화되었다. 이 공정은 유동층반응기를 이용하여 하수 중의 인으로부터 인산칼슘을 만드는 것으로써 1988년 네덜란드의 상용화 공장에서 입증된 바 있으며, 여기서 인산칼슘의 크기는 약 2 mm 정도이다.

마지막으로 struvite제조 공정은 하수 중의 인을 struvite(magnesium ammonium phosphate ; MAP)형태로 침전시키는 것으로 비료로써 재사용에 손색이 없는 제품을 생성시킬 수 있다. Struvite성분은 보통 Mg : N : P = 1 : 1 : 1을 가지며, 하수에 Mg를 첨가하여야 생성 가능하고 화학약품을 사용하여도 이 경우 부가적인 슬러지 생성이 없다는 장점이 있다. 이러한 Struvite를 얻기 위해서는 최적 pH 조절과 각 성분의 비가 중요하다.

국내 연구에 의하면(최원준, 오광중 외 3명 2009) 하수슬러지를 이용한 struvite 형성을 통한 인화합물의 회수 시 온도 및 Mg에 의한 struvite 생성을 높이기 위한 최적조건은 각각 25℃, $MgCl_2 \cdot 6H_2O$로써 이 때 97.4%의 높은 회수율을 얻었다. 또한, struvite 형성시 Fe, Al, Zn 등에 의한 부반응이 일어나므로 이를 해결하기 위하여 pH 7 부근에서 침전을 유도하면 부반응 물질인 Zn, Fe, Ca의 수산화물의 공침전은 일어나지 않고 이온상태로 여액에 존재하므로 보다 고순도의 많은 양의 인을 회수할 수 있는 것으로 보고되었다.

자. 고형화 기술

하수슬러지 처리방법 중 슬러지 고형화 처리법의 경우 생석회와 시멘트가 주성분인 고화제를 사용하여 슬러지를 고화 후 매립장의 복토재로 사용하고 있으며, 기존 슬러지 처리방법 중에서 가장 저렴한 비용(2004년 기준 수도권매립지 처리수수료 37,350원/ton)으로 처리되고 있다. 또한 지정폐기물을 안정화하는 기술로써 슬러지의 성상변화와 관계없이 적용이 가능하다는 장점이 있다. 그러나 고화공정 중 발효 및 양생공정으로 인해 슬러지의 처리기간이 장기간 소요되고 이용되는 고화제 종류에 따라 처리기간 및 최종 고화물의 성상에 변화가 발생할 수 있으며, 처리효율에도 영향을 미친다.

처리과정에서 강알카리성 고화제의 사용에 따른 pH상승으로 악취발생 및 일부 중금속 성분의 용출가능성 증가 우려와 생산된 고화물의 복토재 처리가 어렵다는 문제점이 있다. 또한 기존 건조방식의 경우에는 처리 후 감량효과는 우수하나 과다한 에너지 소모와 고가의 건조장치 수입 등으로 운영비가 높고 처리후의 건조물 처분방안이 제한된다는 단점을 가지고 있다.

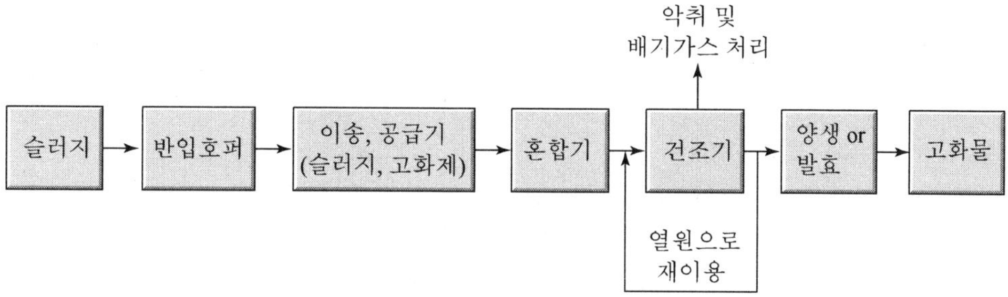

그림 5.10 • 슬러지 고형화공정

건조, 양생, 발효공정에서 악취 및 비산먼지 등이 발생되므로 이에 대한 저감기술이 요구되며 건조기 및 폐열보일러 등에서 발생되는 폐수는 낮은 농도로 배출된다.

고형화 공정은 시설설치비가(2004년 기준) 40백만~50백만원/ton으로 타기술에 비해 초기 투자비가 낮은 반면 고화제, 첨가제 등이 약품사용량이 많아 운영비가 증가하고 매립 복토재로 이용이 어려울 경우 폐기물로 처리되어야 하므로 비용이 추가될 수 있다.

그림 5.10에 일반적인 슬러지 고화(고형화)공정에 대해 나타냈다.

5.2.3 슬러지 감량화 기술

발생 감량화라 함은 하수슬러지를 소화조에 투입하기 전 여러 가지 방법을 이용하여 하수슬러지를 가용화하여 소화조의 효율을 개선 하는 것이다. 우리나라 하수처리장의 대부분은 슬러지 발생량이 상대적으로 많은 활성오니법을 적용하고 있어 슬러지 발생량이 적은 하수처리방법으로 대체 또는 변경이 필요하다. 이러한 처리방법으로는 처리효율이 높고 발생량이 적은 SRT 등의 운전조건 조절을 통해서 가능하다. 또한 생체량이 적은 미생물을 우점화하는 방법과 이화작용(Catabolism)에서 생성된 에너지를 동화작용(Metabolism)에서 사용되는 것을 방해하는 Energy-uncoupling 방법 등이 고려될 수 있다.

하수슬러지 발생을 줄일 수 있는 기술로써, 첫 단계에서는 농축과정에 각종 전처리법을 적용하여 슬러지를 개량함으로써 슬러지 내 고형물을 감소시키거나 생분해도를 높이는 기술이다. 두 번째 단계는 소화과정으로써 소화조로 유입되는 슬러지를 가용화하거나, C/N비 등 최적의 소화 조건을 확보함으로써 소화효율을 높여 소화슬러지 내 고형물 저감 및 탈수성을 개선하는 기술이다. 슬러지케익의 함수율 저감을 위한 방법은 전처리 및 탈수장치의 retrofitting 기술 등으로 구분될 수 있다.

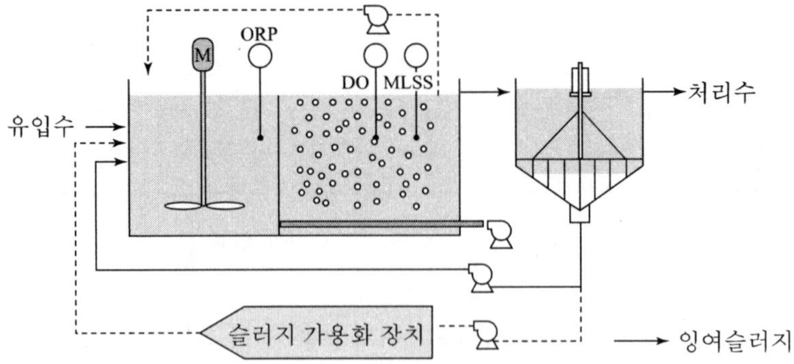

그림 5.11 • 슬러지 발생 감량화 기술의 시스템 구성

이중 탈수과정에 해당하는 기술은 기존 전처리시설의 개량 및 운전조건 변경 등에 의해 이루어질 수 있고 이로 인한 감량화율은 크지 않다. 전처리법에 의한 슬러지의 고형물 감소나 생분해도를 높이는 감량화 기술은 슬러지 감량화율이 높고 각종 단위기술의 조합을 통해 복합적인 새로운 기술로써 발전가능성이 크다.

전처리기술은 단위 및 복합기술을 이용하여 슬러지의 고형물 감소나 생분해도를 높이고 생분해도가 높은 슬러지를 수처리시스템으로 반송하여 최종적으로 생물학적인 산화작용에 의해 무기화시켜 슬러지 발생을 감량시킨다. 단위 및 복합기술은 슬러지를 가용화시키는 작용으로 최종적인 슬러지 발생 감량화는 수처리시스템과 적절히 결합되어야만 슬러지 발생 감량 효과를 낼 수 있다.

기술의 특성상 수처리시스템과의 결합이 달라질 수 있지만, 농축 및 잉여슬러지에 대해 전처리가 이루어지기 때문에 그림 5.11과 같은 일정한 형태로 구성된다. 여기서 슬러지 가용화 장치란 상기의 슬러지 저감화 기술에 사용되는 단위 혹은 복합기술을 의미한다.

가. 고온호기성 세균의 이용

고온호기성 세균에서 나오는 내열성 효소를 이용하여 슬러지를 가용화 시키고 가용화된 슬러지를 생물반응조에 반송시켜 최종적으로 CO_2 등으로 산화분해되어 슬러지 발생을 감량화 시키는 기술이다. 수온이 약 60～70℃의 고온에서 슬러지의 가용성이 가장 높은 것을 이용, 최종침전지의 잉여슬러지를 인발하여 60～70℃의 슬러지 가용화조에 유입시키고 고온호기성 세균과 산소를 공급하여 슬러지를 가용화 시킨 후 생물반응조로 반송시켜 슬러지를 감량화 시킨다. 이때 가용화 작용은 고온호기성 세균이 분비하는 효소의 분해작용과 열에 의한 물리화학적인 열변성의 두 작용이 동시에 진행되어 가용화 및 생분해도가 증가된다. 이와 같이 가용화된 슬러지는 생물반응조에서 일부는 재합성되지만 대부분은 CO_2와 물로 분해되어 슬러지가 감량화 되고 결과적으로는 잉여슬러지가 감소된다.

슬러지의 가용화 속도를 높이기 위해 가동 초기에는 고열호기성 세균 반응조 내에 자연계에서 분리된 bacillus stearothermophilus를 식종하나, 근본원리는 슬러지 가용화조의 운전조건에 있어서 자연발생적으로 증식하는 고온호기성세균이 가지는 슬러지 가용화 능력을 이용하는 것이다. 이러한 원리에 따라 슬러지 발생이 최대한 억제되기 위해서는 잉여슬러지가 슬러지 가용화조에서 전부 가용화되고 생물반응조에서 전부 무기화되어야 한다. 그러나 실제 순수 고열호기성 세균을 이용할 경우 투입슬러지의 약 50～60%가 가용화되나, 혼합배양의 경우 40～50% 정도로 감량화 되어 슬러지는 잔존하게 된다. 따라서 슬러지 저감화를 향상시키기 위해서는 동일한 프로세스가 반복되어야 한다. 슬러지 가용화조에 투입된 슬러지 중 1/3이 생물반응조 내에서 무기화되므로, 잉여슬러지를 발생시키지 않기 위해서는 통상 발생 잉여슬러지량의 3배 정도를 슬러시 가용화조에 투입하면 된다.

나. 초음파 기술

슬러지 감량화 기술 중 초음파처리를 이용한 기술 및 공정을 그림 5.12에 나타냈다. 수중에 강한 초음파를 조사하면 격렬한 가압, 감압이 반복되며 20 KHz의 경우, 초당 2,000회의 진공부(Cavitation) 현상이 발생된다. 이러한 진공부 현상이 액체상태에서 이루어지게 되면, 급격히 감압된 액체는 국소적으로 기화되어 미세한 기포(Cavity)가 발생하며, 감압 중에는 기포가 커지지만 가압분포가 이동하여 감압에서 가압상태로 전환하면 기포가 압축된다. 압축된 기포는 액화되어 파괴되며 기포가 파괴될 때 국소적으로 매우 강한 충격력과 단열압축에 의한 온도상승이 발생하여 일부 수천℃까지 상승하는 경우도 있다. 이러한 기포 파괴시 국소적인 고온, 고압은 초임계 상태를 출현시키거나 라디칼(Radical)반응을 촉진시켜 특수한 화학반응을 일으킬 가능성도 있다. 이러한 반응은 미생물의 세포를 파괴하여 슬러지 내 원형질을 용출시켜 생물반응조에서 최종적으로 분해하여 초음파를 이용한 슬러지 감량화 기술이 상용화 되고 있다.

슬러지 감량화에 있어서는 세포외벽을 파괴함으로써 세포내부를 용출시켜 가용화, BOD화 되기 때문에 세포외벽의 구조가 물리화학적으로 안정된 원핵세포의 경우 가용화율이 저하될 수 있다. 이러한 단점을 보완하기 위해 최근에는 알카리 처리와 같은 화학처리를 통하여 감량화 효율을 극대화 시키는 방법 등이 고안되고 있다.

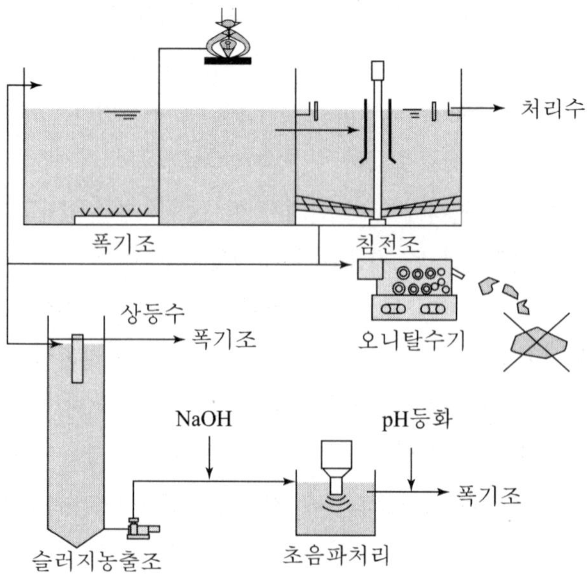

그림 5.12 • 초음파처리를 이용한 슬러지 감량화 기술

다. 오존을 이용한 기술

슬러지가 오존과 접촉시 슬러지를 구성하고 있는 세균의 세포벽, 세포막을 구성하는 점성물질을 해체하고 세포벽을 구성하고 있는 다당성분을 분해하거나 저분자화하여 세포벽을 파괴하게 된다. 세포벽이 파괴됨에 따라 세포내 원형질(단당류 및 유기산 등)이 용출되며 이물질은 일부 오존산화력에 의해 분해되나 일부는 이분해성 유기물질 RBD COD (Readily BioDegradable COD)로 변환된다. 이분해성으로 전환된 유기물질이 생물반응조로 반송되면 기존의 활성슬러지에 의해 산화분해되어 무기화되며 일부는 생체를 합성하는데 사용된다. 오존에 의한 세포벽 파괴는 오존처리 후 세균이 삼투압에 의해 팽창되는 것과, 세포벽을 구성하는 다당류의 절단단면이 증가하는 현상으로 확인될 수 있다.

그림 5.13에 오존산화를 이용한 슬러지 감량화 시설을 나타냈으며, 생물반응조의 슬러지 반송슬러지로부터 인발하여 오존과 접촉반응된 뒤 생물반응조로 반송하도록 구성되어 있고 부설설비로써 배오존 처리장치가 필요하다. 탈수설비는 계외로 슬러지를 인발하지 않을 경우(이른바, 100% 감량시)에는 불필요하다. 협잡물에 의한 배관 폐색이나 오존반응탑교반기에서 엉킴현상을 방지하기 위해 1~1.5 mm 정도의 세목스크린이 필요하다.

활성슬러지는 슬러지 가용화조(오존접촉조)에서 오존의 강력한 산화작용에 의해 생분해성이 높아지며, 이러한 슬러지는 생물반응조 내에서 일부는 활성슬러지로 반송되나 나머지는 이산화탄소와 물로 분해되어 최종적으로 슬러지 발생량이 감소된다.

그 밖에 고속회전하는 교반기로 슬러지를 파쇄하여 슬러지를 감량화하는 밀파쇄를 이용한 저감화 기술, 슬러지의 세포벽을 약화시키고 점성을 감소시킴으로써 잉여슬러지를 감량하는 세포벽 파괴 감량화 기술 등이 있다.

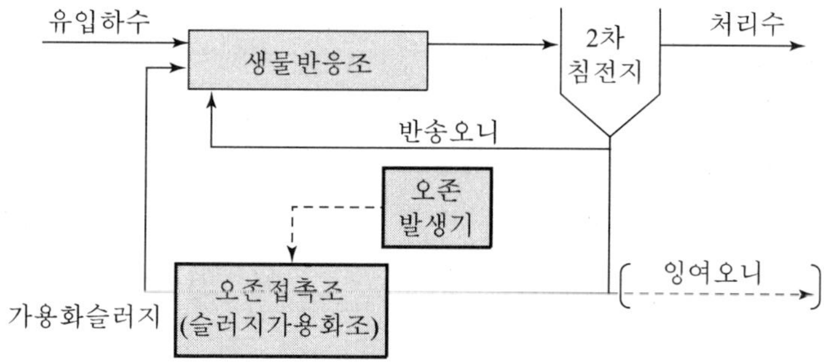

그림 5.13 • 오존산화를 이용한 슬러지 감량화 시설

5.3 폐유 자원화

5.3.1 폐유 발생 및 처리 현황

가. 국내 폐유 처리 현황 및 전망

폐유의 발생 및 처리 현황은 표 5.6에 제시되어 있으며, 2003~2012년 환경부 전국 지정폐기물 발생 및 처리 현황에 의하면 2002년 이후 배출량은 점차적으로 증가하다가 2007년 이후로 일정수준을 유지하는 것으로 나타났다. 이는 발생한 폐유가 대부분 재활용되고 있고 그 비율도 점차적으로 증가하였기 때문이다. 재활용 이외에는 소각, 보관, 기타, 매립의 순으로 나타났다.

표 5.7을 보면 폐유 배출량 대비 재활용량이 가장 높은 것을 나타내며 이는 폐윤활유의 재활용 산업이 활발하다는 것을 의미하나, 2002년부터 2011년까지의 변동이 거의 없으므로 재활용 산업의 정체를 의미하기도 한다.

표 5.6 • 폐유 발생 및 처리 현황

구분	배출량	소각		매립		재활용		기타	
	ton/년	ton/년	%	ton/년	%	ton/년	%	ton/년	%
2002	563,473	201,946	35.8	1,797	0.3	356,416	63.3	4,519	0.8
2003	602,657	230,000	38.2	4,000	0.7	358,000	59.4	8,000	1.3
2004	610,649	197,393	32.3	622	0.1	402,249	65.9	9,255	1.5
2005	694,119	220,644	31.8	449	0.1	468,259	67.5	4,789	0.7
2006	687,247	252,772	36.8	21,327	3.1	375,062	54.6	35,385	5.1
2007	731,602	217,564	29.7	2,384	0.3	475,175	64.9	20,012	2.7
2008	698,554	205,986	29.5	-	-	473,610	67.8	6,430	0.9
2009	724,274	204,367	28.2	408	0.1	501,364	69.2	9,007	1.2
2010	633,315	226,569	35.8	446	0.1	384,924	60.8	8,772	1.4
2011	798,167	262,273	32.9	531	0.1	514,764	64.5	14,334	1.8

출처 : 환경부

현재 발생된 폐유는 정제된 후 주로 목욕탕 및 산업용 보일러의 연료로 사용되고 으나 고온연료유의 경우 선박연료유로의 사용이 가능하나 실제로는 연료로 사용되지 못하고 있다. 이를 위해서는 선주들을 대상으로 정제연료유의 품질을 적극적으로 홍보·인식시킬 필요가 있고 불법 혼합유의 음성적인 유통을 엄단하는 법제의 정비가 필요하다.

이와 같이 폐유에서 정제한 정제유를 재활용할 수 있도록 정부의 많은 홍보가 필요하고 공용부분에서부터 정제유 등의 사용을 적극 사용함으로써 에너지 자원의 현실화와 폐기물 재활용 정책의 극대화에 기여해야 한다.

나. 선진국 폐유 재활용 현황

(1) 북미

2000년부터 2005년까지 기준으로 미국과 캐나다는 연간 6억8천2백만 US Gal을 수거하며, 각 주와 지방에는 폐유를 유해폐기물로 규정하여 수거율을 높이고 있다. 미국 폐유 처리의 85%는 버너의 연료용이나, 버너 연료 생산은 매년 5~8% 감소되고 있다.

표 5.7 • 미국 캘리포니아주 폐윤활유 발생량 (단위 : 백만 gallon)

	2001	2002	2003	2004	2005
판매량	163.6	168.0	150.2	150.5	153.5
재활용량	81.9	83.1	83.7	87.0	91.3
재활용률(%)	50.0	49.5	55.7	57.8	59.5

출처 : CIWMB(California Intergrated Waste Management Board), 2007

미국은 연간 14억 gallon의 폐윤활유가 발생되고 있고 이 중 7.5억 gallon은 제철소나 시멘트 공장과 같은 산업용 연료유로 활용되고 있으며, 약 1.5억 gallon만이 정제되어 재생 윤활유나 윤활기유의 원료로 재활용되고 있다. 1994년 미국 정부에서는 대통령령으로 연방정부의 자동차, 트럭, 전차 등 같은 모든 수송수단의 윤활유는 재생 윤활유를 사용하도록 하는 지침(Executive Order)을 내려 국방부, 총무처, 우편국 등 연방정부 관할부서에서 구입, 사용하도록 하고 있다.

미국 환경청에서도 폐윤활유 정제유가 25% 이상이면 재생 윤활유로 인정하고 재생 윤활유 사용을 권장하고 있으며, 미국 캘리포니아주 정부에서는 매년 약 189,800 gallon의 재생 윤활유를 구입, 사용하고 있고 재생 윤활유 사용 장려 정책이 돋보인다.

미국 캘리포니아주는 2001년 163.6백만 gallon에서 2005년 153.5백만 gallon으로 발생량이 다소 감소하였으나, 재활용량은 91.3백만 gallon으로 2001년에 비해 9.4백만 gallon이 증가하여 재활용을 59.5%를 보인다.

폐유의 이용은 캐나다와 미국의 폐유수거단체에 따라 매우 다양한 데이터를 보유하고 있으며, 미국 캘리포니아주의 경우 판매된 오일의 50%가 폐유로 발생되고 판매된 산업유와 윤활유의 27%를 수거한다. 2005년에 판매된 전체 윤활유는 153.5백만 gallon이고, 이중 50% 이상이 판매되어 소비자에 의해 사용되었다. 북미에서 1인당 판매되는 윤활유는 9 US Gal이고, 미국 폐유처리의 85%는 버너 연료로 생산된다. 윤활유는 사용 중에 50%가 소모되어 사라지므로, 수거된 폐유는 대체로 50%로 가정한다.

북미 폐유처리 현황을 보면, 캐나다의 7개 폐유처리 공장이 연간 약 260백만 리터를 생산하고 미국에는 다양한 공정으로 수백 개의 공장들이 연간 수십억 리터의 재생유를 생산한다. 고온열분해 처리시설은 캐나다가 6개 회사, 미국에 10여개 회사가 있다.

(2) 유럽 및 일본

EU 국가는 수집된 폐유를 재생 윤활유나 가스오일, 합성가스, 화석연료 대체 연료유, 직접 소각 등의 에너지원으로 재활용하고 있다. 유럽국가 중 비교적 폐윤활유로부터 재생 윤활유나 재생 윤활기유 또는 연료유로서의 재활용률이 높은 곳은 이탈리아, 독일, 영국이다.

일본의 윤활유에 대한 수급실적은 2004년 이후부터 지속적인 감소추세를 나타나고 있으며, 기계유의 판매량이 가장 많고, 그 다음으로 가솔린 엔진유, 디젤 엔진유 순으로 판매량이 많아 자동차용 윤활유에 대한 판매량 비중이 매우 큰 것을 보여준다.

일본에서 폐유의 집하 · 회수는 수집운반업 허가를 받은 업자에게 위탁하며, 폐유의 재생 · 처리는 처분업 허가를 받은 업자에게 위탁한다.

일본에는 폐유 회수처리용 예치금 제도가 있으며, 현에 따라서 폐유 회수 시 리터당 5～20엔의 회수료를 징수하고 있다. 이 비용은 폐유 배출업자가 부담하며, 재생비율 리터당 15～20엔, 재생 연료유 리터당 15엔 수준이다.

5.3.2 폐유 회수 방법

폐윤활유는 시멘트 킬른과 화력발전소의 직접 연료로 사용하여 에너지원으로 재활용하거나 정제과정을 거쳐 연료유 또는 재생 윤활유로 사용되고 있다.

국내에서는 주로 이온정제공정을 통해 폐윤활유를 저급 연료유로 재활용하고 있으며, EPR 제도(생산자책임재활용제도)를 도입하여 윤활유 생산자 및 수입업체로 하여금 국내 폐윤활유의 연료유 재활용 기준에 맞추어 폐윤활유에 대한 일정량의 재활용 의무를 부여하고 있다. 또한, 미달량에 대하여 처리 소요비용과 과태료를 부과하는 제도를 운영하여 폐윤활유가 불법으로 투기되거나 환경기준에 맞게 처리되지 않고 직접연료로 이용되는 일이 없도록 하며, 폐윤활유의 재활용을 촉진하고 있으며, 이러한 방법은 다음과 같다.

가. 이온정제법

이온정제법은 황산, 인산암모늄 등의 화학물질을 첨가하여 폐윤활유 중 함유되어 있는 중금속이나 여러 첨가제들과 반응시켜 생성되는 침전물질을 증류방법으로 제거하여 저급 벙커-C 대체 연료유를 생산하는 공정이다. 폐윤활유 속의 금속이온을 반응시켜 금속이온을 불용성 금속염으로 만들게 되고 금속염은 큰 비중으로 인해 시간이 지남에 따라 침전하게 된다.

이온정제법에서 음이온의 선택은 양이온의 양과 종류에 따라 달라지며, 단순한 침전에 의해 금속염을 제거할 경우 음이온의 수용액과 오일의 에멀전층이 존재하고 침전시간이 길어짐에 따라 생산성이 없어지게 되므로, 온도를 120℃ 이상 올려 수분을 증류하고 원심분리기에 의해 금속염 등의 각종 침전물을 분리하여 양질의 연료유를 얻게 된다.

이온정제공정에서 금속염의 형성과 침전을 원활하게 하기 위하여 윤활유 입자의 장력과 점도를 낮게 할 필요가 있다. 이를 위해서는 온도를 높이게 되고 아울러 증류를 막기 위해서는 압력을 높여야 할 필요가 있다.

이러한 이온정제방법은 대체로 감압증류정제의 전처리 공정으로 이용하던 것으로 연료유의 품질기준을 맞추는 데는 어렵지 않으나, 미정제된 회분과 중금속이 연료로서의 품질에 부적당할 경우가 있다. 이온정제공정은 시설투자비가 낮은 반면 고정의 정제약품비가 투입되므로 소규모 시설에 적합하다. 또한, 공정 자체가 단순하고 운전조작이 용이하여 국내 대부분의 업계가 실용화하고 있으나, 처리과정에서 발생하는 폐수, 폐산 슬러지 처리의 문제점이 있어 국외에서는 많이 보편화되어 있지 않다.

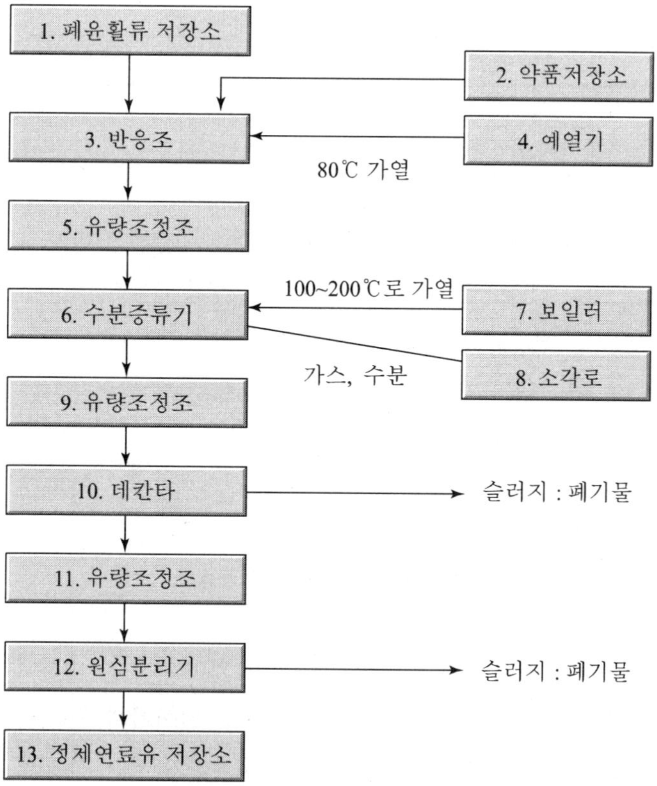

그림 5.14 • 이온정제법 공정도

나. 감압증류법

감압증류정제는 TFE(Thin Film Evaporator) 회전날개에 의해 폐윤활유를 얇은 박막으로 만들어서 전열효과를 극대화시키고 압력은 낮추어 폐윤활유가 최소의 시간에 증류에 이르게 하는 방법이다.

순간 증류가 이루어지게 하기 위해서 그림 5.15의 공정도와 같이 전처리 공정에서 폐윤활유를 120℃ 정도로 가열하여 수분 및 슬러지를 제거한 후 감압상태(3～5 torr)에서 열매체를 250～300℃로 가열한다. 감압 · 저온상태에서 열을 가하면 폐윤활유자체의 열분해가 일어나지 않아 원래의 물성을 그대로 유지할 수 있는 장점이 있다. 따라서 윤활기유를 만드는 데 적당하고 화학변화가 수반되지 않으므로 불순물의 생성을 막을 수 있으며, 가열 시 연료비도 절감된다.

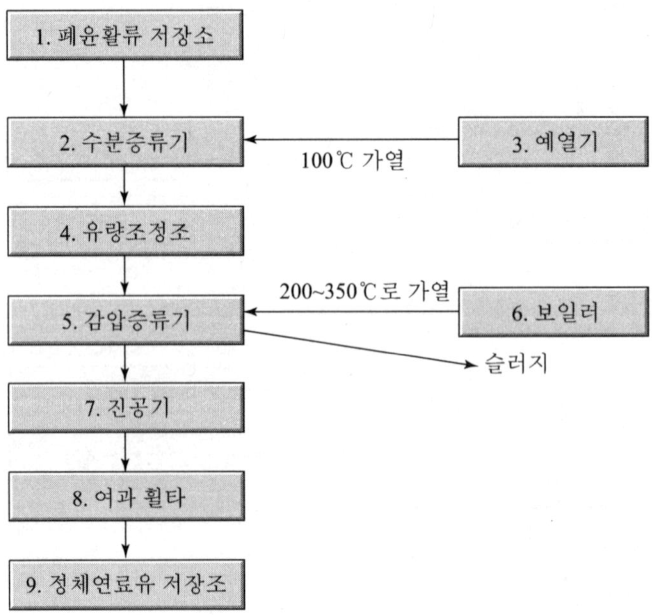

그림 5.15 • 감압증류법 공정도

전처리가 되지 않을 경우는 TFE 내부에서 증류가 일어나기 전 비산 현상에 의해 폐윤활유가 벽면을 흘러내리지 않고 바로 TFE의 바닥으로 떨어지게 된다.

사용 용도가 이 윤활용이라면 수분과 경질유분을 제거하기 위한 전처리 공정에서도 압력을 100 torr 이하로 하여 기화온도를 낮추어야 한다. 폐윤활유를 250℃ 이상에서 30분 이상

방치하게 되면 제품의 품질은 물론 잔유(bottom oil)의 증가로 인해 진공도가 1 torr 상태에서 350℃의 온도를 주어도 85% 이상의 수율은 얻기 어렵다. 증류 정책 방법은 제품의 품질이 일정하고 특히 환경오염물질의 제거라는 측면에서 아주 좋은 결과를 얻을 수 있다.

그러나 설비투자비가 높아 규모가 작을 경우는 제조원가 중 설비투자비의 이자와 감가상각비가 차지하는 비율이 커져서 경쟁력을 잃게 되고 아울러 잔유의 자가처리가 어려워 위탁 처리할 경우는 2차 폐기물 처리비용이 높은 문제가 있다. 감압증류공정이 경쟁력을 갖기 위해서는 잔유를 자가처리 할 수 있는 소각로를 설치하고 소각로의 폐열은 회수하여 증류의 열원으로 사용하는 합리성이 가해져야 할 것이다.

다. 고온열분해법

폐윤활유의 고온열분해 기술은 폐윤활유를 고온으로 가열시켜 탄소고리가 긴 파라핀계 탄화수소의 탄소결합을 절단하여 경질 연료유로 생산하는 기술이며, 기존의 물리화학적 처리기술에 비하여 고품질의 연료유를 생산하고 폐기물 발생을 최소화하거나 무해 처리하는 기술로써 그림 5.16에 일반적인 고온열분해 공정도를 나타냈다.

이 장치는 폐유를 열분해로에 주입시킨 후 오일버너로 315～427℃로 가열시켜 증발하거나 분해되어 발생되는 가스오일을 공냉식 열교환기를 거치면서 응축되어 경유 대체유에 상당하는 고품질의 연료유를 제조하도록 설계·제작하였다. 이 공정의 특징으로는 고급 연료유를 제조할 수 있다는 이점 이외에 공정이 단순하며, 슬러지를 완전 고형화시켜 케이크(cake) 형태로 만들어 회분 및 중금속이 함유되어있지 않은 일반폐기물로 분리되어 처리할 수 있고 기존 폐윤활유의 연료유 제조공정에 비하여 폐윤활유를 처리함에 따른 2차 환경오염물질을 발생시키지 않는 장점이 있다.

분자량이 높고 탄소고리가 긴 파라핀계 탄화수소의 결합체로서 비등점이 높은 폐윤활유를 열분해로에 넣고 450～55℃로 가열하면, 비등점이 낮은 저분자 경질재료로 분해된다. 저분자 물질 중 상부에 있는 탄화수소 증기(유증)를 콘덴서 열교환기로 응축시키고 하부에 존재한 점성질의 잔류물질을 열분해장치로 600～700℃ 정도 가열하면, 탄화수소 증기 및 중금속 찌꺼기로 분리된다. 분리된 탄화수소 증기를 다시 열교환기로 응축시키면 액체 경질유가 되고 고품질의 보일러 등유의 대체 연료로 사용 가능하다. 그러나 열분해기술은 폐윤활유가 분해되어 이중결합을 가진 불안정한 올레핀류가 일부 생성됨에 따라 타르가 발생되어 제품의 불안정, 악취 발생, 색도 같은 문제점으로 인해 국내에서는 설치된 거의 모든 공장이 현재 가동을 중지한 상태이다.

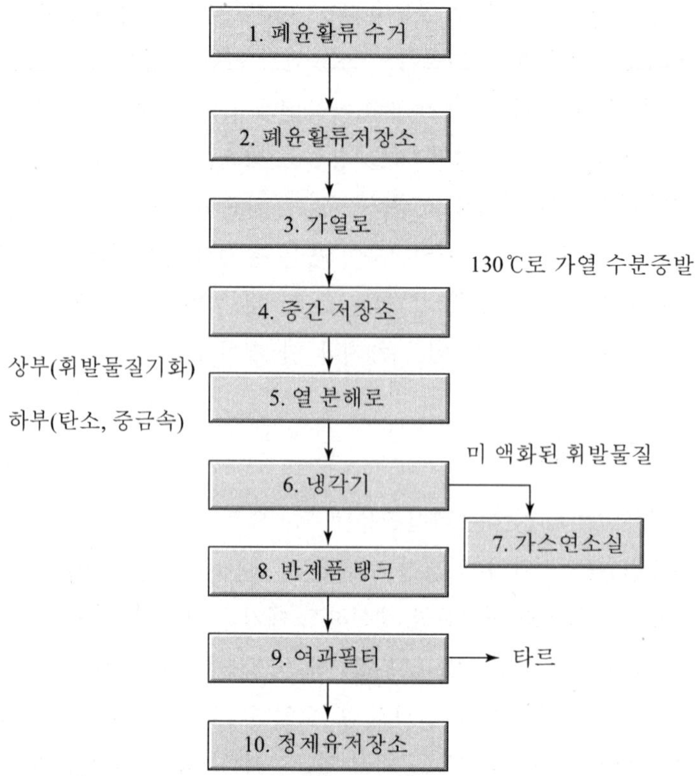

그림 5.16 • 고온열분해법의 공정도

라. 정제기술의 비교

정제기술을 비교하면, 표 5.8에 나타낸 것과 같이 연료의 품질 면에서는 감압증류와 고온열분해유가 청정연료로 지정되어 서울시를 포함한 전국에 사용할 수 있도록 되어 있다.

표 5.8 • 폐유 처리방법별 비교

구분	이온정제법	감압증류법	고온열분해법
정제방법	◦ 단순분리(유수) ◦ 원심분리 ◦ 약품 투여(영세업체 방식)	◦ 감압증류탑을 이용하여 증류하는 방식	◦ 상압 고온 열분해 방식으로 고분자를 저분자로 잘라서 경질의 연료유를 생산하는 방식
연료의 질	◦ 벙커 C-유 대체유	◦ 경유 대체유	◦ 경유 대체유
설치비용	◦ 재래식 설비로서 설치비 낮음	◦ 아주 높음	◦ 약간 높음

경제성	◦ 판매가 낮음 ◦ 2차 폐기물 발생 : 특정폐기물 처리로 고비용 발생	◦ 판매가 높음 ◦ 생산량이 투자비용에 비교하여 낮음 ◦ 2차 폐기물 발생 : 특정폐기물 처리로 고비용 발생	◦ 판매가 높음 ◦ 2차 폐기물 발생치 않음 ◦ 폐유의 슬러지분에 함유된 유해물질은 고온에서 bake되어 cake 형태로 배출되어 유분이 전혀 없는 일반폐기물로 분류되어 일반폐기물로 처리되어 후처리비용 저렴
장래전망	◦ 2차 폐기물 발생으로 인한 오염 ◦ 기업 채산성 악화로 점차 사양 장치화 됨 ◦ 2차 폐기물 처리비용 과다	◦ 2차 폐기물 발생으로 인한 오염 ◦ 2차 폐기물 처리비용 발생	◦ 2차 폐기물 처리비용 없음 ◦ 2차 폐기물 불분출 설비화와 고품질의 정제유 생산으로 인한 소요 확대
종합평가	◦ 연료유의 환경법 강화로 인해 생산 범위 축소가능	◦ 설비비 과다 투자로 인해 채산성 문제 대두	◦ 정부의 청정연료유 정책에 부합되는 설비임

출처 : 이희선 외, 폐기물 자원화 기술의 고급화 방안, 1999

5.4 폐산/폐알칼리 재활용

폐산/폐알칼리에는 통상 산과 알칼리 이외에도 염류와 유기물 등의 불순물이 함유되어 있기 때문에 완벽하게 처리하는데 매우 높은 처리비용이 소요된다. 또한 2차, 3차 오염을 유발하는 주요 환경규제물질이며, 런던조약에 의거 폐산/폐알칼리의 해양투기는 금지되고 있기 때문에 국내외 관련 업계에서는 폐수처리보다는 폐산/폐알칼리의 재활용 기술개발에 초점을 맞추고 있으나, 아직 국내의 많은 업체에서는 소규모의 폐수 위탁처리업체에 의존하고 있고 과학적 관리체계 및 처리기술을 확립하지 못한 실정에 있다. 따라서 각 업체에서 배출되는 폐산/폐알칼리를 특성에 맞춰 재이용 용도 및 기술을 개발하는 것은 대단히 중요하다.

5.4.1 폐산/폐알칼리의 발생원 및 현황

폐산/폐알칼리를 화학적으로는 무기계 폐산, 무기계 폐알칼리, 혼합된 폐산/폐알칼리로 분류할 수 있으며, 분류에 의해 폐산/폐알칼리의 발생원을 나타내면 표 5.9～5.11과 같다. 무기계 폐산의 경우 제련공정 등의 산세척액이나 황산 및 질산을 제조하는 공정으로부터 폐황산이 발생되며, 마찬가지로 금속 및 비철금속 공정, 폐전지, 폐촉매 공정으로부터 폐염산이 발생하고 있다. 그 외의 여러 공정에서도 폐질산, 폐인산, 폐불산 등이 발생되며 각 공정에 따라 발생되는 폐산에 따른 적절한 회수 공법의 적용이 필요하다.

표 5.9 • 무기계 폐산의 종류와 발생원

종 류	발생원
폐황산	금속산세(스테인리스, 철강, 알루미늄 박판, 각종 금속도금), 이산화티탄 제조, 셀로판 제조, 메타크릴산메칠 제조, 황산 및 질산 제조, 니트로화합물 제조, 폭약 제조, 제지산업, 금속정련(Cu Ni Zn Mn 전해), 알루마이트 가공 등
폐염산	금속산세(철강, 알루미늄 박판, 각종 금속도금), 유기염소화합물(염화비닐, 클로로벤젠, 트리클로로에칠렌 등) 제조, 비철금속(치탄, 실리콘 등) 제조, 전자제품(PCB, LCD, MLB 등) 제조, 인산 제조, 폐전지, 폐촉매 등
폐질산	사진제판(아연판 에칭) 전자제품(PCB LCD, MLB 등), 금속산세(스테인리스, 철강, 알루미늄 박판, 각종 금속도금), 반도체 제조 등
폐인산	금속산세(스테인리스 가공, 철강, 알루미늄 표면처리, 각종 금속도금), 도장, 알루마이트 가공 LCD 및 반도체 제조, 인산 제조 등
폐불산	금속산세(스테인리스 가궁 등), 유리가공(크리스탈 글래스, 전구 등), 도금, 혼합 산금속 산세(도금층 박리, 표면처리 등), 반도체 제조 등

출처 : 국립환경과학원, 2007

표 5.10 • 무기계 폐알칼리의 종류와 발생원

종 류	발생원
폐가성소다	제지공업(정련, 표백, 실케이트가공), 알루미나 제조, 식품, 무기약품(아황산소다, 규산소다, 트리폴리인산소다. 중크롬산소다 등) 제조, 폐연소가스 탈황, 알루미늄 표면처리, 셀로판 제조, 석유정제, 전력(이온교환수지 재생폐액), 식물유 정제, 폐수처리, 염색공업 등
폐암모니아	코크스 폐액, 각종 화학공업 폐액 등

출처 : 국립환경과학원, 2007

무기계 폐알칼리는 주로 폐가성소다와 폐암모니아로 구분되며, 종이를 생산하는 제지공업에서 펄프 제조시 정련, 표백, 실케이트 가공에 의해 폐가성소다가 발생한다. 이외에도 알루미나 제조공정에서 보크사이트에 가성소다를 첨가하거나, 약품제조 및 탈황공정에서 가성소다를 이용함으로써 발생하기도 하며, 폐암모니아의 경우 코크스 제조시 부산물로 발생되며, 이외의 각종 화학공업으로부터 주로 발생하게 된다.

표 5.11 • 기타 폐산/폐알칼리의 종류와 발생원

종 류	발생원
유기계 폐산	발효공업(알코올 및 아민산 발효폐액), 아크릴산에테르 제조 부생폐액 등
산성 폐액	사진폐액(인쇄, 출판, TV방송국, 현상소, 병원), 의약품 제조, 농약 제조, 유기 합성공업, 폭약 제조 등
알칼리성 폐액	사진폐액(인쇄, 출판, TV방송국, 현상소, 병원), 비누 제조, 제지공업, 수용성 절삭유 폐액(철강, 금속 가공), 금속탈지액(철강, 도금, 알루마이트, 도장, 금속가공), 도금폐액(주석도금, 아연도금) 등

출처: 국립환경과학원, 2007

폐산/폐알칼리는 지정폐기물로서 관리되고 있으며, 2012년 국립환경과학원 자료에 의하면 62만 7,000 ton/년 발생하여 지정폐기물 전체 발생량의 17.8%에 해당된다. 표 5.12에 폐산/폐알칼리 발생현황의 연도별 변화 추이에서, 폐알칼리의 경우 일정수준을 유지하고 있으며 폐산의 경우 지속적으로 감소하는 것으로 나타났다. 이것은 폐산 중화처리용 등으로 많은 양이 재활용되었기 때문인 것으로 추정된다.

표 5.12 • 국내 폐산/폐알칼리 발생량의 연도별 현황

(단위 : 천ton/년)

구분 \ 연도	2006		2007		2008		2009		2010		2011	
	발생량	%	발생량	%	발생량	%	발생량	%	발생량	%	발생량	%
폐산	785	21.5	677	19.5	624	17.8	512	16.1	562	16.8	568	16.1
폐알칼리	56	1.5	56	1.6	55	1.6	46	1.5	52	1.6	60	1.7

출처 : 국립환경과학원, 2007

표 5.13 • 폐산/폐알칼리 처리방법에 따른 처리량 현황

(단위 : 천 ton/년)

구분	발생내역		처리내역				보관량
	전년도 이월량	2011년도 발생량	재활용	소각	매립	기타	
폐산	2,459	567,525	488,579	644	197	67,970	12,593
폐알칼리	277	59,623	30,273	4,890	361	23,149	1,227

2007년 국립환경과학원 자료에 의하면 폐산의 경우 785,469천 ton/년이 발생하였고 전년도 이월량 일부를 포함해 총 797,954천 ton/년을 처리하였으며, 이중 재활용에 의한 처리 비율은 87.4%로 매우 높은 비중을 차지하였다. 폐알칼리의 경우 56,513천 ton/년이 발생하였고 전년도 이월량을 포함하여 57,232천 ton/년을 처리하였으며, 재활용에 의한 처리 비율이 48.7%로 가장 높은 비중을 차지하는 것으로 나타났다.

5.4.2 국내외 기술개발 동향

현재 국내외적으로 개발된 폐산/알칼리의 처리방법에는 비정질(armophous), 자력(magnetic), 전기응집 등과 같이 여러 가지 복합 기술들이 응용되고 있다. 그러나 국내에서 채택되고 있는 폐산 폐알칼리 처리시스템은 거의 대부분이 미국 및 일본 회사에서 패키지화된 설비를 도입하여 사용하고 있다. 또한, 회사마다 배출되는 폐액의 특성이 다르고 설비 및 생산조건이 다르기 때문에 도입된 설비의 처리효율성이 매우 낮거나 유휴설비로 남아 있는 실정이다.

폐알칼리 재이용기술의 초기 상용화는 1970년대 초 미국, 유럽 및 일본 등에서 이용되고 있는 한외여과막 기술을 적용시킨 후 1980년대 자동차 부품 탈지공정에서 오일스키머 등의 유수분리기를 한외여과막 시스템으로 대체하여 현장에 적용시키면서 활성화되기 시작했다. 그 후 1990년대 이르러 미국, 프랑스, 독일에서 금속가공 후 탈지공정에 한외여과막을 이용한 세척제 재이용 시스템을 개발하여 적용시켰고 이를 이용하여 2000년 이후로 국내에서도 미국 및 일본 등의 설비를 패키지 시스템으로 현장에 설치하여 가동 중에 있으며, 현재 국내의 독자기술은 없고 몇몇 연구소와 관련 업계에서 최근 폐알칼리 재활용 기술개발을 추진해나가고 있는 실정이다.

한편, 폐산 재이용 분야는 확산투석법 및 전기투석법을 핵심기술로 하여 일본이 상용화에 앞서가고 있으며, 국내에서는 투석막의 제조기술이 전무할 뿐만 아니라 처리, 응용 및 설비 엔지니어링 기술 또한 상당히 열등한 실정이다.

폐산/폐알칼리 재활용 기술에 있어 국내 기술이 가장 취약한 부분은 기능성 멤브레인 및 막소재의 제조기술이며, 이것은 특히 이온선택성 고분자투석막, 스테인리스막, 세라믹막 등이 뒤쳐진 분야이다. 그리고 공장마다 폐액의 특성 및 생산조건이 다름에 따라 효율적 온라인 처리기술의 개발이 매우 중요하다. 따라서 국내 관련 기업과 기술적으로 앞서 있는 선진국의 국제 공동연구를 통하여 첨단 기능성 특수막의 제조 기술을 확립하고 경제적 · 효율적 처리를 위한 최적 온라인 청정생산 시스템의 연구개발을 수행함으로써 국내 취약기술을 보완하고자 하는 노력이 필요하다.

5.4.3 폐산의 자원화 기술

'폐기물처리법'에서 폐산은 pH 2 이하의 산성수액 폐기물이다. 일반적으로 폐산은 도금, 도장, 화학적 처리 등 금속가공처리의 선단계 과성에서 금속 표면의 스케일 혹은 녹을 산으로 제거하는 산세공정에서 발생한다. 따라서 폐산 중에는 다량의 중금속 혹은 화학성분이 함유되어 있으며, 이를 효율적으로 처리하지 못하면 환경적으로 매우 유해하다. 이러한 폐산을 회수, 재이용하는 방법은 다음과 같다.

가. 냉각법에 의한 폐산 회수

제철소의 산세공정에서 발생하는 폐황산 중에는 황산제일철이 고농도로 존재한다. 황산제일철의 용해도는 온도에 의해 크게 변화하는 것을 이용하여 폐황산을 냉각하면 황산제일철이 석출되고 이를 여과 · 제거하면 산세용액으로 재이용할 수 있는 저농도의 황산수용액을 얻을 수 있다. 이때 적정한 산세공정의 황산농도로 조정하기위하여 농황산을 혼합하여 사용한다. 이와 같이 냉각법에 의한 폐황산의 회수방법에는 직접냉각법과 감압냉각법이 있다.

감압냉각법은 감압냉각탱크를 이용하여 폐황산을 감압하는 방법으로, 수분의 증발에 의한 증발잠열로 약 10℃ 정도로 냉각하면 황산제일철이 석출된다. 이 방법은 수분이 증발하기 때문에 고농도의 황산수용액을 회수할 수 있는 장점이 있다. 직접냉각법은 냉동기로 −10℃로 냉각시켜 폐산을 0℃ 이하로 냉각하여 황산철을 분리 제거하는 방법으로써 폐산의 양이 비교적 적을 경우에 사용되는 기술이다.

나. 증발법에 의한 폐산의 회수

증발법은 가열에 의해 수분을 증발시켜 농축하고 금속염을 석출시키거나 산을 물과 함께 증발시키고 증기를 냉각시켜 산용액으로 회수하는 방법으로 증발법에는 액체연소법과 진공증발법이 있다.

액체 연소법은 폐산을 연소로 내에서 분사하여 연소시킴으로써 금속성분은 염으로 석출시키고(철강 산세폐액의 경우 산화철이 생성됨), 산은 흄(hume)으로 증발하여 냉각기에서 다시 액화하여 산용액으로 회수하는 것을 말한다. 이 방법은 열분해법이라고도 알려져 있으며, 세부적으로는 분무배소법, 유동배소법 등이 있다. 분무배소법은 산세공정(철강산업)에서 배출된 폐염산을 예로 들어 설명하면 다음과 같다.

폐산을 먼저 배연로 폐가스에 접촉하여 일부를 증발시키면 농축되어진 폐산 중에는 산화철이 일부 생성되며, 이를 여과하고 난 뒤 스프레이 노즐을 통하여 배소로 내부에 분무한다. 여기에서 아래 식 (5.10)과 같이 염화제일철은 300～800℃에서 산소와 수증기와 반응하여 염산과 산화제이철로 분해된다. 생성된 산화철은 배소로 밑으로 낙하하고 페라이트 원료, 안료, 화장품 원료 등으로 사용된다. 배소로의 폐가스는 사이클론에 의하여 가스 중의 산화철 분말을 제거하고 이후 배가스는 공급되는 물과 향류하여 가스 중의 HCl이 흡수되어 약 18%의 염산 수용액이 되어 재이용된다.

$$4FeCl_3 + 4H_2O + O_2 \rightarrow 2Fe_2O_3 + 8HCl \qquad (5.10)$$

유동배소법은 분무배소법과 거의 같은 원리이나 분사된 폐산을 유동층 중에서 유동매체의 표면에 접촉하여 산화분해반응을 일으켜 산화철과 염산을 회수한다.

진공증발법은 진공펌프에 의한 진공도를 조절하고 감압하여 낮은 온도에서 수분을 증발시켜 농축하고 금속염을 석출시키거나, 산을 물과 함께 증발시켜 증기를 냉각한 후 산용액으로 회수하는 방법을 말한다. 이 방법은 중소기업의 적은 양의 폐산처리에 일반적으로 채택되고 있는 방법이지만, 폐황산에는 황산의 끓는점이 280℃ 정도라서 적용할 수 없는 단점이 있다. 그러나 황산일 경우 분별 증류에는 잘 이용되고 있으며, 농축하여 액상으로 재이용하는 경우에도 응용되고 있다. 예를 들면, 알루미늄포일 산세공정에서 배출되는 알루미늄 폐질산의 경우 농황산을 투입하여 선별적으로 질산을 증발시켜 냉각한 후 질산수용액으로 재이용하고 잔류하는 황산알루미늄을 농축하여 수처리 응집제로 제조하는 기술이 최근 개발되었다.

다. 투석막에 의한 폐산의 회수

최근 이온교환막, 역침투막, 한외여과막 등의 막이 산 및 알칼리의 분리, 회수에 응용되고 있다. 역침투막을 이용한 농축법은 가열하는 단계가 없기 때문에 에너지 측면에서 매우 유리하다. 그리고 음이온교환막을 이용하여 금속성분을 고정시키고 산의 농도 차만을 이용하여 유리산을 회수하는 확산투석법이 있으며, 양이온교환막과 음이온교환막을 교대로 설치하고 직류전기를 흘려줌으로써 산을 분리하는 전기투석법이 최근에 실용화되고 있다.

확산은 용질이 고농도 측에서 저농도 측으로 이동하는 현상이며, 투석은 막을 투과하는 것을 말한다. 확산투석법에는 음이온교환막을 사용하기 때문에 음이온만을 투과하고 금속이온은 차단하는 속성을 지니고 있다. 따라서 음이온이 투과할 때 수소이온은 전기영동효과에 의해 함께 이동하고 크기가 막의 공극 크기보다 작기 때문에 음이온과 함께 투과하게 된다. 이때 사용되는 음이온교환막은 두께 0.2～0.4 mm 정도의 다공성 유기고분자필름(스티렌, 디비닐벤젠계 등)에 암모늄기(양이온교환막) 또는 술폰산기(음이온교환막)를 고정화한 것이다. 확산투석의 영향 인자들로는 용액의 온도, 농도, 유속, 금속착체 등이 주요하게 관리되고 있다. 주요 적용처로는 스테인리스강의 산세폐액, 알루미늄의 산세폐액, 비철제련의 전해폐액 등의 재활용에 활용되고 있다.

전기투석법은 이온의 전기영동현상을 이용하는 것으로, 이온교환막이 가지고 있는 이온선택투과성을 이용하여 이온의 상호분리, 농축하는 방법이다. 전기투석장치의 구조를 보면 양극과 음극 사이에 양이온교환막과 음이온교환막이 가스킷을 사이에 두고 교대로 배열되어 있고 막 사이로 전해질 용액을 흘려주면 음이온은 양극쪽으로, 양이온은 음극 쪽으로 이동하게 되며, 교환막의 특성에 의해 한쪽에서는 농축이 일어나고 다른 한쪽에서는 탈염이 일어나도록 구성되어 있다.

이러한 방법으로 폐산을 회수하는 기술의 예로는 미국의 워싱턴 스틸(주)에서 채택하고 있는 스테인리스 혼산(질산 및 불산)을 회수하는 방법이 있다. 여기에는 수산화나트륨에 의해 금속수산화물의 중화침전공정이 전기투석(bipolar법)의 전단계 공정으로 구성되어 있다. 이 방법은 확산투석법에 비해 2차 폐액이 배출되지 않고 산회수율이 질산 97% 이상, 불산 92% 이상인 장점을 가지고 있다.

라. 용매추출법에 의한 폐산의 회수

용매추출법은 수상과 유기상과 같이 서로 혼합하지 않는 두 개의 용매 간에 용질이 분배하여 녹는 현상인 용질의 분배율 차를 이용하여 용질을 효율적으로 분리하는 방법이다. 이 방법은 일반적으로 3단계로 구성되며 첫 번째는 추출단계로써, 수상 중의 목적성분을 추출제에 의해 유기상으로 이동시키는 단계이다. 두 번째 단계는 세정단계로 유기상 중에 같이 합쳐지는 불순물을 수상으로 세정하는 단계이며, 세 번째로는 역추출 단계로 목적성분을 유기상에서 수상으로 옮기는 단계이다.

추출용매로는 물에 불용성인 산성 인산에스테르, 중성 인산에스테르, 부타놀, 이소아밀알코올, 메틸이소부틸케톤 등이 사용하며, 인산, 불산, 질산 등 폐산 중의 금속이온을 제거하고 산을 회수하는 데에 이러한 용매추출법이 사용된다. 용매추출법은 가열공정이 없기 때문에 에너지 측면에서 유리하지만 배출 폐액 중에 유기용제가 혼입하기 때문에 폐수처리과정에서 다소 문제가 있다.

5.4.4 폐알칼리의 자원화 기술

일본에서는 pH 12.5 이상 2.0 이하이면 특정 관리 산업폐기물에 속하고 고형 또는 액상과 오니상의 불용물일지라도 일반적으로 폐산/폐알칼리로 분류한다. 국내에서도 폐알칼리 및 폐산은 법적으로 지정폐기물로 규정되어 폐산의 경우 pH 2 이하, 폐알칼리의 경우 pH 12.5 이상이 해당된다. 일반적으로 폐알칼리를 회수하는 방법은 다음과 같다.

가. 폐탄산나트륨액의 회수

탄산나트륨은 수산화나트륨에 탄산가스를 접촉시켜 중탄산나트륨으로 부터 더욱 더 탄산화를 진행시킨 것으로, 수산화나트륨과 같이 물질을 침식시키거나 반응하지는 않지만 강한 알칼리성에는 변함이 없다. 탄산가스에 의한 지구온난화 문제로 탄산나트륨 대신 수산화나트륨을 사용하는 경향이 있다.

탄산나트륨을 알칼리로 사용하는 예로 철강의 전로에서 황화수소가 많은 배기가스와 하수, 분뇨의 메탄발효에서 발생가스의 탈황공정이다. 이러한 탈황공정은 탄산나트륨으로 황화수소를 세정하게 되고 이 폐액 중에는 황화나트륨이 녹아 있게 된다. 이것을 폭기하면 황화나트륨은 산화되고 황입자는 고액분리하여 액상에는 탄산나트륨만 남게 되고 탄산나트륨은 기기와 장치 및 섬유의 세정에도 일부 사용할 수 있으며, 불순물이 기름에 현탁되거나 기름의 일부가 비누화(saponification)되기 때문에 폐액으로부터 이를 분리하여 재활용하는 것이 바람직하다. 수산화나트륨과는 다른 특성으로 기기류의 부식이 적은 것이 장점이다.

나. 폐석회알칼리의 회수

생석회, 소석회 등도 알칼리로서 여러 용도로 사용되고 있으며, 생석회를 수화시키면 소석회로 되지만 용해도가 0.3% 밖에 되지 않아 현탁 오니 형태로 사용하는 예가 많다. 석회알칼리로 폐기되는 경우에는 비가 오면 씻겨 내려가 강한 알칼리성 지수로 배출되기도 하기 때문에, 재활용 용도를 개발하여야 하며, 용도로는 카바이트와 시멘트 원료로 이용될 수 있다. 소석회와 생석회를 대량으로 사용하고 있는 분야로는 정제당을 제조하는 공정과 각종 수처리 공정이 있지만, 정제당공정에서는 원료인 당질을 물에 녹여서 소석회류를 투입하고 이것에 보일러 등의 연소가스를 불어넣어 탄산칼슘으로 하는 것에 의하며, 불순물을 응집 · 흡착 · 정제하고 있다. 이후 탄산칼슘은 폐기물로 되기 때문에 잘 탈수하여 소성로에서 1,300℃ 전후로 구워서 생석회로 재이용하는 것이 시도되고 있다.

또한, 소석회를 응집제로 이용하고 있는 정수장, 하수처리장 등에서도 같은 방법으로 재이용이 계획되고 있다. 유럽에서는 석회가 적어 이러한 소성, 재생이 실용화되어 왔지만 우리나라의 경우 석회자원이 풍부하여 이러한 계획은 크게 경제성이 없는 실정이다. 그러나 최근 환경법상 폐기처분하는 것이 곤란하게 되고 처분비용도 올랐기 때문에 향후 폐석회의 재활용은 점차 강도를 높여 가고 있는 추세에 있다.

다. 폐규산나트륨의 회수

물유리액으로 불려지는 규산나트륨도 강한 알칼리성을 나타내며, 이것이 배출되면 폐알칼리가 되고 요업, 주물공업, 토목공업 등으로부터 발생된다. 주물공정에서 주형을 모래로 경화할 때 물유리를 사용하며, 매회 폐기물로서 혼합된 모래를 배출하게 된다. 이러한 모래를 처분하기 어렵기 때문에 주형을 해체하고 모래를 회수하는 방법이 강구되어 왔다. 샌드블라스트로 주형을 기계적으로 충돌시켜 해체하고 분리하는 방법이 일반적이지만, 이 성형을 열탕에 넣어 물유리를 녹여내어 모래를 회수하는 방법이 실용화되었다. 이 회수방법은 모래에 충격을 가하지 않기 때문에 손실이 적으나 물유리의 폐알칼리가 배출되어 나온다. 이러한 폐알칼리는 감압 농축하여 토목공사용으로 재이용하든지 황산알루미늄을 넣어 저인공 제올라이트로 하는 등의 대응책을 생각할 수 있다. 또한, 점성이 높은 흙과 석회가 많은 폐기물을 섞어 토질개량에 사용할 수도 있다.

라. 알루미늄에칭공정 폐액의 회수

알루미늄에칭공정에서 금속 알루미늄은 식 (5.11)~(5.12)와 같이 수소를 발생하면서 수산화나트륨과 반응하여 아래의 반응식과 같이 알루민산나트륨으로 용해한다.

$$2Al + 6NaOH \rightarrow 2Na_2AlO_3 + 3H_2 \tag{5.11}$$

$$2Al + 2NaOH \rightarrow 2NaAlO_2 + 3H_2 \tag{5.12}$$

알루민산나트륨의 농도가 높게 되면 에칭기능이 저하하기 때문에 폐알칼리로 폐기되고 있지만 회수할 필요가 있다. 이러한 폐알칼리는 농축한 후에 수산화알루미늄을 결정으로 넣어 둔 반응기 내에서 약 10분간 가온·교반하면, 알루민산나트륨은 수산화나트륨과 수산화알루미늄으로 가수분해 하여 식 (5.13)과 같이 되며, 이때 생성한 수산화알루미늄을 분리, 제거하면 수산화나트륨 용액이 얻어져 다시 에칭액으로 사용하는 것이 가능하다.

$$NaAlO_2 + 2H_2O \rightarrow NaOH + Al(OH)_3 \tag{5.13}$$

마. 동식물유를 포함하는 폐알칼리의 회수

동식물유는 식용유의 용도 외에 비누, 금속절삭, 금속방청 등 다방면에 사용되고 있으며, 기름 정제공정에서도 수산화나트륨이 사용되어 폐알칼리로 배출된다.

비누를 제조할 때도 기름을 알칼리로 비누화한 후에 글리세린과 기름이 많은 폐알칼리로 배출된다. 금속 표면에 코팅된 것도 알칼리에 의해 탈지되기 때문에 폐알칼리로 배출된다. 이때 배출되는 폐알칼리 중 일부 유지가 지방산에 의해 알칼리와 결합하고 비누화하여 비누와 남은 기름이 에멀젼화를 일으키기 때문에 동물성 기름을 포함하는 폐알칼리는 알칼리와 비누, 그리고 유지가 혼재하게 된다. 이러한 폐알칼리는 기름을 부상시키기 어렵고 기포에 의하여 부상 분리하여도 발포에 의한 분리가 어려우므로 pH를 떨어뜨려 기름을 분리하는 것이 용이하며, 알칼리와 분리하여 기름을 회수할 수도 있다.

제유공장에서는 이 폐알칼리를 용제에 추출하여 기름과 에리고스테린, 카로틴, 기타 유효한 지용성의 검화물질을 분리, 회수하고 있다. 이 경우도 비누와 알칼리를 분리하는 것은 어렵다. 따라서 폐알칼리의 기름과 비누의 농도를 높이고 이것에 동물성 기름을 첨가 후 가열, 검화하여 비누의 원료로 만드는 것을 시도하고 있다. 또한 이 기름과 비누가 많은 폐액을 광물유를 포함하는 폐알칼리와 같이 연소처리하여 연소재를 알칼리로 회수하고 이때에 발생하는 에너지도 회수하는 사례도 있다.

바. 페라이트법에 의한 가성소다의 회수

유기물을 함유한 폐액은 유기물을 분해시키기 위하여 소각하는 경우에 산화제이철을 첨가하면 탄산소다가 생성되고 다시 산화제이철과 고온에서 반응하여 나트륨페라이트(아철산소다)가 생성된다. 아철산소다는 불안정하여 물과 반응하여 산화제이철과 가성소다로 가수분해가 가능하게 된다. 산화철로부터 분리된 가성소다는 재활용하고 산화제이철은 다시 폐알칼리 처리에 재이용한다. 이러한 화학반응을 식 (5.14)에 나타냈다.

$$Na_2CO_3 + Fe_2O_3 \rightarrow 2Na_2FeO_2 + CO_2 \tag{5.14}$$

상기 반응과 같이 산화제이철이 탄산나트륨과 반응하게 되면 아철산소다와 이산화탄소를 생성하게 되고 이때 흡열반응으로 인한 950℃ 이상으로 온도가 올라가게 된다. 생성된 아철산소다는 식 (5.15)와 같이 물과 반응(가수분해)하여 가성 소다와 산화철로 분해된다. 이때 생성된 가성소다는 재활용되고 산화철은 상기 반응에 재이용한다.

$$2Na_2FeO_2 + H_2O \rightarrow 2NaOH + Fe_2O_2 \tag{5.15}$$

사. 암모니아의 회수

암모니아는 상온, 상압에서 기체이지만 물에 용해되면 수산화암모늄을 생성하기 때문에 화학적으로 알칼리물질이다. 암모니아수용액의 조성을 보면 Na_4OH, NH_3, NH_4^+, OH^- 등으로 구성되고 혼합물 상태로 보아야 할 것이다. 과거에는 폐암모늄염을 정제하여 비료로 재활용하였으나 황산암모늄 등은 토양을 산성화하는 경향이 있어 수요량이 격감한 상태이다. 따라서 암모늄염으로 회수하면 재활용하기는 어렵기 때문에 최근에는 거의 이 방법을 사용하지 않는다. 용매추출공정에서 암모니아를 사용하고 부생하는 황산암모늄으로부터 암모니아를 회수하여 순환, 재사용하고 있는 사례를 들면 식 (5.16)～(5.18)과 같다. 황산암모늄을 함유한 추출잔액에 소석회를 첨가하석 가열, 증류하면 암모니아와 석고를 생성시켜 석고재로써 이용할 수 있으며, 수산화암모늄을 가열 및 증류하게 되면 암모니아 기체를 회수 할 수 있고 황산과 같은 강산의 중화에 이용하기도 한다.

$$(NH_4)_2SO_4 + Ca(OH)_2 \rightarrow CaSO_4 + 2NH_4OH \text{ (침전, 석고 재이용)} \tag{5.16}$$

$$NH_4OH \rightarrow NH_3 + H_2O \text{ (가열, 증류, 암모니아 회수)} \tag{5.17}$$

$$H_2SO_4 + NH_3 \rightarrow (NH_4)_2SO_4 \text{ (산의 중화에 사용)} \tag{5.18}$$

Reference

1. 한국건설기술연구원, 하수슬러지의 퇴비화에 관한 연구, (1994).
2. 이창호, "하수슬러지 처분 및 재활용 방안에 연구", *한국유기성폐자원학회*, vol.8, (2003).
3. 이희선 외, "폐기물 자원화 기술의 고급화 방안", 한국 환경기술개발연구원 보고서 vol.-no.1-15, (1999).
4. 과학기술처, "도금폐수로부터 유가금속회수를 위한 기초 조사연구", 102, (1989).
5. 강동현, "침전법에 의한 폐수중의 철이온 제거에 관한 기초 연구", *한국자원리싸이클링학회지*, vol.2, no.2, 16～21, (1993).
6. 최원준, 오광중 외 3명, "Struvite 결정화를 이용한 하수슬러지내의 인 자원 회수에 관한 연구", *대한환경공학회*, vol.31, no.7, 557～564, (2009).
7. 황혜련, 오광중 3명, "KOH 활성화제를 이용한 하수슬러지 탄화물 흡착제 제조", *한국대기환경학회*(춘계 공동학술대회), vol.2007, no.1, (2007).
8. 정영헌, 오광중 5명, "유동층 반응기에서 하수슬러지의 건조 및 탄화 특성에 관한 연구", *대한환경공학회*, vol.28. no.7, (2006).
9. 한영석, 오광중 3명, "하수슬러지 탄화물을 이용한 악취의 제거", *대한환경공학회*, vol.30, No.11, (2007).
10. 환경관리공단, 하수슬러지 처리 및 자원화 방안, (2005).
11. 한국건설기술연구원, 하수슬러지의 퇴비화에 관한 연구, (1994).
12. 진원기, 하수슬러지 처리 및 자원화 정책방안에 관한 연구, (2009).
13. 박상우, 하수슬러지 고형화 사례 및 제품평가, *한국폐기물학회*, vol.25, no.6, 493～498.
14. 수도권매립지공사, 유기성오니 처리체계 개선에 관한 연구, (2005).
15. 권영배 외, "고함수 폐기물의 연속건류 탄화처리기술", 한국열분해용융공학회 2003년 춘계학술발표회, (2003).
16. Hye-Ryun Hwang, "The preparation of an adsorbent from mixtures of sewage sludge and coal-tar pitch using an alkaline hydroxide activation agent", *Journal of Analytical and Applied Pyrolysis*, vol.83, 220～226, (2008).
17. Bolto B. A., Pawlowski. L., "Wastewater Treatment by Ion-Exchange", *Londeon E. & F. N, SPON New York*, 69～97, (1987).
18. Sewage Sludge Treatment and Use-New Developments, Technological Aspects and Environmental Effects, Elsevier Applied Science, 536, (2004).

19. Norbert, J., and P pel, H. J., "Phosphate release of sludge from enhanced biological P-removal during digestion", *Proceedings of IAWQ 17th Biennial International Conference*, 1167～1174, (1994).
20. Legeros, R. Z., and Legeros, J. P., "Phosphate minerals in human tissues", *Phosphate Minerals*, Springer-verlag, Berlin, 351～ 385, (1985).
21. Patterson, J. W. "Industrial wastewater Treatment Technology", Butterworths, Boson, (1985).
22. Rao, S. R. and Finch, J. A.. "A review of water re-use in flotation", *Minerals Eng*. vol. 2, 65～85, (1989).

CHAPTER 06

고형폐기물의 자원화

고형폐기물은 액상이나 가스상태가 아닌 폐기물을 총칭하여 말하며, 도시고형폐기물, 농업쓰레기, 광산폐기물 등이 있으며, 여기에는 플라스틱, 비산재, 슬래그 등의 산업공정 폐기물이 포함되어 있다. 먼저 고형폐기물을 자원화 시키는 방법을 물질의 재생과 에너지의 회수 등으로 구분할 수 있으며, 물질 재생 방법에는 폐건전지 등을 회수하여 유가금속을 회수하는 방법이 있다. 에너지를 회수하는 방법으로는 소각을 이용한 열회수, 도시고형폐기물을 가공하여 성형한 고형연료 제조, 열분해를 이용한 가스화 및 액체연료의 생산 등이 있다.

이에 본 장에서는 고형폐기물의 자원화 중 폐전지, 폐촉매를 이용한 금속회수, 고형연료화 기술, 열분해 기술, 비산재 및 슬래그를 이용한 자원회수에 관해 기술하였다.

6.1 고형폐기물의 금속회수 및 자원회수

6.1.1 폐전지

전 세계적으로 휴대용 전자기기, 완구 및 전자제품 등의 수요가 급증함에 따라 전원으로 사용되는 각종 전지의 수요량 또한 연간 20%씩 증가하고 있는 실정이고 우리나라의 경우 연간 약 10억개(납축전지제외), 하루 300만개 정도의 건전지가 소비되고 있다. 이들 전지는 한번 사용하고 폐기되는 1차전지와 충전하여 다시 사용할 수 있는 2차전지로 나뉘며, 2차전지의 경우에도 200~400회의 충·방전 후에는 폐전지로 버려진다. 이들 폐전지 중에는 인체에 유해한 수은, 납, 카드뮴 등의 중금속과 양잿물로 알려진 KOH와 NH_4Cl, H_2SO_4 등이 포함되어 단순 매립이나 소각될 경우 환경오염을 유발 시킬 수 있다.

따라서 전 세계에서 폐전지를 재활용함으로서 환경오염을 방지하고 아울러 폐전지 내에 포함되어 있는 은, 아연, 니켈, 코발트, 리튬 등의 유가금속을 회수할 수 있도록 다양한 연구를 수행하고 있고 폐전지 재활용을 위한 상용화 플랜트가 건설되고 있다.

또한 EU에서는 2004년부터 모든 폐전지를 재활용하도록 의무화하고 있고 일본에서는 전지 표면에 화학적 심볼을 부착하거나 전지별로 색상을 달리하여 분리 및 수거가 용이하도록 하여, 현재 40%의 지방자치단체에서 폐전지를 수거하고 있다. 따라서 앞서 언급한 유가금속의 회수를 통해 유한한 자원을 효율적으로 사용하고 환경을 보호하기 위한 폐전지의 재활용기술 개발이 지속적으로 필요하다.

가. 전지의 분류

전지의 종류를 분류하여 보면 전지는 크게 화학반응을 이용한 화학전지와 물리작용을 이용한 물리전지로 구분한다. 물리전지는 물리적 에너지를 전지 에너지로 변환하는 장치로 시계, 계산기 및 태양광 발전소 등에 사용되는 태양전지와 우주 및 의료용으로 사용하기 위해 개발되고 있는 원자력전지, 열기전력을 이용한 열전지 등이 있다. 화학전지는 한 번만 사용하도록 설계된 1회용 전지가 있고 충전을 할 수 있는 2차전지 및 외부에서 연료를 공급해 발전이 가능한 연료전지 등이 있으며, 리모콘, 가스탐지기, 시계, 인터폰, 계산기 등에 널리 사용된다.

화학전지와 물리전지를 자세하게 분류하여 그림 6.1에 분류표를 나타내었으며, 먼저 대표적인 1차전지로서 1868년 프랑스 르클랑셰에 의해 발명된 역사가 오래된 전지인 망간전지와 면도기, 카세트, 장난감, 디지털카메라, MP3 등에 사용되며 망간전지와 비교하여 전지용량이 크고 내부저항이 적어 부하가 큰 장시간 사용에 적합한 전지인 알카리 망간전지가 있다. 이밖에 1960년대 민생용으로 개발된 전지로서 손목시계 등의 전원으로 사용되며 산화은을 사용하는 산화은전지, 전해질이 유기 전해액(약산성)이며, 망간전지와 알칼리전지와 다르게 －극에 리튬을 사용하는 리튬전지 등이 있다. 또한 19세기말부터 20세기초에 걸쳐 거치형 공기전지가 개발되어 항로표지용 전원이나 각종 통신기기에 사용되었으며, 단추형으로는 의료기(보청기)용도로 사용하고 있으며, 고에너지 밀도와 큰 전기용량, 평탄한 방전특성을 갖고 있는 공기아연전지 등이 있다.

한편, 2차전지는 화학에너지와 전기에너지간의 상호변환이 가역적이어서 충전과 방전을 반복할 수 있는 전지를 의미하며, 특히 소형 2차전지는 휴대폰, 노트북컴퓨터, 캠코더, PDA, 전동공구 등의 전원으로 사용된다. 2차전지로는 납축전지, 니켈카드뮴전지, 니켈수소전지, 리튬이온전지, 리튬이온폴리머전지 등이 현재 사용되고 있다.

2차전지는 리튬계 전지와 납축전지, 알칼리전지로 구분할 수 있으며, 이것은 전해질에 따른 분류이다. 리튬계 2차전지는 전해질이 유기용매(약산성)로서 사용하는 전극과 전해질에 따라 리튬이온전지, 리튬이온 폴리머전지, 리튬금속 폴리머전지로 구분한다. 또한 전극의 재료와 작동원리는 같지만 전해질 사용에 있어서 리튬이온전지는 액체 전해질을 사용하고 리튬이온 폴리머전지는 고체나 겔형의 고분자 전해질을 사용한다는 점에 차이점가 있다. 이외에도 전해질이 산성인 납축전지가 있으며, 전해질이 알칼리성(수산화칼륨수용액)으로 ＋극에 니켈을 사용하고 카드뮴, 철, 아연, 수소 저장 합금 등에 따라 니켈－카드뮴전지, 니켈－철전지, 니켈－아연전지, 니켈－수소전지 등으로 구분할 수 있는 알칼리 2차전지 등이 있다.

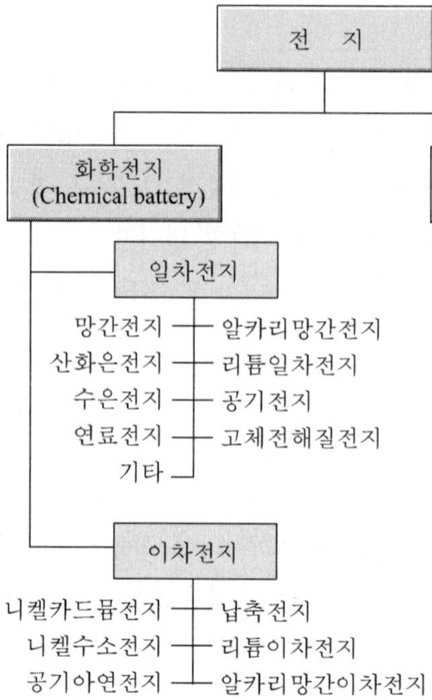

그림 6.1 • 전지의 분류

나. 폐전지의 유해성

국내의 건전지 시장은 2006년 말 기준 연간 6천 500억원 규모로 전체 소비량의 70%를 수입에 의존하고 있으며, 한 해 동안 국내에서 소비되는 건전지는 총 10억개에 달한다. 폐전지에는 우리가 일상적으로 사용하는 핸드폰, 노트북, 카세트, 완구, 비상용 전원 등 각종 전자기기의 전원으로 사용되는 1차전지, 2차전지가 수명이 다하여 발생하는 폐기물을 일컫는다. 또한 한번 사용하고 버려지는 1차전지는 전체 중량의 약 80%를 차지하고 있으며, 충전하여 200~400회까지 재사용이 가능한 2차전지로 납축전지가 10%, 니켈-카드뮴전지, 리튬이온전지 등이 나머지 10%를 차지하고 있다.

특히 2007년도 기준으로 국내 전지류 발생량중 알칼리망간전지, 망간전지가 약 90%를 차지하고 있으며, 2005년 화학시험연구원에서 중국 등에서 수입되고 있는 망간/알칼리 전지를 분석한 결과, 수은 및 카드뮴이 국내 기준치를 초과하였고 납의 경우 650~1,140 ppm이 함유되어 있는 것으로 나타나 유럽연합 기준치 40 ppm을 무려 10배 이상 초과하는 것으로 나타났다. 또한 망간전지의 경우 망간과 아연의 용출정도가 폐수배출기준인 10

ppm, 5 ppm을 초과하며, 산화은전지의 경우 수은함량이 전지 개당 250 mg의 수은이 함유된 것으로 나타나 철저하게 관리 될 필요가 있다.

납축전지는 납, 납화합물, 황산, 비소(As), 안티모니(Ab) 등의 유해한 물질을 함유하고 있고 납의 경우 독성이 매우 강한 물질로 납축전지가 대량 폐기될 경우 큰 문제를 야기할 수 있다. 또한 니카드전지(니켈－카드뮴 축전지)는 유해한 중금속인 니켈, 카드뮴, 납, 크롬, 비소 등을 함유하고 있어 환경에 심각한 영향을 줄 수 있다. 따라서 폐전지의 재활용 및 자원회수에 관한 연구는 경제적인 측면과 더불어 환경적인 측면에서 매우 중요하다고 할 수 있다.

다. 폐전지 재활용·회수 현황

국내에서는 2002년까지 「자원의 절약과 재활용 촉진에 관한 법률」(제18조)에 의거하여 예치금 및 부담금 제도를 적용하여 수은전지 개당 120원, 산화은전지 개당 75원, 니켈카드뮴전지와 리튬일차전지는 개당 16원(20 g 미만)과 g당 0.8원(20 g 초과)의 예치금을 부과하였으며, 리튬전지 중 이산화망간 및 플루오르화 탄소리튬전지는 폐기물부담금으로 개당 2원씩 부과하였다. 2003년부터는 폐기물 예치금 제도는 생산자책임재활용제도(EPR)로 전환되었으며, 이 제도는 생산자나 수입업자에게 일정량의 재활용 의무를 부여하여 이를 재활용하게 하고 이를 이행하지 않을 경우 재활용에 소요되는 비용 이상의 재활용 부과금을 생산자에게 부과하는 제도이다.

망간전지 및 알칼리망간전지는 1996년도까지 부담금 품목이었으나, 1996년에 품질경영촉진법의 건전지 안전검사 항목설정으로 부담금에서 제외되었지만, 일반쓰레기와 함께 배출되어 매립, 소각되는 경우 환경적 부담이 있어 환경 선진국에서 모든 폐전지는 재활용을 의무화하는 추세에 맞춰 2008년도부터 EPR품목에 포함되었다. 또한 리튬이온전지는 2005년도부터 폐휴대전화가 생산자책임재활용제도의 대상품목으로 포함되면서 이동전화단말기 전지류에 포함되었다. 현재 우리나라는 납축전지와 니켈카드뮴전지를 재활용하는 회사가 있으며, 리튬이온전지, 리튬1차전지, 망간전지 및 알칼라인전지는 현재 일부 재활용회사에서 상용화를 준비 중에 있거나 일부 상용화가 진행된 상태이다. 따라서 우리나라와 같이 국토의 면적이 협소하고 부존자원이 부족한 나라에서는 보다 환경 친화적이며, 자원회수를 효율적으로 할 수 있는 기술개발이 지속적으로 반드시 필요한 실정이다.

폐전지의 회수 및 재활용을 원활하게 하기 위하여 폐기물 관리법상의 폐기물 예치금제도와 환경부담금제를 도입하고 있다. 우리나라에서는 수은전지와 산화은전지를 예치금 부과대상으로 지정하여 개당 120원, 75원씩을 부과하고 있으며, 리튬전지와 니켈카드뮴전지의 경우에는 개당 2원씩의 폐기물부담금을 부과하고 있고 알칼리망간전지 및 망간전지는 96년 7월 폐기물부담금 항목에서 제외되어 현재 일반 쓰레기와 함께 처리되고 있다.

폐산화은전지는 수거업자에게 예치금을 반환하고 있으며, 지방환경청에서 수거된 폐산화은전지 1 kg을 계량하여 개수를 정하고 개당 75원씩의 예치금을 반환하고 있다(평균 1 kg당 약 20만원). 따라서 산화은전지의 경우 수거율이 100%에 이르고 있고 이렇게 수거된 폐산화은전지는 재활용처리업체에게 처리비용을 제공하지 않고 무상으로 위탁처리를 수행하고 있다. 폐니켈-카드뮴전지의 경우 개당 2원씩의 환경부담금만이 부과되어 체계적인 수거가 이루어지지 않고 있으며, 국내 재활용업체에서 수거하는 폐니켈-카드뮴 폐전지의 수량은 불과 32 ton으로 국내 총 발생량의 2~3%에 불과한 실정이다.

라. 폐전지로부터의 자원회수

코발트, 니켈, 카드뮴, 리튬, 납을 포함한 다양한 금속은 가정용 집기와 산업 설비에 사용된 배터리의 주요한 금속 성분이다. 따라서 폐전지로부터 어떤 금속을 회수하기 위해서는 먼저 배터리를 분류시킨 후 파쇄해야 한다. 특히 수은배터리는 금속을 휘발시키기 위해 먼저 가열시켜야 하며, 또한 가능한 폭발을 방지하기 위해 내부의 압력을 제어하는 것이 필요하다. 대표적으로 폐전지로부터 자원을 회수하기 위해 배터리의 물리적 성질과 화학 조성에 따라 물리적 처리, 건식제련 또는 습식제련에 의해 자원을 회수한다.

폐전지로부터 금속을 회수하는 방법 중 습식제련과 건식제련법은 금속의 회수를 위해 개발되었으며, 이것은 배터리의 구성과 경제성 등에 크게 좌우된다. 그림 6.2는 금속을 회수하기 위한 전처리 과정으로 먼저 금속입자, 플라스틱, 분말 형태의 혼합물, 슬러지 등이 포함한 정제된 것들이 포함된 물질을 얻기 위해 셀을 거르게 된다. 전해질은 물로 세척함으로서 분리된 후, 가벼운 물질과 플라스틱 등을 분리하기 비철금속과 자기성 철 화합물을 자기선광을 통해 분류하는 단계로 진행된다.

습식제련 경로는 용매추출, 침전과 전해채취에 의한 침출의 과정으로 구성되며, 대표적으로 니켈-카드뮴 배터리는 탄산암모늄 또는 염산을 거르는 과정을 거쳐 처리된다. 산화과정이 필요한 침출과정은 아연회수를 위한 전기제련 방법과 마찬가지로 하이포아염소산나트륨과 염화수소산 첨가와 함께 진행된다.

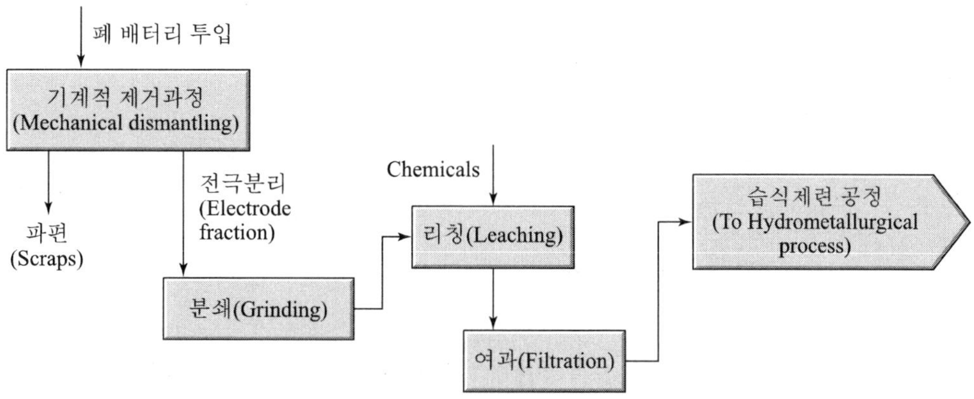

그림 6.2 • 폐전지의 일반적 전처리 공정

또한 니켈-카드뮴 폐전지로부터 니켈, 코발트, 카드뮴 등의 유가금속을 회수하고 분리하는 습식제련 공정을 그림 6.3에 나타내었다. 먼저 접지 전극은 6시간 동안에 110℃ 상태에서 황산에 의해 걸러진 후, 걸러진 용액의 pH 수치를 3~4까지 높이게 된다. 그리고 aminomethyl phosphonic 산이 포함된 이온교환 칼럼을 통과하고 이것은 다시 카드뮴을 흡착하는 과정을 거치게 된다. 마지막으로 니켈과 코발트가 포함된 용액은 추가적인 분리를 위해 처리되며, 카드뮴은 황산의 용출과정에 의해 회수된다.

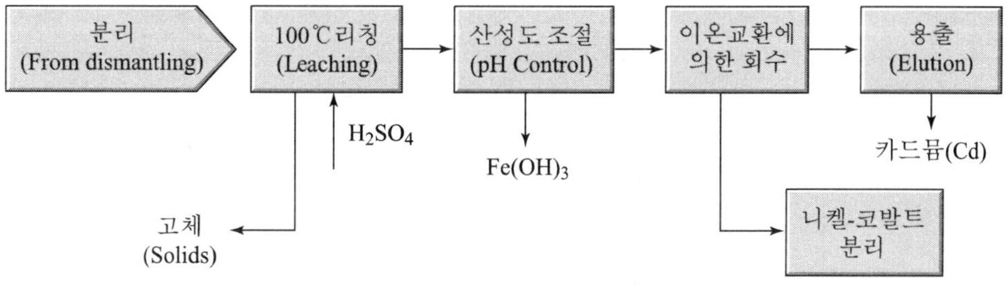

그림 6.3 • 습식제련을 이용한 폐전지로부터 유가금속의 회수

반면, 건식제련은 그림 6.4와 같이 수은의 증류가 약 600℃에서 진행되며, 휘발성유기화합물은 850~900℃에서 산화되고 그 후 그것들은 효과적인 수은의 응축을 위해 0℃에 가깝게 냉각되고 배기가스는 탄소 필터에 의해 정화된다. 하지만 이러한 과정의 한 가지 큰 문제점은 수은이 포함된 기체상 형태에서 휘발된 물질이 폭발의 위험성을 가진 수은 버터라고 불리는 점성의 수은화합물을 형성할 수 있는 점이다. 아연과 카드뮴은 수은보다 더 높은 온도에서 휘발되기 때문에 용광로에서 그것들은 금속으로 응축되거나 산화된 가스를 냉각시킴으로서 산화물로 재생된다.

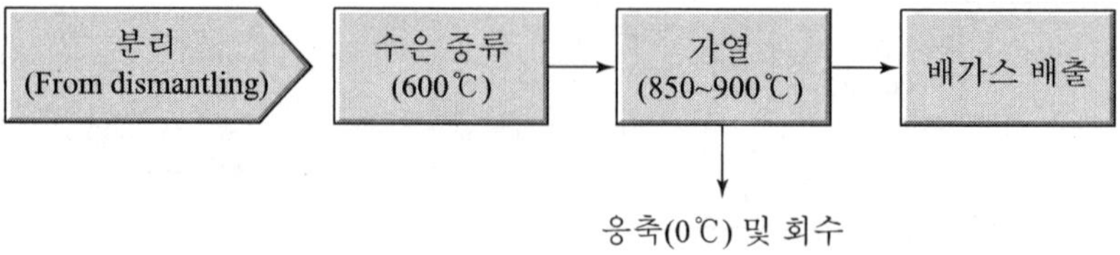

그림 6.4 • 건식제련을 이용한 폐전지로부터 유가금속의 회수

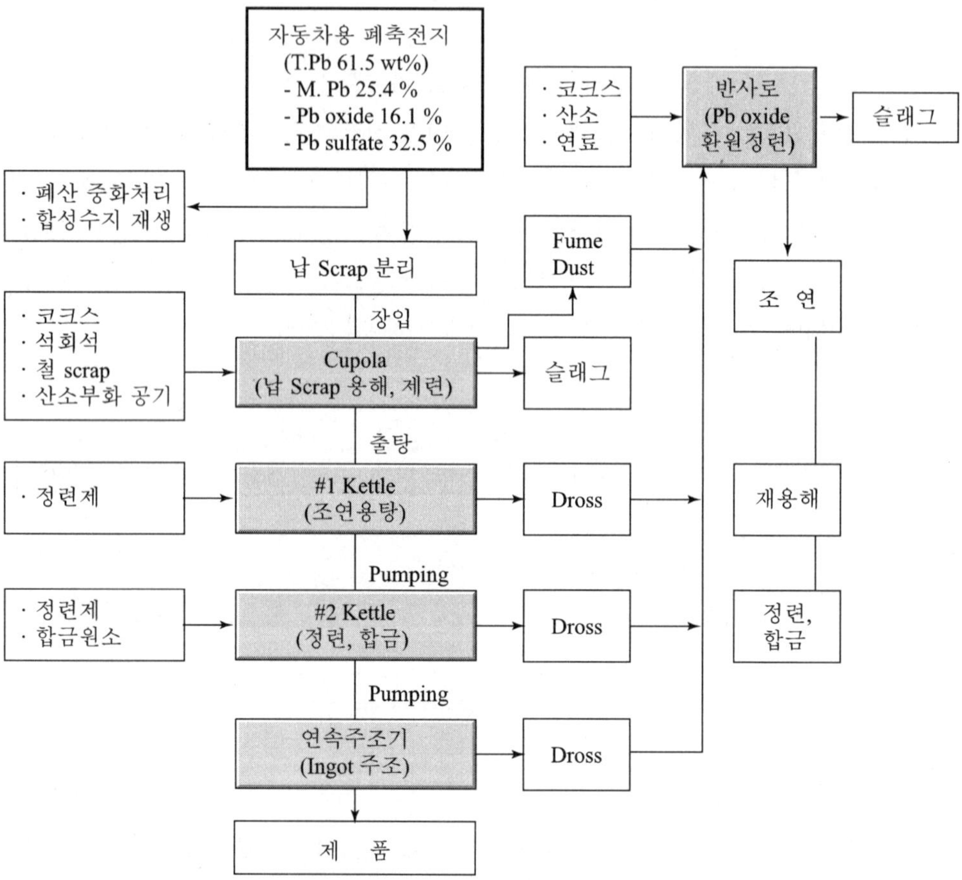

그림 6.5 • 폐납축전지 재활용 공정

폐납축전지의 처리기술은 반사로법(Reverberatory Furnace), 로터리 킬른법(Rotary Kiln) 그리고 큐폴라법(Cupola)이 있으며, 국내에서는 주로 큐폴라법을 채용하고 있다. 큐폴라법의 공정도를 그림 6.5에 나타내었으며, 큐폴라법은 우선 폐납축전지를 해체하여 황산과 케이스인 플라스틱을 제거한 후, 열원 및 환원제로 코크스와 철편을 사용하고 용융제로 규석, 석회석 및 큐폴라 슬래그를 함께 사용하여 제련하는 방법이다.

현재 폐납축전지를 재활용하기 위한 여러 가지 신기술 가운데 현재 가장 주목을 받고 있는 기술은 호주 MIM사의 자회사인 영국의 BRM(Britannia Refined Metals)사에서 채택되어 1991년부터 가동에 들어간 BRM프로세스와 이탈리아의 Engitec Impianti사 및 미국의 RSR사에서 개발한 Electrowinning프로세스를 들 수 있다. BRM사의 프로세스는 매우 효율적인 폐축전지 재활용의 전처리시스템인 CX프로세스를 도입하여 폐축전지의 파쇄 및 연판의 처리를 한 후, Isasmelt 제련로에서 순도 99.9%의 연을 생산하는 기술로서 대기오염을 줄이고 최종적으로 무해한 슬래그를 형성하는 등 환경측면에서 상당한 장점이 있는 것으로 알려져 있다.

또한 Electrowinning프로세스는 종래의 건식기술과는 다른 습식처리기술로서, 아황산가스, 연성분을 함유하는 분진, 유해한 슬래그 또는 부산물 등이 발생하지 않아 환경측면에서 획기적인 진전을 가져오고 있으며, 순도 99.99%의 연을 회수 할 수 있어 수요의 고급화 추세에 대응이 가능하다. 다만 전력 소비량이 커서 전력비 부담이 생산원가에서 차지하는 비중이 큰 점이 단점으로 지적되고 있다. 현재 Engitec Impianti사가 개발한 CX-EW프로세스는 상업화되어 이용되고 있다.

국내에서 발생하는 폐전지의 80% 이상을 차지하고 있는 망간전지 및 알칼리망간전지는 비교적 저가의 유가금속이 함유되어 있어 재활용 시 경제성에 문제가 있어 현재 상용화된 재활용 공정이 없는 실정이다. 한국지질자원연구원에서는 그림 6.6과 같은 물리적/화학적 처리를 통하여 폐망간전지 및 알칼리망간전지를 재활용하는 연구를 수행하였다. 먼저 물리적 처리공정에서는 형상선별, 중량선별, 파쇄, 자력선별, 정전선별 등을 이용하여 유가금속을 포함하고 있는 분말을 농축시킨 뒤 화학적 처리공정에서 황산침출 또는 알칼리침출법으로 유가금속을 침출시키고 전기화학적 방법으로 이산화망간과 금속 아연을 회수하는 공정을 연구하여, 2009년 12월 '혼합폐전지 재활용 공정과 제품화 시스템' 개발을 완료하였다.

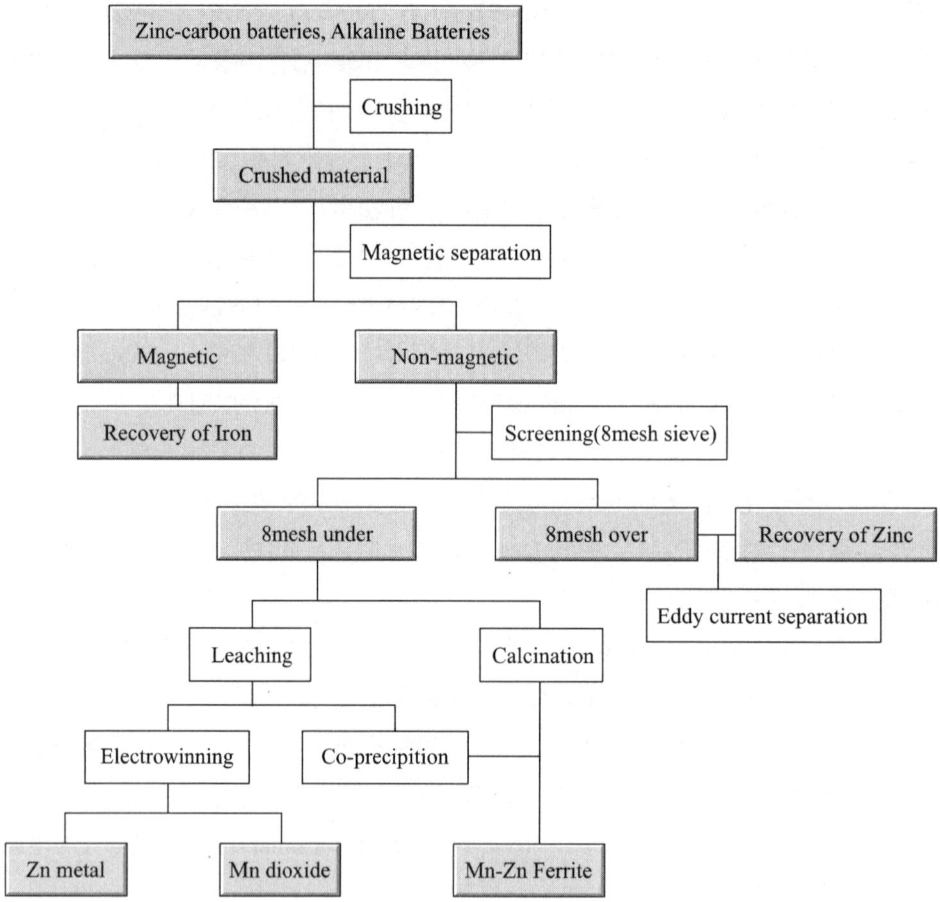

그림 6.6 • 폐망간전지 및 알칼리망간전지의 재활용 공정

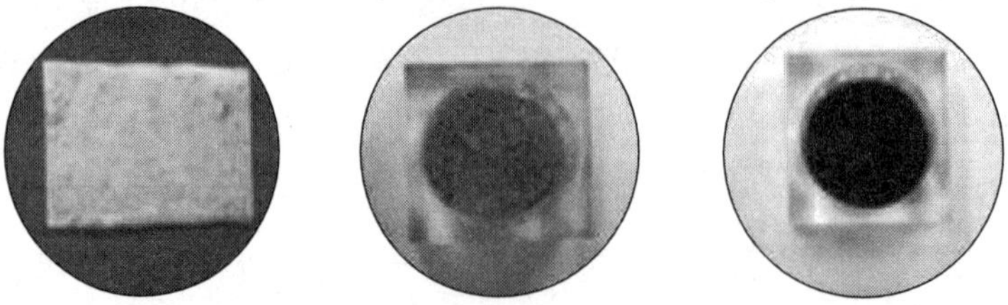

아연괴 이산화망간분말 아연분말

그림 6.7 • 망간-알칼리망간전지 재활용 생성물

이 시스템 개발로 연간 1,500 ton의 폐전지를 재활용·처리함으로서 그간 대부분 수입에 의존해 온 황산망간아연과 아연금속은 회수하면서 동시에 폐전지내 납·카드뮴·수은·크롬 등의 중금속 오염 물질을 완벽하게 제거가 가능하게 되었다. 개발된 재활용 공정은 아연, 아연과 망간, 망간-아연 혼합물, 이산화망간 등으로 구성된 폐전지를 처리시스템에 투입하면 물리적 전처리, 습식 침출 및 열분무법, 전해채취법 등의 공정을 거쳐 그림 6.7과 같은 아연괴, 아연분말, 이산화망간, 황산망간아연, 전지제조용 원료 등을 얻는 과정으로 이루어진다.

프랑스 Caen소재 (주)Zimaval 회사에서는 그림 6.8과 같이 망간 및 폐망간전지 재활용을 위한 새로운 공정을 개발하고 현재 1,000 ton/년 규모의 상용화 설비를 제작, 시운전 중에 있다. 혼합, 수거된 전지를 통째로 이동하여 선별장치에서 공업용과 일반 가정용 건전지로 나누고(크기 및 형상선별), 테이블링으로 단추형 전지만을 우선 분리한 뒤에 원통형 전지는 광학법에 의해 크기별로 감지하여 압축공기를 써서 분리한다. 크기별로 나누어진 전지는 각각 무게차이에 따라 Ni-Cd, 망간전지, 알칼리망간전지로 나누어지며, 각각을 분쇄할 때, NaOH를 위에서 분사하여 먼지의 비산을 방지하는 동시에 pre-leaching을 진행한다.

이 후 분말과 기타물질을 분리한 뒤 분말을 NaOH로 용해하여 아연만을 녹인 뒤 아연은 전해채취로서 고순도 아연분말을 제조한다. 이때 부가가치를 높이기 위하여 판상형 아연분말로 제조하여 페인트용으로 사용된다. 이 공정에서는 수산화나트륨으로 아연만을 선택적으로 용해하고 전기화학적으로 아연분말을 제조하기 위해 양극으로 니켈합금을 사용하고 음극은 마그네슘을 사용하며, 이는 석출된 아연이 잘 떨어지도록 하기 위한 것이다. 또한 잔사 중의 망간은 황산으로 녹여 $MnCO_3$로 회수된다.

한편 일본 소니에서는 TDK와 노무라흥산, 후지전기화학 등과 함께 폐건전지로부터 TV 브라운관 등에 사용되는 페라이트 원료를 제조하는 기술을 개발하였다. 이 기술은 먼저 파쇄한 폐전지를 황산으로 용해하여 아연과 철을 침출시키고 불용성인 이산화망간은 600℃에서 흑연봉을 환원제로 환원 배소시킨 뒤 환원된 망간산화물을 황산으로 침출시킨다. 이를 철, 아연 침출용액과 혼합하고 페라이트 조성에 맞도록 철, 망간, 아연의 양을 조절한 뒤 용액의 pH를 조절하여 수산화물로 침전시킨다. 침전된 수산화물을 소성하여 망간-아연 페라이트를 제조한다.

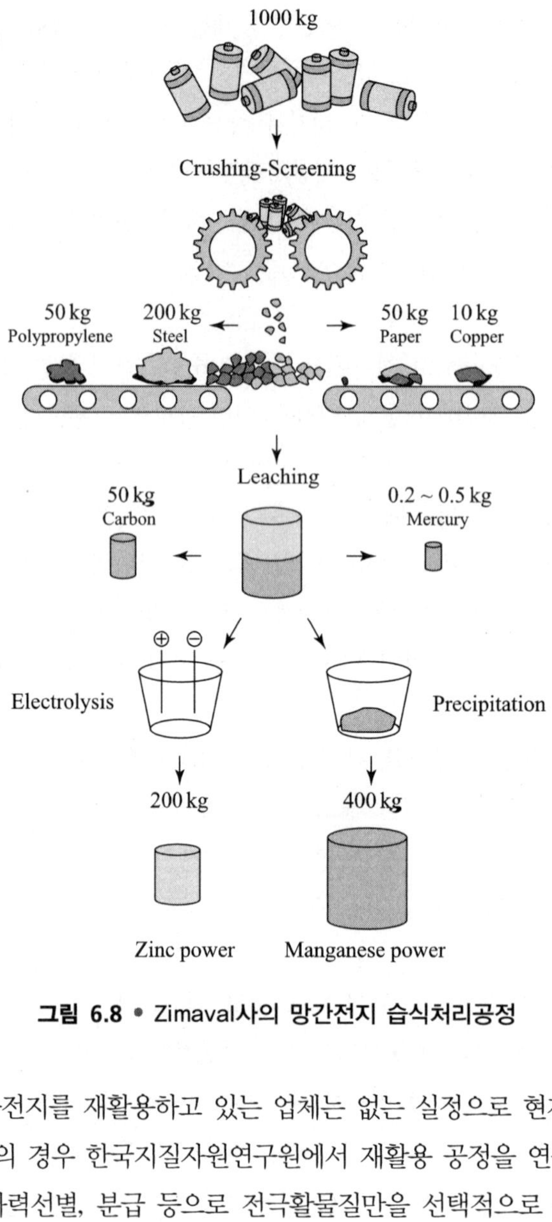

그림 6.8 • Zimaval사의 망간전지 습식처리공정

국내에서 리튬1차전지를 재활용하고 있는 업체는 없는 실정으로 현재 전량 매립되고 있으며, 리튬이온전지의 경우 한국지질자원연구원에서 재활용 공정을 연구하고 있다. 폐리튬이온전지를 파쇄, 자력선별, 분급 등으로 전극활물질만을 선택적으로 농축시킨 뒤 환원제로 과산화수소를 사용하는 황산침출법으로 리튬과 코발트를 침출시킨다. 이후 침출용액으로부터 코발트를 회수하기 위해 옥살산을 이용해 코발트를 선택적으로 분리 회수하는 공정을 통해 폐리튬이온전지를 재활용 하고 있다.

이에 한국지질자원연구원에서는 폐리튬이온전지로부터 양극활물질을 선택적으로 분리농축하기 위한 물리적 공정과 코발트 희유금속의 회수율을 극대화 시킬 수 있는 화학적 처리공정을 개발하여 (주)코바에서 연구를 수행 중에 있다. 이 공정의 양극활물질은 분말상이라는 점을 기반으로하여 수선－열처리－절단－비중선별－분급－자력선별 등의 기계적 처리에 의해 분말상과 괴상을 분리함으로써 코발트 등의 희유금속을 분말상으로 분리하여 농축하고 이를 용매에 침출시켜 용액 중으로부터 희유금속을 금속(직접 환원법) 또는 화합물(불용성 침전법) 형태로 회수하는 공정으로 이루어져 있다.

일반적으로 폐리튬전지는 매립, 소각, 폭발(Detonation), 중화처리하여 폐기하여 왔으나 이들 처리공정은 모두 장기적인 처리가 불가능하고 처리공정이 매우 위험하며, 2차적 환경오염을 유발시킬 수 있다. 따라서 문제점을 해결하고 폐리튬전지의 안정적 처리 및 유효성분을 회수하기 위해 캐나다의 TOXCO사에서는 1993년부터 리튬전지를 리사이클링하기 시작하였으며, 이 재활용 공정도를 그림 6.9에 나타내었다. 이 공정은 연소 및 폭발이 쉬운 폐리튬전지를 -195℃의 액체질소로 동결시킨 후 파쇄하는 방식을 채택하였고 이를 통해 고도로 농축된 리튬염을 회수하고 철, 동 등의 유가금속을 분리하는 기술을 통해 폐리튬전지를 재활용하고 있다.

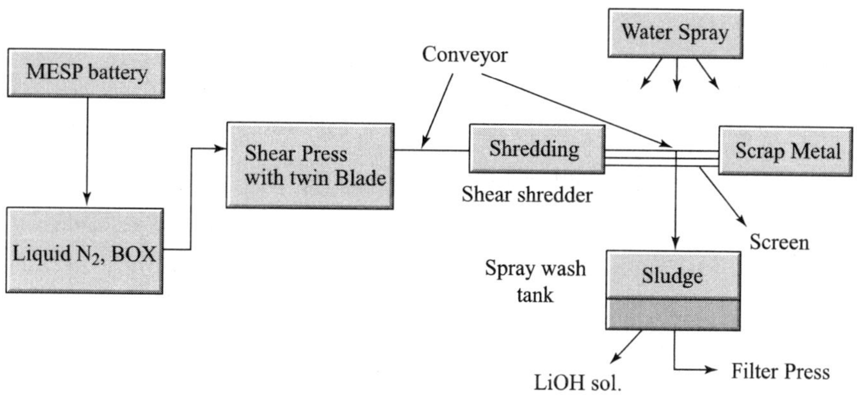

그림 6.9 • TOXCO사의 폐리튬1차전지 재활용 공정

또한 1996년 TOXCO사와 PLL은 각 사의 공정을 새롭게 인식하고 독특한 blend technology를 개발하여 공조를 시작하였다. TOXCO사에서는 고농축된 리튬염을 제공하고 PLL에서는 리튬염을 순수한 Li_2CO_3로 전환시키는 일을 진행하여 회수된 리튬염을 리튬금속을 생산하기 위한 원료로 재활용하고 나머지 리튬염은 전지에서 전해질로 사용하였다.

한편, 일본에서는 폐리튬이온전지로부터 유가금속을 회수하는 기술을 중심으로 많은 연구가 진행되고 있으나 아직까지 실용화단계에는 크게 미치지 못하고 있다. 대표적인 기술을 살펴보면 (주)도시바에서는 폐리튬이온전지를 시간당 10 kg씩 처리할 수 있는 재활용 공정의 파일롯 플랜트를 개발하였으며, 폐전지를 해체하고 자력선별, 크기선별, 비중선별법으로 코발트 성분을 농축한 뒤 황산을 침출제로 습식 침출하여 플라스틱, 케이스 등을 분리하고 침출용액으로부터 수산화코발트를 침전시킨다. 이 후 필터프레스로 침전물을 분리하고 입자직경을 조절하여 순도 99.8%의 구상코발트를 회수한다. 침출여액으로부터 리튬이온만을 이온교환막을 사용하여 정제한 뒤 탄산리튬으로 침전, 회수하면 99.9%의 탄산리튬을 회수할 수 있다.

일본화학공업(주)은 유기인산염화합물을 추출제로 하여 코발트를 함유하는 추출액과 잔여물질을 분리한 후 추출액을 산 수용액으로 처리하여 리튬염 및 코발트염을 회수하는 방법을 시도하였으며, 일본에너지(주)는 폐전지의 양극스크랩을 아세트산으로 용해하여 코발트 및 리튬아세테이트를 포함한 여액에서 LiOH를 첨가하는 수산화반응을 이용한 코발트 등의 유가금속을 수산화물 형태로서 회수하는 방법을 고안하였다. 또한 (주)일본자력선광은 알카리 금속을 함유하는 금속산화물로부터 Co, Ni 등의 유가금속을 회수하기 위해 FeSi, Si, CaSi 및 SiC와 같은 환원제 및 첨가제를 용융상태로 가하여 유가금속을 환원시켜 침전물로 회수하는 공정을 기술화하였다.

미국에서는 폐리튬이온전지의 가장 간단하고 경제적인 처리방법이 1998년 Zhnag 등에 의해 최초로 개발되었으며, 이 기술은 폐전지로부터 $LiCoO_2$ 전극들을 분리하여 여기서 코발트를 회수하는 기술이다. Zhnag은 $LiCoO_2$를 알루미늄 기재에서 박리하고 염산으로 용출시킨 후 유기용제(PC-88A)를 이용하여 코발트를 분리하고 리튬은 카보네이트로 침전시켰다. 또한 Lee는 어떤 전처리 공정 없이 LiOH 수용액을 사용하여 200℃에서 수열합성법으로 $LiCoO_2$를 분리하여 새로운 양극활물질로 동시 재생하는 기술을 개발하였다.

또한 미국 캘리포니아 소재 캐나다 지사 Toxco사에서는 리튬1차전지에 포함되어 있는 리튬 금속은 습기를 품고 있는 공기와 만나면 격렬히 반응하여 열과 수소가스를 발생하여 폭발 위험성이 있으므로 폐리튬전지를 파쇄하기 위해서 냉각－파쇄공정을 개발하였다. 이 공정은 액체 아르곤 내에서 폐리튬전지를 －195℃까지 냉동시킨 뒤 NaOH나 Na_2CO_3 수용액에 넣은 뒤 전지 케이스를 부수면 리튬금속 조각들이 용액위로 떠오르며 발열반응과 수소발생이 진행된다. 이때 발생되는 수소가스를 배출시키면 격렬한 폭발은 일어나지 않으며, 용액 내 가성소다는 산성 전해액을 중화시키고 리튬은 반응하여 리튬수산화물, 리튬황화물, 리튬탄화물 등이 생성된다. 안정화된 폐리튬전지를 원하는 크기로 반복하여 분쇄한 뒤 스크랩 금속을 분리하고 용액으로부터 탄산리튬(Lithium Carbonate)을 회수하게 된다.

6.1.2 폐촉매

가. 폐촉매 발생 및 재활용 현황

국내에서 발생하는 유가금속을 함유하고 있는 폐촉매로는 정유공장에서 발생하는 석유화학 폐촉매와 자동차 배기가스 정화용 폐촉매 등이 있다. 석유화학 폐촉매로는 백금 폐촉매와 팔라듐 폐촉매가 있으며, 백금족 금속의 함유량과 배출량은 매우 다양하다. 이 중에서 주요 백금 폐촉매로는 R-62(Pt 0.22%), PR-8(1%>PtO), R-134(Pt 0.29%), I-100(Pt 0.21%), AR-405(Pt 0.5%) 촉매 등이 있으며, 팔라듐 폐촉매로는 C-31-1A(1%>Pd), HD-11, 20(1%>Pd), PF(1%>Pd), LD-265(Pd 0.3%), LD-271 촉매 등이 있다. 촉매 수명은 대략 3~4년 정도로 주기별 일부분씩 교체하게 되고 각 촉매의 사용량은 국내 석유회사가 보유하고 있는 설비 용량으로부터 추정하고 있다.

자동차 폐촉매의 종류는 팔라듐, 백금－로듐, 팔라듐－로듐, 백금－팔라듐－로듐 등으로서 담체는 Mg-cordierite(2MgO, Al_2O_3, $5SiO_2$)로 구성된 허니콤(Honeycomb) 구조를 갖고 있다. 촉매에 함유되어 있는 백금족 금속의 종류 및 함량은 자동차 회사에 따라 다르며, 백금－로듐 촉매의 경우 함유된 귀금속 양이 0.9~1.0 g/L로서 함량비는 10 : 1 또는 5 : 1 정도이며, 백금－팔라듐－로듐 촉매의 함량비는 2 : 7 : 1로서 2.0 g/L 정도가 들어 있다.

나. 폐촉매 회수 및 재활용 기술

유가금속 폐촉매로부터 백금족 금속들을 회수하는 기술은 크게 건식제련법과 습식제련법으로 구분할 수 있으며, 건식법은 100 ton/월 이상의 대용량의 처리에 적합하고 습식법은 30 ton/월 정도의 폐촉매를 처리하는데 적합하다고 알려져 있다. 일본과 영국 등 선진국에서는 100 ton/월 이상의 대용량의 처리에 적합한 용련로를 이용하는 건식법으로 폐촉매를 대량으로 처리하고 있다. 그러나 건식법의 경우 대형 용련로 건설 등 초기 투자비가 과다하며, 부피가 큰 슬래그의 발생 및 귀금속의 손실이 있어 대기오염을 무시할 수 없다는 단점이 있다. 반면에 습식법은 공정 설치비가 적고 슬래그 발생이 없으며, 담체의 주성분인 알루미나를 alum으로 회수할 수 있다는 장점이 있이 있으나, 단점으로는 아직 고가인 백금족 금속의 회수율 향상과 분리정제기술의 개발이 필요한 실정이다.

백금족 금속을 건식법으로 분리, 회수하는 공정은 미세하게 분산된 백금족 금속을 함유하는 폐촉매를 용제와 함께 용융시켜 백금족 금속을 함유하는 슬래그를 얻은 후, 백금족 금속이 용해되어 집적될 수 있는 용융금속과 접촉시켜 농축시키는 것이다. 백금족 금속이

농축되는 금속상을 일반적으로 포집금속이라고 칭하며, 이는 액상에서 백금족 금속의 혼합도, 용융온도, 슬래그로의 금속의 손실을 고려하여 선택한다.

일반적으로 사용되는 포집금속은 Fe, Cu, Ni, Pb 및 Cu와 Ni 매트이며, 자동차 촉매로부터 백금족 금속을 분리, 회수하는 데는 Cu 또는 Ni 매트가 많은 장점을 가지고 있다고 알려져 있다. 구리 및 니켈 용련로에 의한 폐촉매로부터 백금족 금속의 회수는 플랜트를 위한 설비 투자가 필요 없으며, 시약비용이 적고 손쉽게 폐기가 가능한 슬래그를 배출할 뿐만 아니라 회수율이 가장 높다는 많은 장점을 갖고 있기 때문에 관심의 대상이 되어 왔다. 특히 우리나라의 경우 폐촉매의 발생량이 적기 때문에 용련로를 이용하는 건식법보다 습식법이 유리하다.

습식법에는 왕수 또는 HCl/산화제($NaClO_3$, NaOCl, Cl_2 가스)에 의한 백금족 금속의 직접침출, autoclave를 이용하는 NaCN 또는 I_2에 의한 직접 침출, 폐촉매의 알루미나 담체를 H_2SO_4으로 용해하여 불용성 백금족 금속을 농축, 회수하는 방법 등의 있다. 이 중에서 첫 번째와 두 번째 방법은 다공성 담체에 분산되어 있는 백금족 금속의 효과적인 침출을 위하여 담체를 미세하게 분쇄하여야 하고 미세하게 분쇄된 담체는 침출 후 고/액 분리 공정에서 에너지의 효율을 저하시킨다. 또한 침출 후 잔사로 남는 다공성 알루미나 잔사에 백금족 금속 침출액이 흡습되어 손실되는 단점이 있다. 이와 같은 손실량은 침출액의 약 1～2%로 비교적 작은 양이지만 백금족 금속이 고가임을 고려할 때 상당한 손실이다. 따라서 석유화학 폐촉매의 경우 알루미나 담체가 H_2SO_4에 용해하는 반면 백금족 금속들은 용해되지 않는 특성을 이용하는 그림 6.10의 방법이 회수율 향상과 담체의 활용도 측면에서 보다 경제적인 공정이다.

폐촉매의 인수 및 취급은 석유정제업자가 정해진 시기에 행하며, 탈황 폐촉매의 함유성분은 중유의 종류, 사용시간 등에 의하여 좌우된다. 탈황탑(반응기)으로부터 빼낸 폐촉매는 발열하는 경우가 있기 때문에 반응기에서 배출과 동시에 컨테이너 백에 넣고 밀봉하여 공기와의 접촉을 차단함으로써 발열을 방지한다. 집하된 촉매는 계량하고 샘플링을 통하여 발생원별로 분류, 실내에 저장한다. 중유의 탈황용으로 주로 사용하는 VRHDS (Vacuum Residue Hydro-Desulfurization) 촉매에는 탈황시 원유로부터 바나듐(V)이 10% 이상 촉매로 유입되고 가연성 물질인 탄소가 5% 이상, 황이 10% 이상 유입된다. 따라서 VRHDS 폐촉매를 처리하는 경우에는 가연성 물질인 황, 탄소의 제거와 유가금속 중에서 가장 함량이 많은 바나듐(V)의 처리를 우선적으로 고려하고 다음에 Mo, Ni 등을 회수하는 것이 일반적이다.

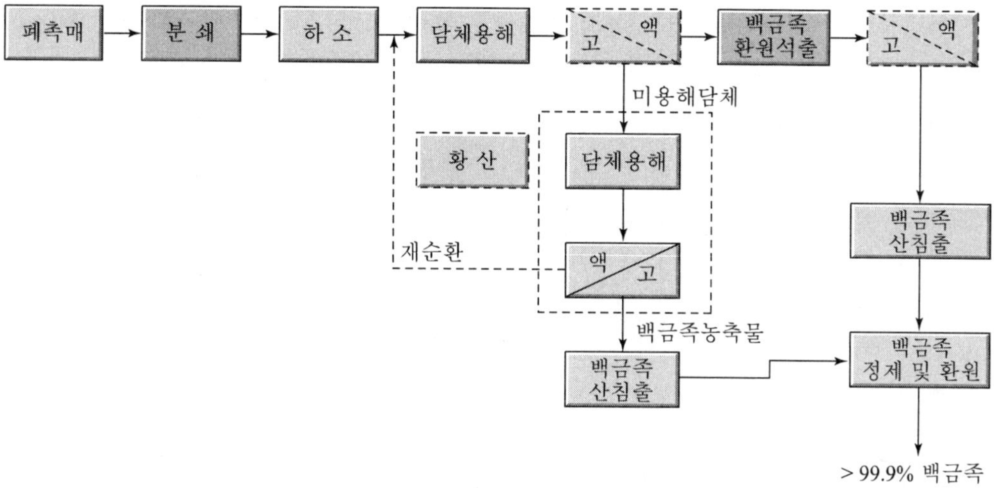

그림 6.10 • 담체의 황산용해에 의한 석유화학 폐촉매로부터 백금의 회수 공정

VRHDS 폐촉매의 처리 시 가장 널리 사용되는 방법으로서 소다배소(Soda Roasting)후 수침출(Water Leaching)에 의한 유가금속회수에 대한 지속적인 연구개발결과가 발표되고 있으며, 실제로 외국의 기업에서 적용되고 있다. 이 방법에서는 폐촉매를 배소하여 S, C 등을 제거한 다음, 폐촉매 중의 V와 Mo을 수용액상으로 분리 침출시킨다. 배소를 거친 폐촉매에서 V와 Mo은 V_2O_5, MoO_3와 같은 산화물 상태로 존재하며, 소다배소에 의한 침출법은 폐촉매를 Na_2CO_3 또는 Na_2SO_4, NaOH와 같은 소다염들과 혼합시킨 다음 가열하여 폐촉매 중의 V과 Mo을 물에 잘 녹는 화합물로 만들어서 수용액상에서 분리 회수하는 방법이다.

미국의 AMAX사, 대만의 Full-Yield Industry사, 일본의 태양광 등에서는 소다배소 후 수침출법을 사용하여 석유화학 폐촉매로부터 유가금속을 회수하는 상업화 공장을 가동 중에 있다. 적용 공정은 전체적으로 유사하나, 목적성분을 어떠한 물질 형태로 회수할 것인가와 파쇄, 배소, 침출, 침전반응 등 각 단위공정 상에서 채택하는 조업방법에 따라 조금씩의 차이점이 있다.

미국, 독일, 일본 등 몇 개국에서 개발한 촉매이고 국내에서는 석유화학 생산시설을 들여올 때 이들 촉매도 필수품으로 같이 수입해서 사용하기 때문에 사용 촉매에 대한 사용상의 성능만 확인할 수 있고 그 성분이나 제조법 등은 잘 모르는 실정이다.

따라서 국내에서 석유화학 폐촉매의 재활용을 위한 연구도 이들 촉매 생산국들에 비해서 불리한 여건에 있는 것이 사실이다. 그러나 그간 국내에서도 관련 산업의 꾸준한 발달과 학계에서의 연구 노력으로 폐촉매 처리에 있어서 기초기술인 선광, 제련 및 용매추출, 이온교환법 등에 관한 연구발표가 지속되어 왔으며, 특히 한국지질자원연구원에서는 그간의 연구결과를 토대로 탈황 폐촉매로부터 유가금속을 회수하는 공정을 확립하여 발표하였고 이를 그림 6.11에 나타내었다. 국내에서 개발된 공정에서는 폐촉매로부터 유가금속을 회수하기 위해 다음과 같은 세 단계의 세부공정으로 나뉜다.

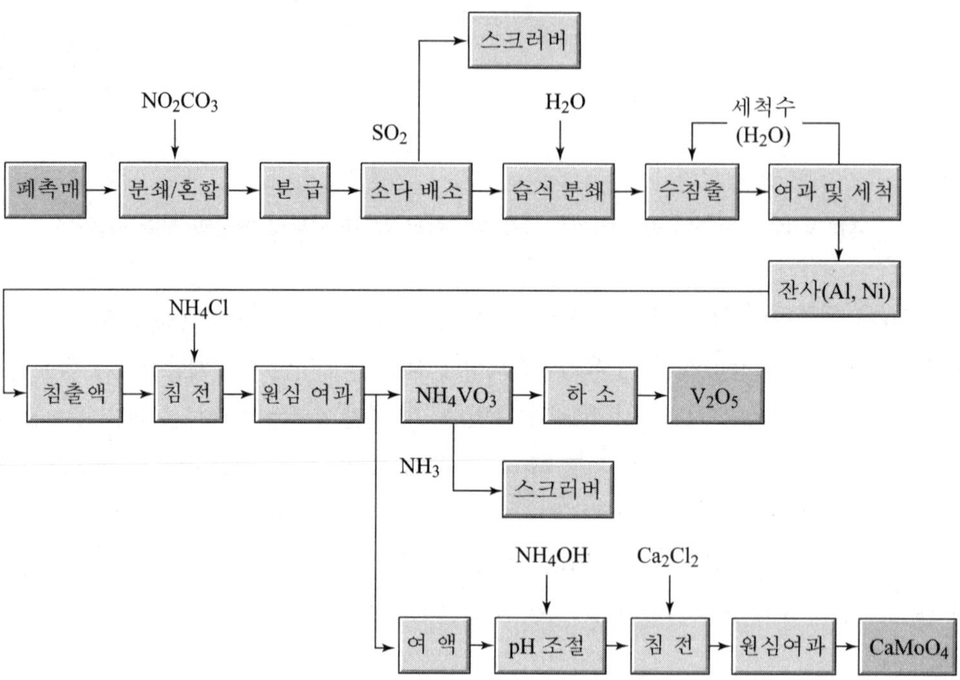

그림 6.11 • 탈황 폐촉매로부터 유가금속회수 공정

① 소다배소(Soda roasting) 및 수침출(Eater leaching) 공정

폐촉매 중에 함유된 V, Mo는 물에 대한 용해도가 매우 낮은 산화물 형태로, 이를 물에 침출이 가능한 탄산염 형태로 변환하기 위해 탄산소다와 혼합하여 900℃에서 2~3시간 배소한다. 이때 탄산소다의 혼합비는 대략 무게비로 0.7로 첨가하고 배소 효과를 극대화하기 위해 저속회전로를 사용한다. 배소산물은 침출로에서 pulp density 20%의 조건으로 1시간 이내로 수침출을 수행하면 V 및 Mo가 90% 이상 침출되어 용액 중으로 이동하여 고/액 분리한다.

② 바나듐 회수 공정

소다배소 공정에서 수용액 형태로 발생된 V와 Mo가 함유된 모액으로부터 V를 회수하기 위한 침전공정이 필요하다. 본 공정에서는 식 (6.1)과 같이 암모늄염을 첨가하여 암모늄바나데이트(NH_4VO_3)의 침전물을 형성시키고 이를 고/액 분리 후 하소하여 바나듐 산화물을 얻는다.

$$Na^+ + VO_3^- + NH_4Cl(s) \rightarrow NH_4VO_3(s) + Na^+ + Cl^- \tag{6.1}$$

③ 몰리브덴 회수 공정

V가 제거된 모액 중에 함유된 Mo를 회수하기 위해 별도의 침전공정이 필요하다. 이 공정을 식 (6.2)에 나타내었으며, 먼저 산성분위기에서 염화칼슘을 첨가하여 황산기를 제거하고 pH조절 후 다시 염화칼슘을 첨가하여, 칼슘몰리브데이트($CaMoO_4$)를 침전시켜 고/액 분리하게 된다.

$$2Na^+ + MoO_4^{2-} + CaCl_2(s) \rightarrow CaMoO_4(s) + 2Na^+ + 2Cl^- \tag{6.2}$$

이렇게 제조된 바나듐 및 몰리브데늄 산화물을 페로바나듐 또는 페로－몰리브데늄으로 제조되어 시장에 공급되며, 일부 제품은 고순도화 과정을 거쳐 촉매용 원료로도 공급된다.

다. 자동차 폐촉매로부터 금속회수

폐촉매로부터 백금족 금속을 회수하는 방법으로는 습식야금법 건식야금법 및 기상 휘발법이 있다. 이 중에서 습식야금법은 20～60 ton/월 강도의 비교적 소규모의 폐촉매 처리에 적당하다고 알려져 있으며, 건식야금법은 니켈 동 철 및 납 등의 정련시에 백금속 금속 함유 폐촉매를 넣어 포집제로 작용하는 원리로 100 ton/월 이상의 폐촉매 처리가 가능하다. 기상 휘발법은 건식염화법이라고 부를 수 있는데 건식염화법은 백금과 팔라듐 및 로듐을 선택적으로 염화시켜 휘발성 백금속 금속화합물을 형성하고 이를 냉각영역 내에서 응축시키는 원리에 기초하고 있다.

습식야금법의 경우 백금족 금속의 회수를 위해서 사용되고 있는 침출제로 HCl/Cl_2 왕수, NaOH, H_2SO_4 등이 있으나 이들 침출제를 사용할 경우 액의 과다한 소비로 인하여 비경제적일 뿐만 아니라 폐액의 독성으로 인한 환경오염이 큰 문제가 되고 있고 추출을 위해서는 복잡한 다단공정을 거쳐야 한다. 또한 습식야금법은 토륨의 회수율이 매우 낮은데 일반적으로 왕수 추출에 매우 난용성이라고 알려져 있고 실제상으로는 약 50% 내외의 금속만이 회수된다. 따라서 이러한 침출제를 사용하지 않는 새로운 공정의 개발이 요구되고 있다.

건식야금법은 고온 유도플라즈마 용융공정과 상용 구리 용해로를 선정할 수 있다. 먼저 고온 유도플라즈마 용융공정의 경우 이는 촉매의 용해를 위해 약 1,800°C에서 운전되며, 왕수 추출법보다는 처리속도가 빠르고 처리 및 판매가 용이한 슬래그가 형성되는 이유로 더 경제적이라고 할 수 있다. 반면 자본 및 에너지 집약적이고 납의 배연 제어 문제가 있으며, 전체 촉매를 모두 용융시켜야 하는 단점이 있다. 또한 상용 구리 용해로의 경우는 새로운 공장 건설비가 요구되지 않으며, 구리 용해로에 이미 설치되어 있기 때문에 추가적인 납 배연제어 장치가 필요하지 않은 장점이 있으나, 주어진 시간 내에 처리할 수 있는 폐촉매가 유입될 경우 슬래그 분리 조작을 저해하기 때문에 상대적으로 긴 처리 시간을 필요로 한다.

6.1.3 슬래그

용광로에서 철광석을 이용하여 철을 만드는 과정 중 철광석에 포함되어 있는 규소, 알루미늄, 칼슘 등은 환원되지 않고 산화물 형태로 남아 용융되며, 이 용융된 산화물을 슬래그라 하고 금속 및 비철금속의 정련 시에도 슬래그가 발생한다. 또한 도시 쓰레기 및 하수오니를 소각할 때 발생하는 소각재를 똑같이 고온으로 가열하여 용융, 냉각하여 고화한 것도 슬래그이다.

철강슬래그(Steel slag)는 철광석, 석탄, 석회석 등 천연자원으로부터 철강제품을 제조하고 부산물로 생성된다. 철강슬래그에는 불순물이 혼입되지 않고 일반 골재와 유사한 성분(Ca, Si, Al 등)을 가지며, 고온에서 생성되기 때문에 유기물, 환경호르몬 및 다이옥신 등과 같은 유해물질을 포함하지 않는다. 따라서, 철강슬래그는 자원 및 에너지절약, 환경부하 감소로 자원순환형 사회구축에 유용한 재료로 활용된다.

철강슬래그는 고로슬래그(BF, Blast Furnace slag)와 제강슬래그(Steel making slag)로 구분되며, 고로 및 제강슬래그는 그 화학적 성분과 물리적 성질이 다르므로 그 응용 분야도 다르다.

고로슬래그는 제철 시 고로에서 부산되는 광재로써, 주로 철과 산소화합물로 구성된 철광석을 코크스와 혼합하여 1,600℃ 정도로 가열하면 산화철의 산소는 코크스의 탄소와 결합하여 CO 또는 CO_2로 되고 환원된 철은 용융하여 고로의 하부에 모이게 된다. 한편 철광석은 철의 산화화합물 뿐만 아니라 불순물들을 함유하고 있기 때문에 이들은 금속 철로부터 분리해 낼 필요가 있고 이들 불순물은 주로 규사나 점토성분이다.

한편, 제강슬래그의 경우는 거의 전량이 성토용 또는 도로용 골재 등의 단순 매립제로 사용되고 있으며, 이러한 이유는 표 6.1에서 보는 바와 같이 제강슬래그의 화학조성이 고로슬래그에 비해 산화알루미늄(Al_2O_3)과 이산화규소(SiO_2) 등의 구성비가 매우 낮고 철(Fe)의 구성비가 매우 높아 시멘트로의 응용이 어렵기 때문이다. 또한 제강슬래그에 포함된 높은 유리석회로 인하여 콘크리트 골재로의 사용이 제한되기 때문에 재활용에 대한 국내·외의 연구는 주로 제강슬래그에 집중되고 있으며, 국내 · 외를 막론하고 제강슬래그는 주로 도로용 골재, 성토용 골재 등 단순 매립재로 주로 사용하고 있다.

또한 제강슬래그 중 쇳물에 고압의 산소를 불어넣어 정련하는 공정에서 생성되는 전로슬래그(BOF)는 고로슬래그에 비하여 천연석 및 생물의 부착이 많기 때문에 커다란 전로슬래그의 덩어리를 해저에 퇴적하여 어초로 하는 시도 및 중간 크기의 덩어리는 상자에 넣어 어초로 하는 시도가 행해지고 있다. 농업분야에서는 전로슬래그는 철을 포함하는 자재로서 논 농사용 특수비료에 밭농사 및 목초, 시설원예용의 비료로서도 기대되고 있다. 2010년 (주)포스코의 보고자료에 의하면, 2009년에 포항제철소와 광양제철소에서 발생된 부산물의 총량인 1,861만 ton 중 76%가 슬래그이며, 고로슬래그와 제강슬래그의 경우 발생량 100% 모두 에너지원으로 재활용 되고 있다. 또한 고로슬래그는 시멘트 공업에서 대규모로 사용되고 있으며, 발생량의 2/3가 시멘트용, 1/5이 도로용으로 사용되고 있고 파쇄골재용으로는 약 26%, 비료용으로는 약 3% 재활용 되고 있다. 그리고 제강슬래그는 도로 및 토목용으로 약 73%, 제철원료로 약 25% 그리고 비료용으로 약 1% 재활용 되고 있는 실정이다.

표 6.1 • 고로슬래그와 제강슬래그의 화학조성

(단위 : %)

	SiO_2	Al_2O_3	Fe total	CaO	MgO	SO_3	Na_2O	K_2O
고로슬래그	35～59	8～12	<1	36～42	4～12	2～3	0.32	0.57
제강(전로)슬래그	11～18	1～4	14～19	48～54	1～4	<0.5	0.12	0.02

출처 : Geiseler, 2000

가. 슬래그 시멘트

1862년, E. Langen은 슬래그 시멘트에서 알칼리 성분이 존재하는 경우 물과 반응하여 경화하는 성질인 잠재수경성을 발견하였으며, 1865년 독일에서 상업화 한 후 영국, 독일, 프랑스, 일본 등에서 발전을 거듭하였고 우리나라는 1978년부터 양산을 시작하였다.

슬래그 시멘트는 포틀랜드 시멘트의 반제품인 클링커와 고로슬래그 및 석고를 각각 또는 조합하여 분쇄하고 일정한 비율로 혼합한 것이며, 한국산업규격 KS L 5210에서는 고로슬래그 혼합량을 중량기준 24%~65%로 규정하고 있다. 또한 슬래그 시멘트의 등급은 특급과 1급으로 구분하고 있으며, 이에 대한 큰 차이는 압축강도로 차등화 하고 있다. 따라서, 슬래그 시멘트는 포틀랜드 시멘트와 동일한 용도로 사용되며, 특히 특정용도에 장점을 발휘하기 때문에 시멘트 콘크리트의 고유 특성을 살려 용도에 적합하게 사용한다면 유용하게 사용될 수 있다.

슬래그 시멘트의 제조공정으로는 철광석, 코크스와 석회석 등의 원료를 상부에서 장입하고 하부에서 열풍을 주입함으로서 고로에서 코크스를 1,500℃에서 연소시켜 발생되는 환원성 가스인 CO에 의해 철광석을 환원하고 용융시켜서 선철과 용융 슬래그를 분리시켜서 얻는다. 이를 고로에서 배출할 때 물로써 급냉하여 모래와 같이 입상화시키기 때문에 수쇄슬래그 또는 수재슬래그라고 부르며 슬래그 시멘트 원료로 사용한다.

슬래그 시멘트는 보통 포틀랜드 시멘트에 비해 초기강도는 낮으나 고로슬래그의 잠재수경성에 기인하여 장기강도가 높은 특징이 있다. 그리고 슬래그 시멘트는 시멘트 수화 시 생성된 유리수산화칼슘과 슬래그 중의 가용성 알루미나 및 가용성 규산염이 반응하여 불용성의 안정한 수화물로 되기 때문에 우수한 화학 저항성을 발휘하고 분말도가 높아서 콘크리트의 공극을 치밀하게 충진하는 미립효과로 인해 방수성능이 우수하다. 또한 해수에 접한 콘크리트나 해풍을 받은 콘크리트는 경화한 후에도 외부에서 염화물이 침입해 철근을 부식시키거나 구조물을 팽창 붕괴 시키지만, 슬래그 시멘트는 치밀한 구조 때문에 염분의 침투를 막고 슬래그 중의 가용성 알민산염 및 가용성 규산염이 염분을 고정하기 때문에 염해에 대해서 우수한 저항성을 가지고 있다.

나. 도로공사에서 슬래그의 활용

제강 용재는 역청질 결합제로 덧입힌 후 아스팔트 성분으로 이용되었으며, 이러한 제품은 거친 표면과 역청질 결합제에 대한 접착, 낮은 열팽창 계수, 마모 방지, 소성변형의 높은 안정성과 내성 등의 속성에 의해서 자연적인 돌보다 뛰어나게 만들어준다.

표 6.2는 전형적인 도로건축자재와 슬래그 물질의 특성을 비교한 것으로, 전로슬래그는 전형적인 도로건축자재에 비해 높은 견고성과 풍화에 높은 저항을 가지고 있기 때문에 이러한 제강 용재는 도로공사와 아스팔트 성분으로서 활용할 수 있다.

이런 제강 용재 중 니켈슬래그는 고속도로 공사에서 많이 사용하였다. 아프리카 일대에 널리 분포하는 적갈색 토양인 라테라이트(Laterite) 광석의 용융제련에 의해 페로니켈(Ferronickel) 생산의 부산물인 니켈슬래그는 국제적 경험을 통해 오랫동안 많이 사용되었으며, 아스팔트 사용을 위한 적절한 물질로 승인받았다. 수백만 입방미터의 니켈슬래그는 고속도로 공사에 사용되었고 그로 인해 강에 있는 자갈의 상당량을 대체하고 환경에 대한 매우 긍정적인 기여를 하였다.

고속도로 건설에서 슬래그를 활용하기 위한 공정은 그림 6.12에 나타난 바와 같이 슬래그의 생산에서 최종 사용까지 5단계로 구성되어 있다. 먼저 슬래그의 예비처리를 거쳐 슬래그를 생산하고 사후처리를 끝내고 나면, 슬래그의 팽창 붕괴성에 대해 화학적·물리적 속성을 살펴본다. 팽창률이 저하되어 안정화가 되면 고속도로 건설에서 사용할 수 있다. 이렇게 사용되는 최종 슬래그는 과립물질과 가열아스팔트(Hot mix asphalt) 골재나 포틀랜드 시멘트 콘크리트 골재, 시멘트의 응용 등 크게 3가지 범주로 나눌 수 있다.

표 6.2 • 제강(전로)슬래그의 기술적 속성

특 징	골재 형태		
	제강(전로)슬래그	현무암	화강암
겉보기 밀도(g/cm^3)	3.1~3.7	2.8~3.1	2.6~2.8
충격 저항(wt%)	10~26	9~20	12~27
풍화 저항(wt%)	0.2~1.0	<0.5	0.3~1.2
5 mm 보다 작은 입자의 동결/해동에 대한 저항(wt%)	<1.0	<1.0	0.8~2.0
압축강도(N/mm^2)	>100	>250	>120

출처 : Geiseler J., 1994

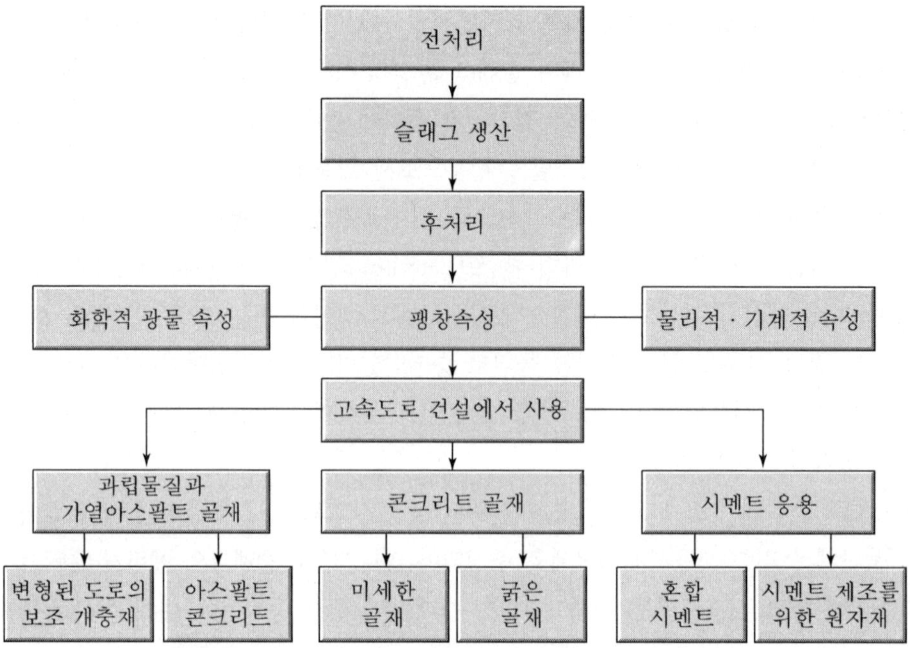

그림 6.12 • 고속도로 건설에서 슬래그 활용의 전체공정

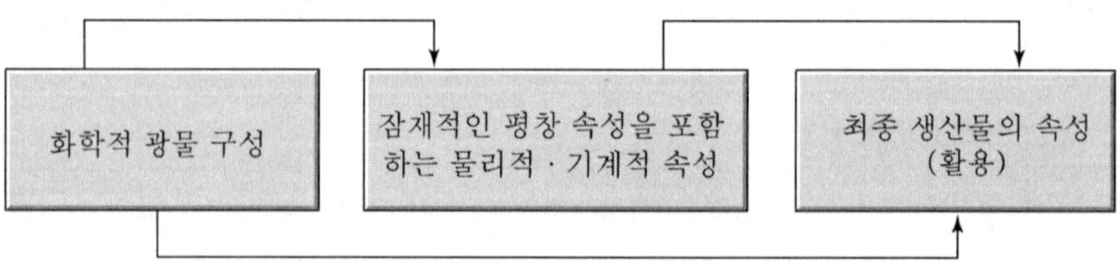

그림 6.13 • 슬래그 활용을 위한 관계

이렇게 슬래그를 활용하기 위해 고려해야 할 주요 3가지 관계를 그림 6.13에 나타내었으며, 화학적 광물 조성과 잠재적인 부정적 속성 사이의 관계, 슬래그의 부정적 속성과 최종물의 속성 사이의 관계, 다양한 속성을 가진 특정한 슬래그의 합리적 사용 등으로 나타낼 수 있다.

예를 들어, 전로슬래그의 경우 공정상 생석회(CaO)가 함유되어 있으므로 물과 반응하면 체적 팽창(Volume expansion)이 생긴다. 이것을 그대로 노반재나 골재로 사용할 경우, 콘크리트에 균열이 발생할 수 있으므로, 야적장에서 일정기간 이상 비바람에 충분히 노출시켜서 생석회를 충분히 반응시키는 에이징(Aging) 과정을 거쳐서 안정화시킨 후, 노반재나 골재로 사용해야 한다.

다. 비료에서 슬래그 사용

인을 함유하고 있는 선철(Pig iron)로 강철을 만들 때 발생되는 슬래그를 이용하여 비료의 보충제로서 사용될 수 있다. 이러한 슬래그 중 염기성 슬래그에는 2~4%의 망간, 25~80 ppm의 아연, 13~60 ppm의 구리, 2~5 ppm의 코발트와 같은 야채 성장에 유익한 금속성분이 함유되어 있다. 그러나 염기성 슬래그의 인산염 함량의 용해도는 매우 작기 때문에 비료로서의 효과가 줄어든다.

슬래그에 함유되어있는 황은 비료에 필요한 영양소로써 농업 용도의 또 다른 중요 구성요소이다. 슬래그의 유황 농도는 종래 비료에 함유된 황 농도보다 몇 배나 더 크며, 몇몇 연구에서는 슬래그를 비료로서 사용한 식물 반응에서 황의 역할을 수행한 것이 확인되었다. Levonmaki와 Hartikainen(2002)에 의하면, 개선된 황의 유용성은 보리 곡물에 단백질의 함유량을 증가시켰다. 또한 슬래그에서 실리콘은 식물의 성장과 건강에 영향을 미치고 실리콘은 인체 영양에 중요한 성분으로 알려져 있다.

6.1.4 비산재

우리나라의 경우 해가 지날수록 소각비율이 계속적으로 상승함에 따라 소각한 후 잔재물의 발생량도 더욱 증가하고 있고 그 중 도시폐기물을 소각 처리할 경우 발생되는 비산재의 양은 전체 폐기물 부피의 약 10%이다. 이렇게 발생된 비산재 중에는 카드뮴, 크롬, 구리, 니켈, 납 등 중금속이 고농도로 함유되어 있어, 매립 시 2차 오염물질의 방출 등의 환경적인 문제점을 가지고 있다. 따라서, 자원 재이용이라는 측면에서 비산재의 재활용을 위한 기술 및 정책의 개발이 필요하다.

가. 비산재로부터 금속회수

소각 공정에서 바닥재(Bottom ash)와 1차 비산재가 생성되며, 바닥재는 위생 매립장의 추가적 처리 없이 매립되는 반면, 비산재는 아연과 납 등 중금속의 높은 함량 때문에 환경적인 문제점이 있다.

비산재를 처리하는 방법으로는 대부분의 재를 실리카와 알루미늄, 철, 칼슘으로 구성되는 슬래그로 변환시키거나 소각로에서 고온으로 용해하고 있다. 이러한 용융공정에서, 대부분의 중금속은 휘발성 금속 염화물로 기화시키고 소각로로부터 재가 형성된다. 이렇게 형성된 재를 2차 비산재라고 부르며, 2차 비산재에 함유되어 있는 금속 중, 특히 아연과 납은 함량이 매우 높기 때문에 납과 아연을 생산하기 위해 제련소에 공급 소재로서 이용된다. 표 6.3은 1차 비산재와 2차 비산재의 전형적 화학조성을 제시한 것으로, 1차 비산재에 비해 2차 비산재에는 아연의 구성비가 매우 높으며, 칼슘의 구성비는 매우 낮다.

표 6.3 • 1차 비산재와 2차 비산재의 화학적 조성

요소	아연	철	납	마그네슘	알루미늄	나트륨	칼륨	칼슘
1차 비산재	0.805	1.37	0.12	1.64	3.92	5.97	4.90	42.11
2차 비산재	40.18	2.12	9.7	0.06	1.85	11.48	7.95	0.23

출처 : Nagib and Inoue, Hydrometall, 2000

(1) 바나듐과 니켈

중유가 사용되는 전력산업에서 고체 잔류물로 생성된 비산재에는 일반적으로 3%의 오산화바나듐(V_2O_5)과 약 1%의 산화니켈(NiO)을 포함하고 나머지 구성요소인 탄소는 약 80%로 매우 높다. 이러한 비산재를 이용하여 바나듐과 니켈을 회수할 수 있다.

Pickles와 Alcock(1983)의 연구에 의하면, 비산재에 있는 금속 산화물을 환원시키기 위해서는 먼저 비산재를 800℃에서 3분 동안 가열시킨 후, 2,000℃를 초과하는 플라즈마가 생성되는 아크 플래시 반응조(Arc flash reactor)를 통과하게 되고 이때의 반응은 매우 빠르게 진행된다. 금속과 슬래그는 반응이 완성된 노(Hearth)에서 수집되고 환원은 주로 슬래그 형태에서 일어나며, 페로니켈은 15 kW, 페로바나듐은 25 kW에서 생성된다.

또한 Abdel-latif(2002)에 의하면, 고농도·고품질의 페로니켈과 페로바나듐을 회수하기 위해서는 건조된 비산재에 알루미늄을 혼합하면 효과적이다.

(2) 2차 비산재로부터 금속회수

그림 6.14는 수산화나트륨을 이용하여 2차 비산재로부터 금속을 추출하는 공정으로, 10% 염산에 의해서는 94%의 아연과 77%의 납이 회수되며, 20% 아세트산에 의해서는 97%의 아연과 98%의 납이 회수된다. 반면 3 N 수산화나트륨에 의한 알칼리 추출

공정에서는 69.6%의 아연과 98%의 납이 회수된다.

산 추출 공정은 알칼리 추출 공정에 비해 더욱 효과적이지만 마그네슘과 알루미늄, 철과 같은 불순물을 함께 용해하는 단점이 있으며, 알칼리 추출 공정은 납과 아연만을 용해하는 장점을 가지고 있다.

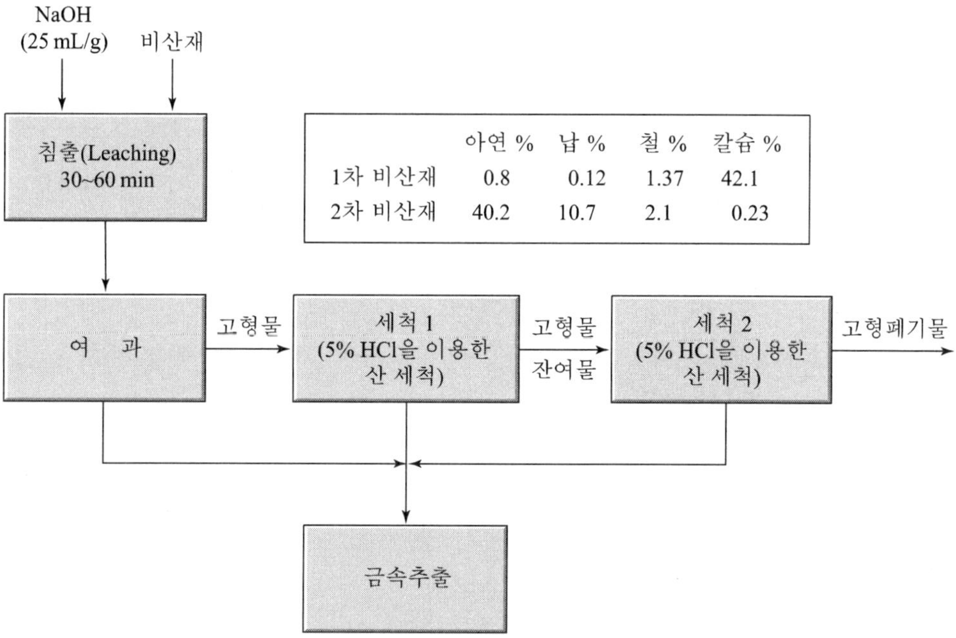

그림 6.14 • 수산화나트륨을 이용한 비산재의 알칼리 추출 공정

(3) 유사 비산재로부터 금속회수

유사(Oil sands)에서 10% 이상 함유되어있는 역청(Bitumen)을 분리·정제하는 기술은 지난 60년대부터 개발되었다. 역청은 열처리에 의해 합성원유로 변환되며, 이 공정에서 발생된 유사 비산재는 가장 두드러지게 지르코늄(Zirconium)과 바나듐(Vanadium), 몰리브덴(Molybdenum)과 같은 금속을 옮긴다.

금속의 잠재적인 가치를 위해 연구된 유사 비산재로부터의 바나듐과 다른 금속의 추출은 바나듐의 용해도를 증가시키기 위해서 비산재와 함께 나트륨 또는 염화칼륨이 950℃에서 가열된다. 이렇게 가열된 알칼리 금속은 장석($NaAlSi_3O_8$), 노셀라이트 ($Na_8Al_6Si_6O_{24}$) 등의 다양한 물질의 형성을 촉진하게 되고 이러한 물질로부터 바나듐의 용해도는 75~85%보다 더 높아진다. 바나듐은 나트륨 또는 염화칼륨의 용탈에 의해 최고 90%까지 회수된다. Holloway와 Etsell(2004)에 의하면, 바나듐의 용해도는 나트륨 염화물과의 용해도 보다는 칼륨 염화물과의 용해도가 더 높은 것으로 나타났으며, 그림 6.15와 같이 탈탄 단계에서 탈규산 단계 등을 거쳐 금속을 회수하게 된다.

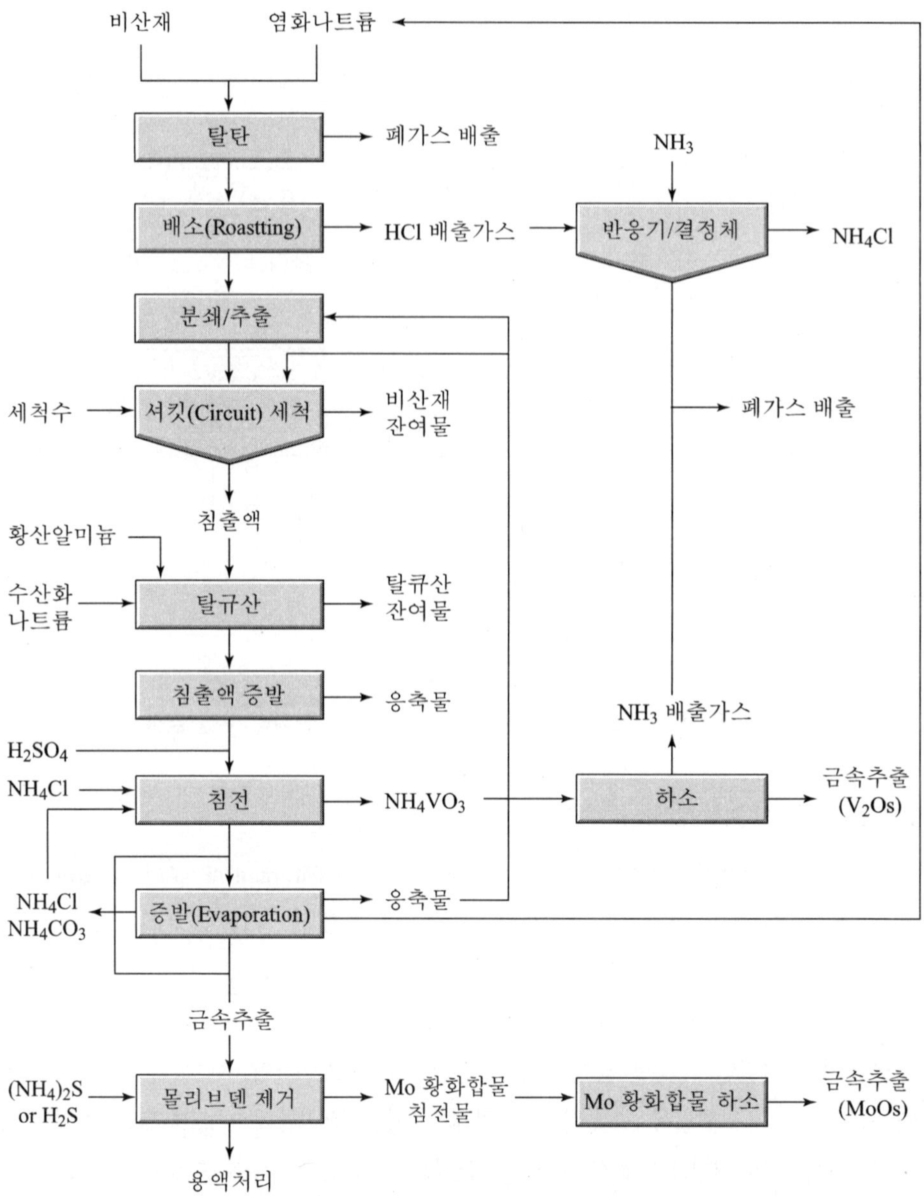

그림 6.15 • 유사(Oil sand)를 이용한 전체 활용 공정

공정에서 첫 번째 단계는 탈탄(Decarbonization)으로, 비산재는 로타리킬른(Rotary kilns)에서 염화나트륨과 함께 가열되며, 비산재에 존재하는 탄소는 500～600℃에서 하소된다. 최적의 조건은 20～30%의 나트륨염화물을 추가한 뒤, 850～950℃에서 3시간동안 가열한다.

그 다음인 탈규산(Desilication) 단계는 비산재에서 파생된 소량의 실리케이트(Silicate)에 의해 초래된 실리콘 오염 물질을 최소로 하기 위한 단계이다. 알루미늄과 실리케이트의 비가 2 : 1에서 3 : 1일 때 수산화나트륨과 황산알루미늄을 첨가하면 용액의 pH가 10～11까지 높아지고 바나듐은 암모늄 클로라이드를 추가함으로써 암모늄 메타바나듐산염(NH_4VO_3)으로 침전된다. 바나듐은 메타바나듐산염을 하소함으로써 5산화물(Pentoxide)로 재생된다.

30～40%의 바나듐이 추출된 것처럼 바나듐뿐만 아니라, 몰리브덴을 회수하는 것 또한 가능하다. 황화암모늄을 추가함으로써, 몰리브덴은 다른 금속이 용액에 남아 있는 동안 선택적으로 황화물로 침전될 수 있다.

Holloway와 Etsell(2004)에 의해 개발된 방법으로써 이러한 공정을 통해 독성 금속은 제거되어 안전하게 처리되므로, 회수된 금속은 도로 공사 혹은 콘크리트 제품을 위한 골재로서 잠재적인 응용을 가지고 있으며, 청정 환경과 환경 친화적 개발의 목적을 달성함에 있어 매우 중요하다.

(4) 도시고형폐기물에서 발생한 비산재로부터 금속회수

도시고형폐기물의 부피를 감소시키고 청정한 대기를 보존하기 위해 종종 소각으로 처리한 결과, 소각로에서 방출된 비산재에는 납과 카드뮴과 같은 독성 금속과 잠재적 발암 물질인 다이옥신계 화합물(PCDDs)을 포함하게 된다. 그러므로 금속의 안전한 제거와 PCDDs의 분해는 비산재를 처리하기 전에 필요하다.

일본 산업에 의해 개발된 비산재 재생공정에서 중금속은 휘발되고 PCDDs는 고온에 태워짐으로써 분해된다. 또한 재는 무해한 펠릿으로 만들어지고 중금속류는 제련소로 재순환되며, 기본 공정을 그림 6.16에 나타내었다. 먼저 벤토나이트(Bentonite)와 실리카 샌드(Silica sand)를 비산재와 혼합하고 펠릿에 혼합재를 연마시키고 형성한 뒤, 태워서 PCDDs를 분해하고 중금속류를 기화시키기 위해 건조하는 것으로 구성된다.

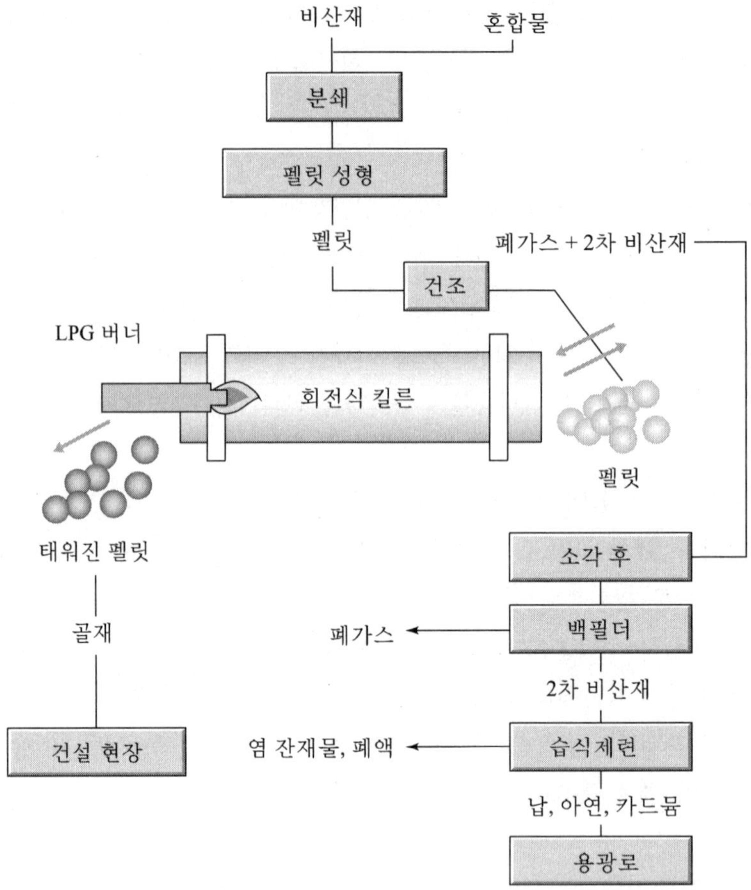

그림 6.16 • 비산재 처리공정의 흐름

태워진 펠릿을 소결시키면 직경 8 mm 크기로 감소하고 이렇게 생산된 펠릿은 대부분의 중금속류와 소금(NaCl, KCl)이 휘발되는 동안 실리카와 알루미나, 석회를 포함하게 된다. 그리고 알칼리 금속 염화물은 실리카와 알루미나와 반응하여 염화수소가스를 생성하고 휘발 성분은 2차 소각로를 통과하면서 2차 비산재를 생성하게 된다. 2차 비산재에 함유되어 있는 아연, 납, 구리 등의 금속들은 산 침출에 의해 회수된다.

나. 비산재 재활용 기술

(1) 콘크리트 생산

석탄재를 시멘트에 혼화한 혼합시멘트를 이용한 콘크리트 제조는 폐기물처리와 에너지 유효이용 차원에서 매우 효과적인 방안이 될 뿐만 아니라 CO_2 배출량을 줄이는데 유효하여 환경부하를 줄이는 결과가 된다.

도시 쓰레기 소각회나 하수오니 소각회를 원료로 한 시멘트를 에콜로지 시멘트(Ecology Cement)라 하며, 석탄의 연소로에서 배출되는 입자가 작은 비산재는 시멘트에 혼합하고 입자가 큰 것은 조골재로서 이용하므로, 이것에 의해 기공성 콘크리트는 시멘트의 40%, 조골재의 10%를 석탄재로 치환할 수 있다. 고로슬래그 45%, 비산재 1%를 보통 포틀랜드 시멘트에 혼화하여 제조한 비산재 시멘트는 보통 포틀랜드 시멘트보다 CO_2 배출량이 아주 적어지기 때문에 특히 리사이클 시멘트로 사용될 경우 매우 유리하며, 포틀랜드 시멘트에 비해 더 적은 물을 필요로 하기 때문에 추운 날씨에 더 쉽게 사용할 수 있는 장점이 있다. 이와 같은 환경 친화성 시멘트를 제조하여 보급을 확대함으로서 개발에 의한 탄산가스 배출량을 줄이는 방법들이 절실히 요구된다.

(2) 제올라이트 생산

제올라이트(Zeolite)는 실리콘과 알루미늄으로 이뤄진 다공성 결정으로 알칼리 및 알칼리토금속의 규산알루미늄 수화물인 광물을 총칭한다. 천연 제올라이트는 지구의 많은 부분에서 채굴되지만, 세공의 크기와 결정의 구조에 따른 문제로 공업용으로 이용되기에는 적합하지 않아, 구멍의 크기, 구조, 물성을 인위적으로 공업용에 적합하게 만든 합성제올라이트가 많이 사용된다. 자연적 제올라이트와 합성 제올라이트 모두 촉매 역할, 액체와 가스 흡착, 이온교환 등의 기능을 가진 것으로 알려져 있어, 물을 재순환시키기 위해 폐수 처리에서 오염 제어, 방사성 폐기물 관리, 원유 가공, 가스의 정제와 관련된 지역에서 많이 응용된다.

비산재의 주성분인 비결정 알루미노실리케이트 유리는 제올라이트 제조에 사용되는 주원료와 매우 흡사하다. 제올라이트를 생산하기 위해 비산재를 처리하는 방법으로 융합법(Fusion method)과 수열법(Hydrothermal method)이 연구되었으며, 그 중 융합법을 이용한 비산재의 처리는 균일한 혼합물을 획득하기 위해 비산재와 수산화나트륨을 함께 혼합하여 1시간 동안 550℃의 니켈 도가니에서 가열한다. 생성된 혼합물은 양이온교환용량(Cation exchange capacity)이 최대 250 meq/100g이 되며, 24시간 동안 항온조에서 교반한 후 혼합물은 90℃에서 결정화된다.

그리고 수열법은 융합법과 과정이 비슷하나, 550℃가 아닌 90℃에서 가열하게 되고 양이온교환용량은 최대 120 meq/100 g으로 융합법에 비해 매우 적다. 많은 소각시설에서 발생하는 비산재는 모두 구성은 다르고 화학물질과 광물 분석에 의해 개별적으로 결정되어야 하며, 독성 금속의 존재는 환경오염을 유발하므로 환경 보존을 위해 금속과 다른 유용한 물질의 회수방법의 개발이 필요하다.

6.1.5 폐전자스크랩

가. 전자스크랩 구성성분

전자스크랩의 재활용에 대한 주된 경제적인 원동력은 유가금속 특히 귀금속으로서 귀금속은 에지접속기(Edge connector), 집적회로(Intergrated circuits), 트랜지스터(Transistors), 세라믹(Ceramics)과 계전기(Relays) 등의 많은 전자 부품에 함유되어 있다. 이 귀금속들이 존재하고 있는 물리적인 형태는 Cu 핀 또는 박판에 코팅되어 있는 Au 및 Ag, Au bonding wires, Ni 또는 Fe에 코팅되어있는 Au 및 Ag, 페이스트, 백금족 금속들도 소량 사용되고 있다. 또한 이러한 귀금속은 Au, Ag 및 Pd이며, Rh를 비롯한 기타 백금족 금속들도 소량 사용되고 있다. 이러한 귀금속들 중에서 Au의 회수가 가장 많은 주목을 받고 있으며, 이는 Au가 고가 일 뿐만 아니라 지난 30년 동안 전자산업에서 상당량이 사용되어져 왔기 때문이다. 그리고 Cu, Al, Ni 및 Fe 등과 같은 일반 금속들도 전자장비의 제조에 많은 양이 사용되고 있기 때문에 유가금속으로서 회수의 대상이 되고 있다. 그러나 일반적인 전자스크랩 중, 특히 귀금속성분의 함량이 풍부한 PCB(Printed Circuit Board) 스크랩에는 다양한 금속과 합금뿐만 아니라 무기물질과 유기물질 등의 복합적인 성분을 지니고 있으며, 주성분으로 49%의 유리, 세라믹, 그리고 산화물을 포함하고 있고 19%의 플라스틱 물질, 4%의 브롬, 28%의 금속 등으로 이루어져 있다.

나. 폐전자스크랩으로부터 유가금속회수

폐전자스크랩으로부터 유가금속을 회수하는 기술은 일반적으로 전처리기술, 건식제련기술, 습식제련기술로 대별되며, 회수하고자 하는 금속의 종류에 따라서 달라진다. 재활용 대상인 폐전자스크랩은 먼저 전처리 공정을 거친다. 적절한 전처리 공정의 선택은 높은 회수율과 쉽고 효율적인 유가금속의 분리정제로 귀결되므로 매우 주의 깊게 선택되어야 한다. 폐전자스크랩의 재활용 공정은 일반적으로 스크랩의 전처리 공정, 농축공정, 정련공정의 세가지로 나눌 수 있다. 전처리공정에서 폐전자스크랩은 해체, 절단, 분쇄공정을 거쳐 분류되어지며, 농축공정에서는 분류된 폐전자스크랩 분쇄물의 선별, 농축이 이루어지고 금속 농축물은 정련단계에서 정제, 회수된다. 현재 상업적인 플랜트의 대부분이 건식법과 습식법을 혼용하고 있다.

건식제련법에 의한 폐전자스크랩의 처리는 소각, 플라즈마, 전기야크로 또는 용광로에서의 유기물질분해 및 용융과 고온에서의 기상반응 등이 포함된다. 일반적으로 건식제련법은 폐전자스크랩을 적절한 용재, 포집금속과 함께 용융한 후 유가금속이 함유된 합금상 또는 매트상과 슬래그상으로 분리한 후 분리된 합금상 또는 2차 분리정제공정을 거쳐 유가금속을 얻는 공정이다. 일반적으로 포집금속으로는 주로 Cu, Pb, Ni, Fe, Ni－매트 등이 사용되고 있다. 유가금속을 포함한 합금상 또는 매트상은 각기 분리되고 정제하기 위하여 더 처리된다. 한 예로, Cu를 포집금속으로 하여 건식제련에 의하여 얻어진 Cu합금은 양극판으로 제조한 후 Cu 전해정련을 하면 양극에서 Cu가 용해되어 음극에서 고순도의 Cu로 전착되고 귀금속들은 농축되어 연속적으로 Au, Ag, Pt 및 Pd를 회수하기 위하여 습식제련 또는 전기제련으로 처리된다.

전처리공정을 거쳐 선발된 유가금속 성분들을 산이나 알칼리로 침출하고 이어 용매추출, 화학침전, 이온교환법, 여과 및 증류 등의 기술을 이용하여 목적금속을 분리, 농축한다. Cu용광로와 습식 공정을 연계하여 처리하였을 경우 귀금속의 회수율이 상당히 높다. 즉, Cu를 함유하고 있는 폐전자스크랩을 Cu용광로에서 처리하여 조동을 제조하며, 이것을 정련하여 99.99%의 Cu를 제조하게 된다. 이때 발생하는 양극 슬라임에는 귀금속이 함유되어 있으며, 이것을 습식법으로 처리하여 회수한다. 폐전자스크랩의 재활용과 연관된 습식제련에서 대부분의 전해정련은 순수한 금속을 회수하기 위한 정련단계이다.

6.1.6 디스플레이 전자제품

가. LCD 재활용 처리현황

생산 공정 중 발생하는 LCD 불량품은 유리 기판을 약품으로 세정하여 유리로 재활용하고 있다. 국내 LCD제품의 경우 그림 6.17과 같이 기존의 TV와 같은 방법으로 주로 수작업에 의해 재활용되고 있는 실정이며, 그 처리과정은 우선 플라스틱, 금속류, PCBs, LCD 등 각 부품별로 분해 과정을 거쳐 플라스틱, 금속류 등 재활용이 가능한 부품은 재활용하고 LCD, 기타 폐기물은 위탁처리하여 소각하고 있다. 재활용 처리과정은 수작업을 통하여 LCD 케이스, 프레임, LCD 패널, 구동회로 백라이트 유닛 등으로 해체/분리한 후, 플라스틱류의 LCD

케이스와 금속류의 프레임 등 재활용이 가능한 부품은 재활용되고 있다. 나머지 고난도의 재활용기술이 필요한 부품인 LCD 패널, 백라이트 유닛은 소각시켜서 폐기하고 있다.

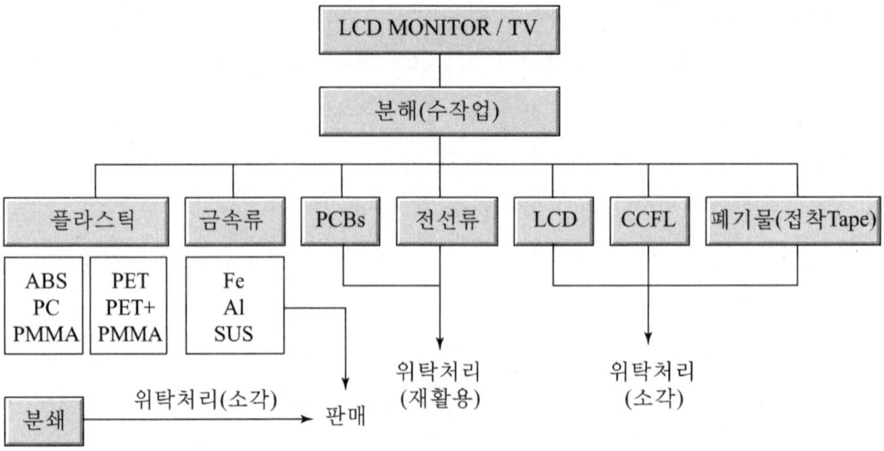

그림 6.17 • LCD 제품의 재활용 처리 현황

LCD 재활용의 기술적 난제로는 LCD 모니터의 제작사별, 모델별 구성 부품의 재질과 성분이 상이하므로 물리적 해체 시 많은 수작업 공정이 필요하고 LCD 조립 시 액정(LC)과 얼라이먼트 층의 결속이 강하도록 부착되므로 기계적 분리에 의한 재활용은 거의 불가능하다. 따라서 LCD 제품의 재활용 공정은 먼저 플라스틱, 금속, PCB, LCD 등 각 부품별로 기계적 분리를 실시한 다음 플라스틱, 금속 등을 재활용하고 LCD와 기타 폐기물은 소각시켜서 폐기하고 있다. 특히 LCD 패널이나 백라이트 유닛 등을 소각하여 폐기하면 전략적 희소 금속과 LCD의 약 3%를 구성하고 있는 희토류 원소가 소실되어 이는 국가적으로 큰 손실이다. 그러므로 향후에는 LCD에 함유된 희소금속 소재의 경제적 회수가 가능한 선택적 분리, 분해 기술 및 최적 기술을 개발하는 것이 필요하다.

일본의 경우 우리나라보다는 LCD 재활용에 대한 연구가 활발하게 진행되어 액정 유리를 분쇄하여 물리적, 화학적 과정을 거쳐 파쇄유리(Cullet) 형태의 일반유리로 재생하거나 LCD 폐기물을 타일 또는 건축자재 대체품으로 재활용하고 있다. 일본 LCD 제품의 선두주자인 (주)sharp사에서는 2001년에 플라스틱 케이스는 펠릿으로 재활용하고 PCB의 고가금속은 회수하고 유리섬유는 시멘트 재료로 활용하는 재활용기술의 개발에 착수하여, LCD 모듈 무게의 약 80%를 재활용하는데 성공하였다. 또한 2005년에는 액정패널에 형성되어 있는 투명전극인 ITO(Indium Tin Oxide)에서 인듐을 재활용하는데 성공하였으며,

여기서 액정 패널은 유리 컬릿상태로 분쇄한 후 산에 용해해서 인듐을 분리하는 기술이다. 인듐은 액정응용 제품인 LCD, PDP, 유기 EL 등의 급속한 수요 확대로 인해 다량 소요되는 자원 희소성이 매우 강한 금속이다. 그러나 일본에서 조차도 LCD 및 PDP 제품에 대한 희소금속 원소의 전체 회수 시스템은 현재로서는 완전히 개발되어 있지 않았으며, 최적화되어 있지도 않다.

유럽의 경우 법률적으로 전자재료들을 매립하는 것을 허용하지 않는다. 따라서 재활용 기술에 대한 연구가 활발하며, 독일의 경우 LCD 유리를 용융 주물사 대체품으로 사용하거나 액정을 추출 후 소각하고 유리는 재활용하고 있다. 영국의 York 대학 연구팀은 액정 혼합물을 회수하여 다른 액정디스플레이에 재활용하거나 혼합물을 분리하는 기술을 개발하였다. 폐 LCD 유리와 같은 유리질 계통의 폐기물들은 자체가 지니는 물리화학적 특성에 기인한 높은 재활용 가능성을 지니고 있음에도 불구하고 효과적인 재활용이 이루어지지 못하고 있다. 그 이유는 유리를 제조하는 원료 물질 자체가 값이 싸서 부가가치가 낮고 재활용을 위한 전처리 비용이 높기 때문이다.

LC(Liquid Crystal) 재활용은 LC와 얼라이인먼트 층의 부착력이 유리판을 강하게 결속시켜 기계적인 재생이 양적으로 불가능한 이유로 LCD의 재활용은 매우 제한적으로 이루어지고 있다. 우리나라의 경우 폐 LCD제품의 발생량이 적어 전문적으로 재활용하는 업체가 거의 없어 단순해체, 분리 후 소각 및 매립하고 있는 실정이며, 제조과정 시 생산라인 불량품인 유리의 경우 편향판 제거 후 유리기판을 약품으로 세정하여 유리로 재활용한다.

나. LCD 유리 회수

국내에서 LCD 유리 재활용에 관한 연구는 최근 들어 일부 업체 또는 대학에서 기초연구가 간헐적으로 진행되고 있으나 실용화단계로의 접근은 아직까지는 어려운 상태이다. LCD 패널은 그림 6.18과 같은 구조로 이루어져 있기 때문에 이로부터 전극물질, 유리 등과 같은 유효자원을 효율적으로 회수하기 위해서는 전처리공정이 필수적으로 요구되며, 전처리 공정은 수작업으로 분리, 해체된 LCD 패널에 대해 일차 편광판 분리 후 패널 컬릿화(Cullet)의 과정으로 이루어진다.

그림 6.19는 국내에서 전처리되어 컬릿형태로 만들어진 LCD 패널을 보여주고 있다. LCD 패널로부터 유리기판과 편광판을 분리하기 위하여 열충격 방법으로 편광판 재료의 열적 변형을 유도하면 편광판 분리가 용이해지며, 편광판이 분리된 패널을 1, 2차 파·분쇄가 연속으로 이루어지는 2단 롤-파쇄(Roll-crusher) 방식을 이용하여 패널을 컬릿화 한다. 이후 합착된

유리기판 사이에 존재하는 전극물질에 대해 산침출을 통한 분리 및 회수 공정이 실시된다.

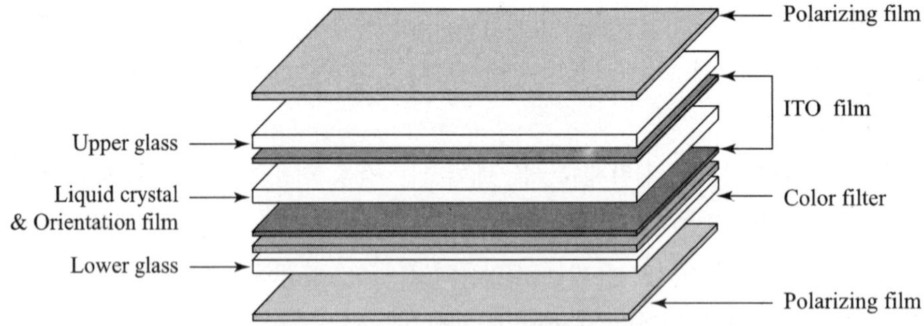

그림 6.18 • LCD 패널의 구조

그림 6.19 • LCD 패널로부터 파쇄된 컬릿형태의 유리

다. 형광체 및 플라스틱 회수

LCD에서 광원 역할을 하는 BLU의 냉음극형광램프(CCFL)에서는 고휘도 형광체를 혼합하여 백색 발광을 얻고 있으며, 이러한 형광체에는 이트륨(Yttrium)을 주원소로 하여 유로퓸(Europium), 테르븀(Terbium) 등의 희소금속이 다량 함유되어 있다. 국내의 경우 LCD 제품으로부터 형광체 재활용은 기술의 부재 및 경제적인 요인으로 인해 현재 전량 소각처리되고 있다. 국내에서 CCFL을 제조하는 일부 기업들은 제조공정 중에 발생하는 공정 폐기물을 자체 재이용하거나 오염도가 높은 일부 형광체는 형광등의 형광물질을 재처리하는 업체로 보내 재활용 하고 있다. 하지만 형광체의 회수효율 및 제품 품질의 저하로 인하여 경제성 및 재활용 범위가 제한적이다.

6.2 폐기물 에너지화

산업혁명 이후 화석연료의 무분별한 사용으로 인한 범세계적인 환경문제가 국제적인 이슈로 부각됨에 따라 현재 국제협약 등을 통한 각국의 오염물질들에 관한 배출이 규제화되고 있으며, 앞으로 지속적으로 확대되어 갈 전망이다. 이에 화석연료를 대체할 청정에너지 개발 및 재활용연료 개발은 장기적인 관점에서 안정적인 에너지 공급기반을 구축함으로서 에너지 수급의 해외 의존도를 감소시킬 수 있으며, 자체적인 공급기반, 기술개발능력을 신장하게 되어 매우 중요한 과제이다. 특히 석탄을 대신할 보조연료로서, 생활쓰레기로 배출되고 있는 가연성 폐기물을 에너지원으로 재활용하는 기술이 지속적으로 개발되고 있다.

폐기물에너지는 사업장 또는 가정에서 발생되는 가연성 폐기물을 가공, 처리해 얻어지는 고체·액체·기체 형태의 연료와 이를 연소 또는 변환시켜서 발생되는 에너지를 의미하며, 이러한 폐기물 에너지화 종류를 표 6.4에 나타내었다.

대표적인 폐기물 에너지로는 종이, 나무, 플라스틱 등의 가연성 폐기물을 파쇄, 분리, 건조, 성형 등의 공정을 거쳐 제조된 폐기물 고형연료, 자동차 폐윤활유 등의 고분자폐기물을 이온정제법, 열분해 정제법, 감압증류법 등의 공정으로 정제해 생산된 재생유인 열분해 연료유가 있다.

표 6.4 • 폐기물 에너지화 종류

구 분	처 리	결 과
가연성 폐기물 (종이, 비닐, 플라스틱, 폐목재 등)	파쇄·분리·건조·성형 등	고형연료 생산
유기성 폐기물 (음식물 쓰레기, 하수슬러지, 가축분뇨 등)	사료·퇴비화, 해양투기 아닌 미생물 처리 등	바이오가스, 고형연료 생산
소각여열	일부 회수	열, 전기 생산
매립가스	소각처리 정제	열, 전기 생산, 자동차 연료
산업폐가스	일부 회수	열, 전기 생산

출처 : 환경부, 2008

또한 가연성 폐기물의 재처리를 통해 얻어지는 가스화 연료, 가연성 폐기물 소각열 회수에 의한 스팀생산 및 발전, 시멘트 킬른 및 철광석소성로 등의 열원으로 이용하는 폐기물 소각열 등이 있다.

6.2.1 폐기물 에너지의 장단점

폐기물 에너지는 국내 신재생에너지의 70%를 차지하고 있는 중요한 발생원으로서 폐기물에너지를 사용하면 많은 장점들이 있는 반면 문제점도 존재한다. 먼저 폐기물 에너지의 장점은 폐기물 에너지 기술이 20년 이상 기술 개발 경험에 의해 경쟁력이 어느 정도 갖춰진 상황으로서, 많은 연구개발이 이루어져 다른 신재생에너지 자원에 비해 비교적 단기간 내에 상용화가 가능한 장점을 갖고 있다. 또한 타 신재생에너지에 비해 폐기물자원이 지속적으로 생산되므로 경제성이 매우 높으며, 폐기물의 청정처리 및 자원으로 재활용하기 때문에 폐기물로 인해 발생되는 환경문제와 지방자치단체와 산업체의 폐기물 처리에 따른 비용이 절감된다. 그리고 폐기물 에너지를 이용할 경우 기존의 화석연료를 대체하는 것은 물론 온실가스를 저감할 수 있는 효과가 있다. 구체적으로 각 폐기물 에너지 이용방식 별로 생활폐기물 1 ton을 처리할 때, 고형연료는 0.21 TC/ton, 열분해 유화는 0.48 TC/ton, 가스화는 0.47 TC/ton, 소각열 회수 이용은 0.19 TC/ton의 온실가스를 저감할 수 있다.

그러나 폐기물 에너지는 위와 같은 장점 외에도 해결해야할 많은 문제점들이 있다. 현재 우리나라의 폐기물 에너지 기술은 핵심적인 원천 기술 및 축적된 노하우가 아직 부족하고 종합적인 폐기물처리 및 재활용 등 관리체제가 미흡한 상황이며, 폐기물 관련 업계가 전반적으로 영세하여 기술개발 및 투자가 활발히 진행되고 있지 않다. 폐기물 에너지가 신재생에너지로 각광받음에도 불구하고 폐기물 에너지화 과정에서 발생하는 매연, 수질오염 등의 2차 공해가 우려되며 폐기물의 재활용 비중이 증가함에 따라 에너지 잠재량이 감소한다는 점이다.

그리고 우리나라는 재정적, 제도적 지원이 아직까지 부족한 상태로서 폐기물 에너지화 진행이 선진국에 비해 부진한 실정이다. 또한 현재 수도권 등 청정연료 사용지역에서 폐기물 고형연료 사용을 불허하고 있으며, 미성형 고형연료 불인정 및 품질기준의 부재, 바이오가스 정제연료 품질기준 부재 등의 폐기물 에너지화 촉진을 위한 제도적, 정책적 기반이 취약하다는 문제점이 있다. 마지막으로 우리나라는 선진국에 비해 기술 수준이 50～65%에 불과해 아직까지 수요시장 확대 및 품질 확보에 애로가 있다는 점이 문제점이 있다.

6.2.2 국내 폐기물에너지 분야의 전망

현재 전세계는 신고유가 시대에 직면에 있으며, 원료를 대체할 신재생에너지 확보가 시급한 과제로 떠오르고 있으며, 이미 EU는 총 에너지 소비량의 6%를 신재생에너지로 대체하고 있다. 특히 우리나라의 경우 세계 10위의 에너지소비국으로 전체 에너지의 97%를 수입에 의존, 2007년 기준 907억 달러를 에너지를 수입하는데 사용한 만큼 신재생에너지의 중요성은 눈앞의 현실이 되었다.

이에 우리나라는 2007년도 기준 1.8%의 에너지화 비율에서 2020년까지 100%를 에너지화 하는 것에 목표를 맞추고 있다. 이를 통해 2012년까지 연간 1조 3,373억원의 경제가치 창출 및 기후변화협약에 적극 대처하고 1만 7천개의 일자리 창출, 환경부하 감소, 해양배출 금지 등의 국제문제 해결에도 큰 기여를 할 수 있을 것으로 기대하고 있다. 구체적으로 2012년까지 3조 2408억원의 예산을 투입, 고형연료화(RDF)시설 20개소와 바이오가스화 발전시설 23개소 등 폐기물 에너지화 시설 57개소(처리용량 하루 1만 4,160 ton)를 설치하는 방안을 추진하였다.

6.2.3 폐기물 고형연료

고형연료 중 가장 실용적인 기술로 수분과 불연물을 제거하고 남은 가연물을 조개탄과 같이 사용하기 쉬운 형상으로 성형하여 화석연료의 대체에너지로 이용될 수 있는 폐기물 고형연료(Refuse Derived Fuel, RDF)가 차세대 재활용 에너지로 대두되고 있다. RDF는 폐기물에서 얻어지는 연료라는 뜻으로서 폐기물에 함유된 수분과 금속류, 유리 등의 불연성분을 건조, 파쇄, 선별 등의 공정을 통해 제거한 후 가연성분만을 성형 등의 과정을 통해 가공하여 만든 고체연료를 뜻한다. 특히 RDF는 석유, 석탄 등의 화석연료 고갈에 따른 에너지의 공급 불안, 지구환경문제, 자원의 효율적 이용이라는 관점에서 귀중한 에너지 공급을 담당할 것으로 기대되고 있다.

환경문제는 전 지구적으로 인류가 지금까지 경험하지 못한 가장 심각한 위협이 되고 있으며, 우리나라도 OECD에 가입하면서 환경권고에 따른 온실가스 저감 및 유해폐기물 처리문제 등에서 많은 애로를 겪고 있다. 이런 폐기물의 적정한 관리를 위해서 최근에 폐기물의 배출량 억제와 재활용 촉진이 최우선의 과제로 인식되고 있으며, 자원절약, 환경보건 측면에서 폐기물을 에너지 자원으로 유효하게 이용할 수 있는 각종 방법 및 기술에 관한 관심이 높아지고 있다.

국내 RDF 제조기술은 외국기술을 직접 도입하는 수준을 넘어 국내 폐기물의 실정에 맞는 RDF 제조설비를 자체적으로 개발하여 RDF를 생산할 수 있는 단계에 이르고 있으며,

그 품질 또한 우수한 것으로 평가되고 있다. 따라서 RDF 기술개발은 다음과 같은 중요성이 있다. 먼저 폐기물의 단순소각과 매립처분이 사회적 기피대상으로 되어 있어 대량의 고체가연성폐기물이 가진 에너지가 낭비되고 있는 상황에서 적극적으로 고체폐기물 에너지를 활용할 수 있는 RDF기술 확산이 필요하다. 그리고 소량의 폐기물도 RDF로 만들어 사용처로 운반하여 사용할 수 있으므로 폐기물에너지 회수율을 극대화할 수 있으며, 생활폐기물의 경우 소각에 비해 RDF화가 비용이 저렴한 장점이 있기 때문에 연료로서의 경제성이 뛰어나다. 또한 향후 품질이 좋고 저공해 RDF를 생산할 수 있는 탄화기술, RDF전용 발전소, 석탄 혼소발전 등의 기술개발 및 보급이 앞으로 더 필요하다.

6.2.4 고형연료화 기술

고형연료화 기술은 폐기물을 파쇄, 선별, 건조, 성형 공정을 거쳐서 석탄과 비슷한 고체연료를 만드는 것으로서, 생활폐기물을 재료로 해서 만든 RDF는 발열량이 3,500～5,000 kcal/kg 정도로서 국내산 무연탄과 비슷하며, 국내에서 생활폐기물을 이용하여 제조된 성형 고형연료를 그림 6.20에 나타내었다. 2011년까지 환경부의 '자원의 절약과 재활용촉진에 관한 법'에는 RDF, RPF, TDF(Tire Derived Fuel) 및 WCF(Wood Chip Fuel) 등 폐기물고형연료제품이 재활용연료로 정해져 있고 각각에 대한 품질기준과 사용처 기준 등도 정해져 있다. 그러나 2013년부터 생활폐기물, 폐합성수지, 폐합성섬유, 폐고무, 폐타이어 등을 사용하여 제조한 고형연료를 SRF(Solid Refuse Fuel)로 폐지류, 농업폐기물, 폐목재류, 식물성잔재물, 초본류폐기물 등으로 제조한 고형연료를 바이오고형연료(Bio-SRF, Biomass Solid Refuse Fuel)로 명칭과 기준을 수정하여 발표하였다.

그림 6.20 • 국내에서 생산한 성형 고형연료(RDF)

표 6.5 • ASTM 방식에 의한 RDF의 분류

분 류	약 칭	종류별 정의
RDF-1		대형 폐기물만을 제거한 통상의 폐기물로서 연료로 이용이 가능한 것
RDF-2	Coarse-RDF (C-RDF)	150 × 150 mm 규격의 스키린 통과분 95%의 입도로 선별된 폐기물(불연성 물질 분리 여부에 무관)
RDF-3	Fluff-RDF (F-RDF)	50 × 50 mm 통과 95%의 입도로 분쇄하여 불연성 물질을 제거한 것
RDF-4	Powder-RDF (P-RDF)	10 mesh(2 mm) 스크린 통과 95%의 입도로 분쇄한 후와 불연성 물질을 제거한 것
RDF-5	Densified-RDF (D-RDF)	폐기물을 분쇄한 후 Pellet. Cube 및 Briquette 상으로 압축 성형한 것
RDF-6	Liquid Fuel	폐기물로부터 얻어진 액상 연료
RDF-7	Gaseous Fuel	폐기물로부터 얻어진 기체 연료

출처 : 신병철 외, 한국고분자학회, 2002

하지만 고형연료화 기술은 에너지함량이 높은 물질을 대상으로 하기 때문에 도시폐기물을 이용하기 위해서는 복잡한 전처리 공정을 거쳐야 하고 이를 연소시키기 위한 별도의 설비가 필요하다. 또한 국내에는 폐기물의 고형연료화 기술이 도시 폐기물을 이용한 성형 RDF기술로서 알려져 있으나, 사실 RDF는 매우 다양하게 분류되고 있다. 표 6.5는 ASTM에서 규정하고 있는 RDF의 분류표를 나타낸 것으로 RDF-1부터 RDF-3까지는 가공을 하지 않았거나 단순가공을 한 소각용 폐기물에 가깝다. 반면 RDF-4부터 RDF-7까지는 연료의 형태를 갖추어 화석연료와 같이 수송하거나 저장이 가능하며, 산업용 연료로서 충분한 가치가 있는 연료이다.

이처럼 폐기물을 고형연료화하여 사용 시 기존의 석탄이용시설에 큰 변화 없이 사용이 가능하고 열효율의 조절도 가능하며, 가격도 석탄의 1/3 수준에 불과하다. 처리방법에서도 소각시설에 비해 설치비가 적고 배출가스가 없어 민원발생의 소지가 적고 대부분 가연성 폐기물을 연료화해 폐기물처리의 유효이용성을 높이고 기존의 화석에너지 절감효과가 큰 장점이 있다.

6.2.5 RDF(Refuse Derived Fuel)

가. RDF 제조공정

RDF 공정은 폐기물의 성상과 제작사에 따라 다소 차이는 있지만 일반적으로 다음과 같은 선별, 파쇄, 건조, 성형공정으로 구성된다. 선별공정에서는 원료로 사용되는 폐기물을 RDF 생산에 알맞게 하고 사용목적에 지장을 주지 않도록 유리, 금속 등의 불연물을 풍력이나 자력 혹은 인력으로 선별하는 공정이다. 파쇄공정은 건조와 성형이 잘 될 수 있도록 원료의 크기를 균일하고 작게 파쇄 혹은 분쇄하는 공정을 말한다. 건조공정에서는 열풍과 같은 고온의 열원으로 원료를 가열하여 원료속의 수분을 증발시키며, 마지막으로 가연물질을 사용하기 위해서 이동하거나 저장하기 편리한 형태로 성형하는 최종 단계인 성형공정을 거쳐 RDF가 제조된다. 일반적으로 RDF의 질을 높이기 위해서 부분공정을 2중 또는 3중으로 반복하는 경우가 많으며, 제작사에 따라서는 공정순서를 다르게 변경하기도 한다.

나. Fluff RDF 제조공정

폐기물에너지 사업이 가장 활발한 미국은 폐기물의 열량이 비교적 높을 뿐만 아니라 대규모의 폐기물 수집소를 운영하고 있어 Fluff RDF 제조기술이 발전하였으며, 그 대표적인 제조 공정을 그림 6.21에 나타내었다. 먼저 수거된 폐기물은 최적 연소조건에 적합하도록 1차 전처리하여 에너지 생산의 연료로 이용하며, 수거된 폐기물을 1차 파쇄하고 먼저 음식물 등 6 cm 이하의 수분이 많은 유기성폐기물은 분리하여 발효공정으로 보내서 유기질 비료 또는 가축용 사료를 생산한다. 유기성폐기물이 분리된 폐기물은 풍력을 이용한 비중차 선별기, 자석분리기와 알루미늄 분리기를 거치면서 금속류와 비철금속을 분리하여 재활용 센터로 보내진다. 최종적으로 음식물 등 유기성 폐기물과 금속류 등 불연성물질이 분리된 폐기물은 다시 파쇄하여 fluff 형태의 RDF를 생산하여 에너지 생산설비의 연료로 사용한다.

이탈리아 Romellina 에너지 리싸이클링 WTE 설비도 이와 동일한 시스템이 적용되며, 이곳의 폐기물 처리량은 연 20만 ton으로 1개의 예비라인을 포함하여 3개의 폐기물 분리 및 RDF 생산 라인이 설치되어 가동중이다. 하루 700 ton의 폐기물로부터 유리 및 유기물, 유가금속 등을 분리하고 수분을 제거하여 투입량의 60% 정도인 약 450 ton의 RDF를 생산한다. 생산된 RDF의 크기는 98%가 90 mm 이하인 fluff 형태이며, 발열량은 3,000 kcal/kg로 17 MW급의 발전기 구동을 위한 순환유동층 연소로의 연료로 이용된다.

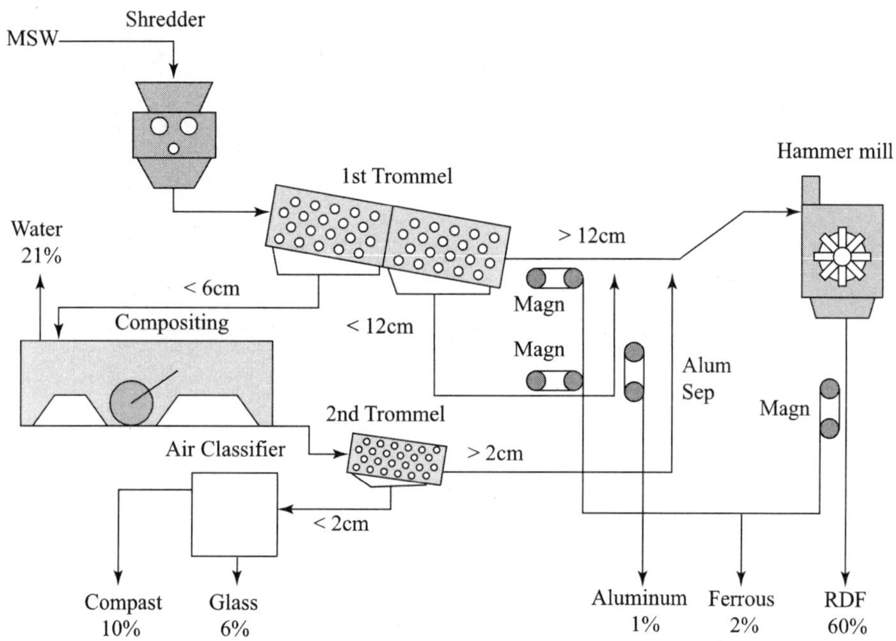

그림 6.21 • Fluff RDF의 제조공정

다. RDF 시설의 국내외 동향

(1) 국내

RDF분야는 1990년대 후반부터 기술개발이 추진돼 사용 규모의 RDF 생산설비가 지난 2006년부터 가동 중이며, RDF 연소용 보일러 설비와 RDF 전용 발전시스템에 대한 기술 개발이 진행되고 있다. 원주시에서 2006년 10월부터 국내 최초로 80 ton/일 규모(16시간 운전 기준) 생활폐기물 RDF 플랜트가 가동되고 있다. 이 플랜트는 한국기계연구원에서 연구로 개발한 펠릿 성형기술과 공정설계 및 제어기술을 바탕으로 가와사키 공정을 조합하여 전체공정을 국내에서 재설계 및 시공하였다.

고형연료 사용 연소시설은 시멘트 소성로, 고형연료 제품 전용 발전소 및 10 MW 이상인 화력발전소, 석탄 사용량이 2 ton/시간 이상인 지역난방시설, 산업용 보일러 제철소이다. 또한 고형연료제품 사용량이 400 kg/시간 이상인 전용보일러시설 또는 200 kg/시간 이상이고 연속적으로 가동하는 전용보일러시설, 그밖에 환경부장관이 고형연료제품의 사용에 적합하다고 인정하여 고시하는 시설이다. RDF 사용시설 중 시공되어 가동 중인 원주시 RDF 플랜트를 그림 6.22에 나타내었다.

그림 6.22 • 원주시 생활폐기물 RDF제조 플랜트

그림 6.23은 이 시설의 전체적인 공정도를 나타낸 것으로 이 시설에서 생산되는 RDF 연료의 에너지는 약 6,000 toe/년이며, 시멘트 공장과 건물 냉난방 보일러 연료 등으로 사용되고 있다.

또한 남해군 생활폐기물 전처리시설(MBT)은 (주)바이오컨에서 미생물 발효를 기초로 생활폐기물을 재활용, 감량하는 기술을 적용한 처리시설로 남해군에서 운영하고 있다. 이곳의 처리용량은 남해군 생활폐기물 15 ton/일이며, 전처리시설은 생활폐기물을 기계적, 생물학적 처리를 통해 물질을 재활용하고 RDF, 고철 등으로 선별, 재활용하고 있으며, 나머지는 매립을 하고 있다.

(2) 국외

① 미국

미국은 지난 1970년대 초부터 RDF시설을 가동하기 시작했으며, 최대 2,000 ton/일의 대규모 시설이며, 석탄발전소, 시멘트 킬른 등에서 사용하고 있으며, RDF 제조플랜트와 발전소가 동일한 장소에 있는 일체형 플랜트가 대다수이다. 미국은 소각열 회수를 위해 주로 스토커 방식을 사용하고 있고 현재 오염물질 저감, 유동층 연소시스템, Re-examine 보일러 등에 대한 연구를 진행하고 있다. 대체적으로 미국의 폐기물 고형연료, 열분해 유화, 폐기물 가스화 시장은 현재 본격화되지 않았거나 정체 상태이지만 장기적으로는 주로 발전용으로 폐기물 에너지 시장이 활성화될 것으로 전망된다.

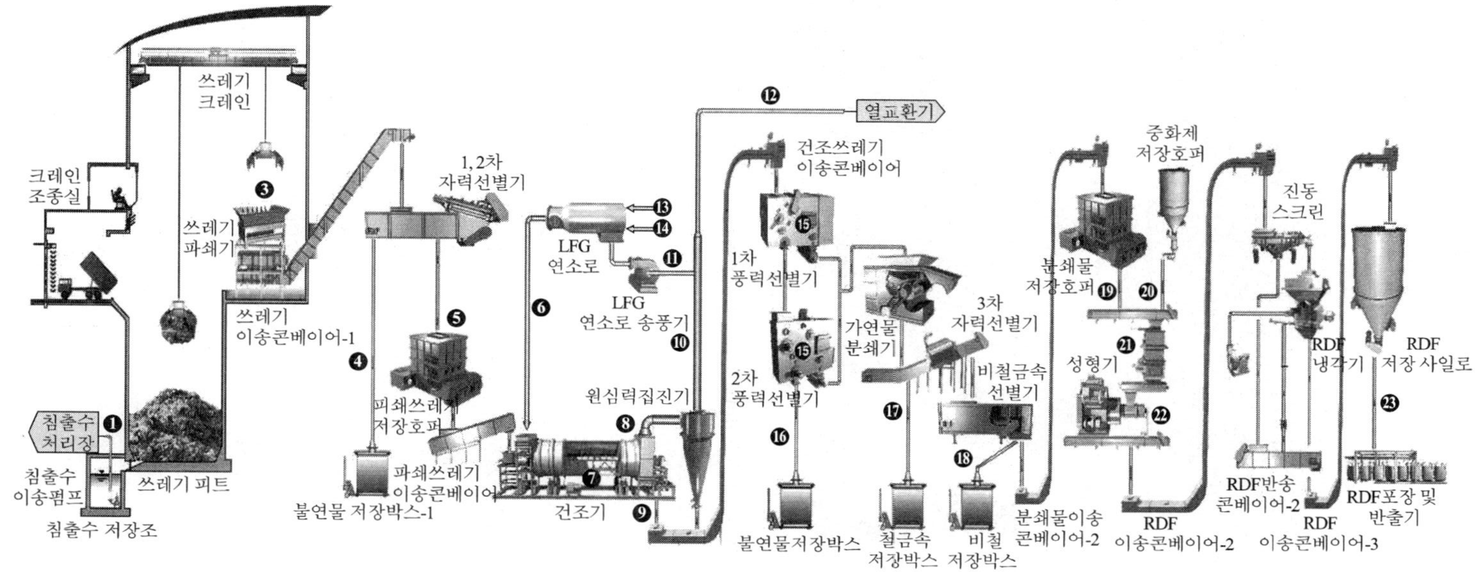

그림 6.23 • 원주시 생활폐기물 연료화 시설 공정

미국의 대표적인 RDF시설 중 west palm beach의 RDF 제조시설을 그림 6.24에 나타내었다.

그림 6.24 • 미국 Palm Beach Recovery사의 RDF 제조시설

② 일본

일본은 지난 1990년대 중반부터 RMJ 방식으로 1만 5,000～2만 ton/일 규모의 RDF를 생산하고 있으며, 5개의 대용량 RDF 전용발전소를 2000년대 초반부터 건설해 운전중이다. 특히 일본은 생활폐기물이 연간 약 5천만 ton 정도 배출되고 있으며, 소각 75%와 매립 15% 정도로 폐기물을 처리하고 있다. 생활폐기물 및 사업장폐기물을 합하면 약 190여개의 RDF 플랜트가 가동 중이며, 다수의 RDF 발전소가 현재 가동 중이다.

생활폐기물 RDF 플랜트 건설비의 약 25%를 환경청에서 국고로 보조하고 있으며, RDF 발전소도 경제산업청에서 25% 국고로 보조하고 있다. 또한 1990년대 중반에 중소도시의 중소형 소각로에서 배출되는 다이옥신이 사회적으로 심각한 문제가 됨에 따라서 중소형 소각로를 RDF시설로 대체하고 생산된 RDF를 RDF발전소와 같은 대형시설에 일괄적으로 모아서 사용하는 광역화처리개념을 정하여 실시하고 있다. 이 후 RDF시설이 급속히 증가하여 2003년 기준으로 57곳의 생활폐기물 RDF 생산시설과 5곳의 생활폐기물 RDF 전용발전소가 가동 중이다. 또한 사업장 폐기물 RDF를 포함하

표 6.6 • 일본 RDF 전용발전소 현황

	이바라키현	미에현	후쿠오카현	이시가와현	히로시마현
사업주체	카시마 공동 자원화센터(주)	미에현기업청	오오무타시 리싸이클발전(주)	이시가와 북부 RDF광역처리조합	후쿠야마 리싸이클발전(주)
참가 시정촌수	3 시정촌 住金 등 75사	26 시정촌 (RDF ; 7개소)	29 시정촌 (RDF ; 7개소)	24 시정촌 (RDF ; 5개소)	15 시정촌 (RDF ; 7개소)
RDF 전소능력	200 t/d (RDF 100, 산폐 100)	240 t/d (120 × 2로)	315 t/d (1기)	160 t/d (80 t × 2로)	314 t/d (1기)
발전능력	3,000 kW	12,050 kW	20,600 kW	7,000 kW	20,020 kW
발전효율	17.5% (증가 有)	28%	약 30%	약 21%	28.1%
전소로 형식	킬른 스토커	외부순환 유동상	내부순환 유동상	유동식 가스화용융	샤프트로형 가스화용융
제작업체	히타치조선	富士전기	가와사키중공업	히타치조선	JFE엔지니어링
저장 사일로	옥내피트 (1,070 m^3)	옥내피트	사일로(1기) (14,000 m^3)	사일로(2기) (5,000 ×2 m^3)	사일로(2기) (10,000 ×2 m^3)

출처 : 한국에너지기술연구원, 2010

면 약 500 MW 정도를 RDF로 발전하고 있으며, 이러한 일본의 RDF 전용발전소의 현황을 표 6.6에 나타내었다.

특히 오무타시는 석탄산업을 중심으로 한 광업도시로, 높은 기술력과 교통의 중심지라는 장점을 갖고 있어 많은 기업에게 주목을 받은 도시이다. 생활폐기물을 5종(타는 쓰레기, 타지 않는 쓰레기, 자원화, 대형, 유해물질)으로 각각 구분하고 있으며, 생활쓰레기는 화장실쓰레기도 별도로 수거하고 있는 등 쓰레기 및 폐기물에 관해 많은 제도와 규칙을 정해 놓고 있다. 그림 6.25에 오무타시의 유동층 방식 RDF 발전설비를 나타내었으며, 이 설비는 RDF를 약 100 ton/일 규모로 생산하고 있으며, 반입 ⇒ 파쇄 ⇒ 건조 ⇒ 선별 ⇒ 분쇄 ⇒ 성형 ⇒ 냉각 공정을 통해 RDF를 생산하고 건조는 열풍건조(분산날개회전드럼식) 시스템을 사용하고 있다.

그림 6.25 • 일본오무타시 유동층 방식 RDF 발전설비

③ 유럽

그림 6.26에 나타낸 것과 같이 현재 유럽은 MBT를 통하여 기존의 전처리 없이 매립되던 도시고형폐기물(MSW)로부터 발생되는 악취, 침출수 및 매립가스(Greenhouse gas) 등의 2차 환경오염물질을 줄이고 매립량 감소를 통하여 매립장사용수명연장과 지구온난화가스저감 등 다양한 효과를 얻고 있다. 또한, 이들 국가들은 고유가시대를 맞아 생활쓰레기에 MBT를 적용하여 얻은 생분해성물질의 Bio-Gasification(BA) 및 가연성폐기물의 RDF을 석탄 및 석유 등 화석연료를 대처할 수 있는 가장 확실한 에너지원으로 인식하여 MBT에 대한 다양한 연구와 사업화를 활발히 진행하고 있다.

특히, 음식물 쓰레기를 포함한 도시고형폐기물 매립 시 발생되는 CH_4, CO_2 등의 지구온난화가스를 사전에 줄일 수 있는 MBT 특징을 청정개발(CDM, Clean Development Mechanism)과 연계하여 자국의 환경적 경제적 이점을 얻으려는 노력이 진행 중에 있다.

또한 유럽은 생산된 RDF를 EU국가간에 교역을 하고 있으며, 표 6.7에 나타난 바와 같이 2005년 RDF생산량이 약 1,300만 ton 정도로서 에너지량으로는 약 540만toe에 해당한다. 과거 RDF를 생산하지 않았던 덴마크, 그리스 등의 국가에서도 RDF를 생산하고 있으며, 국가 간 RDF교역량은 더욱 증가할 전망이다.

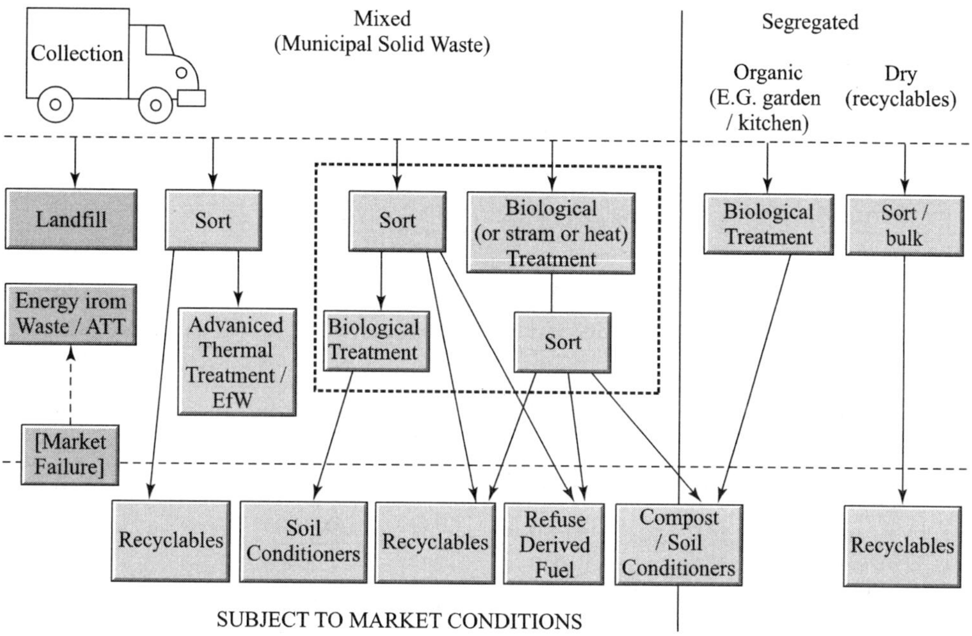

그림 6.26 ● EU의 MBT 처리 시스템

오스트리아의 경우 주로 MBT(Mechanical Biological Treatment)에서 180만 ton/yr 이상의 RDF가 폐기물 전용 공정이 아닌 제지, 목재생산 공정에 이용되고 있으며, 벨기에에서는 MSW로부터 40～50% 정도를 RDF로 생산(27만 ton)하고 있으며, 50～70 유로/ton 가격으로 주로 시멘트 공장에서 활용하고 있다.

또한 네덜란드에서는 생활 폐기물에서 물리적으로 분리된 종이 및 플라스틱 등으로 13개의 공장에서 RDF를 생산(70만 ton/yr)하여 전력생산, 가스화 공정 등에 이용하고 있다. 그림 6.27과 6.28은 1996년에 가동을 시작한 네덜란드의 GAVI Wijster의 폐기물재활용(RDF)시설의 모습과 처리공정으로 생활폐기물을 대상으로 하여 스토커 방식을 적용하면서 전처리를 통해 효율향상을 얻는 시설이다. 이 시설에서는 전처리 선별과정에서 불연물과 유기물, 금속류 등을 재활용성 물질로서 회수함으로써 소각에 부적합한 물질을 최대한 제외하고 있다. 또한 RDF를 중간과정에서 저장하는 시설의 용량은 최초 반입저장조의 용량에 비해 단순히 버퍼링 기능만을 부여하여, 전체 소각용량의 저감효과가 있으며, 소각시설의 안정적인 운전요건이 되는 투입물의 균질화가 확보되는 특징을 갖고 있다.

표 6.7 • 유럽의 고형연료 시장(2005)

Member State	Production		Consumption		− Export/Import +	
	(kt/yr)	(toe/yr)	(kt/yr)	(toe/yr)	(kt/yr)	(toe/yr)
Austria	500	250,000	500	250,000	0	0
Belgium	300	150,000	300	150,000	0	0
Denmark	0		0		0	0
Finland	350	120,000	350	120,000	0	0
France	1,000	500,000	0	0	-1,000	-500,000
Germany	4,000	2,000,000	5,000	2,5000,000	0	0
Greece	500	250,000	500	250,000	0	0
Iceland	0		0		0	0
Ireland	500	250,000	500	250,000	0	0
Italy	2,000	100,000	2,000	1,000,000	0	0
Luxembourg	50	25,000	50	25,000	0	0
Netherhands	1,500	600,000	1,000	400,000	-500	-200,000
Norway	150	75,000	150	7,5000	0	0
Portugal	500	250,000	500	250,000	0	0
Spain	1,000	500,000	1,000	500,000	0	0
Sweden	500	250,000	1,000	4,500,000	+500	+200,000
Switzerland	0	0	0	0	0	0
United Kingdom	200	100,000	200	100,000	0	0
Total	12,050	5,420,000				

출처 : 수도권매립지관리공사, 2006

그림 6.27 • Gavi Wijster 폐기물종합처리장

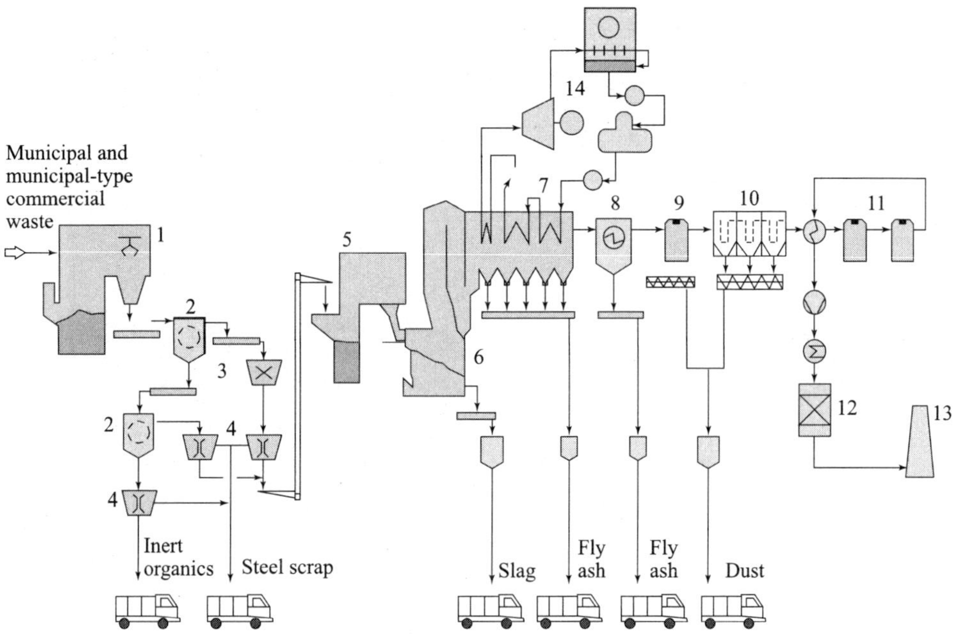

1. Raw waste bunker 2. Screen drum 3. Rotating knives 4. Magnetic separator
5. RDF bunker 6. Reciprocating grate combustion 7. Boiler 8. Electrostatic precipitator
9. Spray dryer 10. Fabric filter 11. Wet scrubber 12. Oxidation catalyst
13. Turbo generator set 14. Stack

그림 6.28 • Gavi Wijster 폐기물종합처리장 처리계통도

스페인은 4가지 형태로 폐기물연료를 분류하여 이용하고 주로 시멘트 공정에 이용하고 있으며, 이탈리아에서는 주로 MBT공정에서 97만 ton/년의 RDF가 생산되어 대부분 cement kiln에 사용되고 있다. 특히 독일, 영국, 이탈리아 등에서는 유기성 폐기물의 처리공정과 RDF 공정이 결합된 MBT가 90기 이상 건설돼 가동 중이며, 중대형 규모의 열분해 유화 기술이 상용화 되었다. 또한 가스화 용융 시스템에 대한 연구개발이 활발히 진행되어 다양한 형태와 조성을 가진 폐기물들을 처리하고 있다.

먼저 그 예로 그림 6.29에 나타낸 독일 Neumuenster시의 MBT(기계/생물학적전처리) + RDF/석탄혼합발전(CFB 소각보일러) 시설은 2005년 5월부터 가동을 시작하였다. 이 시설은 Neumuenster시가 100% 투자한 공사로 환경과 에너지를 중심으로 폐기물 관리, 가스공급, 발전 및 지역난방, 수처리시설 및 생수 등을 공급하고 있고 SWN의 자회사인 MBA Neumuenster GmbH사가 MBT시설과 매립장 관리를 담당하여 이곳에서 생산된 RDF를 도심한복판의 열병합발전시설로 이송하여 공급하고 있다.

그림 6.29 • MBT 시설전경

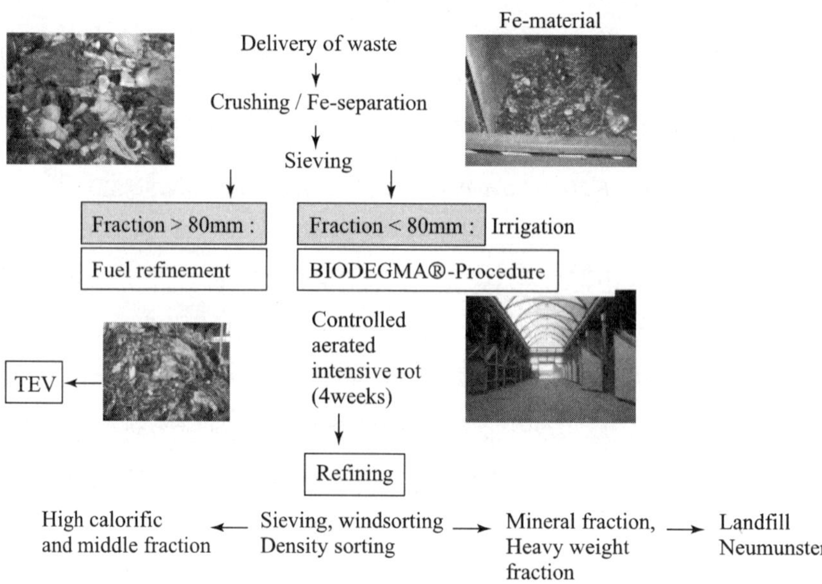

그림 6.30 • MBT 시설의 공정구성

이 시설의 공정 구성은 그림 6.30과 같으며, 먼저 반입된 폐기물은 파쇄와 자력선별 과정을 거쳐 드럼선별기에서 80 mm를 기준으로 가연성 중심의 가볍고 입도가 큰 RDF, 유기물과 무겁고 입도가 작은 생물학적 처리대상물질로 분리하여 후자는 전량

호기성퇴비화시설로 유입되어 4주간 유기물을 분해한 다음 정밀한 2차 선별과정을 거쳐 약 25%를 매립하게 된다. 이 과정에서 RDF fluff는 전체 반입량의 약 50%정도로 회수되며, 이는 진공압축수송용기에 수 십배 이상 부피를 압축한 후 도시 중심에 있는 열병합발전시설로 이송된다. 이 후 RDF 소각발전 시설에서 에너지를 생산하며, 전처리시설에서 이송된 RDF를 저장벙커에서 진공압축을 해지한 다음 이를 정량 주입하는 장치로 순환유동상보일러 연소실로 투입하여 소각한다. 마지막으로 이 열을 이용해 발전 및 여열을 회수하여 시 주민에게 전기와 난방용 열원을 공급하고 있다.

이 시설은 생활폐기물 RDF를 기준으로 하여 연간 150,000 ton을 처리할 수 있으며, 소각 대상물은 100%의 유연탄과 100%의 RDF가 소각 가능하도록 설계되어있고 연간 6,500,000 kWh의 전기를 생산함으로서 16,000가구에 전기를 공급할 수 있다.

또 하나의 예로 이탈리아의 로멜리나시의 MBT+RDF Power 플랜트 설비 전경과 시설의 구성도를 그림 6.31과 6.32에 나타내었다. 이 시설은 1995년에 착공하여, 1998년부터 본격적으로 가동을 시작하였으며, MBT(RDF 생산)와 순환형유동상소각(발전/난방)의 복합처리방법으로 설계된 플랜트 설비이다.

이 시설의 전체적인 공정도를 그림 6.33에 나타내었으며, 이 시설에서는 생활폐기물을 반입하여 생분해성물질은 호기성 안정화과정을 거쳐 매립지 복토재로 활용하고 주로 가연성물질을 회수하여 RDF Fluff로 저장, 이를 연료로 사용하여 에너지(전기 및 열)를 생산하고 판매하고 있다.

그림 6.31 • 이탈리아 로멜리나 MBT+RDF Power Plant 시설

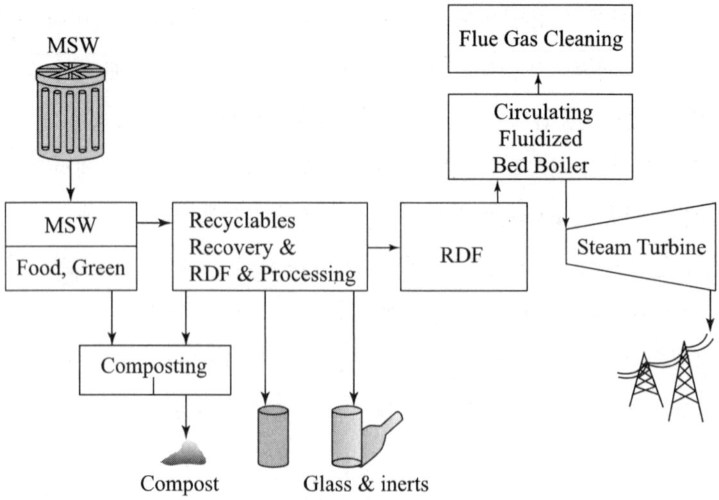

그림 6.32 • 이탈리아 모멜리나 MBT+RDF Power Plant 시설의 구성

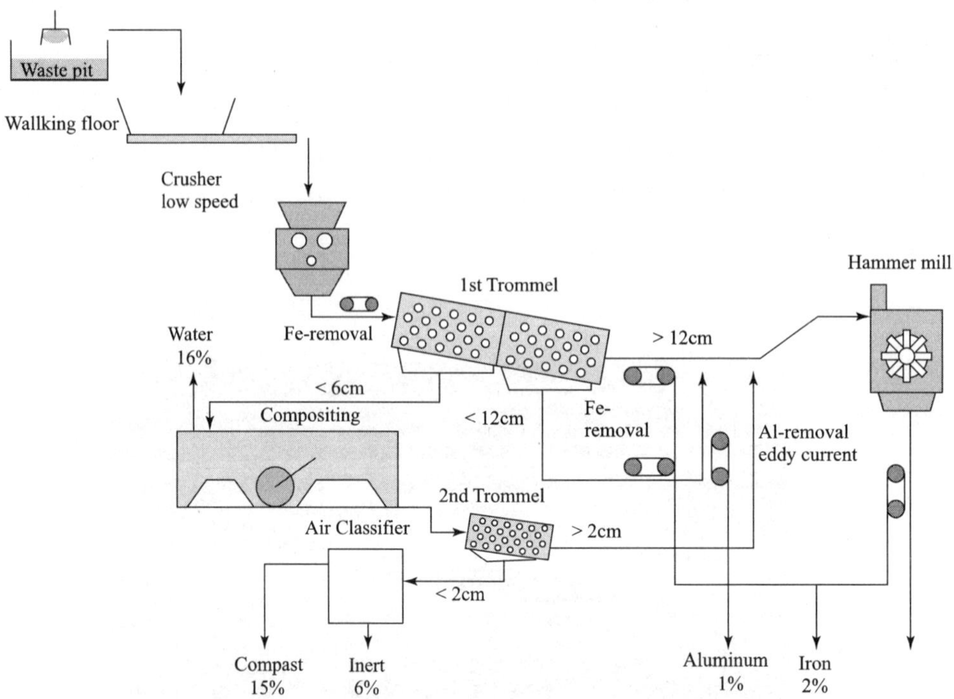

그림 6.33 • 이탈리아 로멜리나 MBT+RDF 시설 공정도

또한 에너지 생산 공정을 그림 6.34에 나타내었으며, 먼저 저장창고에 비축된 RDF는 정량주입장치를 통해 수직형의 순환형 유동상 연소실로 투입되어 열회수 과정을 거친 후 배가스로 배출된다. 이 후 연소실과 연결된 싸이클론과 연소실로 연결되는 대순환과정에서 RDF는 완전연소가 이루어지고 유동사로부터 추가적인 열까지 회수하는 외부열교환기(External Heat Exchange Unit)는 전체적인 에너지회수 효율을 극대화(약 30%) 하는데 기여하게 된다. 또한 배가스는 보일러, 벤츄리스크러버, 백필터를 거쳐 굴뚝으로 배출되고 바닥재는 성상이 양호하여 매립하며, 비산재는 시멘트로 고화하여 매립 처분하게 된다.

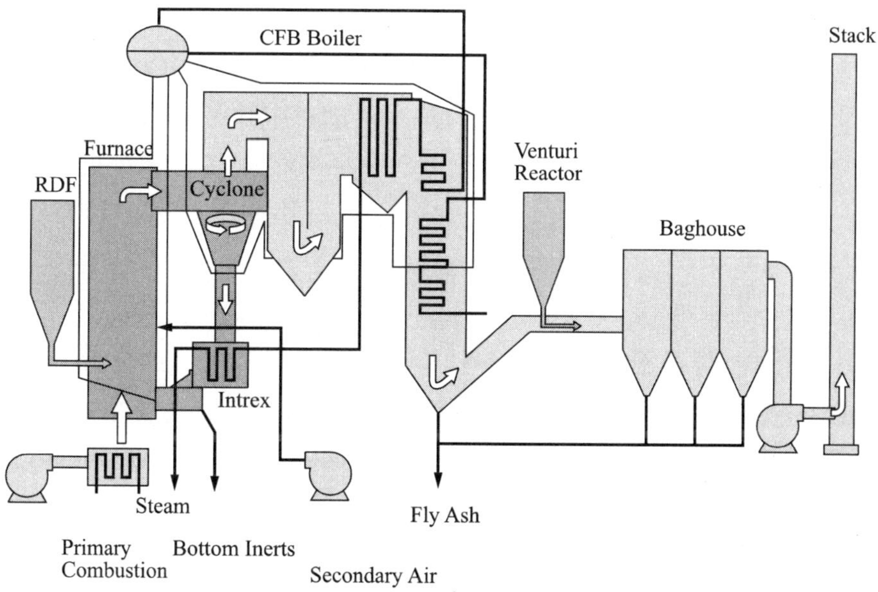

그림 6.34 • 이탈리아 로멜리나 MBT+RDF 보일러 플랜트 에너지회수시설 공정도

라. RDF 국내 기술개발 동향

RDF 제조에 대한 국내의 연구개발은 1980년대부터 시작되었으나 본격적인 연구개발은 1990년대 중반부터이다. 국내에서 개발된 RDF 생산기술은 대부분 그 형태나 크기는 업체에 따라 다소 차이가 있으나, 기본적인 생산 공정구성은 일본과 큰 차이가 없는 것이 초기의 실정이었다.

먼저 1983년부터 1988년까지 서울 난지도 매립장에 1,500 ton/일 규모의 대형 RDF 제조시설을 덴마크 I. Kruger社로부터 도입하여 건설하였다. 잠실운동장에서 배출된 폐기물은 이 시설에서 RDF화가 가능하였으나, 일반생활폐기물의 RDF 제조는 정상가동에 실패하였다. 당시 우리나라의 생활폐기물은 연탄재가 30% 이상을 차지하였고 유럽 폐기물보다 함수율도 높아 당시의 국내 폐기물 특성을 충분히 고려하지 않은 것이 실패의 요인으로 지적되었다.

또한 1991년 청주시에서 국내기업기술로 200 m^3/day급 RDF시설을 건설한 바 있으나 단위공정별 수지 불균형과 처리용량부족, 부실운영 등으로 역시 폐기하였다. 연구실적으로는 1990년대 초반에 국책과제로 폐목재와 폐PE Film을 혼합한 RDF를 제작하고 연소성능을 실험한 연구사례가 있고 함수율이 높은 음식물 쓰레기가 포함된 일반 가정폐기물을 대상으로 한 RDF기술의 연구는 국책과제로 1996년에 처음으로 한국기계연구원에서 시작되었으며, 그 결과 안정적인 RDF제조공정을 개발하는데 성공하였다.

이러한 제조공정 개발을 시작으로 국내 최초로 (주)고려자동화가 개발한 RDF 제조공정을 그림 6.35에 나타내었으며, 기본적인 시스템은 크게 폐기물 투입, 1차선별, 건조, 2차선별, 성형, 냉각시스템으로 구성되어 있다. 먼저 수거된 생활폐기물은 쓰레기봉투를 파봉하여 캔을 분리하고 자력에 의해 금속류를 분리하고 파쇄기를 거쳐 건조기에 유입되어 수분이 건조되며, 건조에 필요한 열량은 보일러로부터 공급되는 열을 이용한다.

건조된 폐기물은 풍력 선별에 의해 유리, 도기류 등 불연성분을 분리하고 이어서 비철금속을 분리하면 전처리가 완료된다. 이런 폐기물에 석회석을 혼합, 성형기에 공급하여 일정한 형태의 RDF를 생산하며, 성형기에서 생산된 RDF는 고온, 고압에서 성형이 이루어지기 때문에 냉각과정을 거쳐 실온에서 보관한다.

이 후에 후속으로 고효율 선별기 및 Ring-Dies식 성형기 등이 개발되어 현재는 원주에서 생활폐기물 RDF 제조플랜트에 적용하여 상용운전을 하고 있다. 이 설비에는 화재예방을 하면서 건조를 하는 건조가스 부분순환기술과 비산먼지 배출이 원천적으로 방지되는 밀폐형 풍력선별기 및 고효율 Ring-dies성형기술이 특징이다. 또한 건조배가스의 악취처리는 고온열풍으로 분해처리하며, 고온폐열은 회수하여 연소공기 예열 및 건조배가스 승온에 활용하고 있다. 그림 6.36은 국내에서 개발한 Ring-dies방식 성형기의 외부와 성형방식을 나타낸 것이다.

RDF 연료의 이용기술은 석탄화력 열병합발전소에서 RDF를 10% 혼소하는 기술이 상용화되었으며, 1 MW 규모 순환유동층 RDF 발전보일러가 개발되었고 후속으로 10 MW급의 RDF 열병합보일러가 개발되고 있다. 그 외에 400 kg/hr급 무한궤도 화격자식 RDF

보일러가 개발되어 원주시 청사 냉난방 보일러로 사용되고 있다.

또한 제조시설에 따라 RDF의 직경, 밀도, 균질성 등 품질의 개선이 필요한 경우가 있어 RDF의 사용을 활성화하기 위한 연구가 최근 활발하게 이루어지고 있다. 한국기계연구원에서는 산업자원부의 연구비 지원을 받아 하수슬러지/RDF 혼소를 위한 유동층 소각로와 RDF 전용 유동층 소각로를 개발하고 있으며, 한국에너지연구원에서도 스토커형의 소형 RDF 소각로를 개발하고 있다.

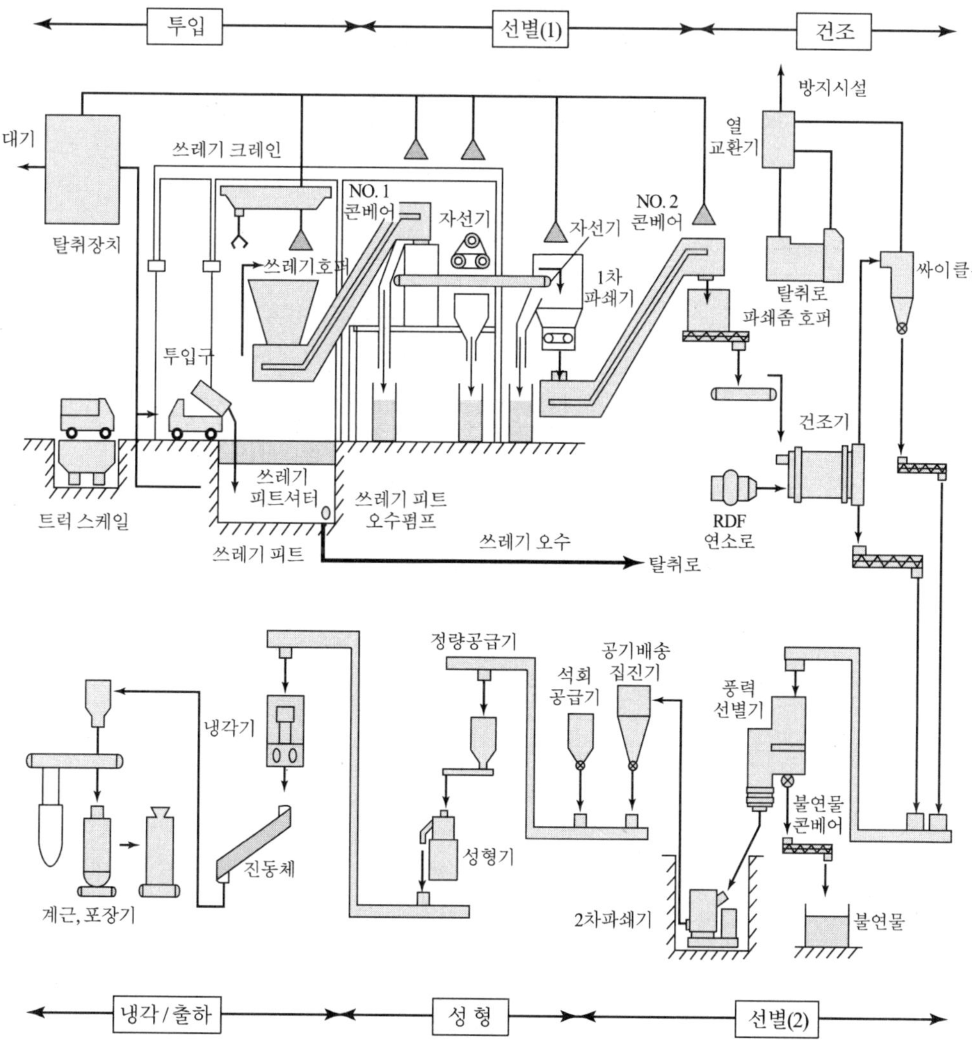

그림 6.35 • (주)고려자동화의 폐기물 고형연료 제작공정

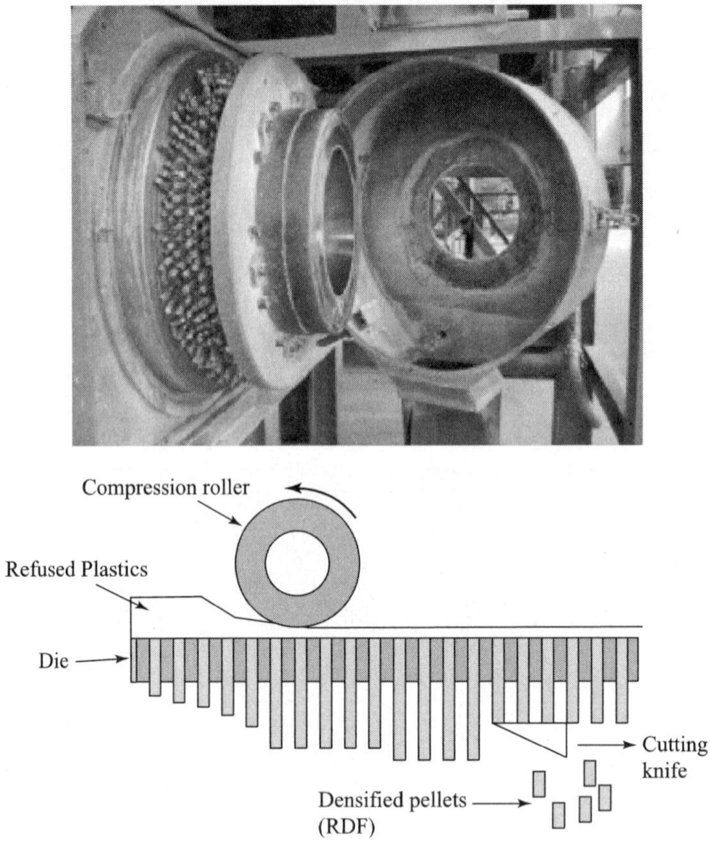

그림 6.36 • Ring-dies 방식 성형기

6.2.6 플라스틱

가. 플라스틱 발생 및 처리현황

그림 6.37에 플라스틱의 처리 경로를 나타내었으며, 국내 플라스틱류의 발생총량은 2006년도 기준으로 1,644천 ton으로, 이는 재활용품으로 분리하여 배출된 플라스틱류의 발생원단위(46.7 g/일/인)에 인구수를 대입하여 산출한 플라스틱류 재활용품 839천 ton과 종량제봉투 내 플라스틱류의 발생원단위(44.8 g/일/인)에 인구수를 적용하여 산출한 재활용 가능한 플라스틱류 805천 ton을 합한 것이다. 종이류, 고철류와 달리 재활용 가능한 플라스틱류의 경우 총 발생량의 절반정도가 재활용품으로 분리되고 나머지 절반은 폐기된다. 분리수거 된 839천 ton의 플라스틱류 중 약 30%는 민간수집상에서 선별되며, 13%는 지

자체 선별장에서 선별되고 선별과정에서 폐기되는 플라스틱류는 57%이다. 폐기되는 플라스틱은 주로 재활용품으로 지정되어 있으나 많은 부분이 재생원료로 이용되지 못하는 필름류이다.

플라스틱류 재활용 업체의 연간 재생원료 이용량은 603천 ton이며, 생활폐기물 경로에서 회수된 플라스틱류가 국내 플라스틱처리업체의 재생원료로 투입되는 양은 60% 정도이며, 40%는 별도의 수급경로를 통해 확보된다. 플라스틱류는 종류가 다양하고 복합재질인 경우가 많아서 이론상으로는 재활용이 가능하지만 경제성이 떨어지거나, 현재까지 재활용 기술이 부족하여 재활용품으로 분리되지 않고 폐기처분되는 양이 많으며, 분리되더라도 처리시설에서 재생원료로서 기여하는 부분이 적은 편이다.

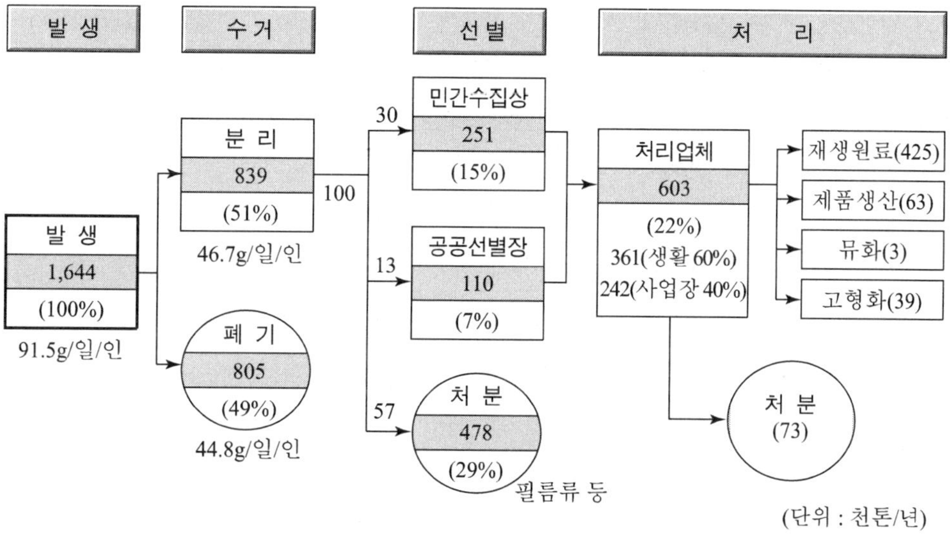

그림 6.37 • 플라스틱류의 처리경로

나. 폐플라스틱 재활용

플라스틱은 고분자물질로서 최종 제품의 특성에 따라 가소제, 산화방지제 및 충전제 등과 같은 첨가제가 투입된 물질로 성형의 용이성과 더불어 플라스틱의 뛰어난 물성 특징으로 인해 사용량이 점차적인 증가 추세에 있다. 따라서 폐플라스틱의 배출량 또한 이에 비례하여 증가하고 있다. 플라스틱은 특성상 재생하여 성형품으로 이용이 가능하고 열분해 등에 의해 에너지원으로도 이용할 수 있기 때문에 국토가 좁아 매립지가 부족하며, 자원 역시 부족한 우리나라의 경우 플라스틱의 재자원화는 절대적으로 필요한 과제임이 틀림없다. 반면 플라스틱의 단순 소각 또는 매립처리는 소각 시 발생되는 유해가스와 플라스틱의 난분해성으로 인한 매립지 안정화 저해 등의 문제점 등을 초래한다.

국내의 폐플라스틱 재활용은 대부분 영세하고 낙후된 재생업체에서 이루어지고 있으며, 종업원이 10명 미만의 소규모 공장에서 전문적인 기술의 배경 없이 폐플라스틱을 정화조, 화분, 물받이 등과 같은 단순 제품으로 단순 용융 재생하고 있는 실정이다. 또한 폐플라스틱의 유화를 통한 재활용은 아직 국내에서는 기술 도입단계이며, 독일, 일본 등과 같은 나라에서는 실제로 가동 중인 공장이 존재한다.

독일의 경우에는 Kohleol-Anlage Bottrop GmbH 회사에서 연간 4만 ton의 폐플라스틱을 유화공정을 통해 활용하고 있다. 미국의 경우, 대체 에너지 개발을 위해 에너지성(DOE)에서 막대한 재원을 플라스틱의 유화공정 개발에 투입하여 열분해뿐만 아니라, 수소첨가, 촉매를 이용한 열분해 등을 개발하였으나, 아직은 상용화된 기술로 보기 어렵다.

현재까지 많은 혼합 폐플라스틱의 재활용기술이 개발되어 왔지만, 경제성 측면에서도 경쟁력을 가질 수 있으면서 효율도 높은 효과적인 재활용기술단계는 아직은 보편화되지 않았으며, 이 분야에 대한 기술개발 연구와 노력이 계속되어야 한다. 현재까지 플라스틱을 재활용하고 에너지를 회수하는 몇몇 방법들이 시도되고 있으며, 대표적인 방법에는 용융재생법, 화학물질 회수, 에너지회수 기술 등이 있다.

(1) 용융재생법

용융재생법은 가장 단순한 형태의 플라스틱 재활용 기술로 단일 또는 혼합 플라스틱 폐기물을 용융점 이상으로 가열, 용융시킨 후, 냉각 또는 압축하여 재생품을 생산하는 방법으로 최초 원료(Virgin resin)로 만들어진 제품보다는 다소 질이 떨어진다. 대부분의 플라스틱 용기를 구성하고 있는 PET, HDPE, LDPE, PP, PVC, PS 등과 같은 열가소성 플라스틱은 이러한 방법을 통해 재생되고 있으나, 폴리우레탄과 같은 열경화성 플라스틱의 재활용에는 적용되기 힘들다.

(2) 화학물질 회수(Chemical recycling)

폐플라스틱으로부터 유용한 화학물질을 회수하는 기술인 열분해 유화환원 기술은 1970년대 석유위기를 계기로 대체 에너지에 대한 관심이 높아짐에 따라 본격적인 연구개발이 이루어졌으며, 현재까지 많은 연구가 진행되었다. 그러나 단순한 열분해만으로는 생성유의 수율 및 품질이 아직은 만족스러운 수준에 이르지 못하였으며, 특히 경제성 측면에서 실용성 있는 기술이 개발되지 못하였다. 최근 폴리올레핀(Polyolefine)계 플라스틱의 열분해 가스를 촉매로 개량하는 기술이 미국을 비롯한 독일, 일본 등의 정부기관, 재생업체들에 의하여 개발되었으며, 생성유의 수율 및 품질이 대폭 향상됨으로서 실용화에 많이 접근되어 있는 상태이다.

(주)일본 이화학에서는 촉매, 효소, 파동을 화학반응에 추가하여 250℃에서 분해가 일어나도록 공정을 개선하였으며, LB&M사는 폐타이어 유화를 컴퓨터에 의해 연속적으로 조작이 가능하도록 하여 열분해 온도가 높을수록 C1～C5의 기체상의 탄화수소까지 얻을 수 있으나 최종 생성물의 70～80%가 재생유가 되도록 운용하고 있다.

먼저 유화기술은 경제성을 맞추기 위해 자동화 등의 공정이 요구되며, 보통 무산소 상태의 400～600℃에서 연료를 회수한다. 또한 양질의 재생유를 얻기 위해서는 200～400℃에서 온도구배를 천천히 상승하도록 제어되는 것이 바람직하지만, 처리업자들의 경우는 재생유의 생산 보다 폐기물의 처리효율만을 고려하는 측면이 많아 급격하게 온도를 상승시켜 처리시간을 단축시키는 경향이 있다.

폐플라스틱의 경우, 응축유 기준으로 투입량의 70～80% 정도의 수율을 보이고 있으며, 응축이 안 된 가스와 잔사가 나머지를 차지한다. 플라스틱으로부터 발생되는 응축유는 원동기 등의 연료로도 사용이 가능하며, 다시 한번 리폼 공정을 거쳐 가솔린, 항공유 등과 같은 고부가 가치의 물질들이 생성된다. 또한 회수된 가스는 에너지원으로 재사용이 가능하며, 잔사 역시 아스팔트의 첨가제 등으로 이용된다.

(3) 에너지회수기술

폐플라스틱으로부터 에너지를 회수하는 방법은 일반적으로 직접소각, 건류소각 및 고체연료화 등과 같이 3가지 방법으로 구분된다. 먼저 폐플라스틱의 직접소각을 통한 에너지회수 방법은 일반적인 도시폐기물 소각로에서의 에너지회수와 똑같으나, 플라스틱 폐기물은 소각 시 다음과 같은 여러 문제점들을 야기 시키고 있으므로 이에 대한 대책이 필요하다. 열가소성 플라스틱은 용융점이 낮아 건조단계에서 용융, 탄화하여 관의 막힘 또는 화격자, 구동장치 등의 고장을 일으킨다. 또한 일반적 도시폐기물 소각로에서 플라스틱 함유량이 많은 폐기물을 소각할 경우에는 공기 공급의 부족으로 인해 불완전 연소를 초래하며, 도시폐기물 소각과 비교할 때, 플라스틱은 약 10배의 공기량을 필요로 한다.

도시폐기물(1,000～2,000 kcal/kg) 대비 플라스틱(5,000～11,000 kcal/kg)은 발열량이 높아, 소각로의 고온부식 등과 같은 이상 고온으로 인한 기기 손상이 발생되고 염소가 함유된 PVC가 연소할 경우, 유해물질이 발생되고 특히 HCl은 기기의 부식을 유발시킨다. 이러한 이유로 폐플라스틱을 다량 함유하는 경우에는 소각을 통한 에너지회수 방법이 부적절하다. 이에 폐플라스틱 전용소각로나 플라스틱 혼입율이 높은 폐기물을 대상으로 하는 혼용 소각로가 필요하다.

반면, 건류소각은 폐기물 중 고분자 물질을 저산소 상태에서 열적으로 분해시켜 저분자물질을 회수해 내는 열분해와 직접소각의 양면성을 갖는 기술이다. 회분식(소형일 경우) 및 연속식(대형일 경우)으로 운영이 가능하며, 폐기물의 장입, 점화, 건류 및 종말처리의 과정을 거친다. 운전시간은 원료의 투입량 및 특성과 운전조건 등에 따라 일반적으로 8～12시간 정도 소요되며, 연소공기는 전이론 공기량의 40～60% 내외를 건류반응이 유지되는 시간 동안 균등히 분배하여 공급한다. 대체적으로 200℃ 이하에서는 건조, 600～700℃에서는 열분해, 900～1,000℃에서는 가스화가 일어나며, 연소 영역(1,000℃ 이상)에서 공기 공급량을 조절하여 건류상태로 조절한다. 생성 가스는 공기, 건조가스 그리고 연소가스가 혼합된 것으로 대체로 발열량이 3,000 kcal/Nm^3 정도로 낮은 편이다.

마지막으로 폐플라스틱은 발열량(5,000～10,000 kcal/kg)이 높은 편이기 때문에 고체 연료를 만들기에 적당하다. 폐플라스틱을 주원료로 사용하여 만들어진 고형연료는 특별히 RPF(폐플라스틱 고체연료)라 불리어지며, 일반적으로 RPF는 폐플라스틱을 주요물질로서 혼입하여 제조한다. RPF에는 PVC 같은 염소화합물이나 유리섬유 함유물 등과 같은 성분이 포함되어서는 안되며, PVC의 함유 허용치는 대개 0.2% 이하이다.

다. 폐플라스틱 고형연료(Refuse Plastic Fuel, RPF)

RPF는 폐플라스틱을 주원료로 하여 만든 고형연료로서 SRF와 비교하여 품질이 안정되고 열량이 높은 재생 에너지를 말하며, 가연성 산업폐기물(PE, PP, PS 등)을 선별, 파쇄, 분쇄, 성형 과정을 거쳐 생성된 고형연료 제품 중에서 환경부에서 고시한 제품 품질규격에 준하는 연료 제품군을 말한다.

표 6.8 • RDF와 RPF의 품질기준

품질기준	단위	RPF	SRF 성형	SRF 비성형	Bio-SRF 성형	Bio-SRF 비성형
정의	-	폐플라스틱을 중량기준으로 60%이상 함유하여 제조한 고형연료 제품	폐기물관리법 제2조제4호의 지정폐기물이 아닌 생활폐기물, 폐합성수지류, 폐합성섬유류, 폐고무류, 폐타이어 등을 사용하여 제조한 고형연료제품		폐지류, 농업폐기물, 폐목재류, 식물성잔재물, 초본류 폐기물 등으로 제조한 고형연료제품	
형상 및 크기	mm	단면형상은 원형(원형이 아닐 경우에는 원형의 단면적으로 환산)이고 직경 50 mm 이하, 길이 100 mm이하	직경 50 이하 길이 100 이하	가로 50 이하 세로 50 이하	직경 50 이하 길이 100 이하	가로 120 이하 세로 120 이하
수분	wt.%	10 이하	10 이하	25 이하	10 이하	25 이하
저위발열량	kcal/kg	6,000 이상	3,500 이상		3,000 이상	
회분	wt.%	20 이하	20 이하		15 이하	
염소	wt.%	2.0 이하	2.0 이하		0.5 이하	
황	wt.%	0.6 이하	0.6 이하		0.6 이하	
금속성분 (수은)	mg/kg	1.20 이하	1.0 이하		0.6 이하	
금속성분 (카드뮴)	mg/kg	9.0 이하	5.0 이하		5.0 이하	
금속성분 (납)	mg/kg	200.0 이하	150 이하		100 이하	
금속성분 (비소)	mg/kg	13.0 이하	13.0 이하		5.0 이하	
금속성분 (크롬)	mg/kg	-	-		70.0 이하	

비고 : [SRF]

1. 회분, 염소, 황분 및 금속성분은 건조된 상태를 기준으로 한다.
2. 성형제품은 펠릿으로 제조한 것으로 한정한다.
3. 비성형제품으로서 고형연료제품 사용시설에 직접 사용하기 위해 같은 부지에서 제조하는 경우에는 체 구멍의 크기가 가로 120밀리미터, 세로 120밀리미터 이하(체 구멍이 원형인 경우 면적이 14,400제곱밀리미터 이하)인 체에 통과시켰을 때 무게 기준으로 제품의 95퍼센트 이상이 통과할 수 있는 것으로 제조할 수 있다.
4. 위 표에도 불구하고 일반 고형연료제품 중 폐타이어만을 사용하여 제조한 고형연료제품의 황분 함유량은 2.0wt.% 이하로 한다.

[Bio-SRF]

1. 회분, 염소, 황분 및 금속성분은 건조된 상태를 기준으로 한다.
2. 성형제품은 펠릿으로 제조한 것으로 한정한다.

출처 : 환경부, 2013

RPF 및 SRF/Bio-SRF의 품질 및 규격 기준을 다음 표 6.8에 나타내었으며, EPR 제고의 시행으로 발생량이 증가할 것으로 예상되는 폐플라스틱의 재활용을 촉진하고 아울러 발열량을 높여서 에너지 측면에서 우수한 연료를 만들기 위한 목적으로 폐플라스틱 함량을 60% 이상으로 책정하였다.

품질기준을 만족한 RPF는 발열량이 높고 버려지는 플라스틱류를 재활용하고 자원을 순환한다는 측면에서 큰 장점을 갖고 있지만 또한 몇몇 문제점을 발생시킨다. RPF는 폐합성수지, 폐지, 기타 쓰레기 등의 가연성폐기물을 파쇄, 압축해서 만들어지고 60% 이상이 혼합된 폐합성 수지는 열적성질에 따라 열가소성 수지와 열경화성 수지로, 함유물질에 따라 질소계와 염소계로 분류된다. 먼저 열가소성 수지는 발열량이 높아 고온연소가 이루어지고 연소 시에 다량의 Fuel NO_X와 Thermal NO_X가 발생하게 되며, 열경화성 수지는 연소가 잘 이루어지지 않아 불완전 연소가 될 가능성이 높아 다량의 CO가 발생한다. 또한 질소계 플라스틱은 NO_X, 염소계 플라스틱은 염화수소(HCl) 및 다이옥신이 발생하여 환경적으로 문제가 발생된다.

그리고 플라스틱에는 건조상태에서 황산화물이 0.27%, 염소 6.48%가 존재하여 플라스틱이 주성분인 RPF를 소각할 경우 CO, NO_X, SO_X, HCl 등의 유해가스가 배출되는 문제점이 있다. 이 실례로 2005년 11월 전라남도 나주시에 설립된 RPF 소각열 이용시설은 지역 화훼온실단지에 열을 공급하는 국내 최초 시설로서 각광을 받았으나, 이 시설은 12월부터 시험가동에 들어간 지 1달이 안되서 지역주민들의 악취와 매연 등을 호소하는 내용의 진정서 등을 내는 사태가 발생하였으며, 급기야 나주시에서는 시설 가동을 중지하겠다고 발표한 바가 있다.

6.2.7 폐타이어 고형연료제품(TDF : Tire Derived Fuel)

사용 후 교체와 폐차 시 탈착된 타이어는 크게 "Part-worn tyres"과 "End of life tyres"로 구분된다. Part-worn tyres는 탈착 시 상태 그대로 중고타이어로 판매되며, 탈착 시 상태로 보아 타이어의 트레드가 어느 정도 남아 있을 때 그대로 재사용될 수 있다. 현재 최소 법적허용 트레드 깊이는 국가마다 달리 설정되어 있어 일반적으로 모든 종류의 타이어에 적용되는 최소 허용 트레드 깊이를 명시하기는 불가능하다. EU에서는 일정범위의 자동차와 트레일러의 타이어에 대한 트레드 깊이에 대해서 언급하고 있다.

반면 End of life tyres는 탈착 시 상태로는 사용이 불가능한 타이어를 말하며, 타이어 원형 또는 절단을 통해 칩이나 분말의 형태로 물질재활용(Material recycling), 에너지화(Energy Recovery) 등의 재활용 방법 등으로 재활용되고 최종 잔여물은 매립된다.

가. 국외 폐타이어 재활용 현황 및 전망

유럽 타이어고무협회(ETRMA)는 2009년 유럽의 타이어 교체시장은 2008년과 비교하여 상당히 저조하여 트럭버스용 타이어의 경우 30%의 큰 판매 감소를 보였으며, 승용차용은 1% 이하의 증가율을 나타낸 것으로 발표하였다. 하지만 이러한 불경기가 폐타이어를 선별하고 재활용하는 업체들의 폐타이어 수급문제에 악영향을 주었음에도 불구하고 유럽의 2009년 기준 폐타이어 재활용률은 96%를 기록할 정도로 재활용률이 높다.

유럽지역은 모든 회원국들에게 적용되고 있는 관련 기본규정과 통일된 지침을 바탕으로 폐타이어의 수집, 가공, 재활용 체제를 갖추고 있으며, 유럽의 타이어업계들도 신규 폐타이어 재활용 응용제품의 연구개발을 위해 적극적으로 지원하고 노력하고 있다. 2010년 현재 유럽에는 타이어 제조업체들에 의해 설립된 14개의 각기 다른 폐타이어 관리회사가 운영되고 있으며, 이들 회사들은 타이어 제조사의 타이어 판매량과 동일한 양을 수집하고 처리하도록 위임받고 있다. 또한 타이어 판매가격에 적용되어 있는 환경세로 운영되고 있으며, 폐타이어의 수집단계부터 재이용, 재활용되는 전 과정을 추적시스템을 통해 투명하고 정확하게 관리하고 있다.

2009년 EU 28개국의 총 폐타이어 발생량은 320만 ton이었으며, 이중 307만 ton이 재활용되어 재활용률은 96%를 기록하였다. 이용방법별 재활용 구성비를 표 6.9에 나타내었으며, 발생량 대비 열이용이 40%, 물질재활용 38%, 재생타이어 9%, 재이용 5%, 수출 4%, 매립 등 기타 4% 순으로 나타났다.

일본의 경우 폐타이어 발생량은 평균 1억개(중량기준 100만 ton) 수준으로 유지되어 왔으나, 2009년도에는 타이어 교체 시 전년대비 600만개 감소한 7,200만개와 폐차 시 전년 수준인 1,800만개로 총 전년대비 600만개 감소한 9,000만개(95만 ton)를 기록하였다. 이와 같은 폐타이어 발생량의 감소는 2008년 하반기 이후 경제상황 악화에 따른 신품타이어 판매량의 감소와 신차 판매의 저조율 등에 따른 것이다.

일본의 폐타이어 재활용 현황을 표 6.10에 나타내었으며, 원유와 석탄의 가격 상승에 따라 대체연료로 사용되고 있는 목재칩, RPF, 폐타이어 등의 수요가 대폭 확대되었으나, 전체 폐타이어 발생량 감소에 따라 총 재활용량은 86만 ton으로 2008년 대비 7만 5,000 ton 감소하였고 재활용률은 91%로 2008년 89%에서 2%p 상승하였다. 또한 폐타이어의 해외 수

표 6.9 • 유럽 폐타이어 발생 및 재활용 현황

(단위 : 천ton)

국가	발생량 (a+b)	이용방법별 재활용실적						기타 (b)	재활용률 (%)
		재이용	수출	재생 타이어	물질 재활용	열이용	합계 (a)		
오스트리아	53		2	3	22	26	53	0	100
벨기에	78	1	1	7	46	22	77	1	99
불가리아	32						0	32	0
키프로스	8						0	8	0
체코	48			48	8	24	34	14	71
덴마크	40		1	1	38		40	0	100
에스토니아	6				3	2	5	1	83
핀란드	41			10	31		41	0	100
프랑스	364	32		23	128	180	363	1	100
독일	571	10	69	49	177	266	571	0	100
그리스	61			2	32	15	49	12	80
헝가리	40			1	20	19	40	0	100
아일랜드	32	3	1	2	22		28	4	88
이탈리아	416	4	18	79	90	180	371	45	89
라트비아	6				3	2	5	1	83
리투아니아	7				4	2	6	1	86
몰타	1		1				1	0	100
네델란드	59	10		4	34	11	59	0	100
폴란드	259			16	53	190	259	0	100
포르투갈	93	1	2	19	49	22	93	0	100
루마니아	49	1		1	17	28	47	2	96
슬로바키아	19			1	17	1	19	0	100
슬로베니아	13			1	6		7	6	54
스페인	280	20		22	122	115	279	1	100
스웨덴	70		2		27	41	70	0	100
영국	479	91	16	41	216	115	479	0	100
노르웨이	44		1		32	9	42	2	95
스위스	37		8	2	4	23	37	0	100
합 계	3,206	173	122	286	1,201	1,293	3,075	131	96
(구성비)	(100)	(5)	(4)	(9)	(38)	(40)	(96)	(4)	

출처 : 유럽타이어고무협회(ETRMA), 2010

표 6.10 • 일본 폐타이어 재활용 현황(단위 : 천 ton)

					2008년		2009년		
					중량	구성비	중량	구성비	전년비
재활용이용	국내	원형가공이용	재생타이어 원단		38	4	46	5	121
			재생고무, 분말용		106	10	83	9	78
			기타		10	1	7	1	70
			소계(A)		154	15	136	14	88
		열이용	바이오매스 발전 등	제지	339	32	349	37	103
				화학공장 등	24	2	11	1	46
				소계(B)	363	34	360	38	99
			시멘트, 제철 등	시멘트 소성용	141	13	112	12	79
				제철	39	4	28	3	72
				가스화로	48	5	48	5	100
				타이어공장	19	2	18	2	95
				중소보일러	12	1	9	1	75
				금속제련	12	1	1	1	50
				소계(C)	261	25	216	23	83
			소계(B+C)		624	59	576	61	92
	해외	수출(D)			157	19	148	16	94
재활용 이용합계(A+B+C+D)					935	88	860	91	92
기타	매립				8	1	3	1	38
	유동재고 등				113	11	87	9	77
	소계(E)				121	12	90	9	74
합계(총발생량 A+B+C+D+E)					1,056	100	950	100	90

출처 : 일본 월간타이어, 2010

출은 제지회사에서의 바이오매스 보일러 등이 본격적으로 가동됨에 따라 폐타이어의 열이용이 매년 증가하고 있으며, 대체연료용 고무칩의 해외 수출분이 상당량 열이용업체로 공급되면서 매년 감소하고 있는 실정이다.

나. 폐타이어 재활용 기술

자동차 산업의 발달로 폐타이어 발생량이 매년 약 2백만개 이상씩 증가하고 있음에도 불구하고 이를 적정하게 처리 또는 재활용할 수 있는 시설 설치가 활성화되지 않아 발생된 폐타이어가 무단방치 또는 단순 소각되는 사례가 많다. 폐타이어는 재활용가치가 높은 품목으로 이러한 부적절한 처리는 자원낭비를 초래함과 더불어 환경에도 좋지 않은 영향을 미치게 된다.

폐타이어 재활용 방법은 크게 재생 및 중고타이어로의 재사용, 물질재활용, 에너지화로 나눌 수 있다. 이 중 물질재활용은 타이어의 유연성, 강도, 가연성 등의 특성을 이용하여 신규 재활용 제품 개발에 큰 도움이 되고 있으며, 전체 재활용 방법 중 비중은 1992년 4%에서 2006년 34% 이상으로 최근 몇 년간 크게 증가하는 추세에 있다. 물질재활용에는 원형이용, 고무분말 가공, 재생폐타이어 제조, 칩 등을 들 수 있고 원형 또는 칩 형태로의 물질재활용은 부식방벽, 인공암초, 연안 방파제 등의 해안 보호물과 길가의 강화 제방 등과 같은 토목공사용, 그리고 기타 신발 밑창, 충격흡수물 및 소음과 진동을 줄이기 위한 레일 등에서 사용된다. 고무분말과 같은 칩 이하 크기 형태의 재활용은 휴지통, 외바퀴손수레, 잔디 깎는 기계 등의 바퀴, 스포츠 구장의 인공바닥, 도심설비나 안내표지, 도로 포장 블록과 지붕자재나 마구간 바닥 등에 사용된다.

한편, 에너지화는 대체보충연료로 사용하는 것으로 폐타이어는 석탄과 비교 시 유황비율이 적으면서도 비슷한 에너지효율(폐타이어 1 ton＝양질의 석탄 1 ton)을 나타낸다. 주로 에너지화를 통한 폐타이어는 전기발전소에서의 연료용 및 시멘트 킬른용으로서 사용되며, 전기발전소 연료용은 석탄에 대한 전용 또는 부분적 대체연료로서 사용된다. 2006년도 기준 에너지화의 비중은 폐타이어 처리방법 중 34.6%의 큰 비중을 차지하고 있으며, 이에 최근 들어 열분해 및 에너지 회수 등과 같은 고부가가치의 에너지화 처리가 증가하고 있는 실정이다.

따라서 앞서 언급한 폐타이어 재활용 기술 중 폐타이어를 열분해하는 두 가지 기술이 있으며, 이중 직접가열 저온열분해 방법은 열분해 반응기에 폐타이어를 통째로 넣고 직접 불을 붙여 공기조절에 의해 약 200℃ 열로 녹여서 가스를 발생시키는 방법과 가스를 응축시켜 오일을 생산하는 방법이다. 반면 간접가열 고온 열분해방법은 폐타이어를 파쇄한 후 분해로에서 500～900℃로 가열하여 카본블랙, 오일, 가스 등을 회수하거나 연료화하는 기술이며, 일반적으로 30～35%의 탄소화합물(카본블랙, 활성탄), 40～45%의 오일, 1～10%의 가스 등이 회수된다.

건류소각 기술은 원형 타이어로부터 얻어진 칩을 직접 연소시키는 직접 연소식과 비교해서 근래 들어 많이 채택되고 있는 방식이다. 열분해와 다른 점은 소량의 공기를 공급하여 저산소 상태에서 생성된 가스를 보일러의 연료로 이용하는 방법으로 직접 소각에 비해 대기오염 방지 효과가 우수한 편이다. 건류소각장치의 공정은 원형 폐타이어가 투입된 후, 건류관 내부에서 공기량을 조절하여(공기비 0.4~0.6), 건류온도를 300~400℃ 범위에서 유지시키고 건류관을 거친 후, 고체(카본) 및 액체(오일)의 생성물이 회수되며, 발생된 가스는 보일러로 이송되어 나온 후 대기오염방지시설을 거쳐 유해대기오염물질을 회수한 후 배출된다.

열병합발전 기술은 전기생산을 위해 폐타이어를 연소하는 방법으로 폐타이어를 칩 상태로 절단하거나, 석탄보일러에서 혼합 연소시켜 발생한 증기를 이용하여 전력을 생산한다. 폐타이어를 이용한 발전기술은 서독에서 처음 시도되었으며, 미국 캘리포니아주의 Modesto 발전소에서는 연간 450만개의 폐타이어를 이용하여 전력을 생산하고 있다.

폐타이어를 이용하여 고무분말을 제조하는 기술에는 일반적으로 알려진 바와 같이 기계식 상온파쇄방식과 냉동파쇄방식 및 상온파쇄 방식이 있으며, 최근에는 러시아에서 개발되어 상용화를 시도하고 있는 Txm1-25P 프로세스와 같은 공랭식 파쇄방식 등이 있다. 폐타이어를 고무분말로 생산한 후 다양한 제품제조에 재활용하고 있는 대표적인 국가는 미국, 호주, 영국, 덴마크, 네덜란드, 일본 등이 있으며, 국내의 대표적 폐타이어 재활용 시설은 시화 국가 산업 단지 내에 있는 한국자원재생공사의 처리시설로 상온파쇄분쇄방식을 사용하고 있다. 이곳에서는 연간 15,000 ton(소형타이어 기준 200만개)의 폐타이어를 처리하여 다양한 사이즈의 고무분말을 생산해 내고 있다.

6.2.8 폐목재 고형연료

폐목재를 폐기물 분류체계에 따르면 가정, 사무실 등에서 배출하는 생활 폐목재와 제재소, 가공공장 등 사업장에서 발생하는 사업장 폐목재 그리고 건설공사 현장에서 발생하는 건설폐목재로 나눌 수 있다. 생활 폐목재는 단독 주택, 아파트 등에서 배출되는 가정폐목재와 상가, 빌딩, 소형 사업장 등에서 배출되는 비가정계 폐목재로 구분된다. 사업장 폐목재는 배출시설계 폐목재와 비배출시설계 폐목재로 구분된다. 사업장폐목재 중에서 사무용 집기 등과 같이 성질과 상태가 생활폐목재계 비슷한 폐목재가 발생하는데 이를 사업장생활계 폐목재로 분류하고 지방자치단체의 조례에서 정하는 바에 따라 생활폐목재의 설계 및 방법으로 수집, 운반, 보관처리 할 수 있다. 건설폐목재는 건축물의 신축 또는 해체, 토목공사 등 건설 공사현장에서 발생되는 것을 말한다.

그림 6.38에 폐목재를 이용한 우드 펠릿연료를 나타내었으며, 우드 펠릿연료는 목재 가

공과정에서 발생하는 건조된 목재 잔재를 톱밥과 같은 작은 입자 형태로 분쇄 후 건조 압축하여 원통형의 작은 알갱이 모양으로 성형한 바이오매스 연료이다. 최근에 북미나 유럽에서 가정용의 자동화된 난로나 보일러의 연료로 사용되고 있으며, 북유럽에서는 열병합 발전소의 연료로도 많이 이용되고 있고 최근 국내에서도 가정용, 산업용으로 이용되기 시작하였다. 펠릿연료는 기존의 나무 연료와 비교하여 단위 부피당 에너지 밀도가 높고 일정할 뿐만 아니라 취급이 용이하기 때문에 전 세계적으로 사용량이 지속적으로 증가하고 있는 추세이다.

그림 6.38 • 우드 펠릿연료

가. 우드 펠릿의 재활용 및 동향

세계 우드 펠릿 시장은 1970년대 전반과 1980년대 전반의 두 차례 석유위기를 겪으면서 석유를 대체하는 연료로서 목질 펠릿의 높은 품질을 주목받아 펠릿 생산이 시작되었으나 곧 석유가격의 회복으로 소비자들은 펠릿으로부터 멀어지기 시작했다. 1990년대에 들어서면서 지구온난화 방지 및 에너지안보 확보, 석유가격의 상승 등과 같은 문제가 서서히 부상하면서 우드 펠릿 생산 활동은 다시 활발하게 움직이기 시작하였으며, 특히 선진국의 경우 정부가 나서서 여러 가지 장려책을 마련함으로써 펠릿생산 활동은 급속히 성장하게 되었다.

전 세계적으로 펠릿생산 시설의 분포를 살펴보면 유럽, 북미, 중국 및 동남아시아지역에 집중적으로 펠릿생산 시설이 분포되어 있다. 세계 펠릿생산량의 추이에 대한 구체적인 통계를 살펴보면 2000년에 약 150만 ton의 펠릿이 생산된 이후 유럽, 북미를 중심으로 지속적으로 증가하여 2006년도에 약 700만 ton, 2007년도에는 약 1,010만 ton의 펠릿이 생산된 이후 2010년도에는 전 세계적으로 약 1,500만 ton이 넘는 펠릿이 생산되어, 점차적으로 증가추세에 있다.

유럽은 스웨덴, 오스트리아, 독일 등을 주요 펠릿생산국으로 하는 세계 최대의 펠릿생산 지역이며, 최근 들어서는 다른 지역에도 펠릿생산 시설이 지속적으로 들어서고 있는 상황이다. 유럽 지역 내 전체 펠릿생산량 추이를 보면 2001년 약 107만 ton의 펠릿을 생산한 이후 꾸준히 생산량이 증가하고 있는 추세로 평균 21.1%의 증가율을 기록하며, 2007년에는 약 460만 ton의 펠릿을 생산하였다.

6.2.9 하수슬러지

하수슬러지란 하수처리 과정에서 부유물질이 침전되어 생기는 고형물로서 고형물의 양에 비해 훨씬 많은 양의 수분을 포함한다. 특히 하수관로의 정비와 하수보급율의 증가로 유입하수의 하수량 및 고형물질의 증가, 분뇨의 처리 등으로 인해 대량으로 발생되는 하수슬러지 처리문제는 환경보전 및 유용자원을 재활용하는 측면에서 종합적인 대책 마련이 요구된다.

가. 하수슬러지 발생 및 처리현황과 추진방향

2012년 기준, 전국 하수슬러지 발생량은 1일 평균 9,799 ton이 발생되고 있으며, 육상매립(17.9%), 소각(30.6%), 재활용(51.6%)을 보이고 있으며 슬러지처리 비용은 2006년 877억에서 2011년 기준 1,645억원을 연평균 13.6%가 증가하고 있는 추세이다. 또한 런던협약 1996 의정서 발효에 따른 하수슬러지를 포함한 폐기물의 해양배출기준이 대폭 강화됨에 따라, 정부는 하수슬러지 발생원의 원천적인 감량이 필요함을 강조하고 있다. 이에 정부는 2025년 까지 예상되는 슬러지 발생량(14,692 ton/일)을 2008년도 수준(7,720 ton/일)까지 유지하기 위해 대책마련을 수립하고 있으며, 하수슬러지에서 바이오가스 655천 ton/일을 생산하여 활용하기위해 2025년까지 약 1조 4,617억원을 투자하여 2013년부터 매년 1,500억원 수준을 투자할 계획을 수립하였다.

2013년기준, 98개 지자체 96개소 하수슬러지 처리시설에서 12,613 m^3/일을 처리하며, 운영 중에 있고 10개소는 현재 건설 중에 있으며, 8개소는 설계 중에 있다. 이러한 하수슬러지 처리시설의 기술 적용 현황을 표 6.11에 나타내었다.

표 6.11 • 하수슬러지 처리시설 기술 적용 현황

구분	계	소각	건조	탄화	부숙화	고화
처리장(개소)	96	17	36	16	14	13
비율(%)	100	17.7	37.5	16.7	14.6	13.5

출처 : 환경부, 전국 하수슬러지 처리시설 현황(2013)

나. 하수슬러지 재활용

현재 하수슬러지 처리방법 중 슬러지 고형화 처리법의 경우 생석회와 시멘트가 주성분인 고화제를 사용하여 슬러지를 고화 후 매립장의 복토재로 사용하는 바, 기존의 슬러지 처리방법 중에서 가장 저렴한 비용(수도권매립지 처리수수료 23,328원/ton)으로 처리가 되고 있다. 또한 지정폐기물을 안정화하는 기술로써 슬러지의 성상변화와 관계없이 적용이 가능하다는 장점이 있다. 그러나 고화공정 중 발효공정으로 인해 슬러지의 처리기간이 장기간 소요되고 이용되는 고화제 종류에 따라 처리기간 및 최종 고화물의 성상에 변화가 발생할 수 있어 처리효율에 영향을 미친다. 그리고 처리과정에서 강알카리성 고화제의 사용에 따른 pH 상승으로 인한 악취발생 및 일부 중금속성분 용출농도 증가 우려와 생산된 고화물의 복토재 이외의 처분대안 곤란 등의 문제점이 있다.

또한 기존의 건조방식의 경우에는 처리후의 감량효과는 우수하나 과다한 에너지 소모와 고가의 건조장치 수입 등으로 운영비가 고가이고 처리후의 건조물 처분방안이 제한된다는 단점을 가지고 있다. 고화물의 이용방안도 매립복토재로 한정되어 있고 경량골재 및 시멘트 원료 등으로 재활용 시 구체적인 환경기준은 없는 실정이다. 따라서 건조, 양생, 발효공정에서 악취 및 비산먼지 등이 발생되므로 이에 대한 저감기술이 요구된다.

다. 고형 연료화 기술

하수슬러지는 연료화 기술에 대한 국내 설치 및 적용사례가 적어 기술의 신뢰성이 다른 기술에 비해 낮고 정형화된 처리공정이 없으며, 연료화 제품의 특성이 불안정하여 현재 우리나라의 기술수준으로는 활성화가 어려울 수 있다. 따라서 하수슬러지 연료화에 대한 법적 근거가 부족한 실정으로 SRF와 동일한 개념을 도입하여 발열량 등 제품기준 설정이 필요하며, 연료화 제품을 이용하는 시설에 대한 명확한 규정이 필요하다.

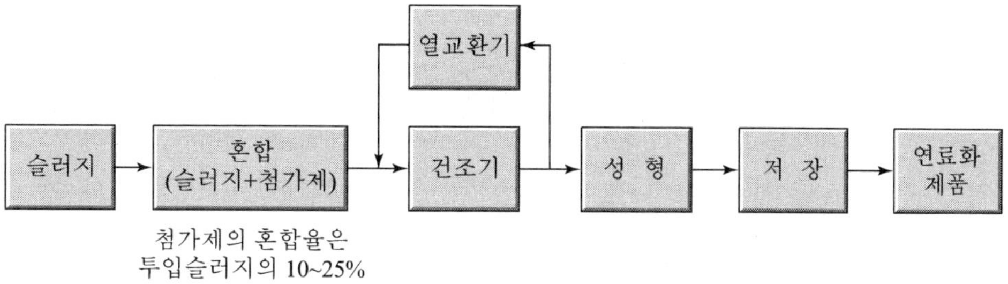

그림 6.39 • 하수슬러지 연료화 공정

그림 6.39에 하수슬러지의 고형연료화 공정을 나타내었으며, 이 공정은 다음과 같은 추가 고려가 필요하다. 먼저 건조과정 중 발생되는 유해가스에 대한 저감시설의 설치와 저장시설 및 건조기 등에서 고농도의 악취가 발생되므로 2차 오염방지시설의 설치가 필요하다. 또한 건설비 및 시설설치비가 저렴한 반면에 열량보조제, 첨가제 등의 사용으로 운영비가 다소 높으며, 연료화 제품의 수요처가 확보되지 않을 경우 폐기물로 처리되어야 하므로 추가적인 비용이 소모된다. 이와 같은 고형화 기술에는 크게 조립건조, 유온감압건조, 저온탄화기술이 있으며, 각각의 기술은 다음과 같다.

(1) 조립건조

조립건조 방식에 의해 연료화 하는 공정은 조립, 건조, 냉각·분리 공정으로 구성된다. 이중 조립공정은 건조된 슬러지(핵)를 투입하여 탈수슬러지가 핵에 부착하는 것을 이용해 입경 2～8 mm의 조립슬러지가 2축 혼합기에 의해 생성된다. 핵으로 투입된 작은 입경의 건조물은 분급기에서 선별된 작은 입자의 건조물이며, 탈수슬러지, 작은 입경 건조물의 분급기에서 나온 분진과 함께 투입한다.

건조공정은 크게 두 가지 형태로 구분되며, 첫 번째는 건조드럼에 의해 혼합된 슬러지를 건조시키며, 건조드럼 내에는 300～400℃의 건조가스가 순환된다. 이 건조공정에 의해 슬러지 함수율은 35～45%까지 저하되고 건조공정 후 여과집진에 의해 가스와 건조물로 분리하게 되며, 이때 여과집진기 출구의 슬러지 함수율은 6～10%로 낮아진다. 두 번째는 열매유(熱媒油)에 의해 가열된 전열반위에서 슬러지를 회전하면서 건조하는 방식으로 건조물은 수분 6.1%까지 저하되고 발열량은 4,300 kcal/kg으로 되며, 새로운 조립건조방식으로 알려져 있다.

(2) 유온감압건조

유온감압건조는 폐식용유를 간접적인 열매체로 사용하여 이를 탈수슬러지와 혼합가열하고 장치 내부를 0.6기압 정도의 감압상태로 유지함으로써 끓는점을 내려 약 85℃ 정도에서 수분을 증발 건조시키는 방식이다. 건조 후 원심분리에 의해 건조물과 오일로 분리한 후 유온건조물은 냉각기에서 약 40%까지 냉각하여 건조물 호퍼에 저장한다.

최근 국내에서도 폐식용유의 분리회수가 진행되고 있으나, 기술 도입 시 지역 내에서 수급이 원활한 조건이 진행되어야 한다. 일반적으로 탈수슬러지 1 ton당 폐식용유가 0.1 ton(10%) 정도 사용되기 때문에 연료화 시설용량에 비례해 폐식용유의 공급이 원활이 이뤄질 수 있는지 선결되어야 할 문제점을 갖고 있다. 또한 유온건조물은 폐식용유를 약 30% 정도 함유하고 있기 때문에 공기와 접촉하는 경우, 자기발열 현상이 일어날 가능성이 있어 안전대책도 필요하다.

(3) 저온탄화

탄화는 무산소 혹은 저산소에서 열적으로 유기성물질은 열분해하는 공정을 말하며, 주요설비는 건조기와 탄화로, 열풍로로 구성되어 있다. 탄화는 열풍로에서 송풍된 열풍에 의해 슬러지의 함수율을 1/3까지 건조시키고 탄화로에서 500℃ 정도에서 생성된다. 따라서 간접적으로 물로 냉각하여 100℃까지 온도를 저하시킨 후 자기발열 등을 방지하기 위해 직접 가습하여 탄화물 호퍼에 저류시키는 등의 탄화물 안전대책에 만전을 기하여야 한다.

6.3 열분해

지각변동으로 동·식물 등의 유기물질이 땅속에 매몰되어 장기간 지구내의 마그마로부터 열을 받고 무산소상태에서 상부의 흙에 눌려 압력을 받는 탄화 과정에서 석탄, 석유, 천연가스 등의 화석연료가 생성되고 이와 같은 원리를 응용한 차세대 처리기술이 열분해 기술이다. 즉 밀폐된 상태에서 무산소 또는 저산소 상태에서 열(500～1,000℃)을 가하여 수소(H_2), 일산화탄소(CO) 등의 가연성 가스, 유기화합물을 함유하는 타르(Tar) 또는 유분, 순탄소와 유리, 금속, 토사를 함유하는 차(Char)의 3가지의 유용한 부산물로 전환시키는 공정을 말한다.

이런 열분해는 19세기 초 석탄 등의 저급 연료를 정제된 기체와 액체의 고급 연료로 전환 생산하기 위한 목적으로 개발되었고 본격적인 폐기물 열분해기술의 개발은 1970년대에 미국을 중심으로 활발히 진행되었다. 폐기물로부터 고부가가치의 부산물을 생산하려는 목적에서 출발한 열분해기술은 1990년대에 들어서면서 다이옥신이 발생하지 않는 친환경적인 공정으로 관심을 갖기 시작하였다.

6.3.1 열분해 기술의 필요성

열분해 기술은 폐기물을 처리하는 개념에서 자원화하여 재활용한다는 발상의 전환을 실현시키는 기술로써 유럽과 일본 등의 환경선진국에선 열분해 기술이 차세대 소각기술로 인식하고 실험 및 실증 설비를 설치하는 등의 기술개발에 박차를 가하고 있으며, 특히 일본의 경우 재정적인 부담이 많지만 기존 소각시설을 열분해·시설로 교체하고 있는 추세이다.

열분해 소각로의 장점으로는 완전연소와 무산소 또는 저산소분위기에서 물질을 분해함으로써 다이옥신 등 유해물질 발생 및 재생성이 적고 발생되는 분진이나 카본 블랙(Carbon black) 등의 형성이 최소화되기 때문에 2차적인 오염 문제가 가장 적은 특징이 있다. 그리고 쓰레기 투입 시에 쓰레기 성분과 상태에 따른 별도의 분리작업을 거치지 않고 수거상태 그대로 투입하므로 분리과정에 소요되는 비용이 절약되며, 운영은 완전 자동화 라인이므로 스토커 방식처럼 많은 인원이 필요치 않아 운영경비를 대폭 절감할 수 있다.

반면에 열분해 설비의 단점으로는 큰 입자를 갖고 있는 폐기물의 연속투입이 어려우며, 과다한 에너지 소모로 대체에너지 방안이 강구되어야 한다. 그리고 열분해로는 밀폐구조로 치밀하고 부식이 없어야 하며, 온도와 압력에 따른 변화가 심해 적정 운전 조건이 유지되어야 한다. 또한 설치비가 매우 비싸기 때문에 폐기물의 자원화를 통해 운영비 절감이 필요하다. 우리나라의 경우 운영 실적이 적고 설비 안정성에 기술적인 검증과 제도적인 장치마련이 아직까지는 미비한 실정이다.

종합적으로 열분해 방식은 인체에 유해한 성분이 거의 추출되지 않고 폐기물을 거의 완벽하게 재활용할 수 있으며, 제2, 제3의 오염원을 생성하지 않기 때문에 가장 환경 친화적인 기술이지만 비용과 안정성 등의 문제점들이 있기 때문에 좀 더 체계적인 연구를 통한 폭 넓은 공정 해석 기술과 이에 준하는 기술적인 뒷받침이 해결되어야 한다.

6.3.2 열분해 기술의 특징

열분해 과정에서 생성물 수율은 원료의 화학구조, 형상, 열분해 온도와 속도에 의존되며, 폐기물을 무산소하에서 고온·고속으로 가열시키면 그 중에 함유되어 있는 셀룰로오스 분자는 분해된다. 그림 6.40과 같이 무작위로 분해된 셀룰로오스 분자는 메탄, 이산화탄소, 수소, 일산화탄소, 물을 함유하는 생성물이 된다.

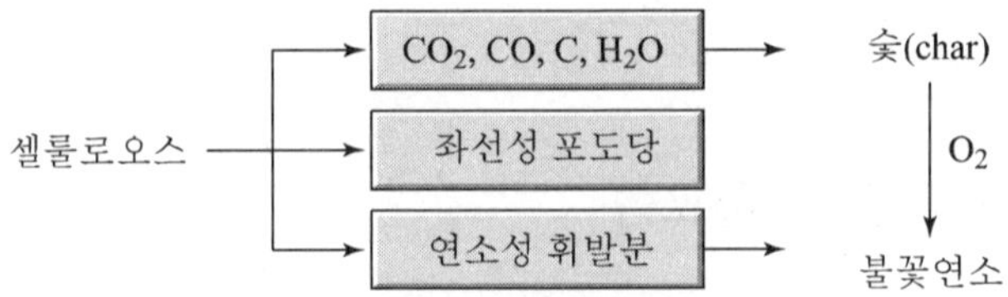

그림 6.40 • 셀룰로오스의 열분해와 연소

가열속도·온도·시료의 크기에 많은 영향을 받는 셀룰로오스는 고온·고속 가열에 의해 여러 경로를 거쳐 연소성 있는 휘발성 물질을 생성하고 가스 생성물을 증가시킨다. 반면에 저온·저속 가열은 고체생성물을 많이 생성한다.

열분해의 온도가 높으면 높을수록 고분자화합물이 더욱더 적은 탄소고리의 저분자로 분해되며, 온도가 낮을수록 생성되는 물질의 탄소고리는 길게 된다. 여기서 탄소고리란 탄소만으로 구성되어 있는 고리구조를 가진 유기화합물을 말한다. 일반적으로 각종 탄화수소화합물의 탄소수가 12개(C_{12}) 이상이면 고상, 350～450℃에서 반응하여 탄소수가 6개에서 12개(C_6～C_{12})이면 액상, 750℃ 전후에서 탄소수가 6개(C_6) 이하로 짧게 잘리면 기상으로 된다. 이렇게 열분해는 탄소고리가 긴 고분자화합물을 산소가 없는 상태에서 환원·분해시켜, 각종 유기화합물을 저분자화 한다. 저분자 생성물은 열분해 온도와 탄소고리의 길이, 화합물의 형태에 따라 가스 또는 액체로 전환되며, 석유계화합물과 거의 같은 성상을 유지하여 연소에 필요한 연료로서 재사용이 가능하다.

또한 표 6.12에 나타난 바와 같이 열분해법은 소각법에 비하여 발생되는 배기 가스량과 NO_X의 발생량이 적고 환원성 분위기가 유지되므로 Cr^{3+}이 Cr^{6+}으로 산화되는 경우가 없다. 또한 유지관리를 위해서는 무산소 및 저산소 분위기 유지를 위한 기술이 필요하다.

표 6.12 • 열분해와 소각의 차이

항 목	열분해	소 각
열이동	흡열반응	발열반응
열분해 온도	목적 물질에 따라 분류, 액상연료 450℃, 가스상연료 750℃	850℃
물리·화학적 반응형태	분해(저산소)	연소(산소공급)
송풍량 및 배기가스	무산소 및 저산소이므로 공기송풍이 최소이며, 공기순환 및 연료이송들을 위한 최소공기량 필요, 배기량이 적음	완전연소를 위한 이론공기량 이상의 공기 공급이 필요하므로 송풍량에 비례하여 배기가스량이 많음
장치의 형태	밀폐형	개방형
에너지회수방법	기름 및 가스상의 연료	폐열회수에 의한 지역난방 및 발전
2차오염	배기가스의 오염농도가 낮음 그러나 중금속등이 분해잔사에 잔류	다이옥신, 중금속등의 2차오염물질에 대한 우려
에너지 공급방법	폐기물 분해에 의해 발생되는 유류 및 가스와 보조연료	폐기물의 연소에 의한 자체 발생열 및 보조연료
유지관리	무산소 및 저산소 분위기 유지를 위한 기술필요	현재 이용되는 소각시설에 대한 기술축적

출처 : 배재근, 2005

6.3.3 열분해 기술의 공정

열분해 기술은 크게 열분해 용융, 직접 용융, 열분해 가스화 용융, 유동상 가스화 용융 등 4가지로 구분할 수 있으며, 자세한 내용은 표 6.13과 같다.

가. 열분해 용융

쓰레기를 450℃에서 무산소상태로 저온탄화 후 발생된 열분해 카본을 용융시켜 용융슬래그를 회수하여 재활용하는 방식으로 대표적으로 R21(Recycling 21) 공정이 있다. 1991년 일본의 미쯔이조선(三井造船)사에서 독일 지멘사로부터 도입한 열분해용융공정으로 기존의 폐기물 소각방식이 직면하고 있는 다이옥신을 포함한 유해가스 배출, 폐수처리의 2차 공해 및 매립처분량을 감소시키는 무공해 처리 공정을 목표로 열분해와 고온연소의 두 가지 개념을 하나로 최적화시킨 방식이다.

표 6.13 • 열분해 소각방식에 따른 비교

	열분해 용융	직접 용융	열분해 가스화 용융	유동상 가스화 용융
운전온도	열분해드럼 : 450℃ 연소용융로 : 1,300℃	건조·예열대 : 300～400℃ 열분해·가스화대 : 300～1000℃ 연소·용융대 : 1,800℃	탈가스 : 600℃ 고온반응로 : 1,200℃ 용융 : 2,000℃	가스화로 : 550～630℃ 연소용융로 : 1,300～1,450℃
전처리조건	폐기물전처리 파쇄 필요	대형폐기물외 별도시설 불필요	투입구보다 클 경우 파쇄 필요	폐기물전처리 파쇄 필요
주요 특징	열분해드럼과 용융로를 결합한 방식 고질의 유가금속회수	하나의 로에서 열분해가스화 및 용융이 일어남	폐기물을 청정연료로 전환하여 합성가스를 연소시켜 에너지 회수	유동상식 로와 용융로를 결합한 방식 고질의 유가금속회수 가능
출탕방식	연속출탕	간헐출탕 (1시간에 1회)	연속출탕	연속출탕
보조연료 및 첨가제	보조연료 : LNG 또는 경유 첨가제 : -	보조연료 : 연속운전 (코크스＋순산소) 첨가제 : 석회석 (연속운전)	보조연료 : 연속운전 (LNG＋순산소) 첨가제 : -	보조연료 : LNG 또는 경유 (비상시 또는 간헐운전) 첨가제 : -
운전의 용이성	쉽다	다소 어렵다	다소 어렵다	쉽다
비산재 발생량	보통	보통	보통	다소 많다
폐수 발생량	소량	소량	다량	소량
건설공사비	보통	보통	다소 많다	보통
장점	보조연료 없이 폐기물 자체발열량으로 용융이 가능. 다이옥신을 비롯한 대기오염배출량이 극히 적음. 유가금속을 산화되지 않은 상태에서 회수가능.	일체형 공정으로 폐기물투입량에 따라 산소 투입량 조절. 다이옥신을 비롯한 대기오염배출량이 극히 적음. 고순도폐기물에도 연소조건을 일정하게 유지 가능.	대형폐기물을 제외한 폐기물에 대하여 전처리 설비 불필요. 다이옥신 등 대기오염물질 배출량이 극히 적음. 모든 부산물은 재활용 하여 매립이 불필요.	보조연료 없이 폐기물 자체발열량으로 용융이 가능. 다이옥신을 비롯한 대기오염배출량이 극히 적음. 유가금속을 산화되지 않은 상태에서 개별적 회수 가능.
단점	소량의 불연물 발생 전처리 파쇄가 필요함. 가스누출 가능성 있음. 일체형에 비해 공정설비가 복잡.	보조연료로 코크스 및 석회석 등의 부자재가 필요. 코크스 사용에 따른 CO_2 가스 과다배출 가스누출 가능성 있음.	다량의 폐수 발생. 보조연료소모가 타방식에 비해 다소 많은 편. 가스누출 가능성 있음.	소량의 불연물 발생. 전처리 파쇄가 필요함.

출처 : 환경관리공단, 2005

(1) 공정 구성

그림 6.41은 R-21 설비의 주요 공정으로 반입/전처리, 열분해, 열분해고형물 분별, 연소용융, 폐열회수, 배가스 처리 등 6가지로 구분된다. 폐기물은 200 mm 이하의 작은 크기로 파쇄된 후 열분해드럼 내에서 약 1시간에 걸쳐 저산소 상태로 약 450℃까지 가열된다. 열분해 드럼은 1 rpm의 느린 회전속도로 폐기물을 혼합하여 균일한 성상을 가지도록 해주며, 열분해용 에너지는 고온의 배가스로부터 연소용융로 후단의 고온공기 가열기에서 회수된 폐열을 이용한다. 열분해 드럼에 투입된 폐기물은 가스와 고형물로 열분해 되고 열분해고형물에 포함되어 있는 알루미늄과 철은 별도로 분리·회수되어 재활용한다. 또한 열분해가스 및 잔재물은 연소용융로에 투입되어 1,300℃의 고온에서 연소되며, 용융슬래그는 냉각 후 배출된다.

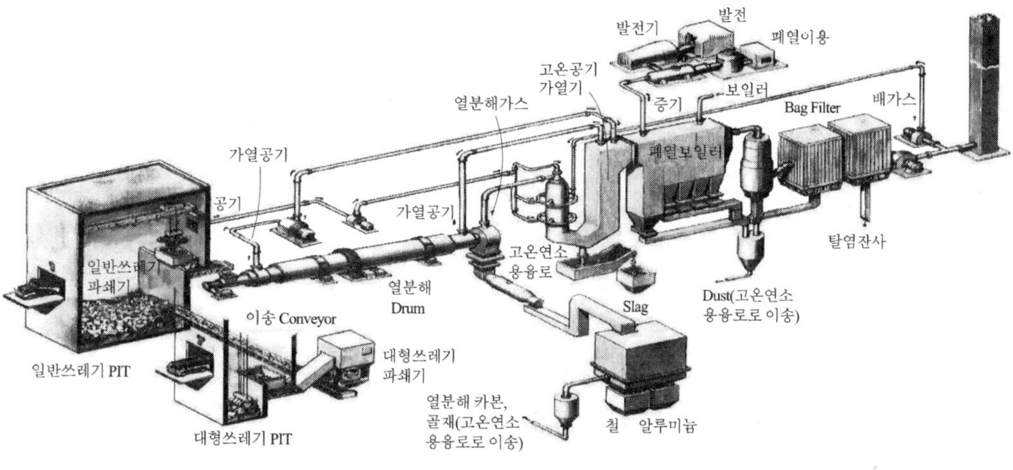

그림 6.41 • 열분해 용융(R21) 공정

(2) 공정의 특징

로 내의 온도는 1,300℃로 유지되며, CO 농도의 변화는 0에서 수 ppm 이하로 유지하는 것이 가능하여 아주 안정된 연소상태의 유지가 가능하다. 이 온도 하에서 안정연소를 하는 것이 다이옥신류와 전구물질의 발생을 억제한다. 또한 저공기비 연소로 보일러 출구의 배가스량이 적어 기존의 소각로보다 발전효율이 높고 외부 열원 없이 폐기물이 가진 자체 에너지로 폐기물을 용융시켜 슬래그로 배출하므로 경제적이다.

철, 비철의 회수와 고품질의 슬래그 생성 등 자원을 재활용하는데 대단히 유리하다.

철, 비철금속은 열분해드럼 내에서 저산소 상태로 450℃까지 가열되므로 각종 금속 성분은 산화되지 않고 특히 알루미늄도 용융되지 않은 상태이며, 고온에서 이물질이 제거된 상태로 고품질을 유지한 채 회수된다. 이러한 공정을 거친 후 연소용융로에서 나온 슬래그는 금속성분이 포함되어있지 않고 연소용융로에 공급되는 무기물과 탄소 성분은 1 mm 이하의 크기로 공급되어 용융되므로 균질한 슬래그가 생성된다.

나. 직접 용융

열분해 용융 소각로의 연소구조는 열분해 소각로와 같이 1차 열분해 연소로에서 고정탄소일부 연소 및 가스화하고 발생된 가스를 2차 연소로에서 연소한다. 단, 고온(700～1,000℃)의 잔재를 용융로로 직송하여 용융화 한 후 무해한 상태로 배출시키는 구조가 첨부된다. 신일본제철의 기술인 직접 용융/자원화 시스템이 대표적인 예이다.

(1) 공정 구성

용융로 본체는 세로축형이며, 로의 중앙 상부에서 용융대상물, 코크스 및 석회석을 투입하며, 로 내는 상부로부터 건조·예열대(약 300℃), 열분해가스화대(300～1,000℃), 연소·용융대(1,700～1,800℃)로 구분된다. 건조 예열대에서는 폐기물이 가열되어 수분이 증발한다. 이렇게 건조된 폐기물은 점차 강하하여 열분해 가스화대에서 가연분이 가스화 된다.

이 열분해 가스는 로 상부**에서 배출**되어 후단의 연소실에서 완전히 연소된 후 폐열보일러 등의 열 회수시스템에 의해 에너지의 유효활용이 이루어진다. 가스화 되지 않고 남은 재는 코크스와 함께 연소·용융대로 강하하고 코크스는 날개구로부터 공급되는 공기에 의해 연소되어 고온고열을 내고 이 열에 의해 재가 완전히 용융된다. 용융물은 투입된 석회석 중의 산화칼슘(CaO)에 의해 염기도가 조정되고 유동성을 높인 후 출탕구를 통해 배출되며, 다시 수조에 투입하여 급냉시킴으로서 형성된 작은 입자 모양의 슬래그와 철을 자선기에서 분리회수하면 유용하게 이용된다.

신일본제철 공정도는 그림 6.42와 같이 크게 용융·자원화 공정과 배가스처리·에너지 회수 공정으로 나눌 수 있다.

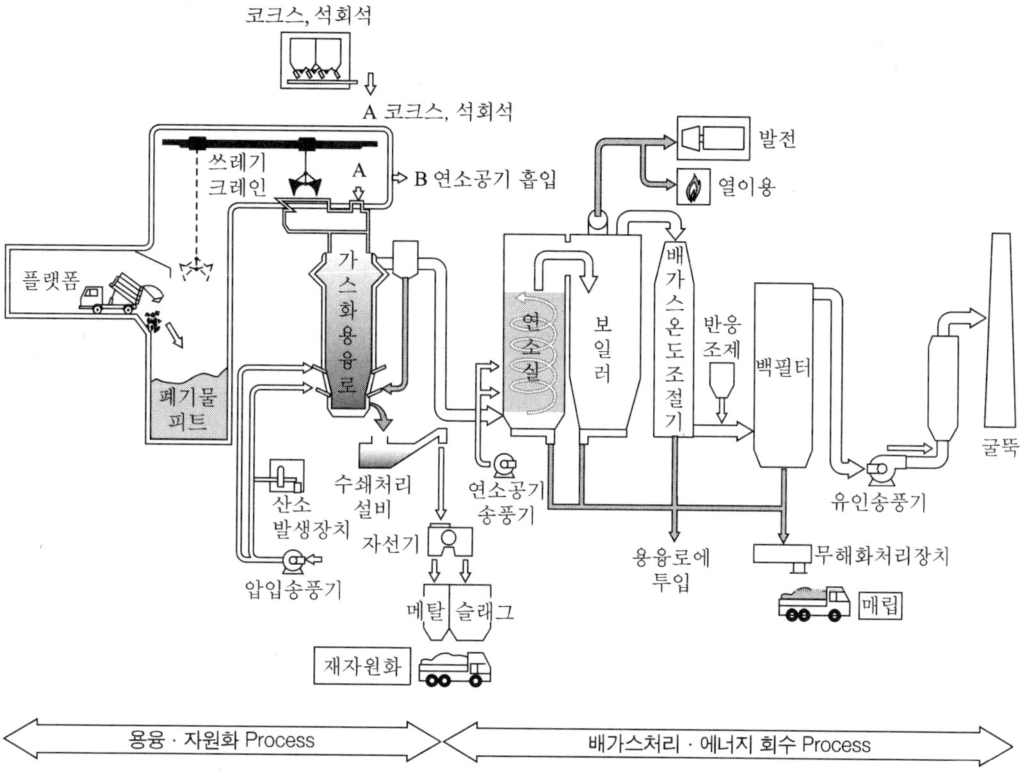

그림 6.42 • 신일본제철 공정도

(2) 공정의 특징

이 공정의 가장 큰 특징은 코크스의 사용으로써, 코크스란 석탄이 고온에서 열분해되는 과정 중에 유해물질이 모두 방출되어 매우 친환경적인 제품으로 검은색의 돌 형태로 매우 단단하여 쉽게 부서지지 않아 분 발생의 염려가 없다. 용융로 하부에서 통기성을 부여하고 환원재로서 용융열을 공급하며, 고열량의 CO가스 발생에 기여한다. 투입량은 쓰레기가 98.2∼99%일 때, 1∼1.8%비로 투여한다. 또한 코크스가 가지고 있는 환원기능으로 쓰레기속의 중금속은 휘발되어 슬래그 안에 녹아들어가지 않는다. 따라서 생산된 용융슬래그는 천연의 모래만큼 무해하고 안정된 자원으로 활용할 수 있다.

그리고 계절의 변동, 일일의 변동, 장래의 변동에 영향을 받지 않으며, 예측할 수 없는 폐기물의 변동에 대해 대응성이 우수하고 고온의 로 저부에서 일정시간 체류함으로써 미 용융물 발생이 없고 안정된 성상의 용융물을 형성한다.

전 시설에 열 회수시설이 설치되어 있어 400 ton/일 규모의 시설에서 8,500 kW전력 생산이 가능하다.

다. 열분해 가스화 용융

국내에 가장 많이 소개된 독일의 Thermoselect 공정이 대표적인 형태로 산소를 이용한 가스화·용융 방식이다. 1992년에 이탈리아의 Fondotoce지방에서 시운전을 시작한 이 공정은 고압프레스로 쓰레기를 압축시켜 열분해 통로를 통과시키면서 열분해한 후에 가스화 반응로에서 산소를 이용하여 고온 상태에서 가스화하여 연료가스를 제조하고 잔류물을 용융시키게 된다. 이 과정에서 생성된 연료가스는 세정과정을 거쳐 공정 가스나 가스 엔진발전에 이용되게 된다.

(1) 공정 구성

그림 6.43은 Thermoselect의 주요 공정으로, 쓰레기를 압출 이송하고 이때 외부에서 열을 가해 건조·건류·탄화시키는 공급이송장치와 이송된 쓰레기를 고온의 산소버너에 의해 가스화 및 용융화 시키는 반응로와 이때 발생된 가스를 물로 급냉한 후 수분 및 불순물을 제거하여 가스를 얻어내는 장치 등으로 구성되어있다.

이 시스템의 주공정은 압축 → 탈가스화 → 고온가스화 → 용융의 4단계로 구성되며, 폐기물을 고압으로 압축한 후 탈가스화 통로에 압입, 600℃로 간접 가열하여 건류가스를 생성시키고 열분해 후 도시가스의 성분과 유사하게 발생하는 합성가스를 만든다. 이 가스는 발전소의 열원 또는 자체 에너지로 재사용하고 이 과정에서 탄화된 무기물들은 2,000℃ 이상에서 용융 처리하여 도로 포장용 및 콘크리트 골재 등으로 100% 재활용하는 기술이다. 또한 처리공정 중 1,200℃ 이상의 고온에서 다이옥신을 비롯한 각종 유해가스를 완전 분해하여 유해물질의 재합성을 억제할 수 있는 기술이다.

(2) 공정의 특징

이 공정의 특징은 폐기물을 압축하는 열분해 통로와 산소를 이용한 가스화용융에 있다. 산소를 이용하기 때문에 배가스의 양이 적은 장점이 있다. 반면 산소의 저장 또는 제조시설이 필요하며, 가연성가스가 발생되기 때문에 폭발을 방지하기 위하여 산소가 과다 혼입되지 않도록 감시하는 안전장치가 필요하다.

또한 폐기물 내에 함유된 다양한 물질 및 환경오염물질을 그림 6.44와 같이 유기물질로 합성가스를 생산하고 불연성무기물은 슬래그로 재활용하며, 중금속은 제련공장의 원료로 재사용 하는 등의 방식으로 처리하여 환경부하를 경감시킨다.

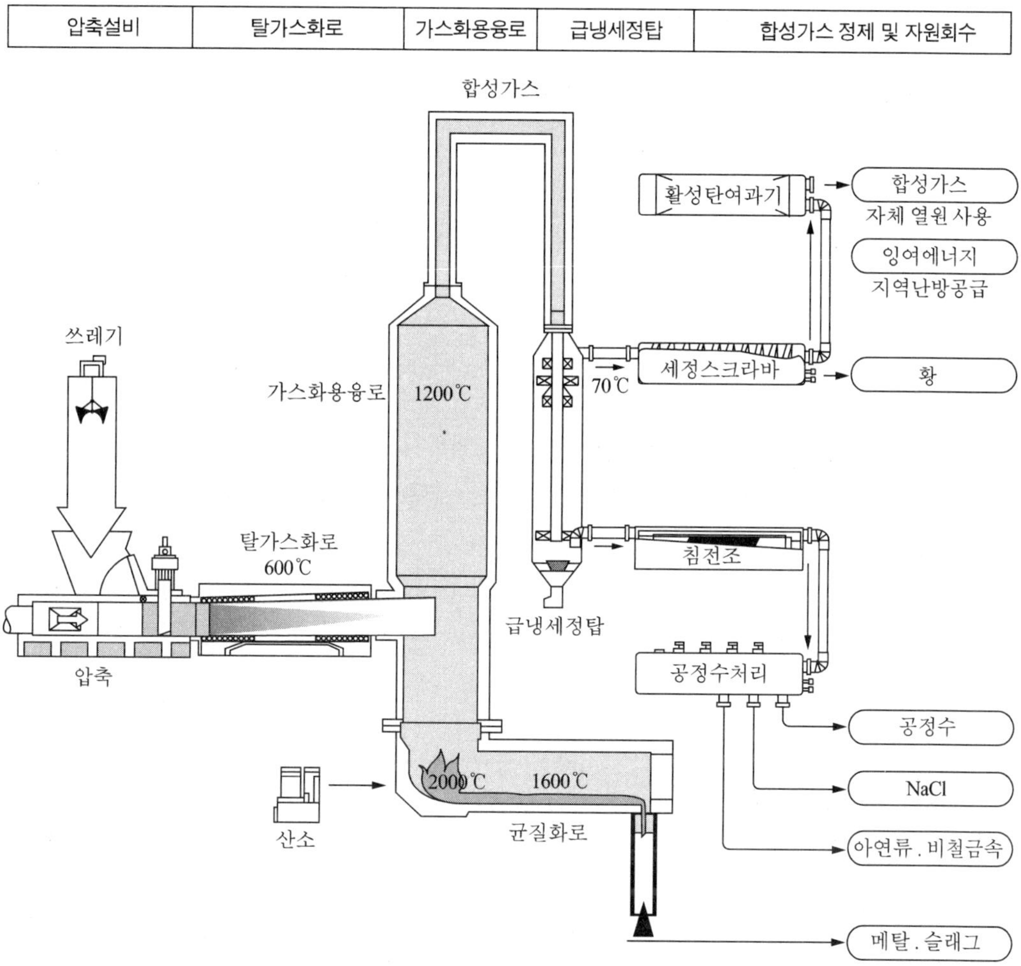

그림 6.43 • Thermoselect 공정도

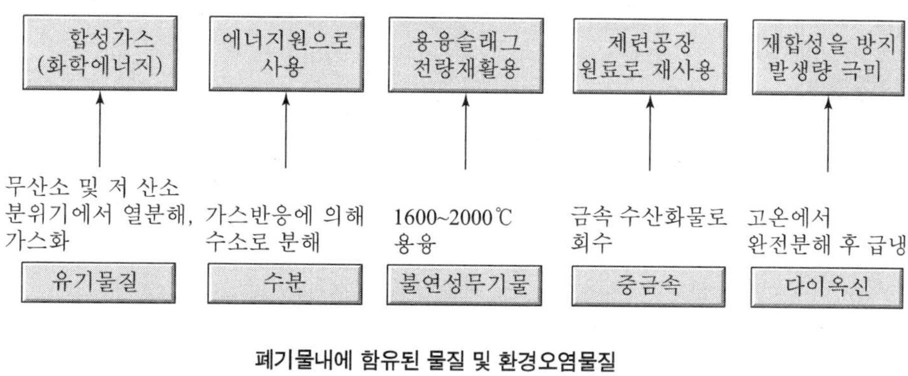

그림 6.44 • Thermoselect 기술의 특징

라. 유동상 가스화 용융

모래 내열성 분립체를 유동매체로 충전하고 바닥에 설치된 공기를 가열 분산판을 통하여 주입 고온가스를 불어 넣어 더운 물이 끓는 것과 같이 유동층상(Fluidized bed)을 형성시켜 유동매체의 온도를 700~800℃로 유지하면서 유동층에 피소각물을 균일하게 연속적으로 투입하여 순간적으로 건조·연소시키는 방법이다. 유동상식 가스화로의 대표적인 방법으로는 EBARA 공정이 있다.

(1) 공정 구성

EBARA 공정은 유동상로와 선회용융로를 접목시킨 방식으로 그림 6.45와 같이 가스화용융시설, 폐열회수시설, 연소가스처리시설 등으로 구분할 수 있다.

550~630℃로 가열된 유동층 내에 폐기물을 투입하여 건조·가스화 시키고 유동층의 가스화로에서 발생된 가스는 선회식 용융로로 보내어져 연소공기와 함께 선회하면서 1,300~1,450℃의 고온에서 연소된다. 선회류형 유동상 가스화로는 유동공기의 작

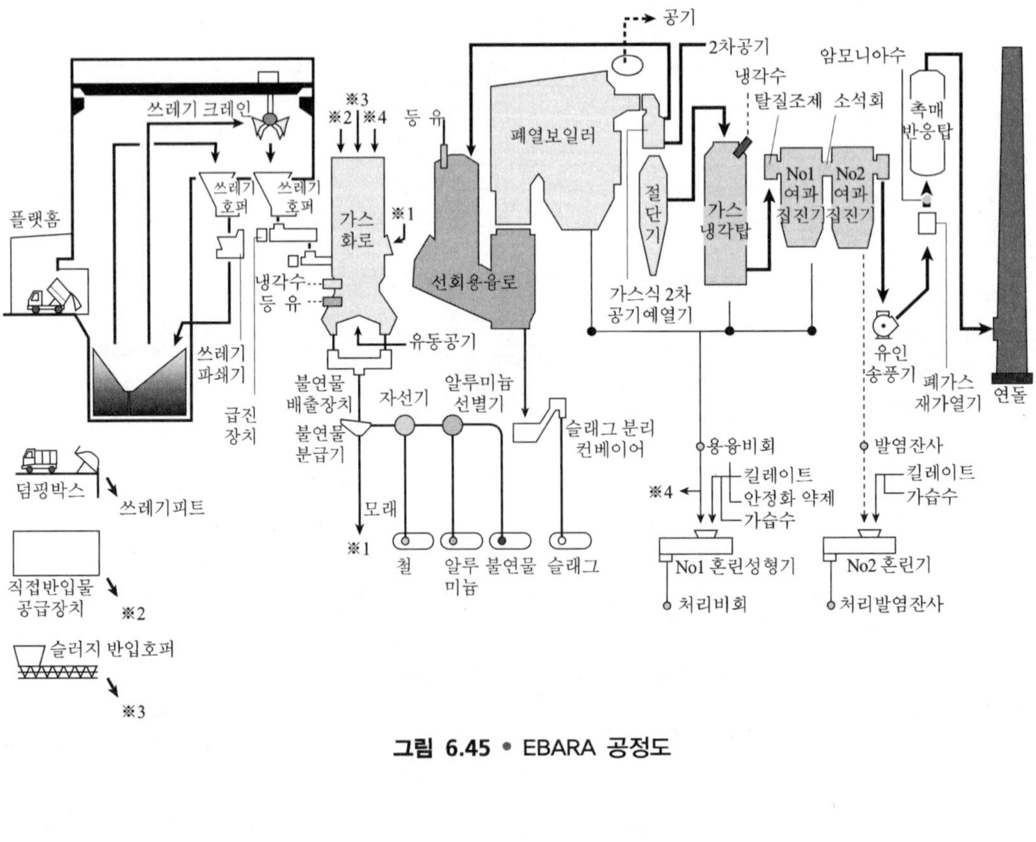

그림 6.45 • EBARA 공정도

용, 디플렉터의 작용, 공기분산판의 작용에 의해 로내에 기계적 구동부가 없는 구조로서 유동매체인 모래가 양측으로부터 강력하게 로 중앙으로 향하는 선회류를 형성한다. 이렇게 생성된 선회류에 의한 파괴효과로 인해 폐기물의 처리가 가능해진다.

용융로 내부는 비산재를 포함하고 있는 열분해가스의 선회효과에 의해 용융로 1차 연소실이 싸이클론 역할을 하여 비산재가 용융로 벽에 부착·용융되어 출탕구를 통해 배출되며, 냉각수조에서 급냉되어 유리질의 알갱이(Granule) 형태의 슬래그로 응고된다.

(2) 공정의 특징

용융로내 가스의 선회효과에 의해 로내 온도가 균일하게 되고 발생한 다이옥신류를 거의 완전히 분해하며, 전구체물질의 분해에 의해 다이옥신류의 재합성을 방지함으로써 다이옥신 배출량의 저감을 극대화 시킨다. 또한 용융로 1차 연소실이 싸이클론의 역할을 하여 비산재가 용융로 벽에 포집되기 쉬운 구조로 되어있어 슬래그화가 잘되며, 비산재량을 저감시킨다.

그리고 고온연소(1,300℃ 이상)에 의해 다이옥신류 총 발생량이 최소화되며, 외부로부터의 별도 부자재가 필요 없어 CO_2 발생이 적은 시스템이고 또한 층 내의 입자들이 유동상태에 있으므로 열과 물질의 이동속도가 커서 건조속도, 연소효율이 다른 형식에 비하여 10배 이상 높다.

또한 유동상식 가스화용융시스템에 있어서 미세한 char는 가스화로에서 발생하는 열분해가스와 함께 선회용융로로 이동하여 고온연소, 크기가 큰 char는 유동상의 모래 내에서 연소되므로 char는 가스화로의 하부로 배출되지 않으며, char의 선별장치도 필요하지 않다.

6.3.4 열분해를 이용한 자원화

가. 폐타이어

폐타이어를 파쇄기로 투입시킨 다음 파쇄된 타이어는 금속이나 섬유류를 제거할 목적으로 분쇄된다. 원료물질에 함유되어 있는 약 8%의 금속류는 분리 한 후 재활용하게 되고 원료물질인 고무는 열분해 공정을 이용하여 석유와 가스로 변환시키며, 이러한 전반적인 반응 메커니즘은 다음과 같다.

폐타이어 + 열 → 고농도의 액체 유기물(타르, 오일, 탄소화합물 등)
+ 저농도 액체 유기물(유기산, 탄소화합물 등)
+ char
+ 가스(CH_4, H_2, C_2H_6, C_4H_6, CO, CO_2 etc.)

여기서 생산되는 고체 물질인 char는 타이어의 재충진물이나 활성탄으로도 사용이 가능하고 폐타이어의 고무화합물은 열에 의하여 고분자의 결합이 끊어져 저분자 형태의 탄화수소로 전환되며 주로 C_4~C_{10}의 범위에서 형성된다. C_4 이하의 화합물은 비응축 가스가 되고 C_5 이상의 화합물은 오일로 생성된다. 또한 P.T. williams(1990)에 의하면 700℃의 분위기에서 타이어를 열분해 했을 때 약 55%의 oil, 10%의 gas, 35%의 char가 생성되며, 가스는 H_2, CO, CO_2, C_4H_6, CH_4 그리고 C_2H_6로 알려졌다.

폐타이어 열분해시 발생되는 재활용 품목으로는 40~50%가 회수된 정제오일, 30~35%는 카본블랙, 10~15%는 금속이며, 10~15%는 가연성 가스로 자체 재활용 연료로 쓰인다. 이 중 오일회수 공정은 가열된 폐유 내에서 폐타이어를 열분해 시키는 복합열분해 방식으로 2차 공해 없이 동시에 처리할 수 있다.

또한 열분해 후 남은 잔류물은 아스팔트 보강제로 사용할 경우 아스팔트의 성능을 향상시킬 수 있고 폐타이어 열분해 시 발생하는 카본블랙은 내마모성의 증진, 저온에서의 균열, 고온에서의 동적 안정도의 개선을 가져오는 역할을 한다. 카본블랙은 기화된 탄화수소의 분해에 의하여 기체상으로부터 형성된 유일한 물질이다. 이렇게 생성된 카본블랙은 직경이 약 30 mm로 크기가 매우 작고 약 90 m^2/g의 높은 비표면적을 가진다. 카본블랙은 표면적 성질이 소수성으로 역청질 재료인 아스팔트와의 친화력이 좋아 아스팔트에 분산시키면 아스팔트의 일부처럼 거동한다. 카본블랙으로 보강한 아스팔트는 내구성이 증가되고 내마모성도 증진된다.

나. 폐플라스틱의 유화공정

폐유와 폐용제 다음으로 액체 연료화에 적합한 폐기물은 폐플라스틱으로, 특히 산업계 폐플라스틱은 오염이 적고 비교적 쉽게 액화할 수 있다. 플라스틱의 액화는 일반적으로 열분해로 진행되지만, 일부 폐플라스틱은 가스화로 진행되기 때문에 수율을 고려한 대상폐기물의 선정이 필요하다.

(1) 열분해 유화공정

열분해 반응에서는 반응온도에 따라 분해반응속도가 달라지므로 반응온도 조건을 조절하여 원하는 생성물을 얻을 수 있다. 반응온도가 350～450℃인 조건에서는 반응속도가 느려서 탄소수가 큰 액상의 기름이 주로 생성되며, 이를 저온 열분해라 한다. 온도가 높을수록 탄소수가 짧게 끊어져 가스의 생성이 증가하며, 코크스의 양도 증가한다. 또한, 생성된 코크스는 반응기 내벽에 침착되어 운전상의 문제를 일으키므로 반응온도를 400～450℃ 범위로 제한한다. 국내외를 막론하고 대부분 400℃ 내외에서 반응시키는 저온 열분해 기술의 개발에 초점을 맞추고 있으며, 그 이유는 액상 제품의 생산량을 극대화하는 데 목표를 두기 때문이다.

일반적으로 열분해 유화공정에서는 혼합 폐플라스틱을 원료로 하며, 생성물은 크게 가스, 액체(오일), 고체 잔류물 등 세 가지 부류의 제품이 얻어진다. 가스는 상온에서 응축되지 않는 비응축성 성분으로서 탄소수가 1～4인 올레핀류(Olefin)와 수소가 주성분이다. 액상 생성물은 열분해 공정에서 생산하고자 하는 주 생성물로서, 저비점부터 고비점 성분이 혼합된 기름이 생산된다. 분해공정에서 촉매를 사용하면 분해반응이 촉진되어 휘발유 성분의 경질 오일이 많이 생성되지만 가스 성분도 많이 생성되어 오일의 수율을 떨어뜨리는 문제가 따르며, 촉매의 활성이 쉽게 떨어지는 단점이 있다.

열분해 유화처리공정은 회분식 공정, 반연속식 공정, 연속식 공정으로 구분할 수 있다. 회분식 공정은 회분식 반응기의 사용을 기본으로 하고 2,000 ton/년 이하의 소규모 플랜트에 주로 이용된다. 원료를 반응기에 일정량 투입하고 투입된 원료가 모두 반응되도록 하며, 반응이 끝나면 반응기에 남아 있는 잔류물을 제거한 후 다시 원료를 투입하는 과정을 반복한다. 이 경우 원료를 재투입하기 전에 반응기를 적절한 온도까지 낮춘 다음 다시 원료를 투입하게 되고 원료 자체도 파쇄하지 않고 인력에 의해 투입하는 공정도 있다. 또한, 회분식 반응기를 사용하기 때문에 반응기 가열방식도 반응기의 외벽을 직화 또는 열풍으로 가열하는 가마솥 형태의 가열방식을 택하고 있다.

반연속식 공정은 회분식 공정을 좀 더 개선한 것으로서 일정시간 간격으로 원료를 투입하며, 반응기 내 잔류물의 배출은 원료를 여러 차례 투입한 후 실시한다. 따라서 원료를 투입할 때 반응기의 온도를 크게 낮출 필요가 없고 잔류물의 배출주기도 원료의 무기물 함량에 따라 달리하며, 그 주기를 길게 하기 위해서는 깨끗한 원료를 사용해야 한다.

연속식 공정은 5,000 ton/년 규모 이상의 대규모 플랜트를 대상으로 하며, 원료의 투입, 열분해 반응, 잔류물의 배출 및 처리, 제품의 정제 등을 연속적으로 실시하는 것을 기본으로 한다. 이 경우는 거의 대부분의 공정이 자동화되며, 따라서 플랜트의 설치를 위한 초기 투자비가 많이 소요되는 반면 운전 인력의 감소 등으로 운전비용이 적게 들고 제품의 품질이 좋다는 장점이 있다.

(2) 국내의 열분해 유화기술 현황

국내에서는 독일의 Hamburg 공정을 도입하여 유동층 형식의 열분해 공정을 개발한 일부 기업체를 비롯하여 1990년대 초반부터 10여 개의 중소업체에서 자체기술이나 외국기술 도입으로 실증규모의 혼합폐플라스틱 유화공정을 개발하려는 노력이 현재까지 시도되고 있고 2000년대 중반까지 약 50여개의 중소기업체가 기술개발 및 보급 활동을 추진해 오고 있다.

대부분의 경우 국외 기술을 모방하거나 외국에서 개발 중인 기술을 들여와 국산화하는 방식으로 사업화를 추진하고 있으나, 열분해 공정의 개발과 플랜트 판매에만 노력을 기울이고 있어 상업적으로 가동되고 있지는 않으며, 잔류 유해물질 제거, 안정성 유지, 냄새 제거 등의 기초적인 연구가 진행되고 있다.

(3) 국외의 열분해 유화기술 현황

열분해 유화기술은 1990년대초부터 혼합 폐플라스틱의 전처리 분야에 대한 기술개발과 함께 주로 독일과 일본에서 집중적으로 연구개발에 대한 투자가 이루어졌다. 그러나 독일의 경우는 경제성이 낮다는 이유로 상업화를 포기하였고 일본의 경우는 지자체와 민간 기업들이 협력하여 2000년도까지 상업화를 지속적으로 추진하였다.

독일에서 개발된 폐플라스틱의 열분해 오일화 공정은 BP Chemical Pyrolysis 공정과 BASF 공정이 대표적이다. 1990년대 중반, BASF사에서 연속반응기형(CSTR) 플라스틱 용융조와 튜브 형태의 열분해 반응기를 채택한 18,000 ton/년 규모의 플랜트를 성공적으로 개발하였고 Kohleol Anlage Bottom GmbH사와 Eckelman등에서도 상용규모의 플랜트를 건설하여 성공적으로 운영하였다. 그리고 BP Chemical Pyrolysis 공정은 Hamburg 대학교에서 개발된 공정을 발전시킨 것으로서 Hamburg 공정이라고도 한다. 이 공정은 유동층 반응기에서 혼합 폐플라스틱을 약 500℃로 열분해 반응이 일어나도록 하여 오일을 생산하며, 독일 Grangemouth 지역에 플랜트를 건설하여 운영하고 있다.

일본에서의 열분해 유화기술은 가동방식(연속식, 반연속식, 회분식), PVC의 동시처리 여부, 촉매의 사용 여부, 열분해 반응기의 형식 및 단수 등에 따라 매우 다양한 유화공정들이 개발 되었으며, 다른 나라들에 비하여 많은 투자를 통해 상용화에 있어 가장 앞서있다. 하지만 코크스로 원료나 고로 원료 등과 같은 다른 화학적 재활용기술에 비해 원료의 확보 측면에서 경쟁력이 떨어져 플랜트 가동에 어려움을 겪고 있다. 한편, 지자체와 대기업들이 개술개발과 상용화를 주도했던 일본은 전처리 공정에 크게 비중을 둔 대규모 플랜트를 개발했으며, 이와는 별도로 중소기업에서 소규모 플랜트의 개발도 추진해 왔다. 또한, 제도적인 면에서도 1995년부터 재활용촉진법을 제정하고 플라스틱 포장 및 용기에 대해 2000년 4월부터 동법을 시행하여 PET를 제외한 모든 폐플라스틱을 연료유 혹은 화학공업원료로 재활용하도록 유도하고 있다.

Reference

1. 국립환경과학원, "제 2차 전국폐기물통계조사", (2007).
2. 김석준 외, "RDF의 국내외 기술 동향", *첨단환경기술* 1월, (2009).
3. 김성수, "폐기물에너지화 기술 R&DB 동향", 한국에너지기술연구원, (2010).
4. 김응호, 양한범, 김연구, 박용준, 박진호, 유재형, "폐리튬이온전지로부터 유가원소인 코발트 회수에 관한 연구", 한국원자력연구소, 2PC-44, 179, (2000).
5. 박상우, "하수슬러지의 고형화 사례 및 제품평가", (2008).
6. 방부길, "충전용 알칼리 망간전지의 기술 현황", *대한전지공학회*, 27(8), (2000).
7. 배재근, "폐기물 처리공학", (2005).
8. 손정수, 신성명, 양동효, 김태현, "폐전지의 재활용 기술개발", *재료마당*, 18(4), (2005).
9. 송종혁, "리튬2차전지의 재활용 기술개발 현황", *e 리사이클링*, Spring, (2007).
10. 수도권매립지관리공사, "가연성폐기물 고형연료(RDF)의 경제성 분석 및 제도도입에 관한 연구", (2006).
11. 신대현, 노남선, 김성수, 김광호, 전상구, "폐합성수지류의 열분해 유화 기술 동향", *한국자원리싸이클링학회*, 19(1), 3～12, (2010).
12. 신병철, 이조영, 최형욱, "폐기물 고형연료(RDF)의 활용방안 및 전망", *한국고분자학회지*, 13(3), 307～314, (2002).
13. 신성명, 강진구, 손정수, 양동효, "폐알카리 망간전지로부터 황산을 이용한 유가금속회수", *한국공업화학회지*, 17(5), 517～520, (2006).
14. 신성명, "폐망간전지/알칼리망간전지로부터 유가금속회수 방안", (2007).
15. 오광중, 조상원, "폐니켈촉매로부터 황산니켈의 회수에 관한 연구", *대한환경공학회지*, 16(6), 727～735, (1994).
16. 유럽타이어고무협회(ETRMA), (2010).
17. 이진영, 김준수, "석유화학 폐촉매의 재활용 현황", *재료마당*, 15(6), (2002).
18. 이철경, 양동효, "폐리튬이온전지로부터 유가금속회수", *한국공업화학회지*, 12(8), 890～895, (2001).
19. 이철경, "폐리튬전지의 리사이클링 기술동향", *재료마당*, 15(8), (2002).
20. 일본 월간타이어, (2010).
21. 자원순환사회연대 한국전지재활용협회, "폐건전지 및 폐형광등 재활용 실태조사", (2009).
22. "텔레비전에 관한 시장 동향 및 폐기물 처리 상황조사", 부산대학교, (2009).
23. 홍현선, 이희민, 공만식, 강홍윤, "폐 LCD 재활용 기술 현황과 전망", *한국지구시스템공학회지*,

47(5), 619～627, (2010).

24. 한국비철금속협회, (2010).
25. 한국자원리싸이클링학회, "리싸이클링백서", (2009).
26. 한국전지연구조합, (2009).
27. 한국지질자원연구원, "1차, 2차, 폐전지로부터 유가금속회수 및 소재화 기술개발", (2006).
28. 한국환경자원공사, "고형연료제품 인증제조 현황과 생산기술 동향 및 사례", (2009).
29. 한국환경자원공사, "폐축전지 재활용중간생성물 품질기준 인증 마련 연구", (2009).
30. 환경관리공단, "열분해용융 기술현황 및 선진기술 소개", (2005).
31. 환경부, "폐자원 및 바이오매스 에너지 대책", (2008).
32. 환경부, "고형연료제품의 품질, 등급기준", (2013).
33. 환경부, "철강슬래그 및 석탄재배출사업자의 재활용지침 일부 개정안", (2007).
34. 환경부, "전국 하수슬러지 처리시설현황", (2013)
35. 후지경제연구소, (2007).
36. Lyman, J. W., and Palmer, G. R.,"Recycling of nickel-metal hydride Battery alloys", *Metallurgical Processing for the Early Twenty-first Century*, 2, 557～573, (1994).
37. Henry, Ph., Verbaan, N., and Lamotte, S., "Recovery of metals at Hydrometal, Belgium", *Waste Processing and Recycling in Mineral and Metallurgical Industries V*, 189～198, (2004).
38. Pommier, L. W., "The extraction of metals from industrial hazardous wastes and the production of a non-hazardous residue", *EPD Congress*, 449～463, (1998).
39. Helferich, L. L., and Schenk, R. C., "Manufacture of porous ceramic articles", *Patent PCT Int.* Appl. WO 8905, 285, 15 June, (1989).
40. Rhee, K.-I., Lee, C.-K., Yoo, C. S., Kim, T. H., Kim, H. S., Kim, Y. J., and Sohn, H. J., "The recovery of tellurium from copper anode slimes", *EPD Congress*, 495～503, (1997).
41. Xue, S., and Nesbitt, C., C., "Process development for recovery of lead as lead monoxide from lead-bearing waste", *Extraction and Processing for the Treatment and Minimization of Wastes*, 811～822, (1996).
42. Pietrelli, L., "Metal recycling from exhausted batteries", REWAS '99-Global Symposium on Recycling. *Waste Treatment and Clean Technology*, vol. I, 675～680, (1999).
43. Zhang, P., Yokoyama, T., Itabashi, O., Suzuki, T., and Inoue, K., "Hydrometallurgical process for recovery of metal values from spent lithium-ion secondary batteries", *Hydrometall.* 47, 259～271, (1998a).
44. Braun, G. W., "Technical advances in primary and secondary batteries", *Power* '96,

October 14, (1996).

45. Pasquali, M., and Lupi, C., "Electrolytic cobalt recovery from lithium ion batteries", *Waste Processing and Recycling in Mineral and Metallurgical Industries IV*, 41～54, (2001).

46. Crnojevich, R., Wiewiorowski, E. I., Tinnin, L. R., and Case, A. B., "Recovery of chromium and aluminum from F019 waste materials", *2nd Int. Symposium Recycling of Metals and Engineered Materials*, 463～475, (1990).

47. Zhang, P., Yokoyama, T., Itabashi, O., Wakui, Y., Suzuki, T. M., and Inoue, K., "Hydrometallurgical process for recovery of metal values from spent nickel-metal hydride secondary batteries", *Hydrometall* 50, 61～75, (1998b).

48. Yoshida, T., Ono, H., and Shirai, R., *2nd Int. Symposium Recycling of Metals and Engineered Materials*, 145～152, (1995).

49. Abdel-latif, M. A., Recovery of vanadium and nickel from petroleum flyash, *Minerals Eng.* 15, 953～961, (2002).

50. Feng, D., van deventer, J. S. J., and Aldrich, C., "Removal of polutants from acid mine wastewater using metallurgical by-product slags", *Sepn. Purif. Technol.* 40, 61～67, (2004).

51. Geiseler, J., "Steel slag-generation, processing and utilization", *Resources, Conservation and Environmenntal Technologies in Metallurgical Industries*, 87～97, (1994).

52. Geiseler, J., "Properties of iron and steel slags regarding their use", *6th Int. Conf. on Molten Slags and Fluxes*, (2000).

53. Holloway, P.C., and Etsell, T. H., "Recovery of vanadium from oil sands fly ash using potassium and calcium reagents", *Waste Processing and Recycling in Mineral and Metallurgical Industries V*, 319～334, (2004).

54. Levonmaki, M., and Hartikainen, H., "Agricultural use of slag", *Recycling and waste Treatment in Mineral and Metal Processing*,. vol. 1, 451～458, (2002).

55. Miyata, Y., Watanabe, K., Isoo, T., Oyamada, K., and Takahashi, T., "Large steelmaking slag block using new carbonation precess", *Waste Processing and Recycling in Mineral and Metallurgical Industries V*, 301～308, (2004).

56. Nagib, S., and Inoue, K., "Recovery of lead and zinc from fly ash generated from municipal incineration plants by acid and/or alkaline leaching", *Hydrometall.* 56, 269～292, (2000).

57. Williams, P.T., "Pyrolysis of scrap automotive tires. The influences of temperature and heating rate on product composition", *Fuel*, 69, 1474～1482, (1990).

58. Pickles, C. A., and Alcock, C. V., "Production of fer-ro-vanadium from fly ash", *J. Metals*

35(12), 40～45, (1983).

59. Ramachandra rao, S., "Resource recovery and recycling from metallurgical wastes", (2006).

60. Sohn, J. S., Lee, C. K., and Yang, D. H., "Recovery of Valuable Metals from Spent Batteries", *5th Workshop on Waste Treatment and Recycling, KIGAM*, Daejeon, 76～91, (2001).

61. McLauglin, W. J., "Method for the Neutralization of Hazardous Materials Proceeding of the International Seminar on Battery Waste Management", *US Patent* 5345, 033(TOXCO Inc), (1994).

62. Smith, D., "Proceeding of the 10th International Seminar on Battery Waste Management", 273～285, (1998).

CHAPTER 07

바이오매스(Biomass)

오늘날 지구 규모의 에너지·환경 문제에 직면하고 있고 에너지(Energy)와 환경(Environment) 문제를 해결하면서 지속적인 경제 성장(Economy)을 유지해 가야하는 3E 과제를 안고 있으며, 안정적인 에너지 확보와 깨끗한 환경을 유지하는 것이 필요하다. 산업 혁명 이후 석탄, 석유 등의 화석연료를 과다하게 사용하면서 인류는 석유 자원의 고갈에 따른 고유가 문제와 화석 연료의 과다 사용에 따른 지구온난화 및 대기 환경오염 등의 환경문제를 겪으면서 이러한 문제를 모두 해결할 수 있는 대체 에너지의 보급에 관심을 보이고 있다. 일부 대체에너지는 실제 사용하고 있으며, 다양한 대체에너지 중 바이오매스 에너지는 고유의 장점이 있어 다른 대체에너지와 함께 많이 사용되고 있다.

우리가 화석연료로부터 얻는 에너지와 가공품들을 바이오매스로 대체시킨다면 바이오매스의 이용 촉진은 화석연료에 기반한 에너지 이용 및 가공품 생산을 대체할 수 있어 CO_2 배출을 줄이는 결과를 가져올 것이므로 지구온난화 방지의 관점에서도 중요하다. 또한 바이오매스는 에너지원이나 가공품의 재료로 이용할 시 화석연료를 이용하는 방식과 똑같은 방식으로 이용할 수 있으며, 일상적인 생활 영역 전체에 걸쳐 넓은 범위를 포괄할 수 있다.

7.1 바이오매스의 정의

바이오매스란 생태학 범위를 넘어서 확대 적용된 것은 제 1차 석유 위기 후, 미국의 에너지 정보국(Energy Information Administration : EIA)에서 발표한 장래의 에너지 공급 구상에서 태양에너지를 적극적으로 취급하면서 사용되었는바 에너지원으로 바이오매스의 가능성을 고려하면 광합성에 의한 연간 에너지 저장량은 소비량의 10배라는 보고가 있다. 바이오매스 자원은 물성으로 분류하면 수분을 많이 함유하고 있는 것과 수분을 적게 함유하여 자체 연소가 가능한 것으로 구분되며, 목질계 바이오매스나 농산물계 바이오매스는 비교적 수분이 적은 상태의 것이 많고, 연소나 가스화 등 열화학적 변환이 적합한 에너지 자원이라 할 수 있다.

또한 바이오매스를 에너지 자원으로 이용 가능한 것을 항시적으로 일정량 공급 가능한 관점에서 보면 에너지 작물이라고 할 수 있다. 에너지 작물이란 에너지 생산을 주목적으로 재배하는 식물로 수목과 사탕수수 등이다. 이와 같은 관점에서 볼 때, 주·간벌 목재는 상업적으로 이용 가능한 기술이 개발 보급되면 1차 에너지 사용목표에 바이오 에너지가 차지하는 위치를 한층 높일 수 있다. 바이오에너지를 사용함으로써 발생하는 이산화탄소는 바이오에너지 생산 원료인 식물이 자라면서 광합성에 의해 흡수하므로 대기중으로 이산화탄소 배출 효과는 크지 않아 국제사회에서는 지구 온난화 대처에 도움이 되는 에너지로 인정하고 있다.

바이오에너지 사용에 의한 대기 중 이산화탄소 양 증가 효과는 다른 신재생에너지원에 비해 오히려 낮은 것으로 분석되었다. 또한 바이오매스는 석유나 석탄과 같이 한번 사용하면 없어지는 화석에너지와는 달리 재생성을 가져 자원의 고갈문제가 없다. 이외에도 현재 국내·외에서 바이오에너지 생산 원료로 사용되는 바이오매스는 농업작물(예 : 유채, 옥수수, 콩 등)이거나 농임산 부산물(예 : 간벌목, 볏짚, 왕겨 등) 등으로 농업과 매우 밀접한 관계가 있다.

7.2 바이오매스의 종류

바이오매스는 나무, 농작물, 쓰레기, 알코올 연료, 쓰레기 매립지 가스 등으로 분류될 수 있다. 나무 부스러기와 목재생산 산업의 잔류물은 전기를 발전하기 위한 가장 경제적인 바이오매스 연료로 사용되고 있다. 인구가 많은 생산기지 부근에는 사용된 화물선적 팔레트와 정원의 잘라낸 부스러기들이 저가의 바이오매스 근원이 된다. 에너지 농작물에는 벼 껍질, 사탕수수와 쓰레기에는 음식, 섬유 등의 유기부산물과 위험하지 않은 도시 고체폐기물 등으로 구성된다.

그림 7.1은 바이오매스의 종류와 용도를 나타낸 것으로 바이오매스는 썩을 수 있는 모든 물질을 지칭하며, 따라서 그 종류가 매우 다양하지만 바이오매스의 근원은 식물이다. 이러한 식물은 성상에 따라 크게 두 가지로 분류된다. 즉 사람이 식량으로 사용할 수 있는 당질계, 전분질(녹말)계 바이오매스(예 : 사탕수수, 고구마, 옥수수, 콩 등)와 식량으로 사용할 수 없는 셀룰로스계 바이오매스(나무, 볏짚, 왕겨, 기타 농임산 폐기물 등)이다. 따라서 바이오매스 에너지 기술은 원료 바이오매스의 성상에 따라 각각 다른 활용 기술이 적용되고 있다. 당분계와 전분계는 식량으로 사용되므로 에너지원으로 사용가능한 것은 셀룰로스계인 목질계와 초본계 바이오매스라 할 수 있다.

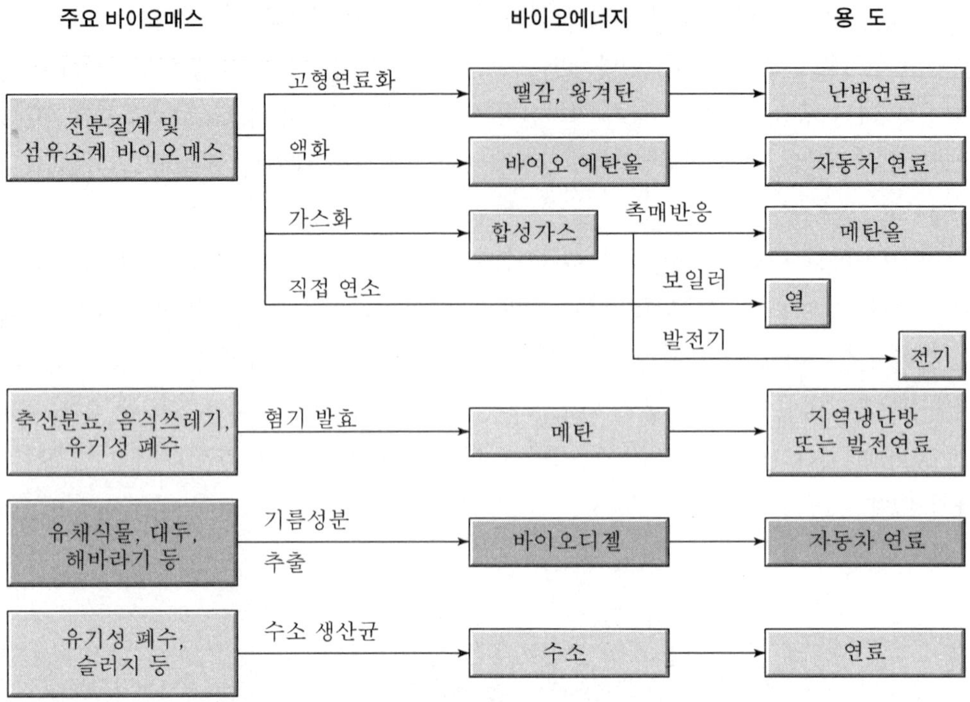

그림 7.1 • 바이오매스의 종류 및 용도

목질계 바이오매스는 장작이나 숯의 형태로 인류의 역사와 함께 했다고 말할 정도로 오랜 시대부터 사용되어 왔으며, 목질계 물질로부터 에너지 자원을 생산하는 기술로는 물리적 처리(고형화, 추출), 생물학적 처리(혐기소화, 알코올발효) 및 열화학적 처리(가스화, 열분해 및 액화방법)로 구분된다. 고형화 연료는 가장 오래된 이용방법으로 왕겨나 폐목재 등을 압축한 형태이며, 추출 방법은 에너지 밀도를 높이고 취급이 용이하지만 식용유 제조 이외에 이용되지 않고 있다.

도심화된 국내의 에너지 소비는 난방용과 취사용 또는 전기나 도시가스를 차량용으로 휘발유나 경유 사용으로 고급화된 것이 현재의 실정이다. 목질계 바이오매스에는 페인트, 못 등과 같은 협잡물이 없어 에너지변환(액체 및 가스연료화) 시 전처리가 용이하며, 공정이 간단하고 분해, 조립과 운전이 용이하여야 한다. 초본계 바이오매스는 농업부산물로 곡물을 생산하고 남은 것으로, 가스연료가 개발되기 전에는 주로 농촌의 겨울철 연료로 사용되어 왔다. 이것은 목질계 바이오매스와 비슷한 연료로의 특성을 지니고 있지만, 전처리 과정이 반드시 필요하다. 또한 목질계에 비하여 발열량이 낮고 밀도가 낮아 손쉽게 연소는 되나, 연소지속시간 등이 낮다.

7.2.1 농경폐기물

미국에서는 매해 9,500만 ton 이상의 농경폐기물이 발생하며 밀짚, 옥수수 사료, 과수의 베어낸 것과 같은 농경 잔류물로 구성된다. 또 옥수수로만 모든 바이오매스의 종류 보다 더 많이 소비된다. 미국 농부들은 매해 8,000만 에이커의 땅에 옥수수를 심으며 가능성 있는 사료로 1억 2천만 ton을 수확한다. 이것은 나무 폐기물과 종이로부터 얻어지는 유용한 바이오매스의 양보다 4배 정도가 크며, 가장 큰 공급재료의 범주에 들어간다.

7.2.2 삼림폐기물

미국에서 매해 모여지는 삼림폐기물은 1억~2억 8천만 ton에 이르며, 사용하지 않는 나무와 벌목 잔류물, 불완전한 상용나무, 솎아내야 하거나 타기 쉬운 나무들인 비상용 나무로 구성된다. 숲을 솎아주는 것은 미국의 서부 침엽수림 숲이 자연적인 건강을 회복하도록 도울 뿐 아니라, 바이오매스 전력 또는 바이오연료로 변환 될 수 있는 폐기 나무를 대량 공급해 준다.

7.2.3 도시의 고형산업폐기물

2000년 미국에서 대략 1억 1,600만 ton의 도시고형폐기물이 발생한다. 해마다 미국산업체는 약 120억 ton의 폐기물을 발생시켜, 그에 해당하는 양을 처리하거나 매립해야 한다. 산업체나 개인 가정에서 발생되는 폐기물은 거대한 양이기 때문에 쓰레기 처리장은 점점 증가하여 운영을 규제하는 엄격한 법으로 인하여 많은 쓰레기 처리장들이 폐쇄되고 있다. 이러한 폐기물을 쓰레기 처리장에 매립하는 대신에 그 중에 많은 양이 바이오연료를 만들거나 바이오전력을 발생시키는데 사용될 수 있다.

7.2.4 에너지 농작물

미국에서 약 1억 9천만 에이커의 땅에서 에너지 농작물을 생산하기 위하여 사용될 수 있다. 에너지 농작물은 연료용으로 특별히 개발하여 성장시키는 농작물로 잡종 포플러, 바가수, 버드나무, 스위치풀과 같은 빨리 성장하는 나무, 관록, 풀 등을 포함한다. 에너지 농작물은 음식, 사료, 섬유 용도로 사용하지 않는 농경토양에서 재배 될 수 있다. 농부들은 강기슭을 따라 호숫가 또는 농장과 숲 주위, 습지에 에너지 농작물을 재배할 수 있으며,

이러한 습지는 야생동물 서식지를 만들며 토양을 재생하고 생물학적으로 다양성을 촉진한다. 나무들은 10년 동안 성장이 가능하고 그 후에 에너지 용도로 수확된다. 미국 농산성은 21세기에 약 1억 에이커가 에너지 농작물 재배 용도로 유용할 것이라고 예측한다. 또 에너지 농작물의 장점은 농부들에게 다양한 생산을 통하여 변동하는 시장으로부터의 위험을 감소시켜 안정된 수입을 얻을 수 있게 한다. 일반적인 현대적 농장은 옥수수, 콩, 우유, 또는 육류와 같이 대개 하나 또는 두 개의 주요한 품목을 생산한다. 이러한 운영 방식을 통한 순수한 수입은 시장의 수요, 예기치 않은 생산비용, 날씨, 또는 다른 인자들에 따라 변동이 심한 약점을 갖고 있다. 에너지 농작물은 질병과 전염병에 대한 저항이 커서 재배 비용이 상대적으로 낮다.

7.3 바이오매스의 기술개발 현황

사람들은 오래전부터 나무 등의 셀룰로스계 바이오매스를 땔감으로 사용하였다. 이러한 단순 활용 기술은 사람들의 필요성에 의해 다양한 형태로 발전하게 된다. 우리나라에서는 신탄 또는 왕겨탄 등으로 가정, 식당 등 개별 소비처에서 주로 활용된 바 있다. 하지만 임산 자원이 풍부한 북구의 여러 국가들(예 : 핀란드, 스웨덴 등)에서는 조림에 의해 생산된 목재를 칩(chip) 또는 펠릿으로 가공하여 지역 난방 등 대규모 소비에 주로 사용하고 있다. 특히 스웨덴에서는 바이오매스의 연료로 사용을 촉진하기 위해 화석 연료를 열 생산 목적으로 사용하는 경우 탄소세를 부과하여 바이오매스 연료의 가격 경쟁성 확보를 돕고 있다.

또한 미국, 독일 등 여러 선진국에서는 미활용 임산폐기물 뿐만 아니라 도시에서 배출되는 폐목재 등을 펠릿화하여 석탄화력발전소에서 석탄과 함께 사용하는 Cofiring 기술도 개발하여 적용하고 있다. Cofiring 기술을 적용할 경우 석탄의 사용량을 줄일 수 있을 뿐만 아니라 공해 물질 및 온난화의 저감효과도 기대할 수 있어 일석이조의 효과가 가능하다. 고형 연료로 만들어 연소하여 열을 생산하는 방법은 상대적으로 적용이 용이하지만 생산된 에너지의 형태는 부가가치가 가장 낮은 형태이어서 보다 유용한 형태의 에너지로 활용하려는 시도가 이루어졌다. 이러한 시도의 대표적인 예로는 고형 연료를 공기(산소)가 희박한 조건에서 열분해, 가스화하여 가스 연료(CO, CH_4, H_2 등)를 생산하는 기술이다.

생산된 가스는 열과 전기를 동시에 생산하는 열병합 발전에 사용되거나 응축하여 액상 연료로도 사용 가능하다.

수송용 연료(바이오 에탄올, 바이오 디젤) 생산기술은 다른 신재생에너지원이 갖지 못하는 바이오에너지의 고유 특성이 바로 수송용 연료로 전환가능하다는 점이다. 즉 바이오매스는 휘발유 대체 연료인 바이오 에탄올과 경유 대체연료인 바이오 디젤 생산 원료로 활용 가능하다. 바이오 에탄올은 브라질, 미국 등에서는 자국의 풍부한 바이오매스인 사탕수수 또는 옥수수를 원료로 바이오 에탄올을 생산하는 기술을 개발하였다. 그림 7.2에 나타낸 바와 같이 사탕수수로부터 추출한 사탕액은 효모에 의해 직접 에탄올로 전환된다.

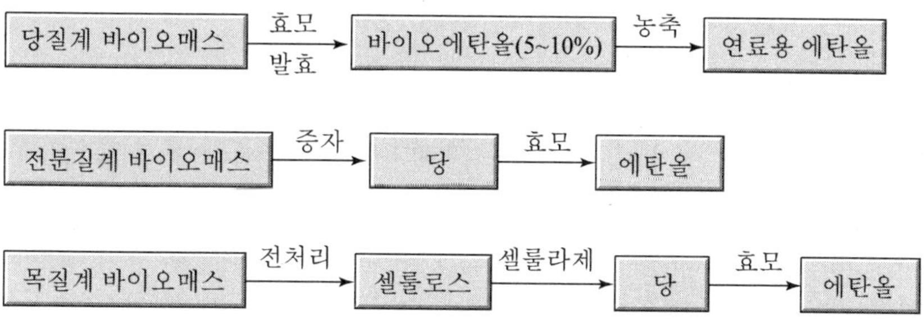

그림 7.2 • 다양한 바이오매스로부터 바이오 에탄올 생산 과정

이후 에탄올을 농축하여 연료용 알코올(함량 : 99.27%)로 만들어 가솔린과 혼합 또는 에탄올 자체만으로 휘발유 대체 연료로 사용 가능하다. 옥수수, 고구마 등과 같은 전분질계 바이오매스로부터 바이오 에탄올 생산은 전분질계 바이오매스 녹말을 효모가 발효할 수 있는 당으로 전환하기 위한 증자 단계가 추가되며 이후 과정은 당질계에서 에탄올 생산 방법과 같다.

경유 대체 친환경 연료로 주목받고 있는 바이오 디젤도 바이오매스로부터 생산 가능하다. 즉 바이오 디젤은 약 10%의 산소를 포함하고 있는 연료로서 연소시 보다 완전 연소가 일어나 경유에 비해 대기 오염 물질이 40～60% 이상 적게 배출된다. 또한 바이오 디젤 사용에 따른 전주기 분석(Life cycle analysis)에 의하면 바이오 디젤 1 kg 사용시 경유에 비해 3.2 kg의 이산화탄소 배출저감 효과가 있는 것으로 밝혀졌다. 이러한 바이오 디젤은 바이오매스의 한 종류인 식물성 기름으로부터 만들어진다. 즉 식물성 기름은 차량 연료로 사용하기에 충분한 열량을 가지고 있지만 고분자 물질이어서 점도가 너무 높아 현재의 디젤 엔진에 직접 적용이 어렵다는 문제점이 있다. 따라서 화학반응에 의해 식물성 기름을 분해하여 저분자화 함으로써 점도를 디젤유와 비슷한 점도 수준으로 낮출 수 있다. 식물성 기름을 촉매로 넣고 알코올과 반응시키면 알킬에스터와 글리세린으로 전환된다. 반응에 의해 생산된 알킬에스터를 바이오 디젤이라고 한다. 모든 종류의 알코올이 사용 가능하지만 가장 가격이 저렴한 메탄올을 주로 사용하고 따라서 생산된 알킬에스터는 메틸에스터라고도 한다. 촉매도 마찬가지로 산 또는 염기 촉매가 사용 가능하지만 반응 활성이 우수한 염기 촉매를 주로 사용하고 있다. 에탄올의 경우와 마찬가지로 현재 바이오 디젤 생산에 원료로 사용되는 기름은 폐식용유로도 사용 가능하다.

7.3.1 해외 바이오매스 에너지 활용 현황

바이오매스 에너지는 재생성, 환경오염 방지, 지구온난화 대응 등의 많은 장점이 있고 또 다양한 형태로 활용 가능하다. 그러므로 세계의 많은 나라들이 보급 활성화를 위해 적극적으로 지원하고 있으며, 각 나라의 실정에 맞는 기술 개발을 서두르고 있다. 현재까지는 상용화가 용이한 원료 또는 공정기술개발에 집중적인 연구가 이루어졌다. 바이오매스 자원이 풍부한 북구의 핀란드, 스웨덴, 아일랜드 등이 총 에너지 소비 중 바이오에너지 보급 비율이 약 13% 이상으로 가장 높았다. 이들 국가들은 자국의 풍부한 셀룰로스계 바이오매스(임산 자원)를 고형 연료화하여 지역 난방 등에 적용함으로써 보급 비율을 높게 유지할 수 있었다. 반면에 미국, 캐나다 등은 자국의 풍부한 임산 자원을 고형 연료화하여 열병합 발전 연료로 사용하는 기술을 실용화하는 한편 잉여 농산물(옥수수, 콩 등)을 원료로 수송용 연료를 생산하는 기술도 개발하여 활용하고 있다.

즉 미국의 경우 옥수수를 원료로 900여 만 ton의 바이오 에탄올을 생산하여 E-10(에탄올 10% 혼합 가솔린) 또는 E-85(에탄올 85% 혼합 휘발유)의 형태로 사용하고 있다. E-10은 기존 차량에 직접 사용 가능하며, E-85는 다목적 연료용으로 생산된 차량(flexible fuel vehicles)에서 사용 가능하다. 또한 콩기름을 원료로 바이오 디젤을 생산하는 기술도 개발하여 약 20여 만 ton의 바이오 디젤을 생산하여 사용하고 있다. 농임산 자원이 상대적으로 풍부하지 못한 독일, 일본 등에서도 자국 실정에 적합한 다양한 바이오에너지 기술개발을 위해 노력하고 있다. 독일은 도시 지역에서 배출되는 건설 폐목재 등을 원료로 가스화하여 열병합 발전하는 기술을 개발하여 자국에 설치 운전하고 이를 통해 확보한 기술을 해외 플랜트로 수출하고 있다. 또한 자국에서 많이 운행되는 디젤 차량에 의한 대기오염 문제를 줄이기 위해 바이오 디젤의 생산 및 보급을 위해 집중적인 투자를 하였으며, 결과적으로 현재 독일은 바이오 디젤 분야에서 기술 주도권을 확보하고 있다.

바이오매스 자원이 빈약하다는 점에서 일본은 우리나라와 실정이 매우 비슷하기 때문에 그들이 추진하는 기술 개발 전략은 특히 주목할 필요가 있다. 일본은 2002년 6월 자국내 바이오매스 자원을 효율적으로 활용할 수 있는 전략 초안을 마련하였으며, 전략의 표제를 "바이오매스 재팬(Biomass Japan)"이라고 정하였다. 동 전략은 2002년 12월 일본 정부의 공식적인 정책으로 채택되었다. 바이오매스 재팬의 골자는 활용 가능한 바이오매스 자원으로 도시 지역에서 배출되는 유기성 폐기물과 농촌 지역에서 확보 가능한 농임산 폐기물을 주원료로 사용하는 것과 같이 적합한 바이오에너지 생산 기술의 도출 및 개발이다. 일본 정부는 동 전략의 추진을 통해 2010년까지 총 에너지 소비량의 1%를 바이오에너지로 대체한다는 목표를 세운바 있다. 이러한 목표는 국내 2011년 바이오에너지 보급 목표가 약 0.4%라는 점과 비교하면 2배 가량 높다.

7.3.2 국내 바이오매스 에너지 활용 현황

산업 또는 생활 하수로부터 메탄을 생산하는 기술은 이미 하수처리장 또는 산업체에서 실용화하여 사용되고 있다. 또 다른 중요한 적용처는 음식물 쓰레기이다. 현재 음식물 쓰레기는 사료 또는 퇴비화에 의해 일부 재활용되고 있지만 그 수요처가 제한되어 있어 감량화 기술이 국내 실정에서는 더 필요하다. 감량화에는 소각 또는 메탄으로 전환하는 기술이 효과적이다. 국내 음식물 쓰레기는 수분 함량이 약 90%로 매우 높아 소각 기술의 적용이 어려워 메탄으로 전환하는 기술이 적합하다. 음식물 쓰레기를 메탄으로 전환하여 연료로 활용할 경우 에너지 생산 뿐만 아니라 유기물의 감량도 약 90%로 매우 높다. 국내 기술진에 의해 우리 실정에 맞는 음식물 쓰레기로부터 메탄 생산 기술이 개발되었으며, 현재 상용화 공장이 설치되어 가동 중이다. 수도권의 대기오염이 심각해짐에 따라 환경부에서는 경유 차량에 의한 환경오염을 줄일 수 있는 대체연료의 보급 방안을 검토하였다.

2002년 환경부와 산업자원부에서는 바이오 디젤을 경유에 20% 혼합하면(BD-20) 경유에 비해 환경오염물질 배출이 30~40% 줄어들 뿐만 아니라 기존 차량에도 직접 사용 가능하다는 점을 인지하여 바이오 디젤을 대체에너지에 포함시켜 경유에 부과되는 특소세가 면제 되도록 하였다. 또한 바이오 디젤 혼합 연료의 일반 차량에 대한 장기 안정성을 테스트하기 위해 수도권과 전라북도를 시범 보급 지역으로 지정하였으며, 동지역 소재의 주유소 중 바이오 디젤 혼합연료를 판매하기를 원하는 일부 주유소를 지정하여 일반 차량에 대해 바이오 디젤 혼합 연료를 판매할 수 있도록 하였다.

7.4 바이오매스의 장·단점

바이오매스는 나무가 주된 에너지원이던 19세기까지 전 세계에서 가장 많이 사용된 에너지원으로 지금도 저개발 국가에서는 에너지의 상당 부분을 바이오매스가 공급하고 있다. 바이오매스는 아직도 풍부하게 존재하며, 나무뿐만 아니라 곡물, 식물, 농작물 찌꺼기, 축산분뇨, 음식물 쓰레기 등이 모두 바이오매스로서 에너지 생산에 이용될 수 있다. 바이오매스는 나무처럼 가공하지 않은 형태로 손쉽게 열을 생산하는 데 이용될 수도 있고 가공하여 메탄올, 에탄올, 바이오 디젤유 등의 액체 연료와 수소나 메탄 같은 기체 연료 등의 바이오연료(biofuel)를 얻어 자동차 연료나 발전용, 난방용 연료로 이용하는 것도 가능하다.

바이오매스는 직접적인 연소나 가스화, 열분해 등의 열화학적 변환과 혐기성 분해 또는 발효 등의 미생물과 박테리아를 이용한 생화학적 변환, 직접적인 기름 추출 방식 등을 통해 가공된다. 직접 연소를 통해서는 나무찌꺼기나 농작물 찌꺼기를 태워서 직접 열을 얻거나 연소열로 증기를 만들어서 난방열과 전기에너지를 얻는다. 또한 산소가 소량 공급되는 상태에서 가열하면 중질의 가스가 만들어지고 이를 정화한 후 열병합 발전기를 통해 난방열과 전기를 생산하는 데 이용할 수 있다. 열분해는 공기를 완전히 차단한 상태에서 500℃ 정도의 고온으로 가열하여 바이오기름, 가스, 목탄 등을 만들며 가스와 기름은 전기와 열을 생산에, 목탄은 연료로 이용된다.

혐기성 분해는 박테리아를 이용한 소화와 유사한 것으로 음식 찌꺼기, 가축분뇨 같은 유기질 쓰레기로 공기를 차단한 상태에서 박테리아를 이용해 분해하는 것이다. 이 과정에서 주로 메탄이 50% 이상 함유된 가스가 생성되며, 이것은 정화과정에서 수분 등을 제거한 후 열병합 발전기에서 전기와 열을 생산하는 데 이용된다. 발효는 사탕수수, 사탕무, 옥수수 등에 함유된 당을 에탄올로 변환하기 위해서 이용된다. 특히 에탄올은 액체 바이오연료 중 가장 일찍 개발되어 수송용으로 사용되었다. 에탄올은 바이오매스에 함유되어 있는 탄수화물을 당으로 변환한 다음 이것을 알코올로 발효시켜서 얻거나 사탕수수나 사탕무의 경우처럼 직접 당을 추출하여 알코올 발효를 시킨다. 바이오 디젤은 최근에 개발된 것이지만 전력 생산이나 난방용 또는 수송용으로 점차 이용범위를 넓혀가고 있으며, 이것은 메주

콩, 유채씨앗, 동물성 지방, 폐 식물성 기름 등의 바이오매스로부터 유기질 기름을 직접 추출하여 촉매의 작용 하에서 에탄올이나 메탄올과 결합시켜 에스테르로 변환시켜서 얻는다.

7.5 바이오매스의 에너지 변환 기술

바이오매스로부터 에너지와 제품을 얻을 수 있으며 종류와 원료가 다양하다 보니 얻는 방법도 다양하다. 에너지이용 중심으로 그 과정을 보면 바이오매스로부터 에너지형태로의 전환에는 화학적인 과정을 거쳐 에탄올 등이 연료를 만들어 내는 “연료 전환기술”과 획득한 연료에 의해 최종 소비형태인 전기나 열을 만들어 내는 “에너지 전환기술”이 필요하다. 바이오매스를 연료로 전환하는 데에는 미생물 발효와 같은 “생물화학적 전환방법”과 열화학적 원리를 이용하는 “열화학적 전환방법”이 있으며, 이외에 바이오 디젤(Bio-diesel) 제조방법이 있다.

7.5.1 생물학적 전환방법

생물학적 전환방법은 한마디로 발효(fementation)를 이용하는 것으로 유기물을 미생물로 이용하여 발효시켜서 필요한 연료를 획득하는 방법으로 메탄발효, 에탄발효와 수소발효가 있다. 그림 7.3은 가장 많이 볼 수 있는 축산분뇨를 이용한 메탄가스 발생과 가스 발생 후 비료를 만들어 내는 공정이다.

가. 메탄발효

메탄발효는 유기물이 혐기적 환경 하에서 분해되는 보편적인 미생물 반응이다. 관여 미생물은 통성혐기균군과 절대혐기성균군으로 나뉘며, 이들 균군의 복잡한 공생계를 통하여 고분자유기물의 가수분해를 거쳐, H_2, CO_2, Formate, Acetate 등이 최종적으로 메탄가스로 전환된다.

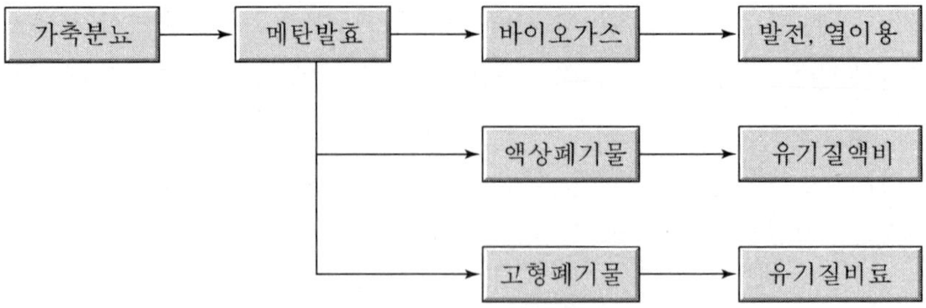

그림 7.3 • 축산분뇨이용 에너지와 제품생산 공정도

메탄발효의 특징은 관여 미생물이 복잡한 만큼 폭 넓은 기질에 적용할 수 있어 혼합물 처리가 가능하며, 발효장치는 비교적 간단하고 처리된 생성물은 가스이므로 회수가 쉽다. 그러나 유기물 중의 탄소의 50～70% 정도가 가스화 되고 많은 양의 잔사를 남기므로 에너지 효율이 낮고 2차 처리가 필요하다.

메탄발효의 기본처리공정은 발효조를 중심으로 하여 슬러지의 분해, 반송, 생성가스의 저장 등에 관한 제설비로 구성된다. 메탄발효는 각종의 유기질폐기물 처리와 에너지회수를 위하여 이미 실용화되고 있으나, 그 효율 향상을 위하여 폐기물의 성질에 따라 다양한 발효조가 개발되고 있다. 재래형은 일반적으로 보급되고 고효율형은 슬러지를 반송하여 조내 고농도의 균체유지, 저농도 폐수에 적합하다. 슬러지층형(상승류식)은 제당공장 폐수처리에 적용(네덜란드)되고 바이오필터형은 작은 돌, 플라스틱 단편 등에 미생물부착, 희박 폐수나 고형물 농도가 낮은 폐수에 적합하다.

그 외에도 Ghosh.s 등의 발상에 기초를 둔 이단분리 발효법이 개발되고 있어 유망시 되고 있다. 이 산생성 발효와 메탄발효를 각각 별개의 발효조에서 분리·실시하여 관여 미생물의 최적 환경조건을 조성해줌으로써 처리능력을 높이는 방법이다.

메탄발효는 실용화 된지 오래됐으나 관여 미생물과 그 대사 메커니즘에 불명확한 점이 많고 안정된 고효율 발효를 위해서는 이들의 해명이 필요하다. 메탄의 에너지효율은 높으나 사용에 편리한 액체가 아니므로 이를 합성가스로 개질하여 메탄올로 전환하는 등의 방법이 고려되고 있다. 이 점을 고려하여 메탄발효를 변형한 액체연료 전환방법이 개발되고 있다. 이는 메탄생성균의 증식을 억제시켜 산생성 반응만을 진행시키고 생성되는 유기산을 추출 농축하여 전기분해에 의해 액상의 탄화수로로 전환하는 방법이다.

나. 알코올발효

당질원료는 알코올 제조 시에 당화공정이 생략되는 큰 이점이 있다. 당(주로 단당류와 2당류)을 많이 함유하는 바이오매스에는 사탕수수, 사탕무 등이 있으나 저가, 장기저장의 점에서 설탕제조 부산물인 당밀이 널리 쓰이고 사탕수수 착즙을 직접 농축한 당밀이 사용되기도 한다. 이들 원료는 단당류와 2당류를 주로 함유하며, 직접 Sscharomyces 등의 효모균과 Zymomonas 등의 세균에 의해 혐기적으로 알코올로 전환된다. 사탕수수 등은 압착 또는 온수 추출로 10～15% 정도의 당액이 제조되고 일반적으로 살균과 정제의 반복으로 열 농축시켜 발효공정의 원료로 쓰인다. 이에 대하여 당 추출과 발효를 동시에 행하는 방법으로 EX-FERM법, CSIRO법이 개발되어 있다.

과테말라의 C.Rolz 등이 개발한 EX-FERM법은 사탕수수 줄기의 잘게 자른 짚을 물과 혼합(1 : 1.4)하고 끓여서 살균한 후 30℃로 냉각하여 효모를 접목 발효시켜 발효액을 분리하고 그 남은 고형물의 압착액은 발효액과 혼합하여 발효조에 반송, 새 원료를 첨가 발효하는 과정을 3회 반복하면 발효는 종료된다. 시험성적에 의하면 함유당의 알코올 전환 효율이 높고 설비도 간단하여 생산가 절감이 특징이다.

CSIRO법은 오스트레일리아 K.DKirby와 G.J.Mardon이 개발한 방법으로 전술한 EX-FERM법과 유사한 것이다. 사탕무를 기계적으로 펄프화하여 황산액으로 pH를 4.5로 조절한 후 10%(중량)의 효모 압착액을 첨가·발효시킨 후 펄프를 압착·섬유를 제거하고 효모액은 원심 분리한 다음 발효에 재이용한다. 약 9.5%의 알코올을 함유하는 효모를 분리한 발효액을 증류한다.

7.5.2 열화학적 방법

열화학적처리에 적당한 원리로 목재나 수분함량이 적은 바이오매스인 종이류를 주성분으로 하는 도시쓰레기가 이용가능하다. 이러한 바이오매스에도 석탄과 마찬가지로 가스화와 액화가 적용된다. 가스화 방법에는 건류, 부분 산화, 수증기 분해가 있고 이러한 방법에 의해서 생성되는 가스는 직접연료로 이용하거나 메탄올－가솔린의 합성원료, 또는 액화시에 필요한 가스로 이용된다. 액화는 석탄과 같은 액화방법을 적용할 수 있다.

가. 가스화

건류는 옛날부터 행하여 오던 목탄의 제조방법으로, 목재를 약 300℃에 가열 유지하면 열분해 되어 높은 수율로 탄화물이 얻어지며, 그 외에 CH_4, CO를 함유하는 가스와 메탄올 등을 함유하는 액이 회수된다. 주요산물은 목탄이며 가스의 수량은 적다.

부분산화는 산소와 수증기를 이용하여 가스화하는 방법으로 산소 제조장치가 필요하나 가스화로는 비교적 간단한 구조로 충분하며, 분유층 방식과 유동층 방식을 사용한다. 산소 대신에 공기를 이용해도 좋으나 생성가스에 질소가 함유된다. 도시쓰레기를 처리할 목적으로 개발된 것으로 이 형에 속하는 것은 제철용 용광로와 비슷한 샤프트 형식으로 쓰레기를 고온 용융시키므로 잔사가 적은 것이 특징이다.

수증기 분해는 반응열을 외부에서 공급할 필요가 있는 전열벽을 통하여 가열하는 방법도 있으나, 모래 등의 불활성물질의 유동층을 이용하여 생성되는 목탄과 모래를 가스화로부터 이송하며, 연소로 중에서 공기에 의해 목탄을 연소시키고 모래를 재 가열하여 가스화로에 반송하는 방식이 많이 이용된다. 수증기량을 줄여서 분해하면 메탄함량이 많아서 도시가스 등에 사용하기에 적당하고 수증기량을 증가시키면 수소함량이 많아 합성가스로서 메탄올 합성원료에 적합하다.

나. 직접연소 및 간접연소

직접연소는 고온에서 운전되는 연소실에서 바이오매스를 이론적 산소요구량 이상의 충분한 산소 또는 공기와 접촉시켜 불꽃산화를 수행함으로써 기체상태의 이산화탄소와 수증기로 전환하고 이 과정에서 발생한 연소열을 보일러에서 수증기로 회수하는 것이다. 생산된 수증기는 지역난방 등의 열에너지로 활용하거나 수퍼히터에서 고압수증기로 만들어 스팀 터빈에 적용하여 에너지의 일부를 전기 생산에 이용하는 열병합발전에 이용한다. 바이오매스 열병합발전 시스템은 1970년대 본격적으로 상용화되어 직접연소 기술의 대표적 공정으로 이용되고 있다. 직접연소 기술은 시스템이 비교적 간단하고 최고 60% 정도의 높은 수분함량을 지닌 바이오매스의 처리에 적합하지만 전기 생산효율이 20~25%로 낮다. 현재 산업화된 바이오매스의 직접연소 장치는 대략 고정층 연소로(고정격자식, 이동격자식), 유동층 연소로(버블유동층, 순환유동층) 등으로 대별된다.

간접연소 기술은 바이오매스를 고온에서 처리하여 가스화를 유도하고 이를 통한 가연성 가스를 생산하고 가스엔진 또는 가스터빈에서 연소시켜 전기 또는 열에너지를 생산하거나 수송용 연료로 개질하여 에너지원으로 활용하는 방법을 말한다. 바이오매스로부터 가연성 가스 생산은 바이오매스와 이론적 요구량 이하의 산소를 고온에서 반응시켜 얻어내는데 고형의 바이오매스는 열분해가 진행되면서 액상의 유기화합물, 가연성 가스, 타르, 수증기 등으로 생산되고 남은 고형분은 차(char)로 생성된다.

다. 혼합연소

혼합연소의 경우에는 기존의 석탄연소시스템에 바이오매스를 혼합하여 발전시스템으로 활용하는 방법으로 전기 생산효율 또한 직접연소에 비하여 높게 나타나므로 단기적인 차원에서 매우 효율적인 연소기술로 활용될 수 있다. 그러나 바이오매스를 석탄과 혼합하여 연소시스템으로 사용할 시에는 바이오매스 자원 내에 포함된 수분함량을 제한시켜야 하기 때문에 시료 파쇄와 건조 등의 부수적인 전처리 과정을 포함시켜야 하는 단점이 있을 수 있다. 이러한 혼합연소의 방법을 가연성 가스의 생산에 이용하고 그 가스를 혼합하여 석탄과 함께 연소시키는 기술이 시도되고 있다.

7.6 바이오매스의 이용

지구상의 생물권에는 동식물의 유체를 미생물이 분해하여 무기물로 환원시킨다는 물질 순환 주기가 있으며, 이 미생물(분해자)을 대신하여 인간이 유기물을 에너지나 원료로 이용하자는 것이다. 바이오매스는 생태학적 정의로 모든 식물과 기본적으로 광합성에 의해 획득된 모든 에너지를 함유하는 식물이 근원인 재료를 말하지만, 산업계에서는 이와는 달리 포괄적으로 유기계 폐기물도 바이오매스에 포함시키는 것이 보통이다.

마른 잎이나 짚으로 밥을 짓거나 장작불로 증기 기관차나 자동차를 굴리고 횃불로 어둠을 밝히는 것 등은 바이오매스의 직접적인 이용이며, 목재를 구워 숯을 만들고 미생물을 사용하여 알코올을 만들거나 메탄가스를 발생시키고 풀이나 짚을 썩혀 퇴비를 만드는 일 등은 바이오매스의 변환이용이다.

7.6.1 목질계 바이오매스

기후변화협약이 이루어지고 이에 따라 각국은 온실가스 저감 및 흡수 기능을 갖는 산림 바이오매스에 대해 다시 큰 관심을 갖기 시작하였다. 산림 바이오매스를 펠릿이나 액체연료 등으로 개발하여 연료로 사용하면 석탄이나 석유 등 화석연료에 비해 이산화탄소 배출량을 줄일 수 있다. 최근 여러 나라에서는 바이오매스를 풍부한 자원과 이산화탄소를 거의 배출하지 않는 에너지원이라는 점에서 큰 의의를 지니고 사용하고 있다. 기존 원유나 천연가스는 에너지 전환시 소비되는 탄소성분이 이산화탄소를 대기 중에 배출하는 방향으로 소비되는 것과 달리 바이오매스는 에너지 전환시 이산화탄소의 발생이 동반되지만 바이오매스의 원료인 식물이 동화작용에 필요한 이산화탄소를 대기 중에서 비슷한 양의 흡수가 이루어지기 때문에 이산화탄소 발생이 거의 없다고 할 수 있다.

바이오매스의 화학제품 이용측면에서 보면 과거와 현재에는 주로 추출물과 부산물에 의존하여 왔다. 그러나 미래의 바이오매스 이용은 주로 바이오매스 중 세포벽 물질들, 즉 셀룰로오스, 리그닌 또는 헤미셀룰로오스 등이 될 것이며 이는 양적인 측면에서 보았을 때 추출물과 부산물보다 훨씬 많이 발생하기 때문이다. 바이오매스 이용의 궁극적 목적은 화석자원의 대체에 있다.

먼저 합성고분자들을 천연 고분자, 즉 고무 그리고 셀룰로오스 유도체를 전격 대체하고 화석자원에서 생산할 수 있는 중간체를 바이오매스에서 생산한다. 또한 앞으로 바이오매스의 화학적 이용에 있어서 기술적으로 다음 두 가지 접근방법이 있을 수 있다. 첫째는 비선택적 방법이고, 둘째로 선택적 방법이다. 비선택적 방법은 바이오매스의 종류에 관계없이 탄소화합물이면 모두 이용할 수 있는 방법이다. 예를 들면 가스화 혹은 열분해 방법이다. 이 방법들에 의하여 생산할 수 있는 화학제품들은 석탄과 같은 화석자원에서 생산할 수 있는 화학제품들을 모두 생산할 수 있다는 데에 있다. 왜냐하면 석탄도 바이오매스로부터 변형된 물질이기 때문이다. 선택적 방법은 바이오매스의 구성성분을 각각 선택적으로 분리하여 이용을 극대화 하자는 데 있다. 즉, 셀룰로오스, 헤미셀룰로오스, 그리고 리그닌 등을 분리 이용한다면 더 다양한 화학제품 및 연료를 생산할 수 있다는 것이다. 이것의 대표적인 방법은 가수분해이다. 가수분해 방법에는 유기용매, 산 등을 이용하는 방법이 있고 또한 미생물과 효소를 이용하는 방법이 소개되고 있으나 반응속도가 늦고 효소의 경우 전처리가 반드시 필요하며, 회수 재사용이 불가피 하므로 아직까지는 경제성이 없고 효소자체의 생산에 비용이 많이 소요되므로 실험실 단계를 벗어나지 못하고 있는 실정이다.

7.6.2 곡물계 바이오매스

곡물계 식물체 전체를 대상으로 하는 Whole Crop 공정에서는 곡류의 활용을 포함해서 짚이나 줄기 등 리그노셀룰로오스를 이용한 바이오연료 및 화학제품의 생산, 공정 부산물을 활용한 열 및 전기의 생산 공정 등이 포함된다. 주로 유럽 국가에서 시도되고 있는 녹색 식물체를 활용한 공정에서는 식물체를 압착하여 즙액을 얻은 후 당과 단백질을 생산하고 셀룰로오스계 고형물은 당화과정을 거쳐 연료 및 화학제품을 생산하는데 이용된다. 공정 부산물은 다른 공정과 달리 혐기성 소화과정을 통해 바이오가스 생산에 이용된다. 당과 열화학 복합공정에서는 당을 기반으로 하는 공정과 합성가스를 생산·이용하는 2개의 공정이 포함된다. 여기에서 합성가스는 화학적 반응공정을 통해 연료와 화학제품의 생산에 이용된다. 따라서 공정 부산물이 거의 발생하지 않으며, 잉여 합성가스를 활용하여 열과 전기를 생산할 수 있는 특징이 있다. 이들 공정은 각각의 장단점을 갖고 있으며, 원료의 종류와 생산하고자 하는 최종 제품의 종류에 따라 필요한 단위공정을 조합하여 독특한 시설을 갖출 수 있다.

바이오리파이너리(Biorefinery)는 바이오매스로부터 여러 가지 제품을 생산하는 일련의 공정 또는 시스템을 말하며, 석유화학정제(Petrochemical refinery)에 비유하여 잘 설명된다. 석유화학정제는 휘발유에서 중유, 아스팔트까지 여러 종류의 연료로부터 각종 석유화학제품을 생산하는 공정 또는 시설을 일컫는다. 바이오리파이너리 공정은 리그노셀룰로오스 공정, Whole Crop 공정, 녹색작물 공정, 당-열화학 복합 공정의 4가지로 구분할 수 있다. 리그노셀룰로오스 공정에서는 셀룰로오스와 헤미셀룰로오스를 생물화학적 방법으로, 리그닌은 화학적 방법을 통해 당이나 중간 화합물로 전환한 후 연료나 화학제품을 생산한다. 공정 부산물은 건조 후 연소하여 열과 전기 생산에 이용된다.

바이오리파이너리의 출발점은 농업이라 할 수 있다. 따라서 탈석유 바이오리파이너리 산업을 도입하기 위해서는 원료로서 바이오매스를 지속적이고 안정적으로 공급할 수 있는 강한 농업이 존재해야 한다. 강한 농업은 지속가능성의 유지와 연구개발을 통한 생산성 향상이 보장되어야 한다. 지속가능성의 확보는 지력 유지를 위한 토양유실 방지, 토양 산성화 억제, 윤작 등 과거부터 시행되어 왔던 농업생산성 유지를 위한 노력과 일치한다. 특히 바이오매스의 농지 외 반출량이 증가하므로 토양 중 유기물 함량이 줄어들어 지력이 저하되지 않도록 하는 것이 중요하다. 더 나아가 농업 부문에서는 바이오매스 자원의 수집, 전처리 및 저장 등의 기반조성을 담당해야 한다. 바이오매스는 농산물과 같이 생산량이 수확기에 집중되므로 수집과 저장을 위한 시설 또한 필요하기 때문이다.

생산 제품을 기준으로 바이오리파이너리 시설에서는 바이오매스로부터 각종 화학제품 및 에너지를 생산한다. 바이오리파이너리 공정을 통해 생산할 수 있는 바이오기반 화학제품에는 유기산, 아미노산, 바이오플라스틱 등이 있으며, 바이오연료로서는 바이오 에탄올, 바이오 디젤, 바이오부탄올 등이 대표적인 예이다. 바이오리파이너리를 구성하는 공정에는 원료로서 바이오매스의 수집과 저장, 전처리, 주 및 부산물의 회수, 부산물의 후속 이용, 주/부산물의 가공 및 제품화 등 까지 포함할 수 있다. 당이나 전분 기반의 공정을 중심으로 상용화된 바이오리파이너리 시설은 해외에서 도입된 사례를 쉽게 찾을 수 있다. 바이오매스로부터 바이오연료, 화학제품, 사료 등을 동시에 생산할 수 있고 석유화학 기반 공정을 부분적으로 대체할 수 있으므로 리그노셀룰로오스(lignocellulose) 바이오매스를 이용하는 바이오리파이너리 시설은 오래되지 않아 본격적인 상용화가 예상된다.

7.6.3 폐기물 바이오매스

폐지, 축산폐기물, 음식물 쓰레기, 건축자재, 폐유와 하수침전물 등과 같은 폐기물 바이오매스 이용의 경우에는 폐기물 처리비용을 모을 수 있으므로 바이오매스 이용에 소요되는 비용을 고려해볼 때 상대적으로 빠르게 촉진될 것으로 추정된다. 이 처리비용을 바이오매스 이용에 소요되는 비용으로 전환시킬 수 있다.

이러한 다양한 종류의 폐기물 바이오매스 중 어떤 경우에는 꽤 많은 양의 폐기물을 한 곳에서 수집할 수도 있다. 음식물 쓰레기나 건축자재가 이런 경우에 해당한다. 이러한 폐기물들은 음식물 재활용법(food recycling law)과 건축자재 재활용법(construction materials recycling act)과 같은 재활용 관련법에 조응하여 이미 재활용되고 이용되고 있다. 그럼에도 불구하고 이러한 시스템이 지역사회로 침투해 들어가고 수집·운송·변환 효율을 향상시킬 수 있으므로 폐기물 바이오매스 이용이 더욱 발전할 것으로 기대할 수 있다.

이용되지 않는 폐기물 바이오매스의 이용 가능량은 미건조 물량으로는 연간 3억5백만 ton, 건조물량으로는 연간 5천 6백만 ton에 이른다. 이 양을 에너지로 환산하면 약 903PJ(2천 4백만 킬로리터의 원유로 생산할 수 있는 에너지의 양)의 에너지양과 동일하다. 또한 탄소로 환산하면 약 2천 2백만 탄소톤에 해당하는데, 이것은 일본에서 생산되는 플라스틱 제품 속에 포함된 총 탄소량의 2.2배에 이르는 양이다.

7.7 바이오 연료

바이오에너지는 액체, 고체, 기체의 형태로 이용되고 있으며, 화석 연료를 대체하기 위한 액체 연료의 중요성이 크게 부각되고 있으며, 특히 고유가와 지구 온난화에 따른 환경 문제 등으로 인해 수송용 연료를 중심으로 바이오 에탄올과 바이오 디젤의 상업화가 활발히 진행 중이다.

바이오 에탄올은 당을 포함하거나 당으로 전환될 수 있는 녹말이나 섬유소를 포함한 바이오매스로부터 생산되며, 가솔린의 대체재로 사용할 수 있다. 미국은 주로 옥수수를 주원료로 이용하고 있고 브라질은 사탕수수를, 유럽은 밀, 보리 등의 곡물과 사탕무를 주원료로 이용하고 있음을 표 7.1을 통해 나타내었다.

바이오 디젤은 동·식물성 기름을 에스테르화하여 생산하는데, 주원료로는 유채가 가장 널리 이용되고 있고 해바라기, 대두, 야자 등의 식물성 기름과 폐식용유, 어류나 동물의 유지도 이용되고 있다. 바이오 디젤은 경유의 대체재로 사용되는데, 경유에 비해 이산화탄소 배출 저감 등 환경 친화성이 뛰어난 것으로 알려져 있다.

표 7.1 • 바이오연료의 종류별 특성

<table>
<tr><th>연료</th><th>재료</th><th>장단점</th><th>파급효과</th></tr>
<tr><td>바이오 디젤</td><td>유채씨, 콩, 야자유</td><td rowspan="2">• 재생가능에너지
• 제조시 화석연료 사용에 대한 비난
• 이산화탄소 배출 감축
• 산림파괴 논란</td><td>• 식물성 기름값 급등
• 식품가격 상승</td></tr>
<tr><td>바이오 에탄올</td><td>사탕수수, 옥수수, 밀</td><td>• 식량부족
• 사료, 계란, 육류 가격상승</td></tr>
</table>

출처 : USDE, Energy Efficiency and Renewable Energy

7.7.1 바이오 디젤

바이오 디젤(BD)은 일반적으로 Methyl Esters(Fatty Acid Methyl Ester, FAME)을 지칭하는 것으로 1895년 Rudolf Diesel에 의해 처음 개발되었으며 대두유, 유채유 등 식물성 원료를 이용하여 제조한 연료로 광물성 경유에 비해 채산성과 경제성이 낮아 사용되지 않다가 최근 고유가 및 지구온난화 문제가 대두되면서 대체에너지로 부각되고 있다.

바이오 디젤의 주원료로는 유채가 83%로 주종을 이루고 있고 해바라기(13%), 대두(2%), 야자(1%), 폐식용유(1%) 등이 있으며, 그밖에 어류나 동물류 유지도 포함된다. 그림 7.4에서는 바이오 디젤의 원료별 특성을 나타내었다.

바이오 디젤의 생산공정은 기존 석유회사의 지방산 분해공정과 유사하며, 그림 7.5에 바이오 디젤의 생산공정을 나타내었다. 기존의 경유와 혼합된 형태로 제한적으로 사용되고 있다.

바이오 디젤의 문제점은 환경적 측면과 품질측면에서 동시에 다음의 문제점을 가지고 있다. 먼저 경유대비 8%의 연비감소와 22% NO_X 증가와 저온 유동특성이 연료의 종류에 따라 상이하고 대개 동절기 유동성이 취약하며, 미생물에 의한 분해 등의 산화 안정성이 취약해 장기간 사용이 문제가 되고 있다. 또한 연료계통 일부 고무제품의 열화/팽윤현상으로 부품교체가 불가피한 실정이다.

바이오디젤

식물성기름이나 동물성 지방을 알코올과 반응시켜 생성된 fatty acid alkyl ester. 글리세롤이 부산물로 생성됨

식물유

- 바이오디젤을 생산하기에 적합
- 야자유, 대두유, 유체기름, 옥수수유, 해바라기유는 가격이 비싸고, 코코넛 기름의 경우 지방산 구성이 질을 떨어뜨리는 요인
- 대부분 질 좋은 식품 원료이기 때문에 다른 triglyceride 원에 비해 가격이 비쌈
- 주로 유리지방산의 함유율이 낮고 수분을 포함한 공정 오염물의 농도가 낮은것이 장점

동물성

- 비식용성 소기름과 돼지 기름이 주로 사용됨
- 팔미트산과 스테아르산의 함유율이 높아 동유처리 하거나 유동점과 운전 조건을 맞추기 위해 혼합이 필요
- 어유를 사용하기도 하나, 가격이 비싸고 불포화 지방산이 많아 안정성 문제를 이르키므로 별도로 제거되어야 함

기름재활용 물질

- 식당에서 쓰던 튀김 기름을 가공한 yello grease는 가격이 저렴
- 바이오디젤 생산에 중요한 요소인 유리지방산을 최대 15%까지 많이 함유
- 기타 전처리가 필요한 원료로 trap grease, brown, grease, soapstock 등

그림 7.4 • 바이오 디젤의 원료별 특성

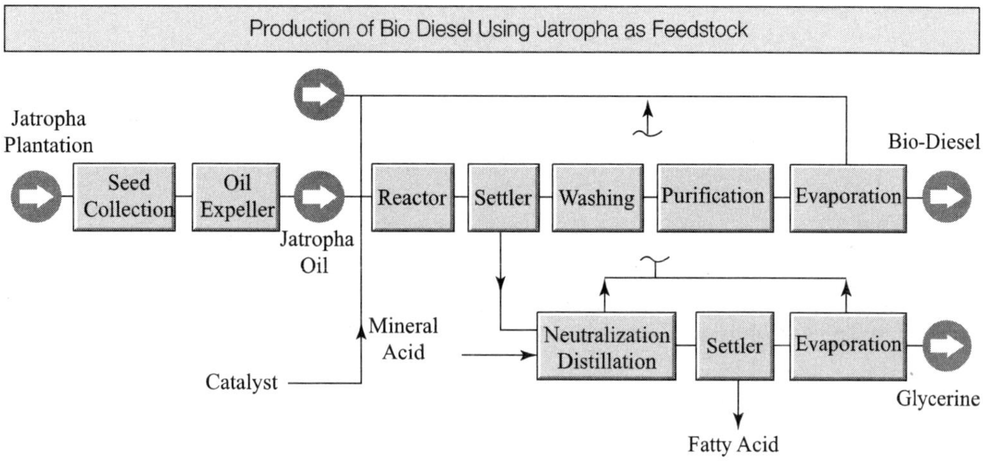

그림 7.5 • 바이오 디젤 생산공정의 예

7.7.2 바이오 에탄올

1899년 포드사가 에탄올용 자동차 개발 이후 휘발유의 낮은 가격으로 중단되었다가 1970년대 오일쇼크 이후 브라질이 가소홀(gasohol)을 개발, 판매하기 시작하였다. 바이오 에탄올(Bioethanol)은 당을 포함하거나 당으로 전환될 수 있는 녹말이나 섬유소를 포함한 바이오 원료로부터 생산하며, 세계에서 생산되는 에탄올의 66%가 수송용으로 사용되며 21%가 산업용으로 사용되고 국내의 경우 7%가 산업용, 93%가 음료용으로 사용되고 있는 실정이다.

바이오 에탄올 원료는 각 국가 풍토에 따라 적합한 작물이 재배되며 브라질 등은 사탕수수, 미국 등은 옥수수가 주요 작물이다. 바이오 에탄올의 생산은 전처리－당화－발효－정제 순으로 진행되며 기존의 주정용 알코올 제조공정과 매우 유사하다고 할 수 있다. 그림 7.6은 바이오 에탄올의 원료별 특성을 나타냈다.

에탄올이 5% 이하인 경우에는 기존 엔진을 그대로 사용할 수 있으며, 비율이 높아질수록 탱크, 연료 파이프, 밸브 및 엔진 부품의 개선이 필요하다. 현재 에탄올 또는 휘발유를 혼용하여 사용할 수 있는 FFV(Flexible Fuel Vehicle) 등 보급이 확대되고 있는 실정이다. 미국은 2017년까지 석유소비량의 20%를 바이오 에탄올 등 대체에너지로 사용하는 계획을 공고히 알렸고 일본, 중국을 비롯한 아시아 국가들도 바이오 에탄올 생산에 매진하고 있다.

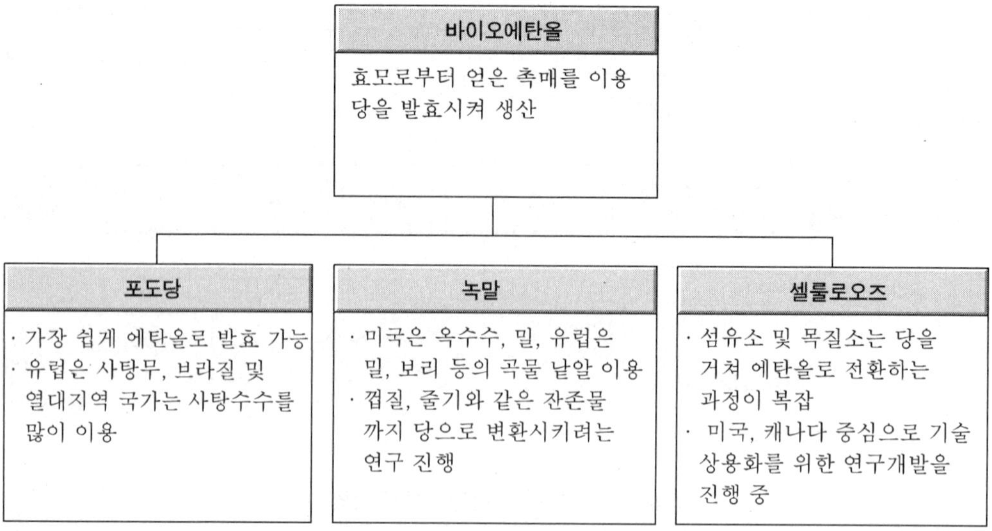

그림 7.6 • 바이오 에탄올의 원료별 특성

바이오 에탄올은 전 세계적으로 50,000백만 리터가 생산되고 있다. 주요 생산 국가는 미국(48%)과 브라질(42%)이다. 미국 재생연료협회(RFA, Renewable Fuel Association)에 따르면 2007년 미국에서는 주로 옥수수로부터 24,500백만 리터의 바이오 에탄올이 생산되고 있다. Unica(Unio da Agroindústria Canavieira)에 의하면 브라질은 대부분 사탕수수로부터 2007년에 수출량을 포함하여 21,300백만 리터를 생산하였다. 최근에는 중국이 EU 생산량의 앞질러 바이오 에탄올 생산 전 세계 3위 국가로서 바이오 에탄올 생산량이 1,820백만리터를 생산하였다. 유럽연합(EU)은 미국, 브라질, 중국 다음으로 바이오 에탄올 4위의 생산자이다. 2007년에 유럽연합은 2006년에 비해 13% 증가한 1,770백만 리터를 생산하였다.

7.7.3 바이오에너지 연료화(기상)

가스화 기술을 이용하고자 하는 요인은 가연성 물질로부터 열을 회수 이용하고자 할 때 연소조절이 어렵거나 공해물질 발생으로 인한 후처리 문제를 해결할 수 있는 대안으로 입증되었기 때문이다. 또한 가스화 기술에 의해 고체, 액체 폐기물을 포함하는 다양한 폐기물의 처리가 가능하고 에너지 회수 효율이 높아 경제성 측면에서도 유리한 점을 지니고 있다. 바이오가스발전은 태양광으로 합성되는 유기물을 가스화하고 연소시켜 전기로 변환시키는 기술이다. 유기물을 가스화하여 발전하는 기술은 대별하여 두 가지로 나눌 수 있다. 첫째는 나무, 건초, 농산물의 줄기를 비롯한 목질계 바이오매스를 건류하거나 열적 또는 촉매를 이용한 가스화 반응을 통하여 가스화하고 이를 연소시켜 가스 엔진이나 터빈을 돌려 열과 전기를 얻는 것으로 보통 바이오매스 가스화 발전이라 한다.

다른 하나는 물을 많이 함유한 유기물이 혐기 상태(산소가 공급되지 않는 상태)에서 발효되며 발생하는 메탄가스를 이용하는 발전 방식이다. 분뇨와 음식물 쓰레기의 유기물이 혐기성미생물로 인해 발효, 분해되어 발생하는 메탄가스는 가스발전기나 가스보일러 등에 이용되며, 찌꺼기는 비료로 이용될 수 있다.

축산분뇨는 비료로 쓰이기 좋으나 높은 전염 위험성, 수질오염과 토양오염, 메탄과 암모니아 가스, 아산화질소 등 악취와 환경 유해가스 방출 등의 위험성으로 축산 폐수로 처리되었다. 축산 폐수는 전체 폐수량 중 차지하는 비율은 적지만 수질 오염에 대단히 큰 요인으로 작용하기 때문에 2012년부터 폐수의 해양 방류가 금지되었다. 종래에는 유기물 농도가 높은 축산분뇨 폐수, 전분질 폐수 등을 혐기소화 처리할 때 발생하는 메탄가스를 이용하여 발전하는 것에 국한되었으나, 최근에는 유기성 고형폐기물(음식물 쓰레기 등)을 반응기 안에서 혐기 소화시킬 때 나오는 가스를 이용하거나(바이오가스 발전) 이들을 매립하였을 때 발생하는 농도 50～70%의 메탄가스를 이용하는(매립지 가스 발전) 방식도 보편화되고 있다.

그림 7.7은 수도권매립지 공사의 음식물 폐수를 혐기성 소화시켜 생성된 바이오가스를 고순도(메탄(CH_4) 함량 97%±1)로 정제하여 자동차의 연료로 활용하는 정제시설 공정도를 나타내고 있다.

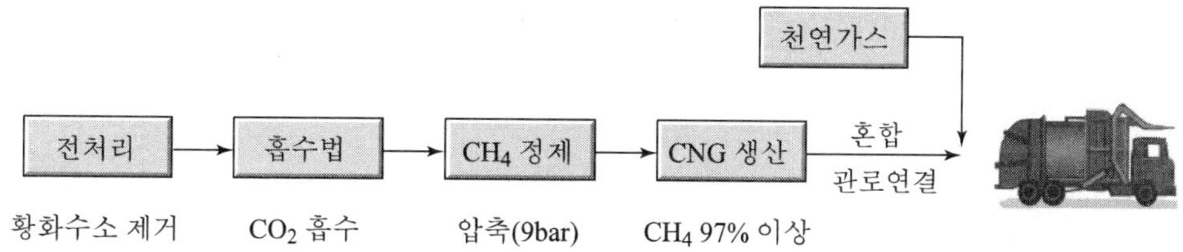

그림 7.7 • 정제시설 공정도

수소는 화학제품의 원료 및 화학공장의 공정가스로 널리 사용되고 있으며, 현재 인류가 당면하고 있는 환경문제 및 화석연료의 가격상승이나 고갈을 예상할 때 궁극적인 미래의 대체에너지원 또는 에너지 매체(Energy carrier)로 생각되고 있다. 현재의 에너지시스템에 이용되는 화석연료가 사용 후 NO_X, SO_X, 분진 등과 같은 대기오염물을 배출하여 지구의 환경을 오염시키고 있을 뿐만 아니라 최근에는 화석연료 연소에 따라 배출되는 이산화탄소의 농도 증가로 지구온난화의 우려를 가중시키고 있다. 또 다른 에너지원인 원자력은 그 사용과정이나 사용 후에도 방사능오염에 대한 문제점이 야기되고 있어 이들 에너지원의 지속적인 사용이 지구 생태계를 파괴시켜 인류의 생존을 위협하고 있다는 우려가 있음이 현실이다.

이에 비하여 에너지원으로의 수소는 다음과 같은 장점을 가지고 있어 미래의 에너지시스템에 가장 적합한 것으로 판단되고 있으며, 그림 7.8에는 수소에너지시스템을 나타내고 있다.

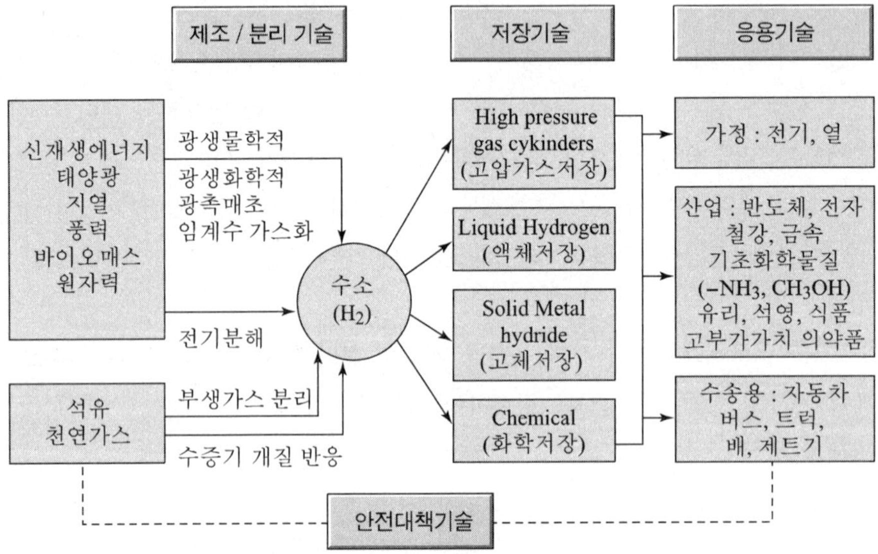

그림 7.8 • 수소에너지시스템

첫째, 수소는 연료로 사용할 경우에 연소시 극소량의 NO_X 발생을 제외하고는 공해물질이 생성되지 않으며, 직접 연소에 의한 연료로서 또는 연료전지 등의 연료로서 사용이 간편하다. 둘째, 수소는 가스나 액체로서 쉽게 수송할 수 있으며, 고압가스, 액체수소, Metal hydride(금속수소화물 또는 수소흡장합금) 등의 다양한 형태로 저장이 용이하다. 셋째, 수소는 궁극적으로는 무한정인 물을 원료로 하여 제조할 수 있으며, 사용 후에는 다시 물로 재순환이 이루어진다. 넷째, 수소는 산업용의 기초 소재로부터 일반 연료, 수소자동차, 수

소비행기, 연료전지 등 현재의 에너지 시스템에서 사용되는 거의 모든 분야에 이용될 수 있다.

따라서, 현재 인류가 당면하고 있는 에너지 자원 고갈과 환경오염문제를 해결할 수 있는 가장 유력하고 유일한 대안이며, 21세기에는 지구온난화와 대기오염 대비 및 에너지 안보와 자급 차원에서 수소연료의 시장 확보가 가능할 것으로 예측된다. 궁극적으로 수소는 재생가능 에너지원으로부터 얻는 것을 목표로 하고 있지만, 단기적으로는 현재 가장 경제적이고 기존 시스템에 큰 충격없이 원천적으로 이산화탄소 등을 상당 부분 제거하여 화석연료의 청정화 이용에도 기여한다는 점에서 수소원연료는 화석연료가 상당한 비중을 차지하게 될 것이다. 이와 같이 수소에너지 기술은 이미 그 중요성이 국제사회에 너무나 널리 알려져 왔으므로 미국·일본을 비롯한 기술선진국들은 21세기 에너지문제와 환경문제를 모두 해결할 수 있는 거의 유일한 대안으로 수소에너지 기술의 연구에 심혈을 기울여 왔으며 이미 상당한 성과를 거두고 있다. 무한정인 물과 유기물질(바이오매스)을 원료로 하여 수소를 제조 이용한나년 재순환되므로 자원 고갈 우려가 없어 화석연료 자원이 빈약한 국가에 적합한 에너지원이다. 따라서, 21세기에 우리나라가 선진국의 기술 종속국이 되는 것을 방지하고 선진국과 대등하게 경쟁하기 위해서는 지금부터라도 체계적이고 합리적인 기술개발 프로그램을 조속히 수립, 실천하여야 할 것이다.

수소에너지 기술은 수소의 제조, 저장, 수송 및 이용방법에 이르기까지 많은 분야의 기술이 종합적으로 연관되어 있으나, 아직까지 경제성이 확보되지 않은 기술들이 대부분이어서 일반 산업체의 참여가 제한되고 있다. 더욱이 선진국과의 기술격차도 상당히 크므로 기존의 개발기술을 우선적으로 받아들이기도 어려운 형편이다. 따라서 각 분야의 기술을 파악하고 현재의 연구단계를 평가하여 중점적인 개발분야를 선정하여 단계적으로 연구개발을 추진함으로써 산업체 전반의 기술개발 능력을 확충할 수 있을 것이다.

7.7.4 바이오에너지 연료화(액상)

경유를 대체할 수 있는 바이오 디젤(biodiesel)과 휘발유를 대체하는 바이오 에탄올(bioethanol)이 대표적이라 할 수 있다.

미생물의 도움을 받아 바이오매스로부터 에탄올을 생산하는 것은 석유를 대체할 수 있는 액체연료를 얻을 수 있다는 장점과, 에탄올이 석유에 비해 이산화탄소 발생량이 10%에 불과한 저공해 연료라는 점이다. 그만큼 지구온난화와 온실효과로부터 벗어나게 하는 새로운 에너지 자원이라고 말할 수 있다. 따라서 미국, 브라질 등에서는 바이오매스로부터 에탄올을 얻는 기술을 적극 개발하고 있으며, 에탄올 연료의 다양한 사용을 유도하기 위해서 재정지원과 세금감면 정책을 통해 지원하고 있다. 에탄올 생산에 필요한 원료인 당은 주로 당질계·녹말질계·목질계·바이오매스 등으로부터 얻어진다. 사탕무·사탕수수 등 당질계는 간단한 전처리 공정 후 직접 발효를 통해 에탄올로 전환되며, 이렇게 생성된 에탄올은 정제공정을 거친 후 연료로 쓰이게 된다.

바이오매스로부터 바이오 에탄올을 생산하는 공정은 크게 (1) 전처리 (2) 효소당화(enzyme hydrolysis) (3) 발효(fermentation) (4) 제품 분리 회수 등의 공정을 거치게 되며, 가장 선행 공정이면서 중요한 기술이 '전처리기술'이다. 전처리 공정 중에는 암모니아(ammonia)를 낮은 온도에서 바이오매스와 반응하는 전처리방법과 묽은 황산(dilute acid)법이나 hydrothermal pretreatment 등이 있다. 한편 에탄올 생산공정은 비교적 간단하지만 이 공정의 문제점은 당질계 원료물질이 식품업계에서도 사용되므로 원료비가 비싸다는 점이다. 현재 이 공정은 브라질에서 실용화 되어 사탕수수로부터 생산된 에탄올이 자동차 연료로 사용되고 있다. 바이오 디젤은 재생 가능한 식물자원(바이오매스)에서 생산되므로 에너지자원의 고갈 문제가 없으며, 식물성 유지(쌀겨, 대두유, 유채유 등)와 알코올을 반응시켜 만든 지방산 메틸에스테르(fatty acid methyl ester)로서 순도가 95% 이상인 것을 바이오 디젤이라 부른다. 바이오 디젤은 고유가 시대에 대응하고 기존 화석에너지 사용에서 오는 대기오염 및 온실가스를 감축시키는 환경개선 효과를 가지고 있다. 2005년 2월 16일부로 발효된 교토의정서로 인하여 선진국은 2008～2012년 사이 온실가스 배출량을 90년 대비 평균 5.65% 의무 감축됨에 따라 바이오매스의 이용은 연료의 문제가 되고 있는 이산화탄소를 그 생산과정에서 회수되므로 이산화탄소의 순배출량이 매우 적은 장점이 있다. 또 바이오 디젤은 산소함유량이 높으므로(산소 10% 이상) 완전연소 비율이 높고 발암물질인 입자상물질 등을 저감할 수 있다. 특히 독성이 적고 생분해도가 높아서 유출시 환경오염이 적다는 점도 바이오 디젤의 장점으로 꼽힌다.

반면 성분의 안정성이 떨어진다는 점, 장기 보관시 산소, 수분, 열 및 불순물 등의 노화현상이 나타난다는 점, 원료생산을 위해 사용되는 비료 및 살충제에 의한 장기적인 환경영향이 일어날 가능성, 원료수급이 원활하지 않을 가능성이 매우 높아 경제성이 낮아질 수 있다는 점은 단점으로 지적되고 있다.

특히 우리나라는 바이오 디젤 생산을 위해 주원료인 대두유를 전량 수입에 의존하고 있는 상황으로 이를 탈피하기 위해 동남아시아 등 국외에서 생산을 하고 있으나, 이 경우 바이오 디젤 개발의 가장 중요한 점인 우리나라 이산화탄소 저감에는 전혀 영향을 미치지 못한다. 따라서 국내에서 원료수급이 가능한 식물종의 개발 및 활용 필요성이 제기됨에 따라 육종이나 형질전환 식물 개발, 폐식용유 활용 등 다양한 연구방법이 모색되고 있으나, 여전히 국내에서의 원료수급에는 한계가 있는 것으로 평가되고 있다.

육상 식물이 지니고 있는 몇 가지 문제점을 극복할 수 있는 바이오 디젤을 개발하기 위해 해양식물에서 새로운 가능성을 찾기 위한 연구 또한 진행되고 있다. 해양식물은 바이오매스의 30~70%까지 사용가능한 유지성분을 함유하고 있으며, 건조물의 80%까지 이르는 종도 있다. 조류는 다른 작물과 토지나 공간에서 경쟁하지 않는 특성을 지니고 있으며(육상식물 생산 토지의 1~3%이면 충분), 성장률이 매우 빠르고(24시간에 2배 성장) 극한 환경에서도 성장 가능하다는 게 장점이다. 우리나라는 휴경지와 간척농지를 이용한 유채 생산으로 바이오 디젤을 얻고 있다. 하지만 전 경작지의 1/6 정도에 유채를 파종해야만 수송용 에너지의 1%에 해당하는 바이오 디젤을 얻을 수 있다. 비좁은 국토에서 생산할 수 있는 생산량의 한계와 원자재 대부분을 수입에 의존하고 있는 우리나라의 경우, 다름 아닌 식물성 플랑크톤인 미세조류와 해조류를 자원화한 바이오연료 개발에 더욱 주목할 필요가 있다. 미세조류의 태양에너지 이용 효율은 육상식물의 약 25배에 달하며, 성장이 빠르고 배양을 위해 넓은 면적을 요구하지 않기 때문에 신속하고 경제적인 생물연료 생산이 가능하다. 바이오 디젤은 미세조류의 지질을 추출해 생산하며, 추가적으로 남은 바이오매스를 발효시켜 바이오 에탄올과 메탄 등의 부가적 생물 연료를 생산할 수 있다.

해조류는 이산화탄소의 흡수율이 육상식물에 비해 3.5배 이상으로 높아 탄소배출권 획득 방안으로 활용할 수 있다. 해조류의 가장 큰 특징은 광합성을 통해 이산화탄소를 제거하고 바이오연료의 원료인 글루코오스를 유지·저장하는 데에 있다. 해조류 중 녹조류에 관심이 모아지는 이유는 단백질과 지방에 비해서 탄수화물의 함량이 높은 데다 전분을 1차 저장 물질로 가지고 있어 추출이 쉽기 때문이다. 또한, 녹조류는 전 세계적으로 분포하고 있어 수급문제도 안정적이며, 농경지 사용으로 인한 곡물 가격 상승이 바이오 연료가 지닌 근본적인 단점이라면 해조류는 비식용 자원일 뿐만 아니라 농경지가 아닌 물과 햇빛이 있는 어느 곳에서나 자란다. 우뭇가사리와 다시마 등의 해조류는 일부 식용으로 쓰이기도 하지만, 재배장소인 바다 자체가 거의 무한하기 때문에 식용 자원 가격에 미치는 영향이 거의 없다는 장점이 있다.

7.7.5 바이오에너지 연료화(고상)

대체에너지의 필요성 에너지의 대부분을 수입에 의존하는 우리나라에서는 에너지 수입 의존도를 최대한 감소시킬 수 있는 장기적인 에너지 수급 정책과 청정 대체에너지 개발이 필수적이다. 바이오매스는 화석연료의 고갈과 환경오염에 대한 우려를 해소할 수 있는 대체에너지의 한 분야로 주목받고 있다.

외국의 RDF 관련기술 수준을 살펴보면 RDF 제조기술은 전처리, 성형 등 모든 공정에 걸쳐 이미 기술이 확립되어 상용화되어 있고 연소기술의 경우도 이미 상용화되어 많은 플랜트가 가동되고 있고 대규모 연소시스템을 채용하고 있고 전력, 스팀 등의 유틸리티에도 활용되고 있다. 일본은 (주)구보다, 가와사끼중공업(주), J-Catrel 그룹 등 15개 회사에서 RDF제조공정에 대한 기술을 개발하여 플랜트를 생산하고 있고 북해도의 삿포로시를 비롯하여 약 12개의 상용 플랜트가 가동되고 있으며, 대부분 소규모이고 Pellet 형태의 RDF로 이용되고 있다. 생산된 RDF는 학교 병원 등의 공공시설 열원이나 열병합발전소 등의 연료로 사용하고 일부 산업용 연료로도 활용하고 있다.

미국의 경우는 90년대 초까지 33기의 RDF 플랜트가 가동된 바 있으나 경제성을 이유로 상당수의 플랜트가 가동을 중단하였다. 미국의 폐기물 이용기술의 특징은 폐기물을 적절한 크기로 절단 및 분리하여 연료화하는 Fluff-RDF의 형태로서 석탄이나 가스연료와 함께 연소하는 방식(Co-Firing)을 택하고 있으며, 주로 발전이나 지역난방 등에 활용하고 있다. 그러나 최근에는 성형고체연료방식의 도입을 위해 기술이 개발되고 있다.

폐기물자원화가 상용화 단계에 이른 유럽은 RDF를 '폐기물을 안정화하는 단계', 즉 부산물 처리의 한 방법으로 인식하는 수준에서 크게 벗어나지 않는다. 하지만 우리나라의 폐기물자원화 정책은 RDF를 대량 생산해 대체에너지로서의 역할까지 수행할 것으로 기대하고 있다. 하지만 환경전문가들은 정부의 이런 입장에 대해 '산업시설에서 사용하는 연료가 무엇인지에 대해 정확히 이해하지 못한 무지의 오류'라고 지적하면서 "가연성폐기물이라고 해서 모두 연료로 만들 수 있다는 발상은 잘못된 것이며, 온갖 폐기물이 함유된 RDF가 석탄·석유와 같은 발전연료로서의 가치를 얻기 위해서는 여러 조건이 충족되어야 한다"고 의견을 나타냈다.

RDF가 연료로서 활용되기 위해서는 재료의 성상과 조성이 균일하여야 하며, 해당연료의 단위 연소시간이 규칙적으로 일정해야 하고 해당 연료의 발열량과 주성분(원소)이 일정해야 하고, 이물질 또는 연료로서 부적합 물질의 함유율이 매우 낮거나 거의 없어야 한다는 다섯 가지의 기본요건을 강조했다.

하지만 생활계에서 배출되는 쓰레기는 위의 다섯 가지 조건을 만족하기가 매우 어렵다. 우선 RDF가 제대로 열에너지를 발휘하기 위해서는 먼저 성상관리부터 제대로 되어야 한다. 쉽게 말하면 불에 타는지 타지 않는지, 썩는지 썩지 않는지를 판별하는 것이다. 이런 식으로 분리된 가연물은 다시 종이, 합성수지, 나무 등 발열량이 좋은 폐기물을 엄선하여 일정 비율로 배합 또는 조제하여야 열량 높은 에너지원으로서의 가치를 가질 수 있다. 우리나라의 경우 가연성폐기물의 고형연료화 기술 수준은 실증단계임으로 시장 확대 및 품질 확보가 미흡한 상황이고 RDF 수요처가 시멘트소성로 등으로 한정되는 등 RDF의 활용 확대를 위해 앞으로 해결해야 할 과제가 남아 있다.

산림 바이오매스를 이용하여 에너지를 생산하는 방법은 크게 나무를 잘게 부수어 칩 상태로 연료로 만드는 방법과 가공을 통해 균일화된 연료를 생산하는 방법 등 두 가지로 나눌 수 있다. OECD국가 중 특히 유럽은 특히 고체 형태의 바이오매스를 이용해 전기·난방용 에너지의 80%를 생산하고 있다. 목질칩의 경우, 중대형의 바이오매스 열병합 발전설비에서 전력과 난방 에너지를 동시에 생산한다. 유럽 농산촌 지역의 작은 마을 단위를 중심으로 소형 열병합 발전 시설을 이용해 에너지 자급을 이뤄가는 시스템을 정착시켜가고 있다. 일본에서도 '바이오매스 타운' 등을 통해 유사한 에너지 자급 체계를 구축하고 있다. 우리나라에도 2006년 첫 번째 바이오매스 열병합 발전소가 완성되었으며, 전국적으로 몇 개 업체를 통해 설비 증설을 계획하는 등 그 시장이 확대되고 있다.

산림 바이오매스를 좀 더 폭넓게 에너지원으로 이용할 수 있는 다른 방법으로는 연료의 밀도를 높이고 크기를 규격화하는데 있다. 대표적인 예로 산림에서 나무를 벌채하여 목재를 생산할 때 부산물로 다량 생산되는 톱밥을 이용하여 압축하는 과정을 거쳐 생산된 목재펠릿을 들 수 있다. 이는 지름 6밀리미터 정도의 크기로 고밀도로 압축된 천연 연료이다. 기존의 목재로부터 생산된 연료 이용 형태와는 다르게 밀도가 높고 크기가 일정하여 연료 공급 및 연소에 있어서 유리하다.

목재펠릿은 유럽, 북미, 일본 등의 지역에서는 이미 보편화적으로 사용되고 있는 바이오매스 연료이다. 특징으로 목재펠릿은 생산 공정이 쉽고 상대적으로 투입되는 에너지가 낮기 때문에 가격이 저렴하고 이용이 용이하다. 그림 7.9는 목재펠릿의 실물을 나타낸 것이다.

그림 7.9 • 목재 펠릿

목재펠릿의 사용량은 꾸준히 증가하여 2007년에는 전 세계에서 약 1천만 ton의 목재펠릿이 생산되었다. 그 중 60%는 유럽에서, 30%는 북미에서 생산된 것이다. 목재펠릿의 이용량 증가 이유는 제조 과정을 통해 생산된 제품이 낮은 함수율과 일반 목재에 비해 상대적으로 높은 에너지 밀도를 가졌고 부피가 작고 보관이 용이하며, 소형 보일러(소규모 개인용 주택 난방 장치로 적합)에서도 자동화 설비가 가능하기 때문이다.

목재펠릿을 이용하기 위한 가정용 소형 보일러의 생산 기술 대부분을 국내 업체들이 이미 보유하고 있고 국가적으로 핵심기술의 유출 염려가 없어, 정부의 보급 의지에 따라서 빠른 시간 내에 일반 국민에게 보급이 가능하다. 또한 깨끗한 목재(화학물질이 첨가되지 않은 목재)만을 이용하여 생산하기 때문에 화석연료 대체효과와 더불어 대기오염을 방지하는 효과가 있다. 국가적으로 연구를 수행하고 있는 태양광, 풍력, 지열 등 다른 신·재생에너지들이 대규모의 자본을 투자하여 기초 연구와 상업화 기술을 개발해야하는 것과는 달리 기술적으로 완성단계에 있어 기술개발 후에 보급돼야 하는 어려움이 없다. 불안정한 발열량 등 품질면에 있어 미흡한 톱밥, 폐목, 볏짚, 왕겨, 옥수수 등을 이용한 바이오매스 열병합발전은 다른 화석연료에 대해 생태계 파괴가 가장 적은 친환경 에너지발전 시스템이다. 에너지원으로 쓰이는 것 중에 주목해야 할 것은 목재펠릿으로 숲 가꾸기의 부산물이나 제재소 톱밥 등 목재 바이오매스를 압축해 만든 길쭉한 담배필터 모양(0.6×1～4cm)의 방용 목재연료이다. 가정집 난방은 물론, 농촌, 산촌의 시설원예, 다중시설 등 난방연료, 동물 바닥 깔개용으로 이용되고 있다. 화석연료비의 1/2에 해당하는 비용절감 효과와 경유의 1/12 수준인 탄소배출량, 그리고 압축가공으로 많은 양을 한꺼번에 수송할 수 있다는 강점이 있다.

향후, 원유 가격의 지속 상승과 기후변화협약 이행을 통한 탄소배출권 거래제도가 활성화되면 목재펠릿은 더욱 저렴한 친환경 연료로서 이용될 것이다.

Reference

1. 에너지관리공단 신·재생에너지센터, 신재생에너지백서, (2008).
2. 환경부, 「폐기물에너지화 종합대책」, (2008).
3. 에너지관리공단 신·재생에너지센터, 신재생에너지의 이해, (2007).
4. Petrus, L. & Noordermeer, M. A., Biomass to biofuels a chemical perspective, Green Chem., 8, 861～867, (2006).
5. 김래현, 「바이오매스의 에너지 변환과 산업화」, 서울: 도서출판 아진, (2005).
6. 이유진, 이승지, 김희선, 「바이오 에너지 희망을 찾아서」, 한국지속가능발전센터, (2007).
7. 이진석, "바이오 디젤의 상용화 현황 및 전망" *대한설비공학회*, 33(10), (2004).
8. 서홍석, 이준우, 「바이오 디젤」, 한국과학기술정보연구원, (2005).
9. 산업자원부, "신재생에너지 기술개발 및 이용보급 기본계획", (2005).
10. 박순철 등, "축산폐기물 바이오가스 이용 타당성 조사 용역", 한국에너지기술연구원, (2001).
11. UNFCCC, United Nations Framework Convention on Climate Change, http://unfccc.int
12. USDE. Energy Efficiency and Renewable Energy, http://www1.eere.energy.gov
13. 고대식 외 4인, 목재 당화액을 이용한 Alcohol 생산에 관한 연구, *한국임산에너지학회*, 1(1), (1981).
14. 김래현, 바이오매스의 에너지 변환과 산업화, 서울: 아진출판사, (2005).
15. 김철, 돼지감자의 생물학적 전환에 의한 에탄올 생산연구, *Energy R&D*. Vol7 No.1. 서울: 한국동력자원연구소, (1985).
16. 윤천석, 대체에너지＝Alternative energy, 서울: 인터비젼, (2004).
17. 에너지 관리공단 신·재생에너지센터, [(2005)신·재생에너지 우수사례집], 용인: 에너지 관리공단 신·재생에너지센터, (2005).
18. 조재명, 일본에 있어서의 삼림 Biomass와 그 이용에 관한 연구동향, 임산에너지, 제2권 제 2호, 13～18, 서울: *한국임산에너지학회*, (1982).

찾아보기 Index

▌자

▌카

▌타

▌파

▌하

영문

· 오광중 부산대학교 환경공학전공
· 김정권 동의대학교 환경공학과
· 박상숙 순천대학교 환경공학과
· 성낙창 동아대학교 환경공학과
· 이성기 조선대학교 환경공학과

자원회수공학

정가 16,000원

인 쇄 2012년 3월 2일 초판 1쇄
발 행 2014년 3월 10일 2판 1쇄
저 자 오광중·김정권·박상숙·성낙창·이성기
발행인 정우용
발행처 도서출판 동화기술
경기도 파주시 광인사길 201(문발동, 파주출판도시)
Tel (031)955-4211~6 donghwae@kornet.net
Fax (031)955-4217 www.donghwapub.co.kr
(등록) 1977년 12월 19일/9-16호

ISBN 978-89-425-1857-9